矩形顶管工程技术指南

Technical Guide for Pipe Jacking Engineering with Rectangular Cross Section

安关峰　主编

中国建筑工业出版社

图书在版编目（CIP）数据

矩形顶管工程技术指南 = Technical Guide for Pipe Jacking Engineering with Rectangular Cross Section / 安关峰主编. —北京：中国建筑工业出版社，2021.10

ISBN 978-7-112-26751-4

Ⅰ. ①矩… Ⅱ. ①安… Ⅲ. ①顶管工程—指南 Ⅳ. ①TB47-62

中国版本图书馆 CIP 数据核字（2021）第 210419 号

责任编辑：李玲洁
责任校对：张惠雯

矩形顶管工程技术指南
Technical Guide for Pipe Jacking Engineering with Rectangular Cross Section
安关峰 主编

*

中国建筑工业出版社出版、发行(北京海淀三里河路 9 号)
各地新华书店、建筑书店经销
北京红光制版公司制版
临西县阅读时光印刷有限公司印刷

*

开本：787 毫米×1092 毫米 1/16 印张：22 字数：546 千字
2021 年 11 月第一版 2021 年 11 月第一次印刷
定价：**158.00** 元

ISBN 978-7-112-26751-4
(38019)

编　委　会

主　　编：安关峰

编　　写：陈雪华　张　蓉　张继光　贾连辉　郭典塔

杨　粤　张　涛　李向阳　薛广记　杨雪松

王　谭　王和川　刁志刚

主编单位：广州市市政集团有限公司

广州市市政公路协会

参编单位：广州金土岩土工程技术有限公司

中铁工程装备集团有限公司

徐州徐工基础工程机械有限公司

扬州地龙机械有限公司

上海公路桥梁（集团）有限公司

上海重远建设工程有限公司

前　言

矩形顶管是采用矩形顶管机边切削、边排土、边顶进，将预制钢筋混凝土管节逐段向前推进，形成地下空间的一种绿色、环保、安全、高效的非开挖施工技术。它是在圆形顶管的基础上逐渐发展起来的，相对于圆形顶管，矩形顶管有更大的空间利用率，对通道空间的规划利用也比圆形方便；与圆形顶管的不同之处在于前者采用了矩形或仿矩形截面顶管机（异形顶管机）和矩形或仿矩形截面的管节，最终形成一条矩形或仿矩形截面的通道。

矩形顶管施工技术发展比较成熟的国家是日本，日本在 20 世纪 80 年代开发应用了矩形隧道掘进机，并完成了多条人行隧道、公路隧道、铁路隧道、地铁隧道、排水隧道的施工。地下管线共同沟（综合管廊）的概念也起源于日本。1981 年，名古屋和东京都采用 4.29m×3.09m 手掘式矩形盾构掘进了两条长分别为 534m 和 298m 的共同沟；名古屋还采用 5.23m×4.38m 的手掘式矩形盾构掘进一条长 374m 的矩形隧道。随着人们逐步意识到大城市交通的需求，以及市政及交通主管部门对隧道截面形状的多样化需求，20 世纪 90 年代以后，矩形顶管技术逐渐在我国得到应用。

矩形顶管技术改变“浅埋暗挖法”“直埋法”等落后的施工现状，使地下工程建设对城市的影响降低至最小，目前已经成为车行隧道、过街通道、综合管廊、电力隧道等市政工程建设的首选手段。

由于矩形顶管技术仍处于发展阶段，设计单位、施工单位以及监理单位目前没有现成的技术规范参考。因此根据中国工程建设标准化协会《关于印发〈2018 年第二批协会标准制订、修订计划〉的通知》（建标协字〔2018〕030 号）的要求，广州市市政集团与广州市市政公路协会经过 2 年艰苦努力主编完成了中国工程建设协会标准《矩形顶管工程技术规程》T/CECS 716—2020（以下简称《规程》）并于 2020 年 12 月 1 日起实施。**审定专家组认为《规程》技术内容科学合理、可操作性强，与现行相关标准相协调，达到国际先进水平**。一方面，限于标准编制体例、格式要求，仍有许多技术问题需要详细阐述；另一方面，由于**矩形顶管**工程涉及风险因素多，施工难度大，涵盖技术范围广，业内不少同行对**矩形顶管**技术尚不熟悉，基于市场需求，急需掌握相关技术，因此，结合《规程》，编者特编制了《矩形顶管工程技术指南》（以下简称《指南》），以加强对标准的贯彻执行，推动矩形顶管工程发展。《指南》共分为八章。主要内容是：第 1 章绪论；第 2 章勘察；第 3 章顶管设计；第 4 章管节制作；第 5 章工作井施工；第 6 章顶管设备及安装；第 7 章顶进施工；第 8 章矩形顶管工程实例。

本《指南》内容丰富、图文并茂，可以作为建设单位、施工单位、监理单位和质量监督单位人员使用，也可作为高等院校工程专业的教学科研参考书。

本《指南》在编著过程中在图形绘制、资料收集方面得到广东工业大学张旭聪硕士研究生的大力帮助，在此表示衷心感谢!

本《指南》在使用过程中，敬请各单位总结和积累资料，随时将发现的问题和意见寄交广州市市政集团有限公司。通信地址：广州市环市东路338号银政大厦；邮编：510060；E-mail：anguanfeng@126.com，以供今后修订时参考。

目　　录

第1章　绪　　论

1.1　矩形顶管工法的重要意义

近年来，随着城市建设的快速发展，对城市地下空间建设的需求和要求也在不断提高。为了保证城市地面交通顺畅，在尽量减少开挖城市地表的大背景下，传统地下管道和人行通道施工技术越来越无法满足工程建设的需求，取而代之的是飞速发展的非开挖技术，其中就包括矩形顶管技术。矩形顶管法在管道和通道施工建设过程中采用特殊的施工技术，对地表尽量小开挖、少开挖，使得对城市地下的破坏降低到最小程度，这对加强城市环境及地下管网合理规范化建设起到十分积极的作用。

为了改变“浅埋暗挖法”“直埋法”等落后的施工现状，使地下工程建设对城市的影响降低至最小，矩形顶管施工技术将是车行隧道、过街通道、综合管廊、电力隧道等市政工程建设的首选手段（图 1.1-1～图 1.1-4）。矩形顶管是在圆形顶管的基础上逐渐发展起来的一种非开挖施工技术，相对于圆形顶管，矩形顶管有更大的空间利用率，对通道空间的规划利用也比圆形方便；与圆形顶管的不同之处在于前者采用了矩形或仿矩形截面顶管机（异形顶管机）和矩形或仿矩形截面的管材，最终形成一条矩形或仿矩形截面的通道。

图 1.1-1　下穿道路的大断面矩形顶管

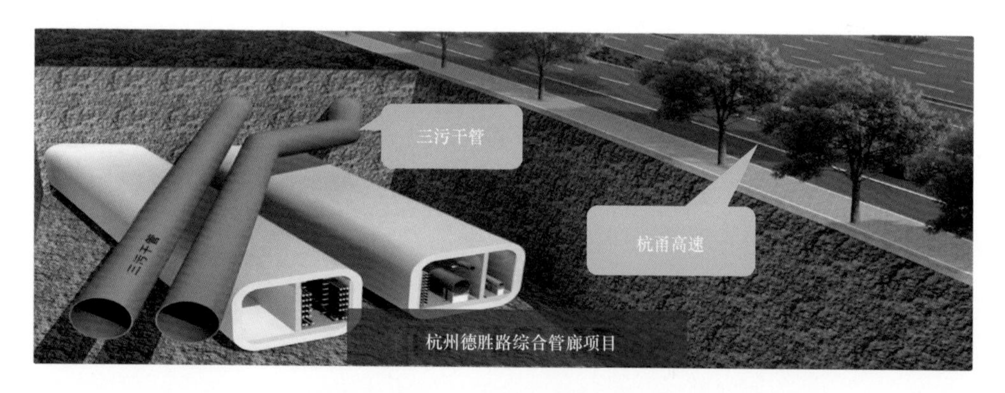

图 1.1-2　长距离小间距综合管廊-杭州德胜路综合管廊矩形顶管

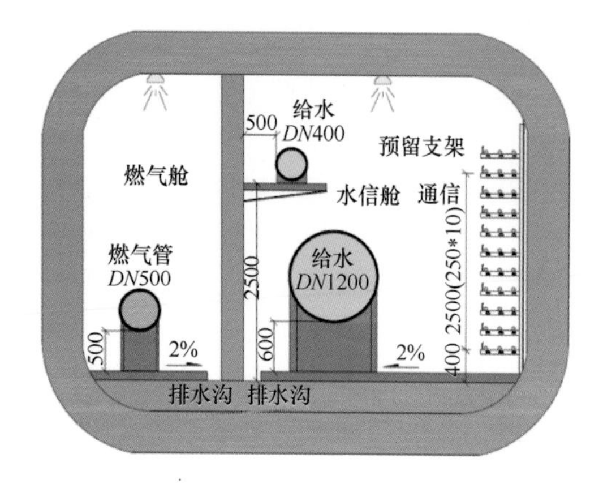

图 1.1-3　大断面矩形综合管廊

图 1.1-4　郑州市红专路下穿中州大道隧道

1.2　矩形顶管发展现状

1.2.1　现代顶管工艺的技术基础

顶管的发展具有悠久的历史，可查的关于顶管技术的最早记录是在 1892 年。在第二次世界大战之前，美国、英国、德国和日本均发展了顶管施工技术。在 20 世纪 60 年代和 70 年代前后，以下三大技术进步为现代顶管施工技术的成形奠定了基础：

（1）专门用于顶管施工的带橡胶密封环的混凝土管道的出现。混凝土管道顶管施工首次见于 1934 年德国的一篇论文，该文对顶进施工过程进行了描述。1957 年，德国的 EdZublin公司进行了混凝土管道的首次顶进施工。

（2）带有独立的千斤顶可以控制顶进方向的掘进机研制成功。1972 年，日本小松公司（Komastu）开始研制第一套先导式隧道掘进机，并于 1974 年完成第一个施工项目。

（3）中继站的使用。1964 年前后，上海一些企业进行了大口径机械式顶管的各种实验。当时 2m 口径的钢筋混凝土管的一次推进距离可达 120m，同时，开创了使用中继站的先河。

现代矩形顶管技术的发展，得益于矩形掘进机的出现与日渐成熟的圆形顶管技术。20 世纪 70 年代初，矩形顶管技术首次成功应用于日本东京的地下联络通道中。在 20 世纪

90 年代以后，矩形顶管技术逐渐在我国得到应用。

1.2.2　矩形顶管技术应用条件与优势

1. 矩形顶管的适用环境条件

相较于传统的地下工程施工技术，矩形顶管在以下环境条件具有明显优势：

（1）穿越较松软的土质地层时；

（2）穿越铁路、公路、河流或建筑物时；

（3）对于街道狭窄且两侧建筑物较多时；

（4）在车流和人流量大的闹市区街道施工，又不能断绝交通时；

（5）现场条件复杂，与地面工程交叉作业，相互干扰，易发生危险时；

（6）管道覆土较深，开槽土方量大，并需要支撑时。

2. 矩形顶管的优越性

（1）矩形顶管隧道更适用于城市各类联络通道，下穿铁路、公路、立交隧道，地下共同沟等工程。

（2）矩形顶管比圆形顶管有更好的浅覆土适应能力，从而可大大降低下穿各类构筑物的坡度和深度。

（3）矩形顶管隧道的管节选择更多，可以现场浇筑，也可以预制，圆形顶管管节通常只能预制。

（4）矩形结构能充分利用结构断面，提高断面利用率，相较于圆形顶管隧道，能节省约 20%的空间（图 1.2-1）。

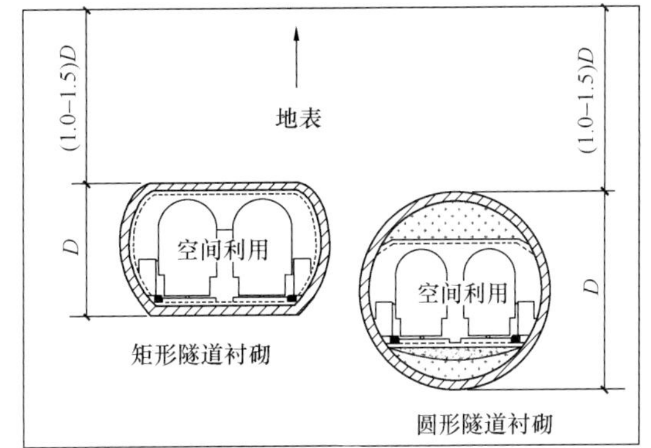

图 1.2-1　圆形隧道与矩形隧道的比较

1.2.3　机具设备发展现状

1. 国外机具设备的发展现状

20 世纪 70 年代，日本最早开发了矩形顶管机，它最初出现的目的主要用来安装矩形管道，可用于建造地下铁道的区间、车站及水底隧道旁通道等。20 世纪 80 年代后，世界各国掀起了开发异形断面掘进机的高潮，先后进行了矩形隧道、椭圆形隧道、双圆形隧道、多圆形隧道盾构掘进机及施工技术的试验研究和工程应用。

目前，矩形顶管机械及工艺发展比较成熟的国家是日本。日本在 20 世纪 80 年代开发出了矩形隧道掘进机，并应用于多条人行隧道、公路隧道、铁路隧道、地铁隧道和排水隧道的施工中。地下管线共同沟的概念也起源于日本。1981 年，名古屋和东京都采用 4.29m×3.09m 的手掘式矩形盾构掘进了 2 条长分别为 534m 和 298m 的共同沟；名古屋还采用 5.23m×4.38m 的手掘式矩形盾构掘进 1 条长 374m 的矩形隧道。20 世纪 90 年代，日本将遥控技术应用到顶管法中，操作人员在地面控制室中通过闭路电视和各种仪表进行遥控操作，对普遍采用人工开挖的顶管技术产生了重大革新。近 30 年来，日本率先研究开发了土压平衡、泥水平衡顶管机等先进顶管机头和施工工法，并在实际工程中得到了广泛的应用。

对于由圆形管道演变而来的矩形管道或者构件的顶进施工，在技术上被证明有很大的难度。根据施工经验，矩形截面管道和圆形截面管道的施工区别在于顶管机外形、切削方式及管道截面形状。形成矩形截面通道的方式主要有 3 种类型：①采用圆形顶管机对工作面实行分步切削或者全断面切削，管道的外部为圆形，内部为矩形；②顶管机外形为矩形，对工作面采用分步切削方式，管道外形与顶管机的断面一致；③顶管机外形为矩形，对工作面采用全断面切削形式，管道外形与顶管机的断面一致。

在日本采用管片拼装法和顶管机配合使用，开发出两种典型的顶管施工工法：DPLEX（Developing Parallel Link Excavating Shield Method）顶管施工法和 Takenaka 顶管施工法（由 Takenaka Ltd Company 研发），前者为多轴偏心传动顶管机，工作面上土层的切削是通过一个绕曲柄轴进行偏心转动的切削框架（或矩形切削刀盘）来实现（如图 1.2-2所示）；后者为组合刀盘顶管机（如图 1.2-3 所示），主要用来施工矩形截面的地下管道或通道，第一阶段借助常规圆形切削刀盘切削土层，第二阶段通过安装于切削刀盘后面的切削臂的钟摆运动或者小刀盘转动实现对圆形刀盘无法到达的部位的切削。近年来，为了更好地对工作面的土体进行切削，日本研发了伸缩臂式刀盘仿矩形掘进机，在刀盘转动过程中，对于圆形刀盘切削不到的工作面在刀盘中的特殊机构会自动伸长切削臂进行切削。

图 1.2-2　曲柄轴偏心转动式矩形顶管机

图 1.2-3　组合刀盘矩形顶管机

国外顶管设备的研发主要朝着全断面切削、长距离顶进和克服坚硬土质甚至是岩石掘进的方向发展，这样更能增大顶管设备的地层适应能力，同时也保证了在软土层中进行施工的动力储备。

2. 国内机具设备的发展现状

2005 年以来，随着矩形顶管施工技术在我国研究应用的不断深入，国内已经有若干设备生产厂家能够自主设计、生产矩形顶管设备。从早期上海自行研制的矩形土压平衡顶管机，到中期的 2.2m×2.2m 矩形顶管机（图 1.2-4），徐州徐工基础工程机械有限公司的长 5.193m×

图 1.2-4　2.2m×2.2m 矩形顶管机

5.03m 矩形顶管机（图 1.2-5），再到 2020 年中铁工程装备集团研制的可用于长距离顶进的全断面切削矩形顶管机，断面达 14.8m×9.4m（图 1.2-6），是世界上最大断面的矩形顶管机，代表着我国矩形顶管设备制造技术已经非常先进。

图 1.2-5 5.193m×5.03m 矩形顶管机

图 1.2-6 全断面切削矩形顶管机

1.2.4 矩形顶管理论研究现状

1. 顶推力的研究进展

目前国内外学术界并没有形成专门用于矩形顶管隧道的顶推力研究理论体系，实际工程的设计计算主要是参考圆形顶管隧道的顶推力计算方法。2000 年以前，有国外学者提出了顶力理论计算的两个假设：挖掘面稳定假设和管土全接触假设。第一种假设由 Haslem 提出，认为在顶管顶进过程中挖掘面是稳定的，管道只在底部一定宽度的表面上滑动，并且这种接触是弹性的，在其他部分由于挖掘面保持稳定管土之间没有接触，因此，顶力主要由管道自重产生的摩擦阻力组成；而第二种假设由 O'Reilly 和 Rogers 提出，认为管道顶进过程中管道周围均与土体接触，因此被周围的土体加载，顶力土要用来克服由作用在管周的土压力引起的摩擦阻力。这两种假设实际提出了两种不同的管土接触状态，这是顶力理论计算的前提。

2002 年，Pellet 等结合法国国家微型隧道工程的 9 个顶进现场监测结果，研究了注浆润滑、顶进停顿、顶进偏差和超切等参数对管周摩擦阻力的影响，并与规范中的经验法计算结果以及挖掘面稳定假设和管土全接触假设计算结果进行了比较，结果表明采用基于太沙基土压力理论的管土全接触假设在通常情况下与实际值具有较好的一致性。

2004 年，Sofianos 等结合一项雅典市排水顶管工程，监测了顶进过程中的顶进力变化，并对基于弹性解法的挖掘面稳定假设和基于太沙基土压力理论的管土全接触假设进行了对比分析。结果表明，在顶进的前段挖掘面比较稳定，可以认为管土之间只在管道底部接触；但随着顶进距离的增加，顶进荷载呈非线性增加，表明管土之间大面积的接触，可能是由于顶进偏差导致管顶和管侧与土体接触面积增加，并进而引起摩擦阻力的增加。

2013 年，熊剪采用卸载拱理论分析了矩形顶管顶进过程中矩形管节与周围土体之间的相互作用，推导了矩形顶管顶进过程中的顶力计算公式，并研究了影响矩形顶管顶力的因素。

上述关于顶推力的计算理论还不完善，基于管土全接触的假设计算理论与实际较为相符，但是预测值偏低。

2. 背土效应机制及控制措施

顶进过程中的背土现象是指在顶进过程中，由于矩形顶管机上面几乎为水平，当在顶管施工埋深较浅的情况下，上部土体的卸载拱作用相对不明显，卸载拱高度以内的土体在自重作用下坍塌覆于顶管机上表面，使得顶管机向前顶进过程中受这部分土体摩阻力的影响较为明显，土体在摩阻力反作用下会随顶管方向发生压缩变形或移动，就如同管道顶部背负着这部分土体移动一样。

控制背土效应常采用的技术措施是通过注浆降低管节及顶管机背部与土体之间的摩擦力。常用的顶管注浆润滑材料有两类，一类是以膨润土为主，另一类是以人工合成的高分子材料为主。

3. 工作面稳定性评估

目前，矩形顶管的开挖面稳定性理论研究较少，主要参考盾构隧道开挖面稳定性来进行。盾构隧道开挖面稳定性评估侧重于开挖面极限支护压力的确定。国内外学者在分析开挖面失稳破坏模式的基础上提出了许多计算模型。根据开挖面失稳破坏机制，开挖面极限支护压力的计算模型主要分为微细观分析模型和宏观力学分析模型，其中宏观力学分析模型大体又分为塑性极限理论分析方法及基于仓筒理论的楔形体力学分析模型。

Broms 等最早提出了软土中不排水开挖条件下的开挖面稳定系数法。Anagnostou 等基于 Horn 提出的三维楔形体模型，考虑土压平衡隧道开挖面前方土体地下水渗透作用，推导了相应计算公式，以评估隧道开挖面稳定性。LPCHP 等采用极限上下限法，并改进隧道开挖面前方土体破坏块体形状，得到了不同破坏模式下极限支护压力理论上下解。Lee 等结合现场实际情况考虑了地层渗流的影响，认为渗流力的水平分量影响开挖面的稳定，得出了维持盾构开挖面稳定的上限解理论，从而大大推进了顶管隧道工作面稳定性的理论研究。

国内的学者基于极限上限分析理论，通过考虑工作面的典型破坏模式以及围岩体的速度场、极限支护压力等参数，建立了顶管隧道施工条件下工作面的失稳破坏模型，该模型可考虑包括隧道埋深、隧道直径、土体内聚力与内摩擦角的影响等因素，进一步完善了工作面稳定性的理论。

1.2.5 国内外矩形顶管工程

矩形顶管施工时头部掘进机具设备大多为土压平衡型。表 1.2-1 列出了国内外矩形顶管工程。

国内外矩形顶管工程 **表 1.2-1**

年份	国家	工程名称	截面尺寸(m×m)	顶程(m)	顶管机	用途	地层
1989	美国	波士顿中央大道混凝土顶管工程	7×5	112	矩形土压平衡顶管机	下穿公路隧道	淤泥质粉质黏土

续表

年份	国家	工程名称	截面尺寸（m×m）	顶程（m）	顶管机	用途	地层
2005	印度尼西亚	雅加达市科达箱形顶管人行隧道	4×6	23	矩形土压平衡顶管机	人行通道	淤泥质粉质黏土
2006	美国	圣安东尼奥矩形顶管排水隧道	2.7×3.35	90	矩形泥水平衡顶管机	排水管道	粉质黏土及黏土
2008	澳大利亚	下穿昆士兰铁路矩形顶推隧道	7×5	55	矩形土压平衡顶管机	下穿铁路隧道	淤泥质粉质黏土
2010	美国	林奇堡市下穿铁路矩形顶推隧道	6×5	35	矩形土压平衡顶管机	下穿铁路隧道	淤泥质粉质黏土
1999	中国	上海地铁 2 号线陆家嘴车站 5 号出入口人行地道顶管工程	3.8×3.8	62.25	组合刀盘矩形土压平衡顶管机	人行通道	灰色淤泥质粉质黏土
2003	中国	宁波市药行街地下人行通道工程	6.0×4.0	50×2	土压平衡 2 个偏心多轴摆动刀盘	人行过街通道	淤泥质黏土、淤泥质粉质黏土
2004	中国	上海市中环线虹许路—北虹路下立交工程	3.42×7.85	130	土压平衡式矩形隧道掘进机	下穿公路隧道	淤泥质粉质黏土
2006	中国	上海轨道交通 6 号线浦电路站过街出入口顶管工程	6.24×4.36	42.7	土压平衡式矩形隧道掘进机	地铁站出入口	淤泥质粉质黏土
2008	中国	苏州市齐门路北延下穿沪宁铁路工程	9.1×7.4	37	土压平衡式矩形隧道掘进机	下穿铁路隧道	淤泥质粉质黏土
2008	中国	上海轨道交通 10 号线新江湾城站 5 号、7 号出入口	5.0×3.3	56.5、43.5	土压平衡式矩形顶管机	地铁站出入口	
2008	中国	上海轨道交通 10 号线殷高路站 3 号出入口	5.0×3.3	48	土压平衡式矩形顶管机	地铁站出入口	
2008	中国	南京西祠堂巷地下过街通道	5.0×3.3	42.23	土压平衡式矩形顶管机	地下过街通道	
2009	中国	广州地铁 6 号线东湖站Ⅱ号出入口过街通道	6.9×4.2	64.5	土压平衡式矩形顶管机	地铁站出入口	粉细砂层

续表

年份	国家	工程名称	截面尺寸（m×m）	顶程（m）	顶管机	用途	地层
2009	中国	上海轨道交通2号线东延伸段张江高科站顶管工程	4×6	23	多刀盘土压平衡顶管机	地铁站出入口	淤泥质粉质黏土
2009	中国	南京军区总院矩形顶管	5×3.3	44	土压平衡式矩形顶管机	过街通道	粉质黏土
2009	中国	上海轨道交通2号线东延金科路出入口过街通道	5×3.3	49.1	土压平衡式矩形顶管机	过街通道	粉质黏土
2009	中国	南京洪武路地下过街通道矩形顶管	5×3.3	43.3	土压平衡式矩形顶管机	过街通道	粉质黏土
2009	中国	南京水西门大街纪念馆地下过街通道矩形顶管	5×3.3	60	土压平衡式矩形顶管机	过街通道	粉质黏土
2009	中国	上海陆家嘴	5.5×3.3	6条	土压平衡式矩形顶管机	过街通道	粉质黏土
2010	中国	上海轨道交通2号线东延伸段金科路站顶管工程	4.2×6.9	49.1	多刀盘土压平衡顶管机	地铁站出入口	灰色淤泥质粉质黏土
2010	中国	上海外高桥13m覆土工程	5×3.3	45	土压平衡式矩形顶管机	过街通道	粉质黏土
2010	中国	上海中山医院矩形顶管	5.0×3.0	78.8	土压平衡式矩形顶管机	过街通道	粉质黏土
2011	中国	广佛地铁桂城站、南桂路站市政过街隧道矩形顶管工程	6×4.3	43.5、75	泥水平衡顶管机曲轴刀盘	地铁站出入口	粉质黏土
2012	中国	南京万达广场过街通道	5.5×3.3	88	土压平衡顶管机多刀盘	地铁站出入口	粉质黏土
2012	中国	佛山市南海区桂城站过街通道工程	6.0×4.3	43.5	泥水平衡顶管机	过街通道	淤泥质土
2012	中国	武汉地铁2号线王家墩东站Ⅳ号出入口顶管工程	4×6	62.4	多刀盘土压平衡顶管机	地铁站出入口	粉质黏土夹粉土
2012	中国	包头阿尔丁大街顶管工程	5.0×3.3	64.5	土压平衡顶管机多刀盘	过街通道	粉质黏土
2013	中国	呼和浩特市顶管工程	5.9×3.2	42×4	土压平衡顶管机多刀盘	过街通道	粉质黏土

续表

年份	国家	工程名称	截面尺寸（m×m）	顶程（m）	顶管机	用途	地层
2013	中国	广州文化公园地铁站Ⅴ号出入口矩形顶管	6.0×4.3	48.9	泥水平衡顶管机曲轴刀盘	过街通道	粉质黏土
2013	中国	郑州地铁 2 号线出入口顶管工程	6.9×4.2	58.4、53.6	土压平衡 1 大+4 小（行星刀盘）	地铁出入口	粉土、粉质黏土
2013	中国	上海市茅台路（金虹桥—长房国际）人行地道工程	6.9×4.2	25	土压平衡平行轴多刀盘	人行地道	
2014	中国	郑州市红专路下穿中州大道隧道	10.12×7.27 7.52×5.42	105	土压平衡顶管机	下穿主干道	粉土、粉细沙
2014	中国	武汉市轨道交通 7 号线一期工程第十二标段武昌火车站站 4 号出口	9.8×5.5	42	土压平衡式多刀盘	地铁出入口	
2014	中国	上海市仙霞路（尚嘉中心—友谊商城）人行地道工程	6.9×4.2	14	土压平衡多刀盘	人行地道	饱和黏性土
2014	中国	郑州市轨道交通 1 号线 04 标民航路地下通道工程	6.9×4.2			人行地道	
2014	中国	宁波市轨道交通 2 号线一期工程 TJ2104 标客运中心站矩形顶管工程	6.9×4.2	16.5			
2014	中国	上海轨道交通 12 号线土建工程 21 标段 2 号出入口顶管工程	6.0×3.3	57.3		地铁出入口	
2014	中国	广州地铁五号线科韵路站Ⅲ号出入口通道	6.0×4.3	49.6	泥水平衡顶管机曲轴刀盘	地铁出入口	细砂，中粗砂
2014	中国	南京地铁 3 号线新庄站 3 号出入口	6.9×4.9	59.2		地铁出入口	粉质黏土、粉土地层

续表

年份	国家	工程名称	截面尺寸（m×m）	顶程（m）	顶管机	用途	地层
2015	中国	郑州纬四路、商鼎路下穿中州大道隧道	10.45×7.55	110×2、212×2	土压平衡多刀盘，1大+4小（偏心摆动）	机动车道	粉土、粉质黏土
2015	中国	深圳地铁7号线华强北—华新站矩形顶管工程	6.9×4.9	41×3=123	土压平衡式矩形顶管机多刀盘	地铁出入口	
2015	中国	深圳11301标车公庙综合枢纽	6.9×4.65	58.5+82+128.5+60	土压平衡顶管机	人行通道	杂填土、淤质黏土
2015	中国	天津黑牛城道下穿隧道	10.42×7.57	96	土压平衡顶管机	下穿主干道	粉土、粉质黏土
2016	中国	深圳地铁9号线上沙—下沙地下人行过街通道工程A段B段	7.7m×4.3m	A段133.5 B段81	多刀盘组合式矩形土压平衡顶管机	地下人行通道	淤泥质黏土、中砂、砾砂
2016	中国	深圳华为产品研发园地下通道	7.7×4.5	52.3	泥水平衡顶管机1大+2曲轴刀盘	过街通道	
2016	新加坡	新加坡MRT汤申线T221车站连接车站及出入口的地下通道	7.62×5.645	150	土压平衡	过街通道	碳泥/海相淤泥、全风化花岗岩
2016	中国	南宁地铁1号线南湖站出入口过街通道工程（南湖站2条过街通道金湖广场站1条过街通道）	6.9×4.9	64.5、60、37.5	土压平衡	地铁出入口	
2016	中国	深圳地铁9号线地铁下沙站出入口及下沙过街通道	7.7×4.3	133.5、81、45	土压平衡平行轴多刀盘	地铁出入口	
2016	中国	包头市新都市中心区综合管廊工程（二期）工程	7.0×4.3	88.5			砾砂层
2016	中国	广州地铁6号线2期龙洞站出入口	6.02×4.32	29	土压平衡平行轴多刀盘	地铁出入口	粉细砂、砂质黏土
2016	中国	天津黑牛城道新八大里下穿隧道	10.42×7.57	93	土压平衡平行轴多刀盘	综合管廊人行通道	粉质黏土、粉砂

续表

年份	国家	工程名称	截面尺寸（m×m）	顶程（m）	顶管机	用途	地层
2016	中国	成都市下穿人民南路人行通道项目	6.02×4.52	56		人行通道	中密卵石局部夹杂中砂、稍密卵石、密实卵石
2016	中国	昆明市地铁6号线拓东体育馆站与拓东大成中央商务区地下连接通道矩形顶管工程	6.9×4.9	96.48	土压平衡式矩形顶管多刀盘		
2017	中国	广州机场南站—机场北站区间线路	7.0×6.43	101	矩形土压平衡顶管机	地铁区间段	冲积—洪积粉细砂层、砾砂层、土层
2017	中国	郑州市中铁装备地下停车场	5.74×5.02 2.87×5.02	共7条，每条长61.5m，5.74×5.02的5条，2.87×5.02的2条	组合式土压平衡顶管	地下停车场	粉土、粉细沙
2017	中国	苏州城北路管廊矩形顶管工程	9.1×5.5、6.9×4.2	73.8、73.8×2		管廊	
2017	中国	上海轨道交通13号线二期工程102标段东明路站2号出入口顶管工程				地铁出入口	
2017	中国	宁波市轨道交通1号线一期工程TJ-Ⅲ标区间1号出入口顶管施工				地铁出入口	
2017	中国	宁波市轨道交通2号线客运中心站3号出入口矩形顶管工程				地铁出入口	
2017	中国	宁波市新典路（广德湖北路—宁南北路）矩形顶管工程				地铁出入口	

续表

年份	国家	工程名称	截面尺寸（m×m）	顶程（m）	顶管机	用途	地层
2017	中国	武汉地铁8号线竹叶山站过街通道的大断面矩形顶管	9.8×5.5	51		地铁出入口	淤泥质粉质黏土夹粉土、粉砂
2017	中国	杭州市综合管廊工程下穿杭州市三污干管工程	7.52×5.42	213		排水	黏质粉土层
2017	中国	杭州市综合管廊工程下穿沪杭甬高速公路	7.52×5.42	309.2		管廊	黏质粉土层
2018	中国	武汉轨道交通3号线宗关站Ⅳ号出入口通道	6.92×4.92	53.69	土压平衡式矩形顶管	地铁出入口	黏土，粉质黏土
2018	中国	苏州市龙翔路矩形顶管项目龙翔路管廊友翔路顶管	5.45×4.5	80.44×2	土压平衡矩形顶管机	管廊	
2018	中国	杭州市庆春路大学路人行过街通道矩形顶管隧道工程			土压平衡矩形顶管机	人行通道	
2018	中国	上海轨道交通18号线土建工程6标周浦站矩形顶管工程			土压平衡矩形顶管机	地铁出入口	
2018	中国	上海轨道交通18号线土建工程11标迎春路站矩形顶管工程			土压平衡矩形顶管机	地铁出入口	
2018	中国	宁波市轨道交通3号线一期、4号线工程顶管出入口土建工程顶管Ⅱ标			土压平衡矩形顶管机	地铁出入口	
2018	中国	深圳地铁9号线下沙站矩形顶管工程C口、D口	7.7×4.5	28.2、37.7	土压平衡矩形顶管机	地铁出入口	
2018	中国	安徽临庐工业区管廊矩形顶管工程	6.0×4.3	160	土压平衡矩形顶管机	人行通道	
2018	中国	徐州地铁1号线西安站矩形顶管工程	6.0×4.3	31	土压平衡矩形顶管机	地铁出入口	

续表

年份	国家	工程名称	截面尺寸（m×m）	顶程（m）	顶管机	用途	地层
2018	中国	广州地铁21号线天河公园站矩形顶管工程	6.0×4.3	90	土压平衡矩形顶管机	地铁出入口	
2018	中国	安徽临庐产业园地下综合管廊工程矩形顶管机	6.0×4.3	57.51	土压平衡矩形顶管机	综合管廊	
2018	中国	宁波市轨道交通5号线一期TJ5110标腊梅路站A出入口矩形顶管工程	7.5×4.3	43.5	土压平衡矩形顶管机	地铁出入口	淤泥质黏土、淤泥质粉质黏土
2018	中国	武汉市政特种集团万象城连通道项目矩形顶管		57.53	土压平衡矩形顶管机		夹粉土层粉质黏土、粉土、粉砂
2018	中国	杭州市庆春路—东清巷人行过街设施工程顶管项目	7.1×4.7	43.8	土压平衡矩形顶管机		
2018	中国	武汉江南中心绿道武九线综合管廊工程PPP项目和平大道顶管	9.8×5.2	81	土压平衡矩形顶管机		粉砂、粉细沙层
2018	中国	徐州地铁大龙湖站出入口过街通道矩形顶管	宽6m、2号线有10条	57	土压平衡矩形顶管机		
2018	中国	广州地铁21号线施工2标增城广场站附属出入口工程	6×4.3	9段400	土压平衡矩形顶管机		
2019	中国	上海地铁14号线静安寺站	8.85×7.65	82	土压平衡平行轴多刀盘	地铁车站	淤泥质粉质黏土
2019	中国	上海市陆翔路—祁连山贯通工程	9.9×8.15	445	土压平衡平行轴六刀盘	车行通道	淤泥质粉质黏土
2019	中国	深圳华为大断面矩形顶管地下通道工程	10.2×6.6、8.1×4.9	138.3、61.2、143.9、85.6、46.6	土压平衡	人行通道	素填土，局部为砾质黏性土
2019	中国	北京新机场永兴河北路综合管廊工程项目	9.1×5.5、7.0×5.0	129	土压平衡	综合管廊	黏质粉土、粉细砂

续表

年份	国家	工程名称	截面尺寸（m×m）	顶程（m）	顶管机	用途	地层
2019	中国	广花一级公路地下综合管廊及道路快捷化改造配套工程项目	8.7×5.5	206、225、168	泥水平衡顶管	综合管廊	粉质黏土和粗、砾砂，局部存在淤泥质粉质黏土和粉、细砂
2019	中国	广州市轨道交通2、8号线延长线工程施工14标段	6.02×4.32	30.88、33.83、35.85	土压平衡顶管机六刀盘	站厅层横通道	淤泥质土、中粗砂层、全风化泥质粉砂岩
2019	中国	天津地铁6号线红旗南路站B出入口	7.0×4.3	16.53			粉质黏土层
2019	中国	福州宝龙万象广场平站结合人防工程白马路下穿矩形顶管隧道工程	9.27×9.04		土压平衡式掘进机多刀盘组合	人防加人行双层	
2019	中国	济南轨道交通1号线大杨站出入口施工	6.9×4.2	64.5	土压平衡顶管机	地铁出入口	
2019	中国	杭州省府路过街通道	6.0×4.0	17	土压平衡顶管机	人行通道	淤泥粉质黏土、夹粉土
2019	中国	台州市地下综合管廊一期（先行段）永宁河顶管工程	6.0×4.3	89	土压平衡顶管机	地下综合管廊	
2019	中国	上海淞沪路—三门路下立交工程	9.8×6.3	163	土压平衡顶管机	车行通道	
2019	中国	郑州市轨道交通4号线工程土建施工07标段一分部会展中心站附属4号出入口顶管过街通道	9.1×5.5	91.5	土压平衡顶管机	地铁出入口	黏质粉土、砂质粉土
2019	中国	郑州市轨道交通4号线工程土建施工07标段一分部商鼎路站附属3号出入口顶管过街通道	9.1×5.5	87.6	土压平衡顶管机	地铁出入口	粉质黏土

续表

年份	国家	工程名称	截面尺寸（m×m）	顶程（m）	顶管机	用途	地层
2019	中国	郑州市轨道交通 4 号线商都路站附属结构 1 号过街顶管通道	9.1×5.5	95	土压平衡顶管机	地铁出入口	粉质黏土和有机质粉质黏土层
2019	中国	郑州市轨道交通 4 号线商都路站附属结构 2 号过街顶管通道	9.1×5.5	101	土压平衡顶管机	地铁出入口	粉质黏土
2019	中国	南昌大桥西桥头治堵工程	6.0×4.3	24×2	土压平衡顶管机	人行通道	吹填砂层（细砂）
2019	中国	深圳市城市轨道交通 9 号线二期（9 号线西延线）9 怡海大道站（地下通道工程项目）	7.1×4.7	85.5	土压平衡顶管机	人行通道	砂质黏性土
2020	中国	深圳 11301 标车公庙综合枢纽	6.9×4.65	85+136	土压平衡顶管机	人行通道	
2020	中国	嘉兴环线快速路三标超大矩形顶管	14.8×9.4	100.5×2	土压平衡顶管机	车行通道	淤质黏土、粉质黏土
在建	中国	珠海环屏路工程施工项目	10.4×7.55	2×188	土压平衡顶管机	人行通道	粗砂、砂质黏性土

注：本表中工程名称为工程项目施工期间所用名称，有部分地铁线路开通后地铁站名存在名称变更。

国内矩形顶管发展分三个阶段，1999～2009 年这 10 年发展较慢，且局限在上海地区，断面小于 6m×4m；2009～2020 年，断面开始加大，项目增多，据不完全统计国内矩形顶管工程近 100 项。2016 年以后我国矩形顶管进入快速发展阶段，推广到多个城市，断面逐步加大，有代表性的共 11 个，黑牛城项目、佛山桂城站小间距项目、深圳首个钢管节项目、郑州组合工法项目、嘉兴三车道项目、福州双层现场预制管节项目、佛山地铁泥水平衡顶管机项目、新加坡海外项目、成都卵石地层项目、上海暗挖车站项目、苏州下穿运河项目；预计后期发展将更加快速。

1.3　矩形顶管发展面临的难题

矩形顶管技术在我国还处于发展推广阶段，在顶进设备方面吸收学习了国外较为先进的设计制造经验，加之国内相关研究、生产机构的摸索开发，矩形顶管设备的设计与研发取得了较大进展，所生产的矩形顶管机及相关配套设备能够满足国内矩形顶管施工的要求。在施工技术方面，矩形顶管与圆形顶管有相通之处，施工环节的各个阶段可以互相借鉴采用。但是，由于自身的特殊性，矩形顶管施工技术在实施过程中也会有需要重点考虑和解决的问题。归纳起来，其主要有以下三个方面。

1.3.1 理论方面

(1) 国内外学者对管土相互作用的研究大都以管道的轴向受力和顶管施工引起的土体变形作为关注重点，对结合顶管施工特点对管道的横、纵向受力的研究不够深入。

(2) 国内外学者对注浆过程中浆液、管道、土体三者之间的相互作用机制缺乏深入的了解，在计算顶推力的过程中，采用减摩泥浆的情况下，既有的计算公式结果偏大，主要体现在注入减摩泥浆后的摩阻因数会减小，因此注入减摩泥浆后的摩阻因数的确定有待进一步研究。

(3) 目前的理论研究着重于顶管施工过程中的地面变形，而对顶管施工中管道力学特性和施工后直至土体最终稳定的长期移动缺少深入的研究。

(4) 毫无疑问，用于各类岩土和结构工程中的数值计算方法，同样适用于矩形顶管施工过程中一些规律性的变化趋势和关键影响因素的研究，并为施工现场提供指导性建议，优化顶管施工工艺环节。但由于国内工程不多，算例较少，模型中的一些参数，尤其是土力学模型参数的取值不易符合工程实际。因此，目前数值方法尚不能成为很准确的计算方法。

1.3.2 设计方面

迄今为止，我国还没有专门针对矩形顶管结构设计的规范出台，矩形顶管工程中的结构设计是参考了现行行业标准《公路桥涵设计通用规范》JTG D60 和《公路隧道设计规范　第一册　土建工程》JTG 3370.1。目前矩形顶管工程参考采用的规范主要是中国非开挖技术协会行业标准《顶管施工技术及验收规范（试行）》(2012 年版)、中国工程建设协会标准《给水排水工程顶管技术规程》CECS 246—2008 和《给水排水工程埋地矩形管管道结构设计规程》CECS 145—2002。设计理论主要是沿用了圆形顶管的设计思路。为了更好地指导大型矩形隧道顶管施工的设计及施工，需要规范和统一矩形管节的结构设计。

1.3.3 施工方面

(1) 顶管掘进机掘进时易引起机头背土，加剧对土体扰动和流失，严重时会造成地面塌陷和管线破坏。

(2) 机头顶进时顶力及扭矩大，顶管机姿态难以控制。

(3) 刀盘切削面积大，对土层的扰动范围大，易造成地面及管线沉降，控制难度大。

(4) 小间距顶进时，顶进过程中产生的侧压力不仅会对邻近已成型通道产生影响，引起相邻管节发生变形和位移，甚至造成破坏，而且已成型通道四周土体受相邻顶管顶进施工时再次扰动，易引起地面及管线沉降叠加，造成周边环境破坏。

1.4 矩形顶管发展趋势

随着我国经济持续稳定地增长，城市化进程的进一步加快，我国的地下管线的需求量也在逐年增加。加之人们对环境保护意识的增强，顶管技术将在我国地下管线的施工中起到越来越重要的地位和作用。非开挖技术的发展必将向规模化、规范化、国际化的方向发展。

在我国经济高速增长的支持下，矩形顶管技术的发展将面临前所未有的机遇，在加快引进国外先进技术的基本上，努力消化创新，加强研发和人才培养，其前景是非常乐观的。纵观国内外矩形顶管技术的发展，发展方向将是多元化和多样化。

在顶进断面方面，向大断面方向发展。目前矩形顶管的最大断面积达到 140m^2。矩形顶管工法具有如下特点：一是未来 5 年将有约 60km 的管廊采用矩形顶管工法施工；二是随着矩形顶管工法的推广应用，综合造价也将降低，装备制造和工法研究水平将显著提高。急需加快综合管廊相关规范、收费标准的全面完善。

在顶进距离方面，向长距离方向发展。目前矩形顶管的最大顶进距离达到 230m。顶管施工形式主要为土压式顶管施工技术。随着高精度长距离测量技术进一步的发展应用，通风系统的完善，中继间技术、注浆减摩技术的进步，排渣系统的发展、刀盘切削系统、推进系统、出土输送系统、供电液压系统、中继系统、监控系统、测量导向系统等一系列技术的突破，现有的一次性顶进距离将不断刷新，各种复杂曲线矩形顶管也将陆续出现。

在复杂环境方面，城市地下大断面矩形顶管施工中，施工场所周围一般敷设有较多的地下管线、地铁等其他地下工程设施，施工风险大，穿越此类区域时要避免顶进施工对周边管线或设施等造成影响，施工环境将越来越复杂。可能会遇到软岩、复合地层、高水压、穿越河道等情况。

在顶管埋深方面，受功能需求要求，向浅埋深方向发展。目前矩形顶管浅埋深度已经达到 4.0m，预计未来将有重大突破。

在顶进装备方面，受市场需求导向，矩形顶管设备发展方向一是为施工大跨地下空间，如地铁车站、地下商场等研制大断面顶管机，目前最大断面矩形顶管设备是为嘉兴市区快速路工程研制的顶管设备，断面面积达到 140m^2（图 1.4-1）；二是创新注浆减摩技术、长距离推进技术开发的施工顶管设备；三是为解决含岩地层全断面开挖破碎技术研制复合地层顶管设备（图 1.4.2）。

图 1.4-1　嘉兴市区快速路工程顶管设备

图 1.4-2　大断面矩形岩石顶管设备

1.5　相关术语

1. 矩形顶管机　rectangular pipe jacking machine

采用矩形横断面的顶管掘进成套设备，根据平衡开挖面地层压力的不同，可分为矩形土压平衡顶管机和矩形泥水平衡顶管机。

2. 工作井　working shaft

用于顶管设备安装调试、管节拼装及顶进施工、设备拆解和吊出的地下作业空间，包括始发井和接收井。

3. 大断面矩形顶管　pipe jacking engineering with large rectangular cross section

横断面面积不小于 $40m^2$ 的矩形顶管。

4. 长距离矩形顶管　long distance pipe jacking with rectangular cross section

一次顶进长度大于 200m 的矩形顶管。

5. 穿墙洞　portal for pipe jacking

顶管机进出始发井和接收井的洞门。

6. 始发　launching

顶管机由工作井进入地层开始顶进的过程。

7. 接收　receiving

顶管机由地层进入接收井完成顶进的过程。

8. 反力墙　reacting-force wall

工作井内承受顶推反力的结构墙体。

9. 后靠　jacking base

安装在顶推液压缸与反力墙之间，使反力均匀的施加在反力墙上的装置。

10. 中继间　intermediate jacking station

顶管机顶推系统能力不足时，随管节一同前进的接力顶进装置，主要由前后壳体、推进液压缸、阀组、泵站、行程测量装置等组成。

11. 触变泥浆　thixotropic slurry

用于填充隧道外壁与土体之间的空隙并起到减阻作用的泥浆。

12. 管节　segment

分节浇筑或拼装成型的用于矩形顶管顶进的结构单元。

第2章　勘　　察

2.1　概述

矩形顶管工程的岩土勘察应按照工程建设各勘察阶段的要求，正确反映工程地质条件，查明地质作用和地质灾害，精心勘察、精心分析、提出完整、评价正确的勘察报告。为顶管工程设计、顶管机械选型、顶管施工提供岩土工程资料。

2.1.1　工程勘察的主要任务

（1）查明勘察范围的地形地貌特征、构造特征、地层分布、地层层序、地质年代、岩层产状、岩层接触关系。

（2）查明岩土特征、岩土分布、岩土界面，划分和描述岩土层，提出隧道围岩分级和土石可挖性分级，尤其应注意划分和描述同一时代的岩层但工程特征差别大的岩性；查明基岩面的埋深与起伏。

（3）查明勘察范围内及其附近不良地质现象的特征和分布；预测地质灾害的发生、发展趋势，以及对线路危害程度和影响。重点是查顶管工程处地层岩性、风化层分带及风化程度或有无断层破碎带宽度，断层岩的胶结状态。

（4）查明沿线范围内各层岩土的类别、结构、厚度、坡度、工程特性，计算和评价底层稳定性和承载力。

（5）划分场地土类型和场地类别，分析预测地震效应，判定饱和砂土或饱和粉土的地震液化，并应计算液化指数。

（6）查明地下水的性质、补给条件、各土层的渗透性及水流量，提供降水设计所需的计算参数和方案建议。判定环境水和土对混凝土和金属材料的腐蚀性。

（7）判定地基土及地下水在顶管施工和使用期间可能产生的变化及其对工程的影响，论证和评价本工程盾构隧道的可行性、其他各段施工方法的可行性以及对邻近工程的影响，提出防治措施和建议。对穿越河涌段还应论证河床和岸坡的稳定性。

（8）查明顶管工程沿线土层有无对人体有害的气体。

（9）查明顶管施工所涉及范围既有地下管线的性质及类型、地下建（构）筑物的基础及结构类型以及其他障碍物的类型。

（10）提供顶管段及工作井工程设计所需的岩土技术参数、围岩分类、开挖及支护建议、地下水防治建议、隧道开挖监测建议以及施工中需要注意的问题。

（11）查明软土的分布范围、厚度、固结状态、富水性和震陷特征，地下硬土层的埋深与起伏；查明砂层（包括软土中对固结排水和强度改善有作用的砂土层）的分布与厚度，透水性、液化特征等。

（12）查明岩土物理力学性质，确定地基承载力，提出基础埋深建议，提出基础设计方案或治理意见。进行岩土体边坡的稳定性分析与评价，提出合理的工程治理措施建议。

2.1.2 顶管工程勘察重点

顶管工程勘察应依据《市政工程勘察规范》CJJ 56—2012，《地基动力特性测试规范》GB/T 50269—2015，《土工试验方法标准》GB/T 50123—2019，《土的工程分类标准》GB/T 50145—2007，《建筑工程地质勘探与取样技术规程》JGJ/T 87—2012，《软土地区岩土工程勘察规程》JGJ 83—2011，《岩石和岩体鉴定和描述标准》CECS 239：2008，《岩土工程勘察报告编制标准》CECS 99：98，《房屋建筑和市政基础设施工程勘察文件编制深度规定》（2020年版）等规范与文件。

在线路勘察方面应优先执行国家标准《城市轨道交通岩土工程勘察规范》GB 50307—2012，在勘察手段和操作方面可优先执行国家标准《岩土工程勘察规范》GB 50021—2001（2009年版）。在软土分布区，其相应的要求可执行国家行业标准《软土地区岩土工程勘察规程》JGJ 83—2011。

在初步勘察完成后，应根据勘察结果和周边环境，判断采用顶管施工的可行性。对线路长度大、沿线情况复杂的顶管工程，宜进行线路比选的选线勘察。

（1）查明场地岩土类型、成因、工程性质与分布，重点查明高灵敏度软土层、松散砂土层、高塑性黏性土层、含承压水砂层、软硬不均地层、含漂石或卵石地层等的分布和特征，分析评价其对顶管施工的影响。

（2）基岩地区应查明岩土分界面位置、构造破碎带、岩脉分布与特征，并评价其对顶管施工的影响。

（3）通过专项勘察查明溶洞、土洞、孤石、风化岩和残积土中的球状风化体、地下障碍物、有害气体的分布规律。

（4）重点给出砂、卵石层和强风化、全风化岩的颗粒组成、最大粒径及曲率系数和不均匀系数，土层的黏粒含量，以及岩石裂隙描述、岩石质量指标（RQD值）、砾石的耐磨矿物描述等。

（5）对顶管始发、接收井及顶管段的地质条件进行分析和评价，预测可能发生的岩土工程问题，提出岩土加固范围和方法建议。

（6）根据隧道围岩条件、断面尺寸和形式，对顶管设备选型和刀盘、刀具的选择以及辅助工法的确定提出建议，并按照相关标准提供岩土参数。

（7）分析顶管施工过程中引起地面隆起和沉降的变形特征，并根据工程周边环境变形控制要求，对施工工艺参数、不良地质体的处理、管片背后注浆加固、隧道衬砌以及环境保护提出建议。

2.2 工程环境调查

2.2.1 管线调查

查明施工场地有无已铺设的地下管线（包括给水排水、燃气、热力、工业等各种管道以及电力和电信电缆），如有，则查明地下管线的平面位置、走向、埋深（或高程）、规格、性质、材质等，并编绘地下管线图；除此以外，还应查明每条管线的铺设年代和产权单位。其目的是为了保护已有地下管线，防止施工时造成对管线的破坏，因此，其探测范围应包括整个施工区域和可能受施工影响威胁地下管线安全的区域。

2.2.2 邻近建（构）筑物调查

在工程施工前，组织土建工程师和有经验的测量人员对工程附近建筑物及构筑物（如市政桥梁、隧道、排水泵站、调蓄池、堤岸等）现有状况进行调查，对调查范围内的建筑物名称、位置、所属业主、建筑物的用途、建造时间、结构类型、基础类型及其与结构边线的相对应位置关系，制定可行的施工方案和建（构）筑物保护方案，确保建（构）筑物的安全。同时，换施工中应加强相关的变形监测工作，勤观察、早预警。

2.2.3 地下障碍物调查

拟建工程沿线区域内地下障碍物主要包括沟浜、古河道、防空洞、墓穴等，区域内的地下埋藏物主要有各地下管线、构筑物基础及钻探遗留物等。

2.3 工程勘察

2.3.1 勘察方法

按照顶管工程任务书的要求，依据相关的规范、规程和技术标准的要求，结合地区规程经验，拟建工程以工程地质钻探作为主要的岩土工程勘察手段，辅以标准贯入试验等原位测试手段和室内岩土测试，查明拟建工程沿线场地内各岩土层的工程地质特征和物理力学性能。

拟建工程的主要勘察方法及工作量的要求如下：

1. 通过工程地质钻探，进行地层划分

对拟建工程沿线的黏性土层、砂土层及全～强风化岩层进行标准贯入试验，原则上每一工程地质层的测试数量不少于6次；

对拟建工程沿线场地内的各岩土层采取试样，并按照相关规范的要求进行测试；

选择合适的场地采取地下水试样并进行水质分析，以进行地下水对建筑材料的腐蚀性评价，测试数量不应少于3组；

工程地质钻探一般采用全钻孔取芯钻进，地下水位以上采用干钻，地下水位以下采用泥浆护壁回旋钻进工艺成孔。开孔孔径不少于150mm，终孔直径不少于75mm。成孔过程中，土层回次进尺不宜大于2.00m，岩层回次进尺不宜大于0.50m。对于完整岩层岩芯采取率不宜小于80%，破碎岩层的岩芯采取率不宜小于65%。地质编录由符合相关管理规定要求的专业技术人员承担，岩土鉴别采用肉眼鉴别与标准化相结合的方法进行。岩芯按照规定摆放后，由现场编录人员拍摄数码照片并存档。

2. 岩土试样的采取与保存

拟建工程中软塑～可塑黏性土试样的采取采用薄壁取土器，以快速静力连续压入法采取；硬塑及坚硬黏性土试样的采取采用厚壁取土器；砂土试样采取扰动样，以进行颗粒分析试验。岩样的采取以现场钻取的岩芯制作完成。岩土试验现场保存于有良好遮盖的环境中，避免日晒、雨淋，试样转运中，避免剧烈的振动。对于保存周期超过 3 周的，作丢弃处理。

3. 标准贯入试验

在所有钻孔中按《岩土工程勘察规范》GB 50021—2001（2009 年版）第 10.5 条的规定进行标准贯入试验。利用标准贯入试验击数判定土层状态，划分全、强风化岩层；另可根据经过杆长修正后的修正击数，参考广东省现行地方标准《建筑地基基础设计规范》DBJ 15—31 中的相应条款，结合现场土岩鉴别和室内土岩试验结果，建议土、岩承载力特征值 f_{ak}。计算土层基床系数[$K=(1.5\sim3.0)N$]时，需进行杆长修正，并按规范相应的统计方法进行统计。

试验前清孔，标贯器放入孔底后先预打 15cm，开始记录每贯入 10cm 的锤击数，累计贯入 30cm 的锤击数为标注贯入试验锤击数 N。当锤击数已达 50 击，而贯入深度未达 30cm 时，可记录 50 击的实际贯入深度，按下式换算成相当于 30cm 的标准贯入试验锤击数 N，并终止试验。

$$N = 30 \times 50/\Delta S \tag{2.3-1}$$

式中　ΔS——50 击时的贯入度（cm）。

4. 波速测试

拟建工程沿线场地内由于交通繁忙，信号源干扰因素较多，难以进行原位的波速测试工作。

拟建工程进行波速测试的主要目的是：通过获取的地层剪切波速成果，进行相应钻孔的等效剪切波速计算，配合覆盖层厚度成果，进行建筑场地类别的判别。

为满足上述要求，拟建工程依据相关规范和规程的规定，结合地区工程经验采用经验波速法进行单孔等效剪切波速的计算，各岩土层剪切波速经验值的确定以《工程地质手册（第五版）》之部分章节的经验公式，结合地区工程经验修正确定。为避免因经验波速的干扰导致的场地类别的误判，拟建工程对全部施工的工程地质钻孔均进行相关的运算（未钻穿覆盖层的钻孔除外）。

5. 抽水试验

拟建工程中抽水试验的目的在于：通过抽水试验，获取含水层的水文地质参数，特别是渗透系数参数，以便于在基坑支护的设计和施工中进行地下水的控制。

抽水试验孔以既有的工程地质钻孔扩孔改造而来，对于测试含水层意外的含水层采用封堵措施，避免对测试目的含水层造成干扰。

2.3.2　工程地质勘查

（1）顶管勘探孔宜在顶管管节外壁两侧 5m 范围内布置，两侧勘探孔应呈“Z”字形交错布置，当工程安全等级要求较高时，可在顶管轴线位置布孔。

（2）勘探孔的间距应满足表 2.3-1 的要求，并应符合现行国家标准《岩土工程勘察规范》GB 50021 的有关规定。

勘探孔的间距（m） 表 2.3-1

场地类别	复杂场地	中等复杂场地	简单场地
初步勘察	30～60	60～100	100～200
详细勘察	10～30	20～50	40～100

（3）勘探孔的布置应符合下列规定：

1）管道穿越铁道、公路地段时，勘探孔移位不宜偏离管线边线超过 5m，勘探孔间距应以能控制地层土质变化为原则，且不得少于 2 个勘探孔；

2）在每个地貌单元、地貌单元交界部位、管线转角处、穿越铁路或公路的地段等复杂条件下，应根据场地复杂程度适当增加勘探孔数量；

3）穿越暗河、暗湖、暗坑、溶洞或可能产生流砂和液化等地质条件复杂的地段时，勘探孔数量应适当增加；

4）穿越河流时，河流两岸及河床上应布置勘探孔，数量不应少于 3 个；

5）每个工作井不得少于 2 个勘探孔，复杂地质条件下，宜在矩形工作井的四角或圆形工作井的周边布置勘探孔并增加勘探孔数。

（4）一般性勘探孔的深度应达到管底设计标高以下 3～5m，控制性勘探孔的深度宜达到管底设计标高以下 5～10m，并应符合下列规定：

1）当管线穿越河流时，勘探孔深度应达到河床最大冲刷深度以下 5～10m；

2）当管线基底下存在松软土层、湿陷性土及可能产生流砂、潜蚀或液化地层时，勘探孔深度应加深或钻穿；

3）采取降低地下水位来进行管线施工的地段，勘探孔孔深应在管底以下 5～10m，且应穿透主要含水层；

4）当管线下部有承压强透水层时，勘探孔宜钻穿承压水层，并应量测和评估承压水位；

5）始发井和接收井的勘探孔深度不应小于井底以下 5m，对深厚软土、强透水层等地层应适当加深并应穿透。

2.3.3 水文地质勘察

（1）应调查地下水类型、含水层、地下水埋藏条件、补给与排泄条件、分布特征。

（2）应调查历史上地下水的最高水位、最低水位、水位变化幅度。

（3）应测定地下水的 pH 值和氯离子、钙离子和硫酸根离子等的含量，评价地下水对混凝土、钢、铸铁及橡胶的腐蚀程度。

（4）当地下有承压水分布时，应量测承压水的压力，评价对顶管工程施工的影响。

（5）当地下水位受潮汐水位影响时，应评价对顶管工程施工的影响。

拟建工程沿线场地内的地下水对混凝土结构具有微腐蚀性，对钢筋混凝土结构中的钢筋在长期浸水条件下具有微腐蚀，在干湿条件下具有弱腐蚀性；沿线场地内的地表水对混凝土结构及钢筋混凝土结构中的钢筋均具有微腐蚀性。

2.4　岩土工程分析与评价

2.4.1　岩土参数统计原则与方法

1. 统计方法

顶管工程岩土参数应按照表 2.4-1 选择。

顶管法勘察岩土参数选择表　　　　表 2.4-1

类别	参数	类别	参数
地下水	1. 地下水位	物理性质	1. 相对密度、含水量、重力密度、孔隙比
	2. 孔隙水压力		2. 含砾石量、含砂量、含粉砂量、含黏土量；
	3. 渗透系数		3. d_{50}、d_{10}及不均匀系数 d_{60}/d_{10}
	4. 流速、流向		4. 砾石中的石英、长石等硬质矿物含量
力学性质	1. 无侧限抗压强度		5. 最大粒径砾石形状、尺寸及硬度
	2. 内聚力、内摩擦角		6. 颗分曲线
	3. 压缩模量、压缩系数		7. 液限、塑限
	4. 泊松比		8. 灵敏度
	5. 静止侧压力系数		9. 波速
	6. 标贯击数		10. 岩石岩矿组成及硬质矿物含量
	7. 基床系数	缺氧及有害气体	1. 土的化学组成
	8. 岩石质量指标（RQD 值）		2. 有害气体成分、压力、含量
	9. 岩石天然抗压强度		3. 地层缺氧情况

岩土的物理力学指标根据《岩土工程勘察规范》GB 50021—2001（2009 年版）第 14.2.2 条按场地的工程地质单元和层位分别统计，其中土的粒度分析成果的标准值等数值无实际意义，故不进行计算。在进行统计时，数据的粗差剔除原则上采用三倍标准差法，但个别数据由于岩土层的不均匀性或为夹层而造成数据明显差异的，也予以剔除。有关参数的计算公式如下：

平均值公式：
$$\varphi_{\mathrm{m}}=\frac{1}{n}\sum_{i=1}^{n}\varphi_i \tag{2.4-1}$$

标准差公式：
$$\sigma_{\mathrm{f}}=\sqrt{\frac{1}{n-1}\left[\sum_{i=1}^{n}\varphi_i^2-\left(\sum_{i=1}^{n}\varphi_i\right)^2/n\right]} \tag{2.4-2}$$

变异系数公式：
$$\delta=\frac{\sigma_{\mathrm{f}}}{\varphi_{\mathrm{m}}} \tag{2.4-3}$$

标准值公式：
$$\varphi_{\mathrm{k}}=\gamma_{\mathrm{s}}\cdot\varphi_{\mathrm{m}}\text{，其中 }\gamma_{\mathrm{s}}=1\pm\left(\frac{1.704}{\sqrt{n}}+\frac{4.678}{n^2}\right)\delta \tag{2.4-4}$$

式中　φ_i——岩土参数测试值；

n——参加统计的子样数；

γ_{s}——统计修正系数，式中正负号按不利组合考虑。

2. 统计数据的可靠性

样品基本具有代表性，试验方法与操作正确，综合测试手段先进、方法得当、数据合理，具有较好的代表性，但因地层岩性的不均一性及岩相的变化，各种测试方法提供各种相同数值时具有差异性。所以，所统计的各种数值必须经过分析筛选，结合各种经验，有目的地选择利用。

3. 关于统计指标的说明

岩土参数建议值应满足工程需要，根据有关规范的规定在室内试验和原位测试的基础上，利用其统计结果进一步计算、查规范或规程中相关表格，并结合地区经验综合判断之后，所给出的各岩土层的参数。

根据国家标准《岩土工程勘察规范》GB 50021—2001（2009 年版）第 14.2 条及《建筑地基基础设计规范》GB 50007—2011 第 4.2 条有关规定，承载能力极限状态计算需要的岩土参数（如岩土的抗剪强度指标）应采用指标的标准值，该值可按勘察报告统计表中各岩土参数标准值采用；正常使用极限状态计算需要的岩土参数（如压缩系数、压缩模量、渗透系数）可采用指标的平均值。当其变异性较大时，可根据地区经验适当调整；评价岩体、土体性状需要的岩土参数（如天然重力密度、天然含水率、液限、塑性指数、饱和度、相对密实度、吸水率及土层的厚度等）应采用平均值；当设计规范另有专门规定标准值的取值方法时，可按有关规范执行。

4. 室内试验统计指标

勘察报告所列岩土物理力学统计指标，是指按有关规范及试验、测试要求的方法，对室内试验数据进行统计后所获得的指标。其中天然重度、天然含水率、液限、塑性指数、饱和度、吸水率、压缩系数、压缩模量、渗透系数、粒度分析、热物理指标等均依据《土工试验方法标准》GB/T 50123—2019 通过室内试验取得。

5. 原位测试统计指标

勘察报告中提供的击数 N 值即标贯击数均为实测击数（未经杆长修正）。利用标准贯入试验击数判定土层状态、砂层密实度，划分全、强风化岩层；另可根据经过杆长修正后的修正击数，结合现场土岩鉴别和室内土岩试验结果，建议土、岩承载力特征值 f_{ak}。计算土层基床系数[$K=(1.5\sim3.0)N$]时，N 为实测击数值。

6. 岩土施工工程分级原则

根据国家标准《城市轨道交通岩土工程勘察规范》GB 50307—2012 第 4.4.2 条及附录 E 对岩土施工工程分级（表 2.4-2）。

隧道围岩分级 **表 2.4-2**

围岩级别	围岩主要工程地质条件		围岩开挖后的稳定状态（单线）	围岩弹性纵波波速 V_p (km/s)
	主要工程地质特征	结构形态和完整状态		
Ⅰ	坚硬岩（单轴饱和抗压强度 $f_r>60$MPa）；受地质构造影响轻微，节理不发育，无软弱面（或夹层）；层状岩层为巨厚层或厚层，层间结合良好，岩体完整	呈巨块状整体结构	围岩稳定，无坍塌，可能产生岩爆	>4.5

续表

围岩级别	围岩主要工程地质条件		围岩开挖后的稳定状态（单线）	围岩弹性纵波波速V_k（km/s）
	主要工程地质特征	结构形态和完整状态		
Ⅱ	坚硬岩（$f_{rk}>60$MPa）：受地质构造影响较重，节理较发育，有少量软弱面（或夹层）和贯通微张节理，但其产状及组合关系不致产生滑动；层状岩层为中层或厚层，层间结合一般，很少有分离现象；或为硬质岩偶夹软质岩石；岩体较完整	呈大块状砌体结构	暴露时间长，可能会出现局部小坍塌，侧壁稳定，层间结合差的平缓岩层顶板易塌落	3.5～4.5
	较硬岩（30MPa$<f_{rk}\leqslant$60MPa）受地质构造影响轻微，节理不发育；层状岩层为厚层，层间结合良好，岩体完整	呈巨块状整体结构		
Ⅲ	坚硬岩和较硬岩：受地质构造影响较重，节理较发育，有层状软弱面（或夹层），但其产状组合关系尚不致产生滑动；层状岩层为薄层或中层，层间结合差，多有分离现象；或为硬、软质岩石互层	呈块石状镶嵌结构	拱部无支护时可能产生局部小坍塌，侧壁基本稳定，爆破震动过大易塌落	2.5～4.0
	较软岩（15MPa$<f_{rk}\leqslant$30MPa）和软岩（5MPa$<f_{rk}\leqslant$15MPa）：受地质构造影响严重，节理较发育；层状岩层为薄层、中厚层或厚层，层间结合一般	呈大块状砌体结构		
Ⅳ	坚硬岩和较硬岩：受地质构造影响极严重，节理较发育；层状软弱面（或夹层）已基本破坏	呈碎石状压碎结构	拱部无支护时可产生较大坍塌，侧壁有时失去稳定	1.5～3.0
	较软岩和软岩：受地质构造影响严重，节理较发育	呈块石、碎石状镶嵌结构		
	土体： 1. 具压密或成岩作用的黏性土、粉土及碎石土 2. 黄土（Q_1、Q_2） 3. 一般钙质或铁质胶结的碎石土、卵石土、粗角砾土、粗圆砾土、大块石土	1和2呈大块状压密结构，3呈巨块状整体结构		
Ⅴ	岩体：受地质构造影响严重，裂隙杂乱，呈石夹土或土夹石状	呈角砾碎石状松散结构	围岩易坍塌，处理不当会出现大坍塌，侧壁经常小坍塌；浅埋时易出现地表下沉（陷）或塌至地表	1.0～2.0
	土体：一般第四系的坚硬、硬塑的黏性土、稍密及以上、稍湿或潮湿的碎石土、卵石土，圆砾土、角砾土、粉土及黄土（Q_3、Q_4）	非黏性土呈松散结构，黏性土及黄土松软状结构		
Ⅵ	岩体：受地质构造影响严重，呈碎石、角砾及粉末、泥土状	呈松软状	围岩极易坍塌变形，有水时土砂常与水一齐涌出，浅埋时易塌至地表	<1.0（饱和状态的土<1.5）
	土体：软塑状黏性土、饱和的粉土和砂类等土	黏性土呈易蠕动的松软结构，砂性土呈潮湿松散结构		

注：1. 表中“围岩级别”和“围岩主要工程地质条件”栏，不包括膨胀性围岩、多年冻土等特殊岩土。

2. 软质岩石Ⅱ、Ⅲ类围岩遇有地下水时，可根据具体情况和施工条件适当降低围岩级别。

此外，Ⅲ、Ⅳ、Ⅴ级围岩遇有地下水时，可根据具体情况和施工条件适当降低围岩级别。最终的隧道围岩级别应根据围岩基本分级，受地下水、断裂、环境条件等影响的综合确定。

2.4.2 场地和地基的地震效应评价

按《建筑抗震设计规范》GB 50011—2010（2016年版）划分建筑场地类别、场地土类型、地基土液化判别。

1. 建筑抗震地段划分

选择建筑场地时，应按《建筑抗震设计规范》GB 50011—2010（2016年版）表2.4-3划分对建筑抗震有利、一般、不利和危险的地段。

有利、一般、不利和危险地段的划分　　表2.4-3

地段类别	地质、地形、地貌
有利地段	稳定基岩，坚硬土，开阔、平坦、密实、均匀的中硬土等
一般地段	不属于有利、不利和危险的地段
不利地段	软弱土，液化土，条状突出的山嘴，高耸孤立的山丘，陡坡，陡坎，河岸和边坡的边缘，平面分布上成因、岩性、状态明显不均匀的土层（含故河道、疏松的断层破碎带、暗埋的塘浜沟谷和半填半挖地基），高含水量的可塑黄土，地表存在结构性裂缝等
危险地段	地震时可能发生滑坡、崩塌、地陷、地裂、泥石流等及发展断裂带上可能发生地表位错的部位

2. 抗震设防烈度

根据国家标准《建筑抗震设计规范》GB 50011—2010（2016年版）附录A，确定建筑场地抗震设防烈度、设计基本地震加速度、场地地震设计分组。

顶管工法常用于城镇给排水、燃气、热力、电力工程，此类所有建筑为地震时使用功能不能中断或需尽快恢复的生命线相关建筑，按现行国家标准《建筑工程抗震设防分类标准》GB 50223—2008可划分为重点设防类，简称乙类。相应地，应按高于本地区抗震设防烈度一度的要求加强其抗震措施；地基基础的抗震措施，应符合有关规定；同时应按本地区抗震设防烈度确定其地震作用。

3. 场地土的类型

依据《建筑抗震设计规范》GB 50011—2010（2016年版）第4.1.3条的规定，场地土的类型划分应根据现场土岩层波速试验和岩土层的状态特征进行综合评价且应满足表2.4-4的要求。

土的类型划分和剪切波速范围　　表2.4-4

土的类型	岩土名称和性状	土层剪切波速范围（m/s）
岩石	坚硬、较硬且完整的岩石	$v_s>800$
坚硬土或软质岩石	破碎和较破碎的岩石或软和较软的岩石，密实的碎石土	$800\geq v_s>500$
中硬土	中密、稍密的碎石土，密实、中密的砾、粗、中砂，$f_{ak}>150$的黏性土和粉土，坚硬黄土	$500\geq v_s>250$
中软土	稍密的砾、粗、中砂，除松散外的细、粉砂，$f_{ak}\leq 150$的黏性土和粉土，$f_{ak}>130$的填土，可塑新黄土	$250\geq v_s>150$
软弱土	淤泥和淤泥质土，松散的砂，新近沉积的黏性土和粉土，$f_{ak}\leq 130$的填土，流塑黄土	$v_s\leq 150$

注：f_{ak}为由载荷试验等方法得到的地基承载力特征值（kPa）；v_s为岩土剪切波速。

4. 建筑场地类别

依据《建筑抗震设计规范》GB 50011—2010（2016年版），建筑场地的类别划分，应根据土层等效剪切波速和场地覆盖层厚度按规范中表4.1.6进行判别。建筑场地覆盖层的厚度确定应符合规范第4.1.4条的相关规定：

（1）一般情况下，应按地面至剪切波速大于500m/s且其下卧各层岩土的剪切波速均不小于500m/s的土层顶面的距离确定。

（2）当地面5m以下存在剪切波速大于其上部各土层剪切波速2.5倍的土层，且该层及其下卧各层岩土的剪切波速均不小于400m/s时，可按地面至该土层顶面的距离确定。

（3）剪切波速大于500m/s的孤石、透镜体，应视同周围土层。

（4）土层中的火山岩硬夹层，应视为刚体，其厚度应从覆盖土层中扣除。

土层的等效剪切波速，应满足规范第4.1.5条的规定，按下列公式计算：

$$v_{se} = d_0/t \tag{2.4-5}$$

$$t = \sum_{i=1}^{n}(d_i/v_{si}) \tag{2.4-6}$$

式中：v_{se}——土层的等效剪切波速（m/s）；

d_0——计算深度（m），取覆盖层厚度和20m两者的较小值；

t——剪切波在地面至计算深度之间的传播时间；

d_i——计算深度范围内第i土层的厚度（m）；

v_{si}——计算深度范围内第i土层的剪切波速（m/s）；

n——计算深度范围内土层的分层数。

（5）根据《建筑抗震设计规范》GB 50011—2010（2016年版）规定，场地土类型应按剪切波速范围划分，对多层土可取地表下20m且不深于场地覆盖层厚度范围内各土层剪切波速，按土层厚度加权的平均值确定等效剪切波速，再按等效剪切波速范围确定土层的类型；建筑场地类别则按场地土等效剪切波范围和覆盖层厚度d_{ov}这两个指标来确定。

建筑场地自地表以下20m，且$v_s \leqslant 500$m/s的深度，其等效剪切波速$v_{se} \leqslant 150$m/s属软弱场地土；250m/s$\geqslant v_{se} >$150m/s属中软场地土；500m/s$\geqslant v_{se} >$250m/s属中硬场地土；800m/s$\geqslant v_{se} >$500m/s属坚硬场地土或软质岩石；$v_{se} >$800m/s属岩石。

建筑场地类别，根据场地土类型和场地覆盖层厚度划分为五类（表2.4-5）。场地覆盖层厚度，应按地面至剪切波速$v_{se} \leqslant 500$m/s的土层或坚硬土顶面的距离确定。

建筑场地类别划分表 **表2.4-5**

岩石的剪切波速或土的等效剪切波速 v_{se}（m/s）	场地类别				
	Ⅰ$_0$	Ⅰ$_1$	Ⅱ	Ⅲ	Ⅳ
$v_{se} > 800$	0				
$800 \geqslant v_{se} > 500$		0			
$500 \geqslant v_{se} > 250$		<5	≥5		
$250 \geqslant v_{se} > 150$		<3	3～50	>50	
$v_{se} \leqslant 150$		<3	3～15	15～80	>80

2.4.3 砂土地震液化

饱和砂土和饱和粉土（不含黄土）的液化判别和地基处理，6 度时，一般情况下可不进行判别和处理，但对液化沉陷敏感的乙类建筑可按 7 度的要求进行判别和处理，7～9 度时乙类建筑可按本地区抗震设防烈度的要求进行判别和处理。当饱和砂土、粉土的初步判别认为需进一步进行液化判别时，应采用标准贯入试验判别法判别地面下 20m 深度范围内的液化；当饱和土标准贯入锤击数（未经杆长修正）小于或等于液化判别标准贯入锤击数临界值时，应判为液化土。

场地范围内存在砂层时应按《建筑抗震设计规范》GB 50011—2010（2016 年版）第 4.3.4 条及第 4.3.5 条进行判别，临界击数按下式计算：

$$N_{cr}=N_0\beta[\ln(0.6d_s+1.5)-0.1d_w]\sqrt{3/\rho_c} \tag{2.4-7}$$

式中 N_{cr}——液化判别标准贯入锤击数临界值；

N_0——液化判别标准贯入锤击数基准值，可按表 2.4-6 采用；

d_s——饱和土标准贯入点深度（m）；

d_w——地下水位（m），取地面标高为计算水位；

ρ_c——黏粒含量百分率，当小于 3 或为砂土时，应采用 3；

β——调整系数，设计地震第一组取 0.80，第二组取 0.95，第三组取 1.05。

液化判别标准贯入度锤击数基准值 N_0　　表 2.4-6

设计基本地震加速度（g）	0.10	0.15	0.20	0.30	0.40
液化判别标准贯入锤击数基准值	7	10	12	16	19

对存在液化砂土层、粉土层的地基，应探明各液化土层的深度和厚度，按下式计算每个钻孔的液化指数，并按表 2.4-7 综合划分地基的液化等级：

$$I_{lE}=\sum_{i=1}^{n}\left(1-\frac{N_i}{N_{cri}}\right)d_iW_i \tag{2.4-8}$$

式中 I_{lE}——液化指数；

n——判别深度范围内每孔标准贯入试验点的总数；

N_i、N_{cri}——分别为第 i 点标贯的击数实测值和临界值，当实测值大于临界值时应取临界值；当只需要判别 15m 范围以内的液化时，15m 以下的实测值可按临界值采用；

d_i——i 点所代表的土层的厚度（m），采用与该标贯点相邻上、下两试验点深度差的一半，但上界不高于地下水位深度，下界不深于液化深度；

W_i——i 土层单位土层厚度的层位影响权函数（m^{-1}），当该层中点深度不大于 5m 时采用 10，等于 20m 采用零值，在 5～20m 应按线性内插法取值。

液化等级与液化指数的对应关系　　表 2.4-7

液化等级	轻微	中等	严重
液化指数 I_{lE}	$0<I_{lE}\leqslant6$	$6<I_{lE}\leqslant18$	$I_{lE}>18$

当液化砂土层、粉土层较平坦且均匀时，宜按地基的液化等级选用部分消除液化沉

陷、全部消除液化沉陷等措施处理。

2.4.4　软土的震陷

地基中软弱黏性土的震陷判别，可采用下列方法。饱和粉质黏土震陷的危害性和抗震陷措施应根据沉降和横向变形大小等因素综合研究确定，8 度（0.30g）和 9 度时，当塑性指数小于 15 且符合下式规定的饱和粉质黏土可判为震陷性软土。

$$W_s \geqslant 0.9W_L \tag{2.4-9}$$

$$I_L \geqslant 0.75 \tag{2.4-10}$$

式中　W_s——天然含水量；

W_L——液限含水量，采用液、塑限联合测定法测定；

I_L——液性指数。

或根据《软土地区岩土工程勘察规程》JGJ 83—2011 第 6.3.4 条的规定，当临界等效剪切波速大于表 2.4-8 中的数值时，可不考虑震陷影响。

临界等效剪切波速　　表 2.4-8

抗震设防烈度	7 度	8 度	9 度
临界等效剪切波速 v_{se}（m/s）	90	140	200

2.4.5　开展的相关评价

相关评价应包括场地稳定性、适宜性评价、地基均匀性分析评价、特殊性岩土评价、地下水和地表水评价、施工工法的适宜性评价。

适宜性评价包括顶管下穿地表水体时应调查地表水与地下水之间的水力联系，分析地表水可能对盾构施工造成的危害。地基均匀性分析评价包括分析评价顶管下伏的淤泥层及易产生液化的饱和粉土层、砂层对顶管施工安全和运营期间隧道稳定性的影响，提出处理措施建议。

施工工法的适宜性评价包括顶管机设备选型，刀具配备，顶进压力、速度，泥浆配比，中继间设置，隧道最小埋深的建议、顶管始发、接收井及进出洞口岩土加固方法建议，对存在的不良地质作用及特殊性岩土可能引起盾构法施工风险提出控制措施建议，工程风险评估、工程周边环境保护及工程监测方案。

2.5　勘察报告

岩土工程勘察报告应根据任务要求、勘察阶段、工程特点和地质条件等具体情况编写。

1. 顶管工程的岩土勘察报告应包括以下内容：

（1）勘察目的、任务要求和依据的技术标准；

（2）拟建工程概况；

（3）勘察方法和勘察工作布置；

（4）场地地形、地貌、地层、地质构造、岩土性质及其均匀性；

（5）土的物理、力学指标；
（6）地下水情况及腐蚀性情况；
（7）场地稳定性和适应性评价；
（8）对工程的建议及注意事项。

2. 岩土工程勘察报告图表部分应包括以下内容：

（1）勘探点平面布置图；
（2）工程地质柱状图；
（3）线路工程地质纵剖面图；
（4）原位测试成果图表；
（5）室内试验成果图表。

3. 勘察成果应包括以下试验数据：

（1）土的常规物理试验指标；
（2）土的内聚力、内摩擦角指标；
（3）土的压缩模量、变形模量；
（4）土的标准贯入试验值；
（5）土的渗透系数；
（6）地基承载力的建议值。

4. 岩土工程评价的重要结论应包括下列内容：

（1）场地稳定性评价；
（2）场地适宜性评价；
（3）场地地震效应评价；
（4）土和水对建筑材料的腐蚀性；
（5）地基基础方案的建议；
（6）需要时基坑支护措施的建议；
（7）顶管实施可行性做出初步评价；
（8）需要时地下水控制措施的建议；
（9）季节性冻土地区场地土的标准冻结深度；
（10）其他重要结论。

2.6 物探及物探成果

1. 物探工作应遵循下列原则：

（1）工作前应通过方法试验选用探测技术和数据采集参数；

（2）工作时宜从已知到未知，从简单到复杂；单一方法多解时，宜采用多种方法进行综合探测；

（3）工作时应充分收集和利用已有的地质、水文地质、地球物理、勘察、设计、施工及运营等资料。

2. 地下管线探测应符合下列规定：

（1）地下管线探测应在现有地下管线资料调绘工作的基础上，采用实地调查与仪器探测相结合的方法，实地查明各种地下管线的敷设状况，绘制探测草图，并应在地面上设置管线点标志；

（2）地下管线探测点的点位应设置在管线特征点或附属设施中心点上，在无特征点的直线段上应设置地下管线探测点，探测点在地形图上的间距不应大于0.15m；

（3）遇弯曲的地下管线时，应在圆弧起讫点和中点设置地下管线探测点，圆弧较大时，设置的地下管线探测点应能反映地下管线的弯曲特征；

（4）当采用现有的探测技术手段不能查明地下管线的空间位置时，宜进行开挖或钎探探查。现场条件不允许开挖或钎探时，应将问题记录在案。

3. 基岩埋深的探测方法可按下列规定选择：

（1）探测基岩埋深，划分松散沉积岩层和基岩风化带，可选用电法、电磁法、地震波法和声波法等；

（2）采用电磁法探测基岩埋深时，可采用频率测深、电磁感应法、地质雷达法等；

（3）采用地震波和声波法探测基岩埋深时，可采用折射波法、反射波法、瑞雷波法、声波法等。

4. 孤石探测可按下列规定执行：

（1）当孤石性质与周边介质相差明显时，可通过弹性波速度特征推断孤石的位置和大小；

（2）当孤石与周边介质密度相差较大、粒径较大时，可通过重力探测判定；

（3）当孤石的电阻率与周边介质相差较大时，可采用电法探测、电磁法探测、地震波法和声波法探测。

5. 物探工作的质量检查应符合下列规定：

（1）质量检查应根据具体探测方法选择检查方式；

（2）检查点应均衡分布、随机选取，异常和可疑地段应重点检查；

（3）在资料审核时应提交质量检查资料。

6. 物探工作资料处理不得使用未经检查或检查不合格的探测数据，应在分析各项物探资料的基础上，充分利用已知资料，按照从已知到未知、先易后难、点面结合、定性指导定量的原则进行。

7. 物探成果资料应包括下列内容：

（1）工作的目的、任务、范围、期限和测区位置等；

（2）探测工作布置图；

（3）成果依据、技术要求、工作方法有效性分析，现场工作的布置及工作量估算等；

（4）与地质、测量、设计、施工、管理等其他专业的配合；

（5）仪器、设备、材料、车辆等资源配置；

（6）施工组织及工作进度计划；

（7）作业质量、安全及环境保证措施；

（8）拟提交的成果资料；

（9）关键的问题与对策。

第3章 顶 管 设 计

3.1 概述

顶管设计应包括顶管管位设计、作用与环境影响、管节结构设计、管节构造设计、中继间设计、顶管总顶力计算、工作井设计、反力墙及洞口设计。顶管设计应符合下列规定：

（1）顶管工程结构设计应采用以概率理论为基础的极限状态设计方法，以可靠指标度量结构构件的可靠度，采用分项系数的设计表达式进行设计。

（2）顶管工程结构的极限状态设计应包括承载能力极限状态计算和正常使用极限状态验算。

（3）顶管工程结构的安全等级应划分为一级和二级：安全等级一级设计使用年限应为100年，二级应为50年；设计时应按相应行业要求选定。

（4）顶管工程结构使用阶段的设计与计算应按工程所属行业现行相关国家标准的规定执行并应符合下列规定：

1）公路顶管工程设计与计算应符合现行行业标准《公路隧道设计规范　第一册　土建工程》JTG 3370.1的有关规定；

2）铁路顶管工程设计与计算应符合现行行业标准《铁路桥涵设计规范》TB 10002、《铁路隧道设计规范》TB 10003的有关规定；

3）轨道交通顶管工程设计与计算应符合现行国家标准《地铁设计规范》GB 50157的有关规定；

4）市政隧道顶管工程设计与计算应符合现行行业标准《城市道路工程设计规范》CJJ 37、《城市地下道路工程设计规范》CJJ 221的有关规定；

5）市政给排水顶管工程设计与计算应符合现行国家标准《给水排水工程管道结构设计规范》GB 50332的有关规定。

3.2 管位设计

顶管工程场地的选定关系到管道的使用安全、工程投资、施工难易。对位于地震、不良地质作用、地质灾害（滑坡、塌陷、泥石流）地段的顶管工程，当管道线路无法避让时，必须采取可靠的工程措施，确保管道安全。对地下障碍必须事先探明并做好处理，否则顶管机无法通过障碍物区，导致要改变敷管工法或重新调整管线位置；顶管离开地上及地下建（构）筑物，是为了使顶管施工对地层的扰动区域不影响已有的建（构）筑物。顶管穿越河道，除应把管道布置在河床冲刷深度以下外，还应满足规划要求。顶管施工一旦出现机器故障或其他意外，通常的做法是在地面往下进行处理，因此，有必要在地面预留一定的施工操作空间。

管位设计应符合下列规定：

(1) 顶管方案确定前，应查明顶管沿线建（构）筑物、地下管线和地下障碍物等情况对采用顶管引起的地表变形和周围环境的影响，应事先做出充分的预测。当预计难以确保地面建（构）筑物、道路交通和地下管线的正常使用时，应制定有效的监测和保护措施。

(2) 顶管场地的选择应符合下列规定：

1) 顶管布置应避开地下障碍物、离开地上及地下建（构）筑物；

2) 顶管不应布置在横穿活动性的断裂带上；

3) 顶管穿越河道时，管道应布置在河床冲刷深度以下；

4) 管线位置宜预留顶管施工发生故障或碰到障碍时必要的处置空间；

5) 穿越特殊地段，如大堤等，应通过专家论证并经相关政府管理部门批准。

(3) 顶管在下列地层不宜采用：

1) 标贯击数小于2的软土层；

2) 单轴抗压强度大于5MPa的岩石地层；

3) 花岗岩球状风化强烈的土层；

4) 地下水位下列粒径大于200mm的卵砾石地层。

(4) 管顶最小覆盖土层厚度不宜小于1.1H（H为管节外包高度较大值），且不宜小于3m；当管道穿越河道时，覆土厚度（不计浮泥层厚度）应满足管道施工期间抗浮的要求。

(5) 顶管管道与既有管道、周边建（构）筑物基础等临近时应进行评估并采取措施。

顶管在大部分土层都可以顺利顶进，但在某些土层施工比较困难：对未经加固的标贯击数很低的软土层，顶管机极容易“磕头”，很难调整姿势、很难进行纠偏，直至无法继续顶进施工；对地下水丰富的粉细砂层，顶管机的扰动破坏了砂层本身的结构，使其丧失承载能力，也难以顶进；对花岗岩球状风化强烈的土层（俗称的“孤石”很多、很发育的地层）和软硬交互的地层，顶管的难度很大。各地可根据当地的工程实践进行综合研判，以判断不同的土层对顶管的适应性。

3.3　荷载与作用

荷载与作用确定应符合下列规定：

(1) 顶管结构上的荷载，按其性质可分为永久荷载、可变荷载、偶然荷载及地震荷载：

1) 永久荷载：包括结构自重、土压力（竖向和侧向）、预应力、地基的不均匀沉降；

2) 可变荷载：包括地面人群荷载、地面堆积荷载、地面车辆荷载、温度变化、地表水或地下水的作用；

3) 偶然荷载：包括爆炸力、撞击力等；

4) 地震荷载：按《地下结构抗震设计标准》GB/T 51336规定采用。

(2) 建筑结构设计时，应按下列规定对不同荷载采用不同的代表值：

1) 对永久荷载应采用标准值作为代表值；

2）对可变荷载应根据设计要求采用标准值、组合值、频遇值或准永久值作为代表值；

3）对偶然荷载应按建筑结构使用的特点确定其代表值。

（3）确定可变荷载代表值时应采用 50 年设计基准期。

（4）承载能力极限状态设计或正常使用极限状态按标准组合设计时，对可变荷载应按规定的荷载组合采用荷载的组合值或标准值作为其荷载代表值。可变荷载的组合值，应为可变荷载的标准值乘以荷载组合值系数。

（5）正常使用极限状态按频遇组合设计时，应采用可变荷载的频遇值或准永久值作为其荷载代表值；按准永久组合设计时，应采用可变荷载的准永久值作为其荷载代表值。可变荷载的频遇值，应为可变荷载标准值乘以频遇值系数。可变荷载准永久值，应为可变荷载标准值乘以准永久值系数。

（6）结构自重计算应符合下列规定：

1）可按结构构件的设计尺寸与相应的材料单位体积的自重计算确定。

2）对常用材料及其制作件，其自重可按现行国家标准《建筑结构荷载规范》GB 50009 的规定采用；

3）矩形管节（图 3.3-1）的自重标准值可以采用下列公式计算：

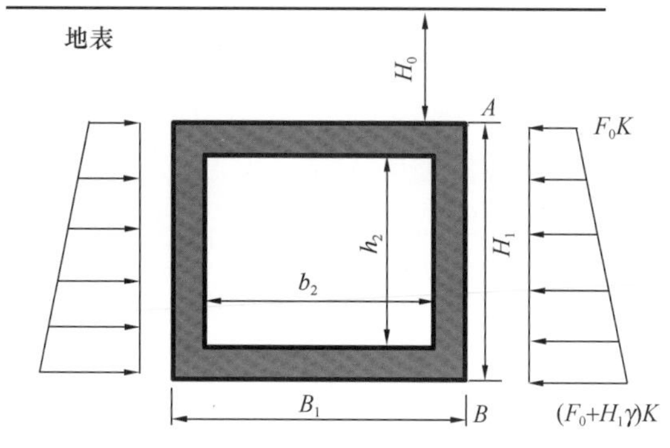

图 3.3-1　土压力计算

$$G_k = \frac{\gamma_c \cdot A_p}{B_1} \qquad (3.3\text{-}1)$$

式中　G_k——矩形管道的自重标准值（kN/m^2）；

A_p——混凝土管节混凝土横断面积（m^2）；

γ_c——钢筋混凝土管的重力密度，宜取 $26kN/m^3$；

B_1——矩形管节外边宽（m）。

（7）可变荷载标准值、准永久值系数的确定应符合下列规定：

1）地面人群荷载标准值可取 $4kN/m^2$ 计算；其准永久值系数可取 0.3；

2）地面堆积荷载标准值可取 $10kN/m^2$ 计算；其准永久值系数可取 0.5；

3）地面车辆荷载对地下管道的影响作用，其标准值可按等效均布的原则确定，等效控制可按关键位置内力等值确定；其准永久值系数可取 0.5；

4）管道上的静水压力（包括浮托力），相应的设计水位应根据勘察部门和水文部门提供的数据采用。其标准值及准永久值系数的确定，应符合下列规定：

① 地下水的静水压力水位，应综合考虑近期内变化的统计数据及对设计基准期内发展趋势的变化综合分析，确定其可能出现的最高及最低水位。应根据对结构的作用效应，选用最高或最低水位。相应的准永久值系数，当采用最高水位时，可取平均水位与最高水位的比值；当采用最低水位时，应取 1.0 计算；

② 地表水或地下水的重度标准值，可取 $10kN/m^3$ 计算。

（8）计算作用在地下管道上的侧向压力时，其标准值应按下列原则确定：

1）侧向土压力应按主动土压力计算；

2）对埋设在地下水位以上的管道，侧向土压力可按无水情况计算；

3）对埋设在地下水位下列的管道，黏性土层侧向土压力应按饱和重度和有效重度中不利情况计算，非黏性土层侧向土压力应按照有效重度计算。

（9）作用在地下管道上的侧向压力计算应符合下列规定：

1）当管道处于地下水位以上且不考虑土的内聚力时，则侧向土压力标准值可按下式计算（图3.3-1）：

A点处侧向土压力值：

$$F_A = F_0 \cdot K_a \quad (3.3\text{-}2)$$

B点处侧向土压力值：

$$F_B = (F_0 + H_1\gamma) \cdot K_a \quad (3.3\text{-}3)$$

2）矩形管节的侧压力呈梯形分布，则侧面平均侧压力值大小为：

$$F_{平均} = \left(F_0 + \frac{H_1\gamma}{2}\right) \cdot K_a \quad (3.3\text{-}4)$$

3）当计入土的内聚力，则矩形管侧面平均侧压力值大小为：

$$F_{平均} = \left(F_0 + \frac{H_1\gamma}{2}\right) \cdot K_a - 2C\sqrt{K_a} \quad (3.3\text{-}5)$$

式中 F_A、F_B——矩形管节在点A、B处所受侧向土压力标准值（kN/m^2）；

$F_{平均}$——矩形管节平均侧向土压力标准值（kN/m^2）；

F_0——管顶竖向土压力标准值（kN/m^2）；

γ——土的重力密度（kN/m^3）；

H_1——矩形管节外边高（m）；

K_a——主动土压力系数；

C——土的内聚力，砂性土宜取0，黏性土按土工试验确定（kN/m^2）。

4）当管道处于地下水位以下时，侧向水土压力标准值宜采用水土分算，土的侧向压力可按上式计算，重度采用有效重度；地下水压力按静水压力计算。

3.4 管节结构设计

3.4.1 管节结构设计应符合下列规定：

（1）管道结构按承载能力极限状态进行强度计算时，应采用作用效应的基本组合。结构上的各项作用均应采用作用设计值。作用设计值，应为作用代表值与作用分项系数的乘积。

（2）管道结构的强度计算应采用下列极限状态计算表达式：

$$\gamma_0 \cdot S_d \leqslant R \quad (3.4\text{-}1)$$

式中 γ_0——管道的重要性系数，按现行国家标准《工程结构可靠性设计统一标准》GB 50153取值；

S_d——作用效应组合的设计值；

R——管道结构的抗力强度设计值。

（3）作用效应的组合设计值应按下式计算：

$$S_{\mathrm{d}} = S(\sum_{i\geqslant 1}\gamma_{\mathrm{G}i}G_{i\mathrm{k}} + \gamma_{\mathrm{Q1}}\gamma_{\mathrm{L1}}Q_{1\mathrm{k}} + \sum_{j>1}\gamma_{\mathrm{Q}j}\psi_{\mathrm{c}j}\gamma_{\mathrm{L}j}Q_{j\mathrm{k}}) \tag{3.4-2}$$

式中　$S(*)$——作用组合的效应函数；

$G_{i\mathrm{k}}$——第 i 个永久作用的标准值；

$Q_{1\mathrm{k}}$、$Q_{j\mathrm{k}}$——第 1 个、第 j 个可变作用的标准值；

$\gamma_{\mathrm{G}i}$——第 i 个永久作用分项系数；

γ_{Q1}、$\gamma_{\mathrm{Q}j}$——第 i 个、第 j 个可变作用分项系数；

γ_{L1}、$\gamma_{\mathrm{L}j}$——第 i 个、第 j 个使用年限调整系数；

$\psi_{\mathrm{c}j}$——第 j 个可变作用的组合值系数。

（4）各种分项系数取值应符合下列规定：

1）永久荷载（$\gamma_{\mathrm{G}i}$）：当作用对承载力不利时取 1.3，有利时$\leqslant$1.0；

2）可变荷载（$\gamma_{\mathrm{Q}j}$）：当作用对承载力不利时取 1.5，有利时取 0；

3）可变作用组合系数（$\psi_{\mathrm{c}j}$）：不大于 1.0，一般情况下取 0.7，当可变荷载可能持续时间比较长时应适当加大；

4）荷载使用年限调整系数（γ_{L}）：使用年限为 5 年时，取 0.9；使用年限为 50 年时，取 1.0；使用年限为 100 年时，取 1.1。

（5）管道结构的正常使用极限状态计算，包括变形、抗裂度和裂缝开展宽度，并应控制其计算值不超过相应的限定值。

（6）顶管结构正常使用极限状态设计，应符合下式规定：

$$S_{\mathrm{d}} \leqslant C \tag{3.4-3}$$

式中　S_{d}——作用组合的效应设计值；

C——设计对变形、裂缝等规定的相应限值，应按有关的结构设计标准的规定采用。

（7）结构构件按正常使用极限状态验算时，应采用作用效应的标准组合、频遇组合或准永久组合，其中 S_{d} 应按下列公式计算：

标准组合：$$S_{\mathrm{d}} = S(\sum_{i\geqslant 1}G_{i\mathrm{k}} + Q_{1\mathrm{k}} + \sum_{j>1}\psi_{\mathrm{c}j}Q_{j\mathrm{k}}) \tag{3.4-4}$$

频遇组合：$$S_{\mathrm{d}} = S(\sum_{i\geqslant 1}G_{i\mathrm{k}} + \psi_{\mathrm{f1}}Q_{1\mathrm{k}} + \sum_{j>1}\psi_{\mathrm{q}j}Q_{j\mathrm{k}}) \tag{3.4-5}$$

准永久组合：$$S_{\mathrm{d}} = S(\sum_{i\geqslant 1}G_{i\mathrm{k}} + \sum_{j\geqslant 1}\psi_{\mathrm{q}j}Q_{j\mathrm{k}}) \tag{3.4-6}$$

（8）判断是否开裂，应按照作用效应的标准组合设计。计算裂缝宽度和变形，应按照作用效果的准永久组合。

（9）裂缝宽度计算可按照下列公式计算：

$$\omega_{\max} = \alpha_{\mathrm{cr}}\psi\frac{\sigma_{\mathrm{s}}}{E_{\mathrm{s}}}\left(1.9c_{\mathrm{s}} + 0.08\frac{d_{\mathrm{eq}}}{\rho_{\mathrm{te}}}\right) \tag{3.4-7}$$

$$\psi = 1.1 - 0.65\frac{f_{\mathrm{tk}}}{\rho_{\mathrm{te}} \cdot \sigma_{\mathrm{s}}} \tag{3.4-8}$$

$$d_{\mathrm{eq}} = \frac{\sum n_i d_i^2}{\sum n_i \nu_i d_i} \tag{3.4-9}$$

$$\rho_{\mathrm{te}} = \frac{A_{\mathrm{s}}}{A_{\mathrm{te}}} \tag{3.4-10}$$

式中 α_{cr}——构件受力特征系数，其取值见表3.4-1；

ψ——裂缝间纵向受拉钢筋应变不均匀系数：当$\psi<0.2$时，取0.2；当$\psi>1.0$时，取1.0；

σ_s——按荷载准永久组合计算的钢筋混凝土构件纵向受拉普通钢筋应力；

E_s——钢筋弹性模量（MPa）；

c_s——最外层纵向受拉钢筋外边缘至受拉区底边的距离（mm）：当$c_s<20$时，取20；当$c_s>65$时，取65；

ρ_{te}——按有效受拉混凝土截面面积计算的纵向受拉钢筋配筋率，当$\rho_{te}<0.01$时，取0.01；

A_{te}——有效受拉混凝土截面面积（mm^2）。对受弯、偏心受压和偏心受拉构件，取$A_{te}=0.5bh$，此处b、h为计算断面的宽度、高度；

A_s——受拉区纵向钢筋截面面积（mm^2）；

d_{eq}——受拉区纵向钢筋的等效直径（mm）；

d_i——受拉区第i种纵向钢筋公称直径（mm）；

n_i——受拉区第i种纵向钢筋根数；

ν_i——受拉区第i种纵向钢筋相对粘结特性系数，其取值见表3.4-2。

构件受力特征系数 **表3.4-1**

类型	α_{cr}	
	钢筋混凝土构件	预应力混凝土构件
受弯、偏心受压	1.9	1.5
偏心受拉	2.4	—
轴心受拉	2.7	2.2

钢筋相对粘结特性系数 **表3.4-2**

钢筋类别	钢筋	
	光圆钢筋	带肋钢筋
ν_i	0.7	1.0

3.4.2 设计计算依据

由于目前没有针对顶管用矩形管节的相关设计规范，根据矩形管节的受力特点与桥涵的相似性，其结构设计参考钢筋混凝土箱涵的设计方法，按矩形框架进行设计计算。框架轴线以构件中心线为准，进行超静定结构内力效应分析时，按全截面考虑。矩形管节的顶板、底板和侧墙依据《公路钢筋混凝土及预应力混凝土桥涵设计规范》JTG 3362—2018按偏心受压构件设计、配筋，并进行承载能力极限状态下的正截面强度和斜截面强度验算和正常使用极限状态下的裂缝宽度、刚度、挠度的验算，且最小配筋率应满足规范中的要求。

根据现行国家标准《给水排水工程管道结构设计规范》GB 50332—2002及中国工程建设协会标准《给水排水工程顶管技术规程》CECS 246—2008《给水排水工程埋地矩形

管管道结构设计规程》CECS 145—2002，顶管管道结构上的荷载分为永久荷载与可变荷载两种。矩形顶管永久荷载主要包括管道结构的自重、竖向土压力、侧向土压力和地基不均匀沉降等；可变荷载主要包括地面堆载、车辆荷载、地下水压力、顶力作用、顶进过程中的侧摩阻力作用等。

规范规定：结构设计时，对永久荷载采用标准值作为代表值，对于可变荷载应根据设计要求采用标准值、组合值或准永久值作为代表值。当管道受两种或两种以上可变作用时，按承载能力极限状态的作用效应基本组合或正常使用极限状态的作用标准组合进行设计时，可变作用应采用标准值和组合值作为代表值。当按正常使用极限状态的作用准永久组合进行设计时，可变作用采用准永久值作为代表值。

当管道处于地下水位以下时，需计算作用在管道上的地下水压力（包括浮力），在选用最高地下水位进行设计时，其准永久值系数为平均地下水位与最高水位的比值；在采用最低地下水位时，其准永久系数 $\varphi_s=1$ 。地下水位一下管道应根据最高地下水及管道上覆土条件进行抗浮验算，各项作用采用标准值，其抗浮稳定抗力系数不小于 1.10。

对矩形管道的钢筋混凝土构件，其纵向钢筋的总配筋量不宜低于 0.3%的配筋率。当位于软弱地基上时，其顶、底板纵向钢筋的配筋量尚应适当增加。对矩形钢筋混凝土压力管道，顶、底板与侧墙连接处应设置腋角，并配置与受力筋相同直径的斜筋，斜筋的截面面积可为受力钢筋的截面面积的 50%。管道各部位的现浇钢筋混凝土构件，其混凝土抗渗性能应符合下要求的抗渗等级。根据《给水排水工程顶管技术规程》CECS 246—2008 的相关规定要求，顶管用钢筋混凝土管的水泥强度等级不应低于 C40，抗渗等级不应低于 S8。钢筋应选用 HPB300、HRB335 和 HRB400 钢筋，宜优选变形钢筋。

3.4.3 截面设计尺寸

（1）矩形管节的截面尺寸如图 3.4-1 所示：净宽 b_2（内宽），净高 h_2（内高），外宽 B_1，外高 H_1。

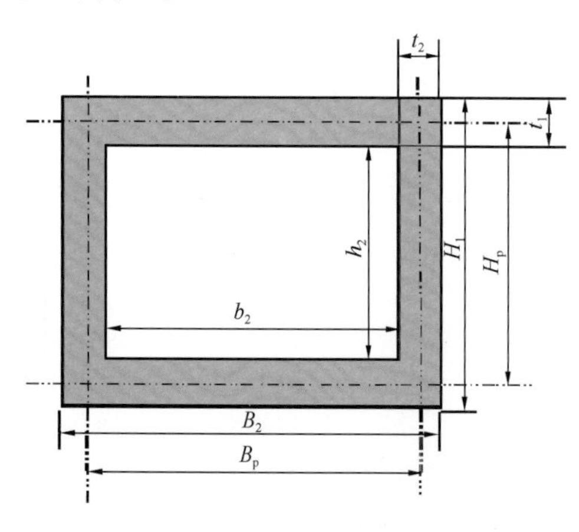

图 3.4-1　矩形管节截面示意图

（2）矩形管节埋设参数：管顶埋深 H_0 ，土的重力密度 γ_1 ，内摩擦角 φ 。

（3）矩形管节结构及材料：混凝土强度等级应选择 C40 或以上混凝土，其抗压强度设计值 f_{cd} ，抗拉强度设计值 f_{td} ，混凝土重力密度 γ_2 ；钢筋类型宜选用 HPB300、HRB335 和 HRB400 钢筋，钢筋抗拉强度设计值 f_{sd}

（4）结构重要性系数 φ_0 ：根据公路桥涵设计通用规范 1.0.9 规定设计安全等级确定，对应一级、二级、三级分别取 1.1，1.0，0.90。

根据公路钢筋混凝土桥涵设计规程规定，设计矩形管节结构时采用管节的计算跨径与计算高度计算。顶、底板计算跨径等于矩形管节的左右侧墙中心线之间的跨度，侧墙计算高度为矩形管节的顶、底板中心线之间的跨度，计算公式为：

$$B_p = b_2 + t_2 \tag{3.4-11}$$

$$H_p = h_2 + t_1 \tag{3.4-12}$$

式中　B_p——顶、底板计算跨径（m）；

H_p——侧墙计算高度（m）；

t_1——顶底板（m）；

t_2——侧墙壁厚；其中，顶、底板壁厚 $t_1 = \frac{B_1 - b_2}{2}$，侧墙壁厚 $t_2 = \frac{H_1 - h_2}{2}$，一般情况 $t = t_1 = t_2$，m。

3.4.4　荷载计算

1. 恒荷载

作用在矩形管道上的恒荷载主要是土压力及管节的自重荷载。

（1）管顶竖向压力 P_a

$$P_a = \gamma_1 H_0 + \gamma_2 t \tag{3.4-13}$$

式中　P_a——管顶竖向土压力值（kN/m^2）；

γ_1——土的重力密度（kN/m^3）；

H_0——矩形管道埋深，或管顶卸荷拱高度（m）；

γ_2——钢筋混凝土管道重力密度（kN/m^3）；

t——矩形管节壁厚（m）。

（2）管侧水平压力 e_p

其中，顶板处和底板处的侧压力按下式计算：

$$e_{p1} = \gamma_1 H_0 \tan^2\left(45° - \frac{\varphi}{2}\right) \tag{3.4-14}$$

$$e_{p2} = \gamma_1 (H_0 + H_1) \tan^2\left(45° - \frac{\varphi}{2}\right) \tag{3.4-15}$$

式中　e_{p1}——矩形管道顶板处侧压力（kN/m^2）；

e_{p2}——矩形管道底板处侧压力（kN/m^2）。

2. 动荷载

作用在矩形管道上的动荷载主要有车辆压载。由《公路桥涵设计通用规范》JTG D60—2015第4.3.4条规定，按一定角度（一般按30°计算）向下分布，根据公路等级确定车辆重量 $G_车$。

则经土层的扩散传递，作用在矩形管道顶部车辆的垂直压力 $q_车$ 为：

$$q_车 = \frac{G_车}{C_1 \times C_2} \tag{3.4-16}$$

式中　$G_车$——车辆重量（kN）；

C_1、C_2——分别为车辆荷载扩散传递至管顶的分布长度和宽度（m）。

车辆荷载作用在矩形管节水平压力 $e_车$：

$$e_车 = q_车 \tan^2\left(45° - \frac{\varphi}{2}\right) \tag{3.4-17}$$

式中　$e_车$——车辆荷载作用在矩形管节水平压力（kN/m^2）。

3.4.5 内力计算

1. 节点弯矩和轴向力计算

（1）竖向压力 P 作用下（图 3.4-2）

矩形管节四角节点弯矩分别为，

$$M_{aA}=M_{aB}=M_{aC}=M_{aD}=-\frac{1}{K+1}\times\frac{PB_p^2}{12} \qquad (3.4\text{-}18)$$

式中 M_{aA}、M_{aB}、M_{aC}、M_{aD}——分别为竖向压力 P 作用下矩形管节四角的单位长度弯矩（kN·m/m）；

K——矩形管节的构件刚度比，$K=\frac{I_1}{I_2}\times\frac{H_p}{B_p}$；

P_a——作用在矩形管节上的竖向荷载（kN/m²），包括土压力恒荷载和车辆荷载，在计算土压力时采用 $P=P_a$，车辆荷载时采用 $P=q_车$；

B_p——顶底板计算跨径（m）。

顶底板水平方向内力为：

$$N_{a1}=N_{a2}=0 \qquad (3.4\text{-}19)$$

侧墙竖直方向内力为：

$$N_{a3}=N_{a4}=\frac{P_aB_p}{2} \qquad (3.4\text{-}20)$$

式中 N_{a1}、N_{a2}——顶底板单位长度水平方向内力（kN·m）；

N_{a3}、N_{a4}——侧墙单位长度竖直方向内力（kN·m）。

（2）侧向土压力 P_b 作用下（沿深度分布恒定部分）（图 3.4-3）

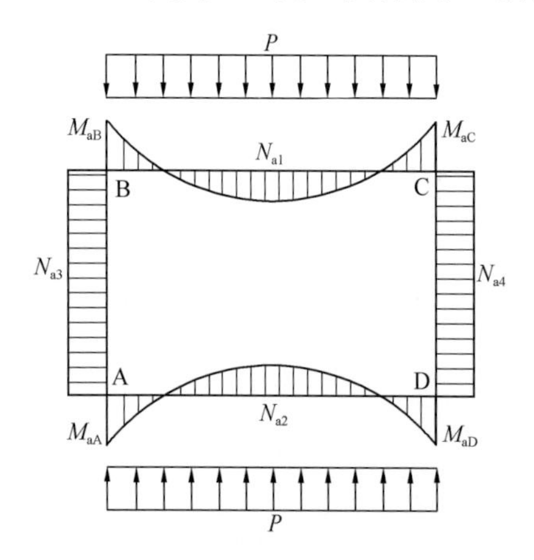

图 3.4-2 竖向荷载下管道上弯矩与轴力

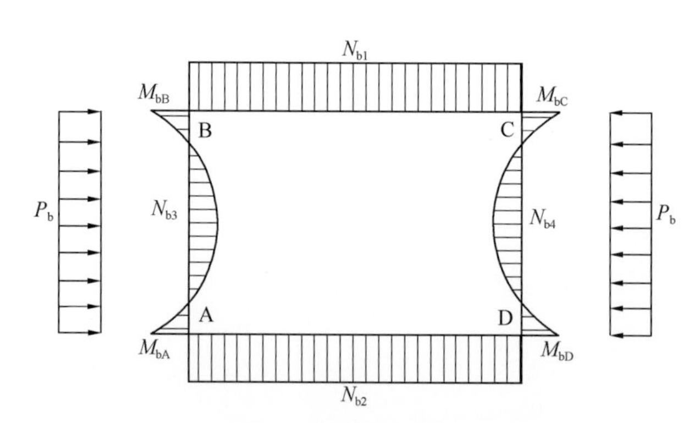

图 3.4-3 侧向恒定荷载下管道上弯矩与轴力

矩形管节四角节点弯矩分别为，

$$M_{bA}=M_{bB}=M_{bC}=M_{bD}=-\frac{1}{K+1}\times\frac{PB_p^2}{12} \qquad (3.4\text{-}21)$$

式中　M_{bA}、M_{bB}、M_{bC}、M_{bD}——分别为侧向土压力 P_b 作用下矩形管节四角的单位长度弯矩（kN·m/m）；

K——矩形管节的构件刚度比，$K=\frac{I_1}{I_2}\times\frac{H_p}{B_p}$；

P_b——作用在管节侧面的压力值的恒定部分（kN/m²），$P_b=ep_1$；

H_p——侧墙的计算高度（m）。

顶底板水平方向内力为，

$$N_{b1}=N_{b2}=0 \tag{3.4-22}$$

侧墙竖直方向内力为，

$$N_{b3}=N_{b4}=\frac{P_bH_p}{2} \tag{3.4-23}$$

式中　N_{b1}、N_{b2}——顶底板单位长度水平方向内力（kN·m）；

N_{b3}、N_{b4}——侧墙单位长度竖直方向内力（kN·m）。

（3）侧向土压力 P_c 作用下（沿深度分布渐变部分）（图 3.4-4）

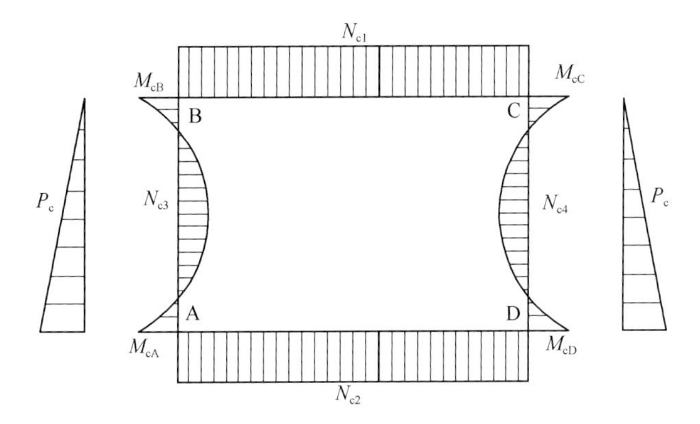

图 3.4-4　侧向渐变荷载下管道上弯矩与轴力

矩形管节四角节点弯矩：

$$M_{cA}=M_{cD}=-\frac{K(3K+8)}{(K+1)(K+3)}\times\frac{P_cH_p^2}{60} \tag{3.4-24}$$

$$M_{cB}=M_{cC}=-\frac{K(2K+7)}{(K+1)(K+3)}\times\frac{P_cH_p^2}{60} \tag{3.4-25}$$

式中　M_{cA}、M_{cB}、M_{cC}、M_{cD}——分别为侧向土压力 P_c 作用下矩形管节四角的单位长度弯矩（kN·m/m）。

P_c——作用在矩形管节上的侧压力渐变部分（kN/m²），$P_c=ep_1-ep_2$。

顶底板水平方向轴力：

$$N_{c1}=\frac{P_cH_p}{6}+\frac{M_{cA}-M_{cB}}{H_p} \tag{3.4-26}$$

$$N_{c2}=\frac{P_cH_p}{3}+\frac{M_{cA}-M_{cB}}{H_p} \tag{3.4-27}$$

侧墙竖直方向轴力：

$$N_{c3}=N_{c4}=0 \tag{3.4-28}$$

式中　N_{c1}、N_{c2}——顶底板单位长度水平方向内力（kN·m）；

N_{c3}、N_{c4}——侧墙单位长度竖直方向内力（kN·m）。

（4）侧向车荷载作用下（图 3.4-5）

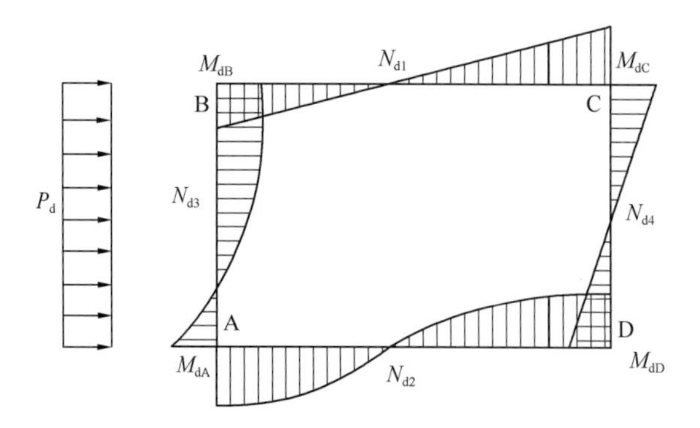

图 3.4-5　侧向车荷载作用下管道上弯矩与轴力

矩形管节四角节点弯矩：

$$M_{dA}=-\left[\frac{K(K+3)}{6(K^2+4K+3)}+\frac{(10K+2)}{(15K+5)}\right]\times\frac{p_dH_p^2}{4} \tag{3.4-29}$$

$$M_{dB}=-\left[\frac{K(K+3)}{6(K^2+4K+3)}-\frac{(5K+3)}{(15K+5)}\right]\times\frac{p_dH_p^2}{4} \tag{3.4-30}$$

$$M_{dC}=-\left[\frac{K(K+3)}{6(K^2+4K+3)}+\frac{(5K+3)}{(15K+5)}\right]\times\frac{p_dH_p^2}{4} \tag{3.4-31}$$

$$M_{dD}=-\left[\frac{K(K+3)}{6(K^2+4K+3)}-\frac{(10K+2)}{(15K+5)}\right]\times\frac{p_dH_p^2}{4} \tag{3.4-32}$$

式中　M_{dA}、M_{dB}、M_{dC}、M_{dD}——分别为侧向土压力 P_d 作用下矩形管节四角的单位长度弯矩（kN·m/m）；

P_d——作用在矩形管节上的车辆荷载侧压力(kN/m²)，$P_d=e_{车}$。

顶、底板水平方向内力：

$$N_{d1}=\frac{M_{dD}-M_{dC}}{H_p} \tag{3.4-33}$$

$$N_{d2}=P_dH_p-\frac{M_{dD}-M_{dC}}{H_p} \tag{3.4-34}$$

侧墙竖直方向内力：

$$N_{d3}=N_{d4}=-\frac{M_{dB}-M_{dC}}{B_p} \tag{3.4-35}$$

式中　N_{d1}、N_{d2}——顶底板单位长度水平方向内力（kN·m）；

N_{d3}、N_{d4}——侧墙单位长度竖直方向内力（kN·m）。

2. 跨中截面内力计算

根据《公路桥涵设计通用规范》JTG D60—2015 中第 4.1.5 条规定，在进行节点弯矩、轴力计算时按承载能力极限状态效应组合值计算。

（1）顶板跨中截面内力计算

顶板的截面内力可以按梁板模型来计算（如图3.4-6所示）。

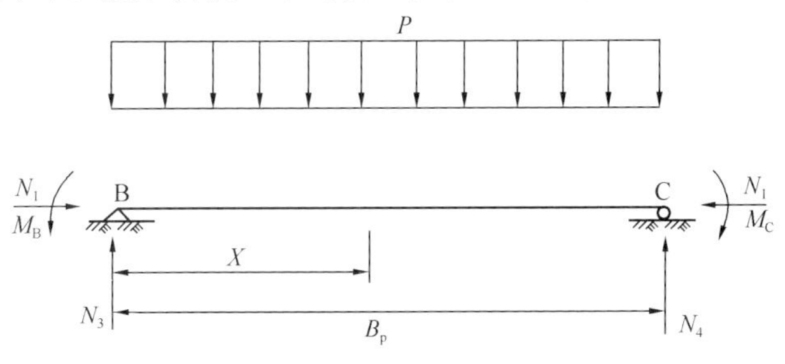

图3.4-6　顶板内力计算模型

根据规范规定，即竖向恒荷载组合系数取1.2，侧压力及动荷载组合系数取1.4。则作用在顶板上的竖向荷载效应组合为：

$$P = 1.2P_a + 1.4q_{车}$$

则顶板上的弯矩和剪力分别为：

$$M_x = M_B + N_3 x - \frac{Px^2}{2} \tag{3.4-36}$$

$$V_x = Px - N_3 \tag{3.4-37}$$

式中　P_a——矩形上部土压力（kN·m^2）；

$q_{车}$——矩形上部车辆荷载（kN·m^2）；

M_x——顶板单位长度弯矩值（kN·m/m）；

V_x——顶板单位长度剪力值（kN/m）；

x——顶板上距离B结点的距离（m）。

（2）底板跨中截面内力计算

底板的截面内力可以按梁板模型来计算（图3.4-7）。

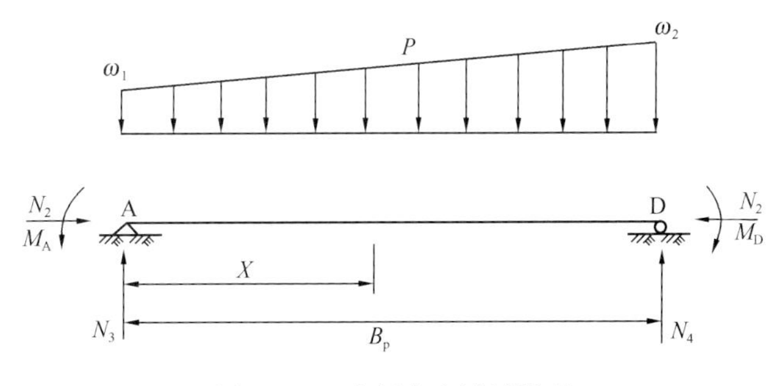

图3.4-7　底板内力计算模型

则底板上的轴力、弯矩和剪力分别为：

$$N_x = N_2 \tag{3.4-38}$$

$$M_x = M_A + N_3 x - \omega_1 \frac{x^2}{2} - \frac{x^3(\omega_2 - \omega_1)}{6B_p} \tag{3.4-39}$$

$$V_x = \omega_1 x + \frac{x^2(\omega_2 - \omega_1)}{2B_p} - N_3 \tag{3.4-40}$$

其中，作用在底板上的竖向荷载效应组合为：

$$\omega_1 = 1.2P_a + 1.4\left(q_{车} - 3e_{车}\frac{H_p^2}{B_p^2}\right) \tag{3.4-41}$$

$$\omega_2 = 1.2P_{恒} + 1.4\left(q_{车} + 3e_{车}\frac{H_p^2}{B_p^2}\right) \tag{3.4-42}$$

式中　P_a——矩形底部土压力（kN·m²）；

$q_{车}$——矩形底部车辆荷载（kN·m²）；

M_x——底板单位长度弯矩值（kN·m/m）；

V_x——底板单位长度剪力值（kN/m）；

x——底板上距离A结点的距离（m）。

（3）侧墙跨中截面内力计算

1）左侧墙

左侧墙截面内力可用作柱模型来计算（图3.4-8）。

则左侧墙上的轴力、弯矩和剪力分别为：

$$N_x = N_3 \tag{3.4-43}$$

$$M_x = M_B + N_1 x - \omega_1 \frac{x^2}{2} - \frac{x^3(\omega_2 - \omega_1)}{6H_p} \tag{3.4-44}$$

$$V_x = \omega_1 x + \frac{x^2(\omega_2 - \omega_1)}{2H_p} - N_1 \tag{3.4-45}$$

其中，作用在左侧墙上的侧向荷载效应组合为：

$$\omega_1 = 1.4e_{p1} + 1.4e_{车} \tag{3.4-46}$$

$$\omega_2 = 1.4e_{p2} + 1.4e_{车} \tag{3.4-47}$$

式中　P_a——矩形上部压力作用在左侧墙的侧压力（kN·m²）；

$e_{车}$——矩形上部车辆荷载作用在左侧墙的侧压力（kN·m²）；

M_x——侧墙单位长度弯矩值（kN·m/m）；

V_x——侧墙单位长度剪力值（kN/m）；

x——侧墙上距离A结点的距离（m）。

2）右侧墙

右侧墙截面内力可以看作柱模型来计算（图3.4-9）。

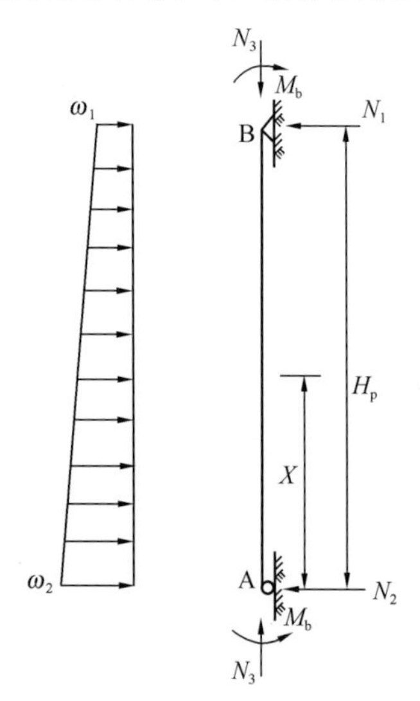

图3.4-8　左侧墙内力计算模型

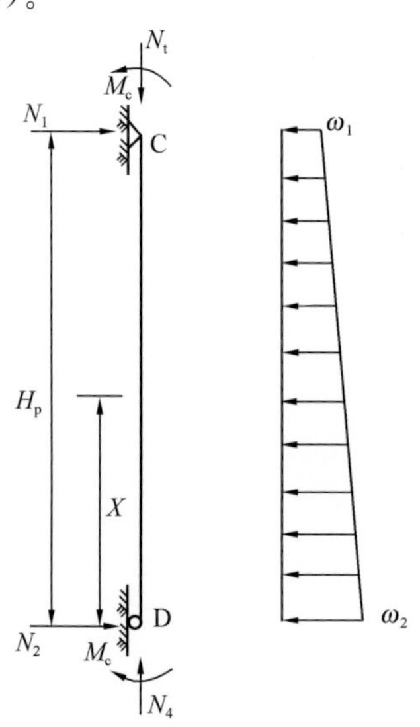

图3.4-9　右侧墙内力计算模型

则右侧墙上的弯矩和轴力分别为：

$$N_x = N_4 \tag{3.4-48}$$

$$M_x = M_C + N_1 x - \omega_1 \frac{x^2}{2} - \frac{x^3(\omega_2 - \omega_1)}{6H_p} \tag{3.4-49}$$

$$V_x = \omega_1 x + \frac{x^2(\omega_2 - \omega_1)}{2H_p} - N_1 \tag{3.4-50}$$

其中，作用在右侧墙上的侧向荷载效应组合为：

$$\omega_1 = 1.4e_{p1}$$

$$\omega_2 = 1.4e_{p1}$$

式中　P_a——矩形上部压力作用在右侧墙的侧压力（kN·m²）；

$e_车$——矩形上部车辆荷载作用在右侧墙的侧压力（kN·m²）；

M_x——右侧墙单位长度弯矩值（kN·m/m）；

V_x——右侧墙单位长度剪力值（kN/m）；

x——右侧墙上距离 D 结点的距离（m）。

3.4.6　配筋计算

顶、底板和左、右侧板按钢筋混凝土矩形截面偏心受压构件进行截面设计（不考虑受压钢筋），以跨中截面的计算内力作为控制并配置钢筋。验算顶板、底板各结点处的强度时（结点处钢筋直径、根数同跨中），钢筋按左、右对称，用最不利荷载计算。

设计顶底板厚为 h，钢筋保护层厚度为 a，中心线长度为 l_0，除去保护层后厚度为 h_0。则顶板的长细比计算公式为：

$$\alpha = \frac{l_0}{i} \tag{3.4-51}$$

$$i = \sqrt{\frac{h}{12}} \tag{3.4-52}$$

根据《公路钢筋混凝土及预应力混凝土桥涵设计规范》JTG 3362—2018 中第 5.3.9 条规定：计算偏心受压构件的正截面承载力时，当构件的长细比 $\alpha > 17.5$ 时，需要将轴向力对构件截面重心轴的偏心距乘以偏心距增大系数 δ；当长细比 $\alpha \leqslant 17.5$ 时，不用考虑偏心距增大系数。

偏心距增大系数计算公式为：

$$\delta = 1 + \frac{\varepsilon_1 \varepsilon_2 h_0}{1400 e_0} \times \left(\frac{l_0}{h}\right)^2 \tag{3.4-53}$$

$$\varepsilon_1 = 0.2 + 2.7\frac{e_0}{h_0} \tag{3.4-54}$$

$$\varepsilon_2 = 1.15 - 0.01\frac{l_0}{h} \tag{3.4-55}$$

$$e_0 = \frac{M_d}{N_d} \tag{3.4-56}$$

式中　δ——构件偏心距增大系数；

ε_1——荷载的偏心率对构件截面曲率的影响因子；

ε_2 ——长细比对构件截面曲率的影响因子，当 ε_1 、$\varepsilon_2 > 1.0$ 时取 1.0；

e_0 ——轴向力对构件截面重心轴的偏心距。

根据《公路钢筋混凝土及预应力混凝土桥涵设计规范》JTG 3362—2018 中第 5.3.4 条规定，根据下式判断构件是否为大偏心受压构件。

$$\varphi_0 N_d e = f_{cd} bx \left(h_0 - \frac{x}{2} \right) \tag{3.4-57}$$

$$e = \sigma e_0 + \frac{h_0}{2} - a \tag{3.4-58}$$

如果 $x \leqslant \varepsilon_b h_0$ ，则构件为大偏心受压构件。

顶板的截面配筋面积 A_s 为：

$$A_s = \frac{f_{cd} bx - \varphi_0 N_d}{f_{sd}} \tag{3.4-59}$$

配筋率 μ 以计算公式为：

$$\mu = 100 \frac{A_s}{bh_0} \tag{3.4-60}$$

规范要求最低配筋率不低于 0.2%，应按最小配筋率配置受拉钢筋。根据《公路钢筋混凝土及预应力混凝土桥涵设计规范》JTG 3362—2018 中第 5.2.9 条规定验算截面抗剪强度，如果满足下式，则满足要求。

$$\gamma_0 V_d \leqslant 0.51 \times 10^{-3} f_{cu,k} \sqrt{bh_0} \tag{3.4-61}$$

式中 V_d ——验算截面处由荷载产生的剪力组合设计值（kN）；

h_0 ——剪力组合设计值处的矩形截面有效高度，自纵向受拉钢筋合理点至受压边缘的距离（m）。

b ——剪力组合设计值处的矩形截面宽度（m）。

根据《公路钢筋混凝土及预应力混凝土桥涵设计规范》JTG 3362—2018 中第 5.2.9 条规定验算斜截面抗剪强度，如果：

$$\gamma_0 V_d \leqslant 0.50 \times 10^{-3} \alpha_2 f_{td} bh_0 \tag{3.4-62}$$

则可不进行斜截面抗剪强度验算，仅需《公路钢筋混凝土及预应力混凝土桥涵设计规范》JTG 3362—2018 第 9.3.13 条规定配置箍筋即可。

对于底板及左右侧墙，可以同样采用上述流程进行配筋设计计算。

在对管节受力分析的基础上，本节参考圆形顶管管节结构设计的流程和要素，并借鉴公路桥涵的设计原理和计算方法对矩形管节以下方面作了计算、设计与说明。①截面尺寸：外长宽、内净长宽、上下底与侧壁壁厚；②荷载：竖向土压恒荷载、侧向土压恒荷载、地表车辆动荷载等；③内力：结点弯矩、跨中弯矩、轴力与剪力等；④配筋；⑤结构要求等。

3.5 管节构造设计

管节混凝土强度等级不宜小于 C50，管节混凝土抗渗等级不宜低于 P10。最外层钢筋的混凝土保护层应根据安全等级和不同环境下管节耐久性要求确定，并宜满足表 3.5-1 要求。

混凝土保护层最小厚度（mm）　　**表 3.5-1**

类型	直接与水接触	不直接与水接触
一级	50	40
二级	40	30

管节钢筋选用应符合下列规定：

（1）纵筋宜采用 HRB400、HRB500、HRBF400、HRBF500 钢筋；

（2）箍筋宜采用 HPB300、HRB400、HRB500、HRBF400、HRBF500 钢筋；

（3）可采用玄武岩复合筋替代钢筋。

管节纵向钢筋的最小配筋率不宜低于 0.2%的配筋率，间距不宜大于 150mm。当混凝土强度等级大于 C60 时，最小配筋率宜增加 0.1%。

管节顶、底板与侧墙连接处宜设置腋角，配筋面积可为受力钢筋的截面面积的 50%。

结构防水等级应符合下列规定：

（1）行人通道和机电设备集中区段防水等级应为一级，不得渗水，结构表面应无湿渍；

（2）其他隧道结构防水应为二级，顶部不得滴漏，其他部位不得漏水；表面可有少量湿渍，总湿渍面积不应大于总防水面积的 2/1000。任意 $100m^2$ 防水面积上湿渍不应超过 3 处，单个湿渍最大面积不应大于 $0.2m^2$。

混凝土管节传力面允许最大顶力应按下式计算：

$$F_{dc} = 0.5\frac{\phi_1\phi_2\phi_3}{K_f\phi_5}\sigma_c A_p \tag{3.5-1}$$

式中　F_{dc}——管节允许顶力设计值（kN）；

ϕ_1——混凝土受压强度折减系数，取 0.9；

ϕ_2——偏心受压强度提高系数，取 1.05；

ϕ_3——材料脆性系数，取 0.85；

ϕ_5——混凝土强度标准调整系数，取 0.79；

K_f——安全系数，取 1.3～1.4；

σ_c——混凝土受压强度设计值（N/mm^2）；

A_p——管节的有效传力面积（mm^2）。

3.6　中继间设计

主顶总推力达到中继间的总推力 40%～60%时，放置第一个中继间，顶进过程中启动前一个中继间顶进后，主顶油缸推动的管段总顶进力达到中继间总推力的 60%～80%时安置下一个中继间。

中继间顶进力应有富余量，第一个中继间不宜小于自身最大顶进力的 40%，其余不宜小于 30%。

中继站的位置和数目一般是根据所预测顶进力以及作用在管道上的允许顶进力来确定，或者根据中继站的最大顶进力来确定，计算公式如下：

$$i \geqslant \frac{P}{F_y} - 1 \tag{3.6-1}$$

式中 i——中继间的数目（取整数）；

P——总顶进力；

F_y——管节或后座墙顶进力，取较小值。

第一个中继间位置按下式计算：

$$L_1 \leqslant \frac{F_y - F_0}{2(B+H)f_k} \tag{3.6-2}$$

式中 L_1——第一个中继间与顶管机头的距离（m）。

其他中继间之间的间距按下式计算：

$$L_i = \frac{F_y}{2(B+H)f_k} \tag{3.6-3}$$

确定中继间位置时，根据顶进长度和设计顶进力确定，应留有足够的顶进力安全系数。第一个中继间位置宜安装于顶管机后段，并提前安装，同时考虑顶管机在迎面阻力作用下发生反弹，引起地面变形。

中继间的允许转角宜大于1.2°，合力中心应可调节，其结构示意图见图3.6-1。

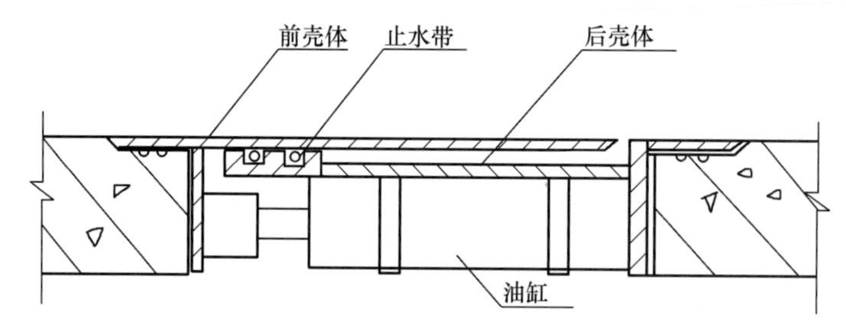

图3.6-1 中继间结构示意图

中继间应有足够的刚度，其结构形状应符合相应管道接头的要求，中继间应带有木质的传压环和钢制的均压环，端面的尺寸必须同作用于其上的顶进力相适应。

中继间密封装置宜采用径向可调形式，密封配合面的加工精度和密封材料的质量应满足要求；

中继间外壳在伸缩时，滑动部分应具有止水性能和耐磨性，且滑动时无阻滞。

超深、超长距离顶管工程，中继间应选用具有密封性能可靠、密封圈压紧度可调及可更换的密封装置。

顶进过程中，主顶油缸的总顶进力达到主顶油缸额定推力90%时，应启动中继间接力顶进。

中继间液压油缸的布置形式应符合下列规定：

（1）中继间的油缸数量应根据该施工长度的顶进力计算确定，并沿周长均匀分布安装；其伸缩行程应满足施工和中继间结构受力的要求。

（2）中继间油缸宜取偶数，且其规格宜相同；当规格不同时，其行程应同步，并应将同规格的中继间油缸对称布置。

（3）中继间油缸的油路应并联，每台中继间油缸应有进油、退油的控制系统。

中继间安装前应检查各部件，确认正常后方可安装；安装完毕应通过试顶检验后方可使用。

3.7　顶管总顶力计算

在矩形顶管顶进过程中，管道结构处于顶管机、顶进设备、周围土体、地下水及其自身荷载等的共同作用下，管道外侧在竖直方向受到上覆土层的竖向土压力、地下水压力、管节自重作用；侧面方向受到侧向土压力作用、地下水压力；沿顶管轴向受到端面阻力、顶进设备顶力、管道表面与周围土体之间的摩阻力等作用。因此顶进过程中的管节是一个复杂的力学体系。

3.7.1　管土受力分析

在矩形顶管顶进过程中，管道结构处于顶管机、顶进设备、周围土体、地下水及其自身荷载等的共同作用下，管道外侧在竖直方向受到上覆土层的竖向土压力、地下水压力、管节自重作用；侧面方向受到侧向土压力作用、地下水压力；沿顶管轴向受到端面阻力、顶进设备顶力、管道表面与周围土体之间的摩阻力 F 等作用。因此顶进过程中的管节是一个复杂的力学体系。

当管道周围土体为不稳定土层时，如淤泥质土、软黏土等，土体抗剪强度很小，在顶管施工中管道上部土体不能形成卸荷拱，作用在管道上的土压力即为管道上部整个管道宽度范围内土柱的重量；当管道周围土体为稳定土层时，如坚硬、硬塑的黏性土层、不饱和的砂土层等，在顶管施工中由于“卸荷拱作用”会在管道上部形成土拱，土拱对上部土体起到一定的支撑作用，土拱高度以上的土体重量经过土拱传递至两侧土体来承担，并没有直接作用在管道上，使得作用于管道顶部的土压力小于管道上部整个土柱的重量。作用在管道上的水平侧土压力可按管道上的垂直土压力乘以侧土压力系数来计算。

在顶管工程中，管道除了受到周边土体的土压力的作用以外，还受到地表处各种荷载（车载或者行人荷载等）传递到管道上的作用力，随着管道埋深逐渐减少。有研究表明，当存在卸荷拱作用时，传递到管道上的这部分附加荷载几乎为零。而当矩形管节作为地下过街横通道时，通道供人行走，管道上的作用需要附加上行人荷载的作用；当矩形管节作为电力隧道或者“共同沟”时，通道内需要安装电力电缆和其他种类的管线，尤其是“共同沟”，其他种类的管线均可以规划铺设于其中，管道内的荷载相对较大。

3.7.2　管道自重

根据目前已有的矩形顶管施工工程案例来看，由于施工性质、投入使用的要求等方面的因素，矩形顶管一般采用钢筋混凝土管材。矩形管节（图 3.7-1）的自重标准值可以采用下列公式计算：

$$G_k = \frac{\gamma_k A_p}{B_1} \tag{3.7-1}$$

$$A_p = B_1 H_1 - b_1 h_1 \tag{3.7-2}$$

式中　G_k——矩形管道的自重标准值（kN/m^2）；

A_p ——矩形管节有效横截面积（m^2）；

γ_k ——钢筋混凝土管的重度，一般取 $26kN/m^3$；

B_1，H_1——分别为矩形管节横截面外边宽、外边高（m）；

b_2，h_2——分别为矩形管节横截面内边宽、内边高（m）。

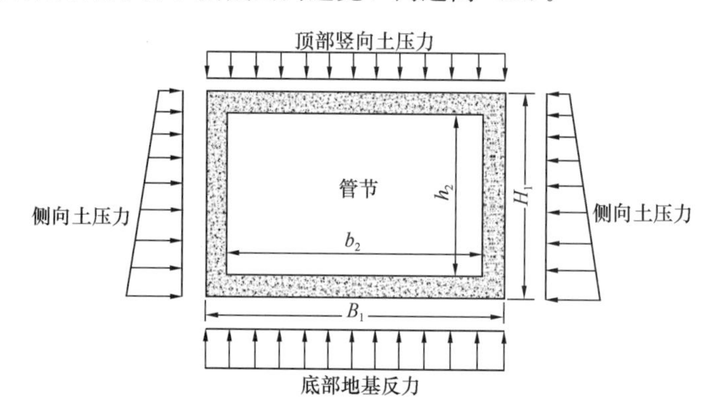

图 3.7-1 矩形管节横截面受力示意图

矩形管节的侧面壁厚 $t_1=\dfrac{B_1-b_2}{2}$，上下底壁厚 $t_2=\dfrac{H_1-h_2}{2}$，一般情况下，为了使管节加工方便，管节的上下底壁厚与侧面壁厚是相等的，即 $t_1=t_2$。

3.7.3 管道竖向力

隧道竖向土压力的计算，目前太沙基理论、普氏卸荷拱理论、土柱理论为最常用的土压力计算理论方法。①太沙基理论：该理论认为在隧道开挖后，隧洞上覆土变形大于两侧土体变形，上覆土体重量通过剪力传递扩散给两侧土体，是一种从散粒体出发的极限平衡方法。②普氏卸荷拱理论：该理论认为在松散介质体中开挖隧道后，在隧洞上方形成一抛物线形的平衡拱，拱以上土体处于自稳状态，仅有拱以下土体自重压力作用于衬砌上，即其上作用压力与隧道埋深无关。土体具有一定的抗剪强度是采用该理论的前提，对埋深较浅或不能形成平衡拱的松软土层该理论是不适用的。③土柱理论：该理论简单，将拱顶上覆土体全部自重均考虑成竖向土压力。因此，土柱理论仅适用于变形很小的软土地层，当隧道土质较硬或者埋深大时，该理论是不合适的，计算结果误差较大。

根据矩形顶管施工的特点，顶管管道周边的土体基本是原状土，且由于顶管机比管节外径大 10～20mm，在顶进过程中，管节与周围土体之间的间隙基本被减阻泥浆填充。顶管管节受力是管、土及泥浆三者间的共同作用，不同于一般的埋管管道，埋管管道采用开槽式铺设，管道周边的土是回填土而非原状土，管道上部土压力需采用整个回填土层的厚度来计算。

矩形顶管管道埋深比较大时，顶管施工过程几乎不会对上部土层造成较大的影响，顶进过程中上部土体会发生应力重分布而逐渐趋于稳定的现象。应力重分布形成一个类似于土拱的"结构"，对上部土体起到一定的支承作用，使得作用在管道上的土压力并不是整个管道上部土层的重量，因此在计算顶管管道竖向土压力时需要考虑管道上部土体"土拱效应"的影响。

当管道埋深较浅时，或者土质为淤泥质土，松散的砂性土，管道上部土体不足以形成卸荷拱作用时，作用在管道上的土压力就应为管道宽度范围内整个上部土柱的重量。

1. 普氏理论计算竖向土压力

利用土拱效应计算土压力是由苏联学者普罗托基亚卡诺夫提出的计算模型，即“普氏理论”。该理论指出：在一定覆土厚度条件下，管顶土层将形成“卸荷土拱”，管顶承受的竖向土压力将取决于卸荷土拱的高度，矩形管节上部竖直方向土压力并不是管道上部所有土的重量，而是“卸荷土拱”拱高内的土体重量。卸荷拱如图 3.7-2 所示，矩形管节外宽 B_1，外高 H_1，内宽 b_2，内高 h_2，管道埋深 H_D。

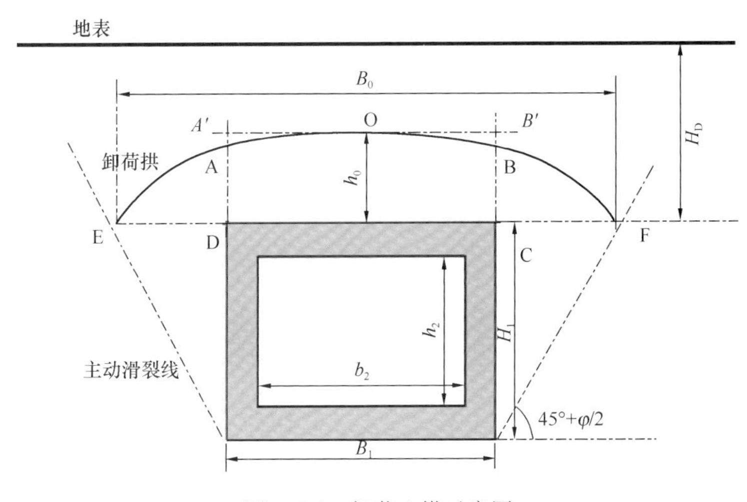

图 3.7-2 卸荷土拱示意图

图 3.7-2 中曲线 EOF 即为矩形管节卸荷拱的界面曲线，卸荷土拱高度 h_0 和卸荷土拱跨度 B_0 可按下式计算：

$$h_0 = \frac{\frac{B_1}{2} + H_1 \times \tan(45° - \varphi/2)}{f_0} = \frac{\frac{B_1}{2} + H_1 \times \sqrt{K_a}}{f_0} \tag{3.7-3}$$

$$B_0 = B_1 \times [1 + \tan(45° - \varphi/2)] = B_1 \times [1 + \sqrt{K_a}] \tag{3.7-4}$$

$$K_a = \tan^2(45° - \varphi/2) \tag{3.7-5}$$

$$f_0 = \tan\varphi \tag{3.7-6}$$

式中 h_0——卸荷土拱高度（m）；

B_0——卸荷土拱跨度，即管顶上部土压力传至管顶处的影响宽度（m）；

φ——管道周边土体内摩擦角（°）；

H_1——矩形管节外边高（m）；

B_1——矩形管节外边长（m）；

f_0——矩形管节上部土体坚硬系数。

由于卸荷拱效应的存在，可以不考虑地面活荷载的影响。但是该计算方法只考虑了土的内摩擦角 φ，没有考虑土体的内聚力 c。在实际应用过程中，黏性土一般使用等效内摩擦角来代替内摩擦角，即内摩擦角和内聚力的综合作用等效出的摩擦角，使之等效成为“砂性土”，等于土工试验中采用直剪试验得到的摩擦角。

由于卸荷拱曲线是假想存在的一条曲线EOF（曲面），对于计算矩形管顶上方的土体重量在实际工程中没有必要那么高的精度，加之其曲线方程难以确定，因此对于卸荷拱下作用在矩形管节上表面的AOBCD土体重量近似按管道宽度范围内矩形截面A′B′CD内的土体重量计算，则卸荷拱条件下，管道上部土重量采用下式计算：

$$G_0 = \gamma h = \gamma \frac{\frac{B_1}{2} + H_1 \times \sqrt{K_a}}{f_0} \tag{3.7-7}$$

$$F_0 = G_0 \tag{3.7-8}$$

$$\gamma = \frac{\sum \gamma_i h_i}{\sum h_i} \tag{3.7-9}$$

式中 F_0——管道上沿顶管方向单位长度的土压力（kN/m^2）；

G_0——矩形管节上部沿顶管方向单位长度卸荷拱上的土体重量（kN/m^2）；

γ——矩形管节周边土体重度，当为多层土时采用加权重度，其中，h_i 为每层土的厚度，γ_i 为每层土的重度，地下水位以下时取浮重度（kN/m^3）；

B_1——矩形管节外边长（m）；

h_0——卸荷土拱高度（m）。

采用卸荷拱理论计算土压力时，一般要求土的坚硬系数 $f_0 > 0.6$，即管道周边土的内摩擦角大于30°才能形成卸荷拱效应。对于沼泽土、新填土、淤泥等不稳定土层，$f_0 < 0.6$，不能采用卸荷土拱理论计算管道土压力，而应采用类似于埋管管道土压力的算法计算，即管道上方土压力为整个覆土厚度内的土柱重量。

塑态黏质粉土（土的塑性系数 $IP<4$）取 $f_0 = 0.6$；塑态黏质粉土（$IP>4$）取 $f_0 = 0.7$；塑态粉质黏土、黏土及黄土取 $f_0 = 0.8$；坚硬的粉质黏土及黏土取 $f_0 = 1.0$。在砂卵石、砂、卵石等土层或穿越河底软土层进行顶管设计计算时，该类土质不能形成卸荷拱，管顶土压力应按管道以上土层厚度计算。

矩形管道底部所受土的支撑力等于管道自重与上表面土压力之和，计算公式为：

$$F_1 = G_k + F_0 = \frac{\gamma_k A_p}{B_1} + \gamma \frac{\frac{B_1}{2} + H_1 \times \sqrt{K_a}}{f_0} \tag{3.7-10}$$

式中 F_1——矩形管道底部所受土的支撑力标准值（kN/m^2）；

F_0——管顶竖向土压力标准值（kN/m^2）；

G_k——管道自重标准值（kN/m^2）。

2. 太沙基理论计算竖向土压力

当管顶上覆土层厚度大于一倍管外径或管周土不是淤泥质土时，采用美国学者太沙基提出的计算模型，该模型认为管节的受力条件类似于“沟埋式”埋管，土层内形成天然的卸荷拱，作用在管道顶上的荷载可以按管顶形成土拱的土柱高度来计算，管顶覆土的变形大于两侧的土体变形，管顶土体重量将通过剪力传递扩散至两侧土体中。目前国外大多数国家都采用这个计算模型，根据实际工程经验，计算结果比较接近实际。我国近年来颁布的顶管技术规程《给水排水工程顶管技术规程》CECS 246—2008在计算圆形顶管的竖向土压力值时也采用此计算公式。矩形管顶竖向土压力荷载可按下式计算：

$$F_0 = c_j(\gamma B_0 - 2c) \tag{3.7-11}$$

$$c_j = \frac{1-\exp\left(-2K_a\mu\dfrac{H_0}{B_0}\right)}{2K_a\mu} \tag{3.7-12}$$

$$K_a = \tan^2\left(45° - \frac{\varphi}{2}\right) \tag{3.7-13}$$

式中 F_0——管顶竖向土压力标准值（kN/m^2）；

c_j——管顶竖向土压力系数；

$K_a\mu$——土的主动土压力系数和内摩擦系数的乘积，一般取0.13，饱和黏性土取0.11，砂和砾石取0.165；

H_0——管顶至原状土地面的覆土深度（m）；

B_0——管顶上部土层压力传递至管顶处的影响计算宽度，即卸荷拱跨度（m）；

γ——矩形管节周边土的重度（kN/m^3）；

B_0——管顶上部土层压力传递至管顶处的影响宽度，即卸荷拱跨度（m）；

c——土的内聚力（kN/m^2），一般取地质报告中的最小值。

可以发现该计算公式与不开槽施工土压力系数 c_j，管道埋深 H_0，卸荷拱跨度 B_0 及土的性质参数等几个参数有关，而与管道的截面形状关系不大。因此将此公式可推广至矩形顶管施工中矩形管道竖向土压力计算方法中。太沙基土拱理论考虑了土的内摩擦角和土的内聚力。比较符合顶管的实际情况，由于 c 值在土工实验时，离散性比较大，出于安全的考虑规范建议取低值。当管道位于地下水为以下时，需要计入作用在管道上的地下水压力，此时土的重度值取有效重度。

根据矩形管节的受力特征分析，管底部所受支撑力包括管道顶部的土压力及管道自身重量值，即：

$$F_1 = G_k + F_0 = \frac{\gamma_k A_p}{B_1} + c_j(\gamma B_0 - 2c) \tag{3.7-14}$$

式中 F_1——矩形管道底部所受支撑力标准值（kN/m^2）；

G_k——管道自重标准值（kN/m^2）；

F_0——管顶竖向土压力标准值（kN/m^2）。

3. 土柱理论

当土的坚实系数 f_k 大于等于0.6和管节埋深 H 大于等于两倍卸荷拱高（$2h$）这两个条件不能同时满足时，卸荷拱不能形成，管顶以上的土柱压力即为顶管顶部竖向土压力。土柱理论中矩形顶管管节上的土压力分布图如图3.7-3所示。

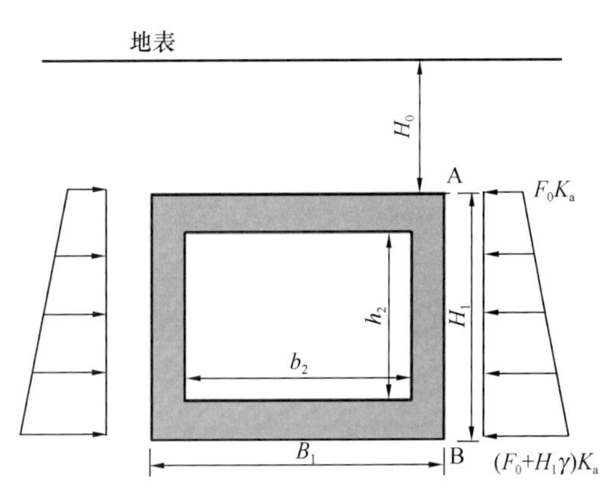

图3.7-3 土柱理论中管节上的土压力

管道顶上部土压力标准值按下式计算：

$$F_0 = \sum_{i=1}^{n}\gamma_i h_i \tag{3.7-15}$$

式中 F_0——管顶上部竖向土压力标准值（kN/m^2）；

γ_i——管顶各层土层重度，在地下水位以下时采用浮重度（kN/m³）；

h_i ——管顶各层土层厚度（m）。

在规范中计算圆形管道的竖向压力时也是采用这个公式，而圆形管道的管顶为圆弧形，显然该公式计算的是管道最顶端那一点的竖向土压力值，而管道两侧的土埋深呈逐渐增大趋势，上覆土压力值理论上比该公式所计算的值大。矩形管节的上表面几乎为平面，该公式能较好地反映管道上表面各点的竖向土压力值。

3.7.4 管道侧向土压力

由于顶管机尺寸比管节外径大约 10～20mm，属于超挖，在顶进过程中，周围土体将逐渐变形向管道靠近直至贴合，因此管道侧面受到周围土体的主动土压力。管侧水平土压力（图 3.7-4），侧向土压力在竖向按梯形分布。根据土力学原理，侧向土压力的值等于竖向压力值乘以侧压力系数。

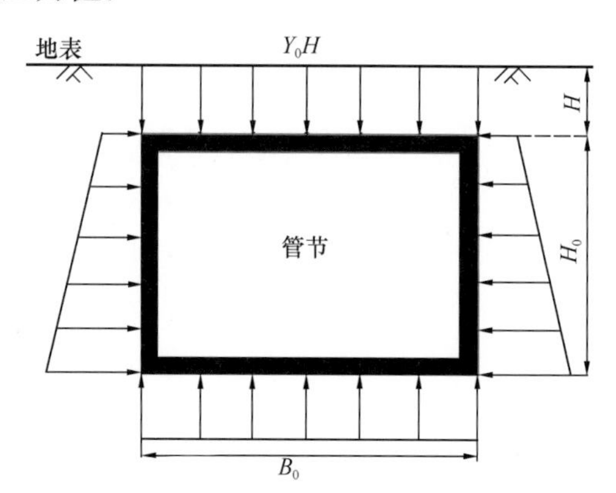

图 3.7-4 矩形管节侧土压力示意图

（1）当管道处于地下水位以上且不考虑土的内聚力 c 时，则侧向土压力标准值可按下式计算：

A 点处侧向土压力值：

$$F_{1A}=F_0K_a \tag{3.7-16}$$

B 点处侧向土压力值：

$$F_{1B}=(F_0+\gamma H_1)K_a \tag{3.7-17}$$

矩形管节的侧压力呈梯形分布，则侧面平均侧压力值大小为：

$$F_1=(F_0+\frac{\gamma H_1}{2})K_a \tag{3.7-18}$$

若考虑土的内聚力，则矩形管侧面平均侧压力值大小为：

$$F_1'=\left(F_0+\frac{\gamma H_1}{2}\right)K_a-2c\sqrt{K_a} \tag{3.7-19}$$

式中 F_1 ——矩形管节所受侧向土压力标准值（kN/m²）；

F_0 ——管顶竖向土压力标准值（kN/m²）；

γ ——矩形管节周边土的重度（kN/m²）；

H_1 ——矩形管节外边高（m）；

K_a ——主动土压力系数；

c ——土的内聚力，砂性土一般取 0，黏性土按土工试验确定（kN/m²）。

（2）当管道处于地下水位以下时，侧向水土压力标准值一般采用水土分算，土的侧向压力可按上式计算，重力密度采用有效重力密度；地下水压力按静水压力计算，水的重力密度值取 10kN/m³。

一般情况下，当顶管埋深较深，在土体卸荷拱效应下，地面堆载和地面车辆作用对管道影响不大。在计算过程中，地面堆载和地面车辆作用可以不同时考虑，可取其中最大值。

3.7.5　管道纵向力

顶管的推进过程需要克服周围土体的阻力作用，主要靠顶进设备在管端提供的纵向顶进力，因此管节在此过程中主要受到来自土体与顶进方向相反的端阻力 $P_{阻}$ 和管节侧面的摩阻力 $F_{摩}$，以及顶进设备提供的顶进力 $F_{顶}$。端阻力由前端顶管机切屑土体产生，经由顶管机本身传递给跟进的管节，端阻力可以近似看作均布力 $P_{阻}$，端阻力的大小与顶管机的类型有关，在确定顶管机及了解土质的情况下，该阻力值基本为定值；顶进过程中，管节受周围土体摩擦力的作用，该摩擦阻力的大小由土的类型、管节外壁的光滑程度及管土压力值的大小确定，该阻力一般占顶进阻力的绝大部分，在顶进过程中为了尽可能降低该阻力对顶进的影响，需要对管节外壁做一定的光滑处理，必要情况下还需在管节四周注入润滑泥浆，主要起到降低管土之间的摩阻力系数，达到降低摩阻力的作用。顶进力 $F_{顶}$ 由工作井内的顶进油缸施加，经过顶铁传递至管节上，经过传递该力可视为作用在管端的均布力，实际顶进中，为了保证管节受力均匀，也尽量采取措施使得顶进力均匀分布于管端。

理想状态下顶进力的合力中心点应和管道的中心线在同一直线上（图 3.7-5），但是在实际顶管施工过程中，往往很难做到这一点。顶力作用在管道上总会出现一定的偏心，例如顶管机头在顶进过程中由于土质的原因而上升或者下降、产生侧转或者偏离既定路线，导致管节中心和顶力中心出现偏心；管道接头变形不同，也会使顶力发生偏心。以上这些因素都会导致管节在纵向所受的力发生一定程度的改变，往往会对整个顶进过程造成一定程度的影响。

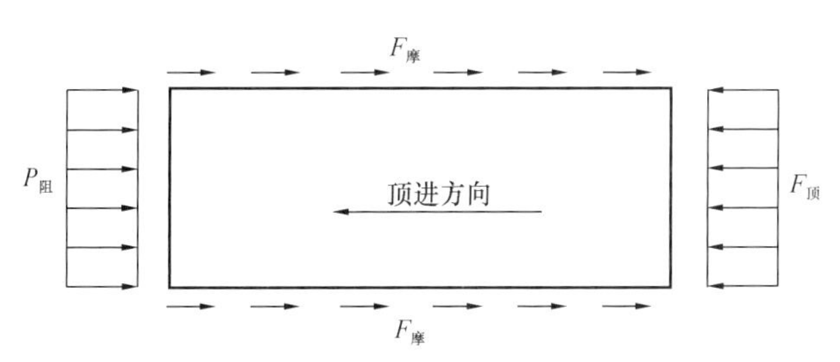

图 3.7-5　矩形管节纵向受力示意图

3.7.6　迎面阻力

1. 理论计算

当顶管的直径、地层、顶管机的类型、管道埋设深度确定以后，顶管机的迎面阻力往往是一个定值。目前顶管基本采用压力平衡式顶管机（土压平衡或泥水平衡），其迎面阻力主要由三部分组成：①作用在切屑刀盘上的阻力；②工作腔中的压力；③切屑工具管刃口上的阻力。在实际施工过程中，切屑工具管刃口上的阻力往往不予考虑，压力平衡式顶管机的迎面阻力采用下列公式计算：

$$P_y = P_1 + P_2 \tag{3.7-20}$$

$$P_1 = \frac{\pi}{4} d_s^2 p_1 \tag{3.7-21}$$

$$P_2 = \frac{\pi}{4} d_{s1}^2 p_w \tag{3.7-22}$$

式中 P_y——压力平衡顶管的迎面阻力（kN）；

P_1——切屑刀盘上的阻力（kN）；

P_2——工作腔中的压力（kN）；

p_1——切屑刀盘上单位面积阻力（kN/m²）；

p_w——顶管机工作腔压力（kN/m²）；

d_s——切屑刀盘直径（m）；

d_{s1}——掘进机内径（m）。

其中作用在切削系统上的阻力和机头正面刀盘切削不到的部位受到的阻力都是对前方土体的挤压作用的反力，受力方式及标准值大小基本一致，但是无法确定其大小，土舱中的压力也是变化的，同样无法精确确定。而根据顶管机工作机理，顶进时正面推进阻力一般可以采用水平土压力计算。一般认为水平土压力可以采用静止上压力或主动土压力，但顶管实际施工过程中往往会出现程度不一的挤土现象，顶进施工时边挤压边切削土体，因此水平土压力可采用郎肯被动土压力理论计算，按此计算方法得出的正面阻力与顶管周围摩阻力之和配置顶力及设计后靠墙，在工程上是偏于安全的。迎面阻力模型如图 3.7-6 所示。

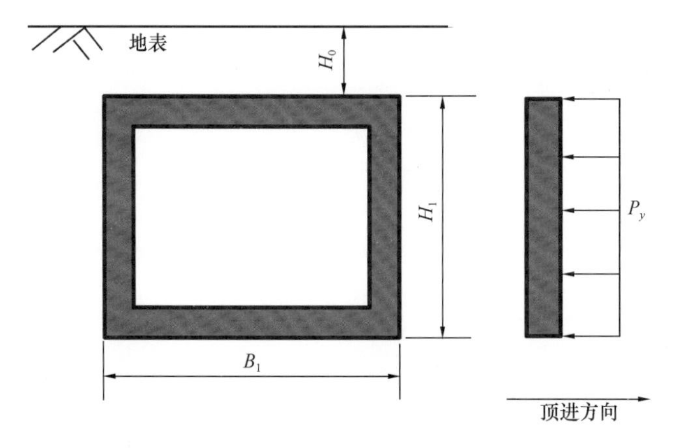

图 3.7-6 顶管迎面阻力示意图

若迎面土体为均质土体时，为简化计算可采用下列公式计算：

对于黏性土：$P_y = \left[\gamma\left(H_0 + \frac{H_1}{2}\right)K_P + 2c\sqrt{K_P}\right]B_1 \times H_1$ (3.7-23)

对于砂性土：$P_y = \gamma\left(H_0 + \frac{H_1}{2}\right)K_P \times B_1 \times H_1$ (3.7-24)

$$K_P = \tan^2\left(45° + \frac{\varphi}{2}\right) \tag{3.7-25}$$

式中 P_y——迎面阻力（kN）；

γ——土的重度（kN/m³）；

K_P——朗肯被动土压力系数；
H_0——管节顶面覆土厚度（m）；
c——土的内聚力（kPa）；
φ——土的内摩擦角（°）。

2. 经验计算

由于无法精确的计算切屑刀盘上单位面积阻力及顶管机工作腔压力，往往采用迎面阻力的经验计算公式，端阻力在数值上与此计算公式结果相同，单位无实际意义。

$$P_y = 13.2 \times C_s \times N \tag{3.7-26}$$

$$C_s = 2(B_1 + H_1) \tag{3.7-27}$$

式中　C_s——顶管机掘进端外周长（m）；
N——土的标准贯入指数。

葛春辉在著作《顶管工程设计与施工》中认为为了保证顶管机开挖面的土体稳定，必须保证顶管机端面压力与地层土压力值平衡，可以根据这个平衡关系确定端面阻力的大小。则土压、泥水平衡式顶管机的迎面阻力计算公式为：

$$P_y = \gamma H_0 K_a B_1 \times H_1 \tag{3.7-28}$$

式中　H_1——矩形管节外边高（m）；
B_1——矩形管节外边长（m）；
H_0——覆土层厚度（m）；
γ——土的重度（kN/m^3）。

3.7.7　侧摩阻力

顶进过程中的侧摩阻力主要是由管节周边土体施加在管节表面的土压力（正压力，包括竖直压力和侧压力）产生的摩擦力，根据摩擦力计算方法，顶进过程中的摩阻力计算方法为：

$$F_f = N\mu \tag{3.7-29}$$

式中　F_f——顶进过程中的摩阻力值（kN/m^2）；
N——管道表面所受正压力值（kN/m^2）；
μ——管土接触面的摩擦系数，与管、土接触面的物理性质有关，可按表3.7-1取值，在考虑泥浆套的情况下可以取0.25～0.55。

摩擦系数 μ 值参考表　　**表3.7-1**

土的种类	钢筋混凝土管			钢管		
	干燥	湿润	一般值	干燥	湿润	一般值
软土	—	0.20	0.20	—	0.20	0.20
黏土	0.4	0.20	0.30	0.40	0.20	0.30
砂黏土	0.45	0.25	0.35	0.38	0.32	0.34
粉土	0.45	0.25	0.35	0.38	0.32	0.34
砂土	0.47	0.35	0.40	0.48	0.32	0.39
砂砾土	0.50	0.40	0.45	0.50	0.50	0.50

1. 采用普氏理论计算摩阻力

（1）矩形管节上部摩阻力

$$F_{11}=F_0\mu=\gamma\frac{\frac{B_1}{2}+H_1\sqrt{K_a}}{f_0}\mu \tag{3.7-30}$$

$$K_a=\tan^2\left(45^\circ-\frac{\varphi}{2}\right) \tag{3.7-31}$$

式中 F_{11}——矩形管节上表面摩阻力（kN/m²）；

F_0——管节上部土压力（kN/m²）；

K_a——朗肯主动土压力系数；

H_1——矩形管节外边高（m）；

B_1——矩形管节外边长（m）。

（2）矩形管节下部摩阻力

$$F_{12}=(F_0+G_k)\mu=\left(\frac{\gamma_k A_p}{B_1}+\gamma\frac{\frac{B_1}{2}+H_1\sqrt{K_a}}{f_0}\right)\mu \tag{3.7-32}$$

式中 F_{12}——矩形管节下表面摩阻力（kN/m²）；

G_k——管节重量（kN/m²）。

（3）矩形管节侧面摩阻力

$$F_{21}=F_{22}=F_1 f=\left(F_0+\frac{H_1}{2}\gamma\right)K_a\mu=\gamma\left(\frac{\frac{B_1}{2}+H_1\sqrt{K_a}}{f_0}+\frac{H_1}{2}\right)K_a\mu \tag{3.7-33}$$

式中 F_{21}、F_{22}——矩形管节左、右表面摩阻力（kN/m²）；

F_1——矩形管节所受侧向土压力标准值（kN/m²）。

矩形顶管顶进过程中的总侧摩阻力等于矩形管节上部摩阻力、下部摩阻力及两侧摩阻力之和，综上所述，则总摩阻力计算公式为：

$$F_f=(F_{11}+F_{12})B_1L+(F_{21}+F_{22})H_1L \tag{3.7-34}$$

即：

$$F_f=[2\gamma B_1h_0+\gamma H_1(2h_0+H_1)K_a+\gamma_k A_p]L\mu \tag{3.7-35}$$

式中 F_f——不考虑土体内聚力的总摩阻力标准值（kN）；

γ_k——钢筋混凝土管节密度（kN/m³）；

h_0——卸荷拱高度（m）；

L——顶管长度（m）。

2. 采用技术规程计算摩阻力

根据《给水排水工程顶管技术规程》CECS 246—2008 的思想，在计算管节受力的过程中，需要考虑土的内聚力 c 的影响，因此矩形管节上摩阻力的计算方法公式为：

（1）矩形管节上部单位面积摩阻力

$$F_{11}=F_0\mu=c_j(\gamma B_0-2c)\mu \tag{3.7-36}$$

（2）矩形管节下部单位面积摩阻力

$$F_{12}=(F_0+G_k)\mu=\left[\frac{\gamma_k A_p}{B_1}+c_j(\gamma B_0-2c)\right]\mu \tag{3.7-37}$$

（3）矩形管节侧面单位面积摩阻力

$$F_{21}=F_{22}=\left[\gamma\left(\frac{\frac{B_1}{2}+H_1\sqrt{K_a}}{f_0}+\frac{H_1}{2}\right)K_a-2c\sqrt{K_a}\right]\mu \tag{3.7-38}$$

综上所述，则矩形顶管顶进过程中的总侧摩阻力：

$$F_f=(F_{11}+F_{12})B_1L+(F_{21}+F_{22})H_1L \tag{3.7-39}$$

即：

$$F_f=[2B_1c_j(\gamma B_0-2c)+\gamma H_1(2h_0+H_1)K_a-4cH_1\sqrt{K_a}+\gamma_kA_p]L\mu \tag{3.7-40}$$

式中 F_f——矩形顶管考虑土的内聚力时总顶力值（kN）；

h_0——卸荷拱跨度（m）。

3. 用土柱理论计算顶管的摩擦阻力

（1）矩形顶管顶部沿顶管方向单位长度的摩擦阻力

$$F_{11}=F_0=\mu\gamma_0H_0 \tag{3.7-41}$$

（2）矩形管节下部摩阻力

$$F_{12}=(F_0+G_k)\mu=\left(\gamma_0h_0+\frac{\gamma_kA_p}{B_1}\right)\mu \tag{3.7-42}$$

（3）矩形顶管单侧边沿顶管方向单位长度的摩擦阻力

$$F_{21}=F_{22}=\left[(\gamma_0H_0+\frac{\gamma H_1}{2})K_a-2c\sqrt{K_a}\right]\mu \tag{3.7-43}$$

综上所述，则矩形顶管顶进过程中的总侧摩阻力：

$$F_f=(F_{11}+F_{12})B_1L+(F_{21}+F_{22})H_1L \tag{3.7-44}$$

即：

$$F_f=[2\gamma_0H_0B_1+\gamma H_1(2h_0+H_1)K_a-4cH_1\sqrt{K_a}+\gamma_kA_p]L\mu \tag{3.7-45}$$

3.7.8 矩形顶管顶力计算

1. 矩形顶管顶力计算

在矩形顶管施工中，总的阻力由两部分组成：矩形顶管机前端贯入阻力和矩形管道侧摩阻力。其中管道摩阻力是总阻力的重要组成部分，其大小直接影响顶力的大小，它与土层参数、管道埋深、管道自身结构参数等有直接关系。而对于矩形顶管机的端面阻力，在顶管机确定之后，其大小几乎是恒定不变的，对顶进力大小的影响，随着顶进距离的增加，端阻力的影响比例逐渐降低。

则建议矩形顶管的顶力按下式计算：

$$F=K(P_y+F_f) \tag{3.7-46}$$

式中 P_y——顶管机端迎面阻力（kN）；

F_f——顶进过程中的侧摩阻力（kN）；

K——安全系数，不小于1.5。

2. 侧摩阻力理论计算

矩形顶管在顶进过程中，需要克服矩形顶管机端面阻力、管道的侧摩阻力这两种力的合力。由于地下情况复杂，不确定性较多，为了保证矩形顶管能顺利地顶进，顶进设备所需要提供的顶进力，在克服顶进阻力的前提下，还需要保证一定的安全系数。

$$F=[2\gamma B_1h_0+\gamma H_1(2h_0+H_1)K_a+\gamma_kA_p]L\mu+P_y \tag{3.7-47}$$

或

$$F=[2B_1c_j(\gamma B_0-2c)+\gamma H_1(2h_0+H_1)K_a-4cH_1\sqrt{K_a}+\gamma_kA_p]L\mu+P_y \tag{3.7-48}$$

式中　F——矩形顶管顶进过程中的设计顶力值（kN）。

矩形顶管顶力计算理论公式（3.7-47）、公式（3.7-48）是建立在经典土力学基础之上，并在推导的过程中参考了圆形顶管顶力计算理论，其中还引入了一些简化假定：①在考虑卸荷拱作用时，假设土层为单一厚土层，忽略了土层性质差异的影响，与实际顶管施工有一定区别；②假定采用卸荷拱理论时，不考虑土体的内聚力的影响，与实际土层受力有一定的差别；③假定矩形顶管顶力的计算公式中假定地下水对管节的自重、管—土之间相互作用的影响因素忽略不计，而实际上地下水作用对矩形管节有浮力作用，土对管的土压力也应该按照有效重度计算；④假定管土之间的摩擦为“固—固”摩擦，且随管道的空间位置不变，在实际顶进过程中为了降低管土间的摩阻力，采用触变泥浆减阻，管土之间的摩擦系数 f 随管道位置不同而应有所变化，理论计算公式中难以体现出这点。

3. 侧摩阻力经验计算

矩形顶管总摩阻力可按下式计算：

$$F_f=2f(B_1+H_1)\times L_d \tag{3.7-49}$$

式中　f——管节与土体接触面的摩阻力（kPa），应结合地区经验取值，宜按表 3.7-2 取值；

L_d——矩形顶管顶进长度（m）。

管节与土体接触面的摩阻力（单位：kPa）　**表 3.7-2**

类别	软黏土	粉性土	粉细砂	中粗砂
混凝土与土体	3.0～5.0	5.0～8.0	8.0～11.0	11.0～16.0
钢与土体	3.0～4.0	4.0～7.0	7.0～10.0	10.0～13.0

矩形顶管断面较大，要采用触变泥浆减阻，矩形顶管外侧形成稳定泥浆套时，管节与土体接触面的摩阻力要结合地区经验取值，表 3.7-2 给出了混凝土、钢与不同土质在顶管外侧形成稳定泥浆套的接触面摩阻力参考值。

实际上影响矩形顶管顶力的因素很多，需要结合相关施工经验及地区经验提出适应于不同地区，并与实际情况尽量符合的顶力计算公式。而这需要建立在有大量的工程施工经验的基础之上，基于目前我国的矩形顶管工程还处于发展与推广的阶段，尚没有关于矩形顶管的系统研究理论，公式（3.7-47）、公式（3.7-48）对于当前的矩形顶管设计具有一定的参考价值。

3.7.9　影响顶力的因素分析

1. 土体性质

从矩形顶管顶力计算公式(3.7-47)、公式(3.7-48) 中可以看出，影响顶管施工中顶力的土的性质主要包括：土的重度 γ、内聚力 c、内摩擦角 φ、和地下水位等。土的重力密度、内聚力和内摩擦角等参数直接影响作用于管道表面的土压力，土的含砂量对管—土之间的摩擦系数有影响，地下水位对土的有效重度有影响。当顶进过程穿越不同的地层，土的物理力学参数发生了变化，管土之间的相互作用也因此发生改变，造成土压力值的变化，作用于管道表面的摩阻力也会随之改变，从而最终影响所需顶力的大小。

土的内聚力对顶进过程中的顶力也有较大的影响。对于砂性土，其内聚力为0，因此计算矩形管道的侧压力时，$-2c\sqrt{K_a}$这一项的值等于0，采用规范规程计算管道上部土压力时，也没有$-2c$这一项；而在黏性土等有内聚力值的土体中，这一部分力的作用是需要加上的。由于土的内聚力的存在，使得作用在管道上的竖向压力和侧向压力小于土的重度直接乘以侧压力系数所得到的数值。因而，在有内聚力的土层中顶进时，其顶力小于在无内聚力土中顶进时所需的顶力值。

如果是在地下水位以下施工，由于管道所受地下水浮力的作用，管道与土体间的正压力降低，摩擦力值变小。同时在计算土压力时，需采用土的有效重度，而且需额外加上地下水对管道的压力作用。计算摩阻力值时，由于水对管道的摩阻力几乎为0，可以忽略不计。

在土层中施工时，顶进力不仅受土层的类型、土层在顶进施工中变化的影响，而且还受随时间变化的土层稳定性的影响。根据卸荷拱理论，硬质土体在自身结构作用下重新稳定下来，使得作用在管道顶、底部的土压力和管道侧面的压力值降低，减少了顶进过程中的摩阻力。而在顶进过程中，刀盘的超挖使得管道与土体之间有一定的间隙。在这些间隙局部，随着土体的变形发展，会形成一定数量的小型卸荷拱，使一部分土体不会直接作用在管道表面，特别是管道侧壁和顶部，这种效果比较明显。局部小型卸荷拱的存在，对管土之间的相互作用有降低的效果。

2. 顶管参数

管节的截面参数一方面直接决定了顶管机的型号，也由此确定了端阻力的大小；另一方面摩阻力的大小与管道截面尺寸（管宽B_1，管高H_1）、管长L及埋深H呈正比关系，管节表面积越大、顶进长度越大，与土体的接触面积也就越大，在埋深一定的情况下，管道表面的摩阻力也越大；对于土体自稳结构较好，卸荷拱效应发挥程度高的土体，管节的埋深对顶进阻力的影响不大，而对于松散的土层，无法形成卸荷土拱时，管节埋深越大，作用在管道上的土压力也越大，因此顶进过程中的摩阻力值也会越大。同时顶管外壁粗糙度越大，管与土间的摩擦系数就越大，从而使顶力增大。

3. 注浆效果

顶管过程中，顶进设备提供的顶力不仅要克服掘进面处的迎面阻力，还要克服顶进长度内管道外表面与土体接触面上的摩擦力，往往这部分摩阻力占顶进阻力的绝大部分，且随着顶进距离的增加而增加。通过预制管节上预留的注浆孔，在管外壁与土之间的间隙注入润滑泥浆，能够在一定程度上避免管—土层之间的直接接触，在很大程度上减低管土之间的摩擦阻力。根据相关人员的研究成果，注浆效果直接影响顶进力的大小，根据实际测量的结果，注浆后顶力一般可降低至注浆前的25%～30%（图3.7-7）。

为发挥最佳的降低摩阻力的效果，要确保管道周围在横断面上和纵向各部位均匀地充满浆液，且随着顶管不断顶进，由于泥浆的漏失与离析，泥浆减阻效果会明显下降，顶进过程中需要对后面的管段不断补浆。

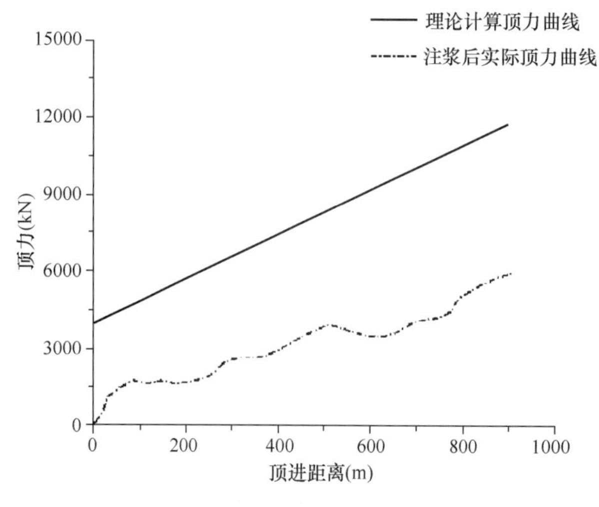

图 3.7-7　注浆前后顶力的大小对比

4. 施工因素

矩形顶管在顶进过程中，施工因素对顶进力有很大的影响，主要表现在以下几个方面：

（1）姿态调整：在顶进过程中，管线会不可避免地偏离原有的设计轨迹，使顶进轴线不再保持直线；矩形顶管还存在侧转的问题，即顶管机和矩形管节在沿截面方向发生偏转的现象，这种现象会导致矩形管节的扭转。以上两种偏移轴线的问题都需要进行姿态调整，调整方式主要依据管外壁上不同部位的不对称土压力迫使管线改变方向，一般在进出洞口处纠偏次数较多，加之管线因偏移轴线而形成的弯曲段也会较大程度地增加顶进阻力。

（2）施工故障：顶进过程中由于机械设备发生故障的原因，导致顶进停歇的时间过长，由于四周土体的蠕变作用，会逐渐坍落于管道表面上，使得管土间的摩阻力值增大，在设备重新启动时顶力会有大幅度的提高；有时在顶进停歇过程中没有及时保持注入减阻泥浆，原有的减阻浆液中的水分会逐渐离析出来，起不到减阻的效果，造成顶进阻力提高。

（3）排泥因素：在顶进过程中排泥的速度决定管线顶管端面压力的大小，即端阻力的大小。若排泥速度过慢，则会导致顶管端面阻力增大，过大的端面阻力还可能导致开挖面土体受挤压变形而产生地面隆起的现象。若排泥速度过快，顶管端面的土仓压力发挥不足，在一定程度上会降低顶进阻力，可是带来的后果是开挖面处于临空状态，顶进轴线前端地面土体会有沉降变形加剧的危险。

3.8　工作井设计

3.8.1　工作井设计

（1）工作井结构设计应符合下列规定：

1）工作井除应进行水土压力和地面荷载作用效应分析外，始发井尚应进行顶力作用效应分析；

2）应按现行行业标准《建筑基坑支护技术规程》JGJ 120 和现行中国工程建设协会标准《给水排水工程钢筋混凝土沉井结构设计规程》CECS 137 采用作用效应最不利组合进行承载能力极限状态和正常使用极限状态设计。

（2）工作井形式及尺寸应根据地质条件、管道埋深、施工工艺及环境条件等因素选用，并应符合下列规定：

1）始发井应符合安装反力墙、液压缸、顶铁、穿墙止水和操作空间的要求，取安装顶管机长度和安放管材节段长度的大者，宽度应考虑止退装置、安装设备的需要；

2）接收井应满足顶管机吊出要求；

3）始发井深度为管底埋深、导轨高度、支垫厚度之和，管节间通过预埋件焊接连接时应预留焊接坑，焊接坑深度不应小于1m，宽度不应小于0.8m；

4）钢板桩、地下连续墙、排桩等工作井设计应按平面杆系有限元法进行计算，并进行整体稳定、抗滑移、抗倾覆、抗隆起、抗管涌等验算；

5）当工作井位于岸边或水中时，应进行抗冲刷、整体稳定、抗滑移及抗倾覆等验算；

6）始发井应设置钢筋混凝土底板，接收井可根据具体情况考虑设置；

7）当工作井需设置内支撑或内衬时，该部分构件不得对顶管施工造成障碍；

8）挖深大于6m且有地下水时，工作井宜采用地下连续墙、排桩、沉井等方法。

（3）工作井防排水设计应符合下列规定：

1）应根据现场防淹需要调整工作井顶部标高；

2）井底的角部或两侧应设置集水坑，深度不宜小于40cm，且不应与顶进轴线重叠；

3）井周边存在河涌、鱼塘等水体时，应采取加固措施，可设置止水帷幕等。

（4）工作井的设计应包括下列内容：

1）洞口止水设计；

2）反力墙设计；

3）竖向交通设施的设计；

4）承压水的抗浮验算。

（5）整体式矩形始发井在顶力作用下（图3.8-1），后背土体允许顶力应按下列公式计算：

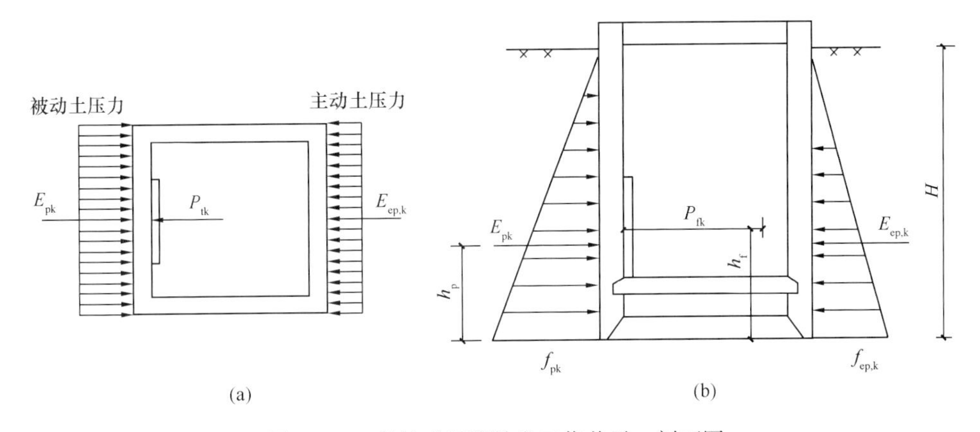

图3.8-1 整体式矩形始发工作井平、剖面图

（a）平面图；（b）剖面图

$$P_{max}=\xi(0.8E_{pk}-E_{ep,k}) \tag{3.8-1}$$

$$\xi=(h_f-|h_f-h_p|)/h_f \tag{3.8-2}$$

式中 P_{max}——后背土体允许的最大顶力（kN）；

$E_{ep,k}$——工作井前壁上主动土压力合力标准值（kN）；

E_{pk}——工作井后壁上被动土压力合力标准值（kN）；

ξ——合力作用点可能不一致的折减系数；

h_f——总顶力距刃脚底的距离（m）；

h_p——被动土压力距刃脚底的距离（m）。

（6）始发井尺寸应符合下列规定：

1）始发井的最小净长度按顶管机长度确定时，宜满足下式要求：

$$L \geqslant L_1 + L_3 + L_4 + S_1 + S_2 + S_3 \tag{3.8-3}$$

式中 L——始发井最小净长度（m）；

L_1——顶管机长度（m）；

L_3——液压缸长度（m）；

L_4——后座及扩散段厚度（m）；

S_1——顶入管节留在导轨上的最小长度（m），取0.5m；

S_2——顶铁厚度（m）；

S_3——顶进管节回缩及便于安装管节所留附加间隙（m），取0.2m。

2）始发井的最小净长度按管节长度确定时，宜按下式计算：

$$L \geqslant L_2 + L_3 + L_4 + S_1 + S_2 + S_3 \tag{3.8-4}$$

式中 L——始发井最小净长度（m）；

L_2——管节安装长度，取2.5倍管节长度（m）；

L_3——液压缸长度（m）；

L_4——后座及扩散段厚度（m）；

S_1——顶入管节留在导轨上的最小长度（m），取0.5m；

S_2——顶铁厚度（m）；

S_3——计入顶进管节回缩及便于安装管节所留附加间隙（m），取0.2m。

3）始发井的最小净长度应按上述两种方法计算结果取大值，并与井内接管工艺要求综合确定。

4）始发井的最小净宽度宜按下式计算：

$$B = B_1 + 2b_2 \tag{3.8-5}$$

式中 B——始发井的最小净宽度（m）；

B_1——矩形管节外边宽（m）；

b_2——施工操作空间（m），取0.8～1.5m。

5）始发井的最小深度可按下式计算：

$$H = H_0 + H_1 + h_1 \tag{3.8-6}$$

式中 H——始发井最小深度（m）；

H_0——管顶至原状土地面覆土层厚度（m）；

H_1——矩形管节外边高（m）；

h_1——管底下的操作空间（m），取0.4～0.5m。

6）始发井的穿墙洞尺寸可按下式计算：

$$H_{sf} = H_1 + 0.24\text{m} \tag{3.8-7}$$

$$B_{sf} = B_1 + 0.24\text{m} \tag{3.8-8}$$

式中 H_{sf}——始发井的穿墙洞高度（m）；

B_{sf}——始发井的穿墙洞宽度（m）。

（7）接受井的尺寸应符合下列规定：

1）接收井的最小净长度和净宽度应满足顶管机在井内拆除和吊出的要求。

2）接收井的穿墙洞应满足止水要求，穿墙洞尺寸可按下式计算：

$$H_{js} = H_1 + 0.4\text{m} \tag{3.8-9}$$

$$B_{js} = B_1 + 0.4\text{m} \tag{3.8-10}$$

式中　H_{js}——接收井的穿墙洞高（m）；

B_{js}——接收井的穿墙洞宽（m）。

3.8.2　反力墙设计

反力墙（reaction wall）是顶进管道时为千斤顶提供反作用力的一种结构，有时也称为后座、后背或者反力墙等。在施工中，要求反力墙必须保持稳定，一旦反力墙遭到破坏，顶管施工就要停顿。反力墙的设计要通过详细计算，其重要程度不亚于顶进力的预测计算。

（1）反力墙设计应符合下列规定：

1）墙体在顶管施工中能承受主顶工作站液压缸的最大反作用力而不致破坏；

2）当受到主顶工作站的反作用力时，反力墙材料受压缩而产生变形，卸荷后应恢复原状；

3）反力墙表面应平直，并垂直于顶进管道的轴线；

4）反力墙材料的材质应均匀一致；

5）结构应简单、装拆方便。

（2）采用装配式反力墙时，应符合下列规定：

1）装配式反力墙宜采用方木、型钢或钢板等组装，组装后的反力墙应有足够的强度和刚度；

2）反力墙土体壁面应平整，并与管道顶进方向垂直；

3）装配式反力墙的底端宜在工作坑底下不宜小于50cm；

4）反力墙土体壁面应与反力墙贴紧，有间隙时应采用砂石料填塞密实；

5）组装反力墙的构件在同层内的规格应一致，各层之间的接触应紧贴，并层层固定。

反力墙的最低强度应保证在设计顶进力的作用下不被破坏，并留有较大的安全度。要求其本身的压缩回弹量为最小，以利于充分发挥主顶工作站的顶进效率。在设计和安装反力墙时，应使其满足如下要求：

（1）要有充分的强度：在顶管施工中能承受主顶工作站千斤顶的最大反作用力而不致破坏。

（2）要有足够的刚度：当受到主顶工作站的反作用力时，反力墙材料受压缩而产生变形，卸荷后要恢复原状。

（3）反力墙表面要平直：反力墙表面应平直，并垂直于顶进管道的轴线，以免产生偏心受压，使顶力损失和发生质量、安全事故。

（4）材质要均匀：反力墙材料的材质要均匀一致，以免承受较大的后坐力时造成反力墙材料压缩不匀，出现倾斜现象。

（5）结构简单、装拆方便：装配式或临时性反力墙都要求采用普通材料、装拆方便。

（6）反力墙设计应符合下列规定：

1）墙体在顶管施工中应能承受主顶工作站液压缸的最大反作用力而不致破坏；

2）反力墙表面应平直，并应垂直于顶进管道的轴线；

3）结构应简单、装拆方便。

（7）采用装配式反力墙时，应符合下列规定：

1）装配式反力墙宜采用型钢、钢板等组装，组装后的反力墙应有足够的强度和刚度；

2）反力墙土体壁面应平整，并与管道顶进方向垂直；

3）装配式反力墙的底端宜在始发井底下不小于50cm；

4）反力墙完成后应于工作井内衬结构贴紧，有间隙时应采用灌注细石混凝土等方式填塞密实；

5）组装反力墙的构件在同层内的规格应一致，各层之间的接触应紧贴，并层层固定。

（8）反力墙设计内力应按《规程》第5.8.5条的土压分布进行计算。

（9）现场浇筑整体式反力墙抗冲切验算应符合现行国家标准《混凝土结构设计规范》GB 50010的规定。

反力墙的结构形式一般可分为整体式和装配式两类。整体式反力墙多采用现场浇筑的混凝土。装配式反力墙是常用的形式，具有结构简单、安装和拆卸方便、适用性较强等优点。

在设计反力墙时应充分利用土抗力，而且在工程进行中应严密的注意后背土的压缩变形值，将残余变形值控制在20mm左右。当发现变形过大时，应考虑采取辅助措施，必要时可对后背土进行加固，以提高土抗力。

后座反力常用的计算方法（一）：

忽略钢制后座的影响，假定主顶千斤顶施加的顶进力是通过反力墙均匀地作用在工作坑后的土体上，为确保后座在顶进过程中的安全，后座的反力或土抗力R应为的总顶进力P的1.2～1.6倍，反力R可采用公式（3.8-11）计算：

$$R=\alpha\cdot B\cdot\left(\gamma\cdot H^2\cdot\frac{K_p}{2}+2c\cdot H\cdot\sqrt{K_p}+\gamma\cdot h\cdot H\cdot K_p\right)\tag{3.8-11}$$

式中　R——总推力之反力（kN）；

α——系数，取$\alpha=1.5\sim2.5$；

B——反力墙的宽度（m）；

γ——土的密度（kN/m^3）；

H——反力墙的高度（m）；

K_p——被动土压系数（表3.8-1）；

c——土的内聚力（kPa）；

h——地面到反力墙顶部土体的高度（m）。

在计算后座的受力时，应该注意：①油缸总推力的作用点低于后座被动土压力的合力点时，后座所能承受的推力为最大；②油缸总推力的作用点与后座被动土压力的合力点相同时，后座所承受的推力略大些；③当油缸总推力的作用点高于后座被动土压力的合力点时，后座的承载能力最小。因此，为了使后座承受较大的推力，工作坑应尽可能深一些，反力墙也尽可能埋入土中多一些。

土的主动和被动土压系数值　　表 3.8-1

土的名称	土的内摩擦角 ϕ（°）	被动土压系数 K_p	主动土压系数 K_A	$\frac{K_p}{K_A}$
软土	10	1.42	0.70	2.03
黏土	20	2.04	0.49	4.16
砂黏土	25	2.46	0.41	6.00
粉土	27	2.66	0.38	7.00
砂土	30	3.00	0.33	9.09
砂砾土	35	3.69	0.27	13.67

后座反力常用的计算方法（二）：

在设计反力墙时，将后座板桩支承的联合作用对土抗力的影响加以考虑，水平顶进力通过反力墙传递到土体上，近似弹性的荷载曲线（图 3.8-2），因而能将顶力分散传递，扩大了支承面。为了简化计算，将弹性载荷曲线简化为一梯形力系（图 3.8-3），此时作用在后座土体上的应力可通过公式（3.8-12）进行计算：

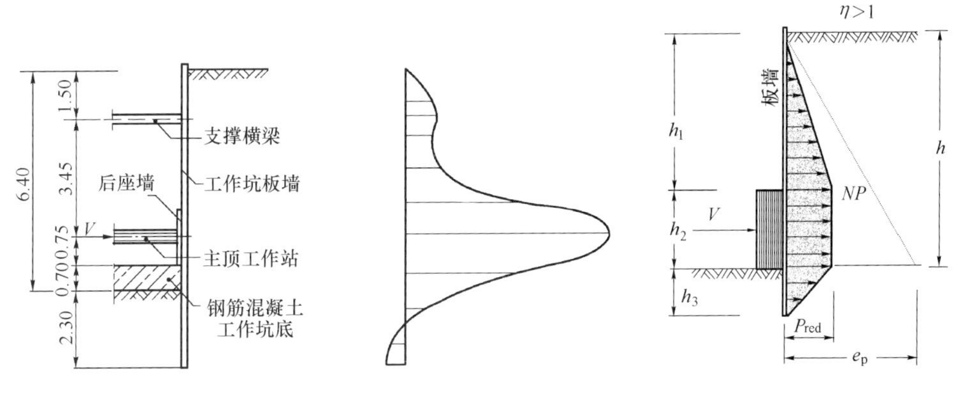

图 3.8-2　考虑支撑作用时土体的载荷曲线　　图 3.8-3　简化的后座受力模型

$$P_{red}=\frac{2h_2}{h_1+2h_2+h_3}\cdot p \qquad (3.8\text{-}12)$$

$$p=\frac{V}{b\cdot h_2} \qquad (3.8\text{-}13)$$

式中　P_{red}——作用在后座土体上的应力（kN/m²）；

V——顶进力（kN）；

b——后座宽度（m）；

h_2——后座高度（m）。

从图 3.8-3 中可以看出，为了保证后座的稳定，必须满足下列关系式：

$$e_p>\eta\cdot P_{red} \qquad (3.8\text{-}14)$$

$$e_p=K_p\cdot\gamma\cdot h \qquad (3.8\text{-}15)$$

式中　e_p——被动土压力；

η——安全系数，通常取 $\eta \geqslant 1.5$；

h——工作坑的深度（m）。

所以由上述公式经过整理可得后座的结构形状和允许施加的顶进力 F 的关系如下：

在不考虑后背支撑时：

$$F=\frac{K_{\mathrm{p}} \cdot \gamma \cdot h}{\eta} \cdot b \cdot h_{2} \tag{3.8-16}$$

在考虑后背支撑情况时：

$$F=\frac{K_{\mathrm{p}} \cdot \gamma \cdot b \cdot h}{2 \cdot \eta}\left(h_{1}+2 h_{2}+h_{3}\right) \tag{3.8-17}$$

为了增加钢板桩反力墙的整体刚度，也可在受顶力的钢板桩处现浇钢筋混凝土反力墙。根据顶进力的大小，对混凝土反力墙的弯拉区应设置网格钢筋，混凝土墙的一般厚度应根据管道直径大小确定，一般为 0.8～1.0m。混凝土的强度为 C20 以上，在达到其强度的 80%以上时才可以承受顶进力。

现场浇筑整体式反力墙尚应按照行业标准《混凝土结构设计规范》GB 50010—2010（2015 年版）的受冲切承载力验算法进行。计算时，暂按不配筋的素混凝土构件进行验算。

$$F \leqslant 0.7 \beta_{\mathrm{h}} f_{\mathrm{t}} u_{\mathrm{m}} h_{0} \tag{3.8-18}$$

式中 F——局部荷载设计值；

β_{h}——截面高度影响系数；

f_{t}——混凝土轴心抗拉强度设计值；

u_{m}——临界截面的周长；

h_0——截面有效高度。

采用装配式反力墙时，应满足下列要求：

（1）装配式反力墙宜采用方木、型钢或钢板等组装，组装后的反力墙应有足够的强度和刚度；

（2）反力墙土体壁面应平整，并与管道顶进方向垂直；

（3）装配式反力墙的底端宜在工作坑底以下（不宜小于 50cm）；

（4）反力墙土体壁面应与反力墙贴紧，有间隙时应采用砂石料填塞密实；

（5）组装反力墙的构件在同层内的规格应一致，各层之间的接触应紧贴，并层层固定。

（6）顶管工作坑及装配式反力墙的墙面应与管道轴线垂直，其施工允许偏差应符合表 3.8-2中的规定。

工作坑及装配式反力墙的施工允许偏差（mm） **表 3.8-2**

项目		允许偏差
工作坑每侧	宽度	不小于施工设计规定
	长度	
装配式反力墙	垂直度	0.1%H^*
	水平扭转度	0.1%L^{**}

注：H^* 为装配式反力墙的高度（mm）；L^{**} 为装配式反力墙的长度（mm）。

3.9　洞口设计

（1）洞口的设计应符合下列规定：

1）能支承侧向水土压力；

2）防水渗漏；

3）进出洞时能方便拆除或打开；

4）洞口临时封门可采用钢封门、砖砌封门、钢筋混凝土封门、型钢封门等形式或以上几种的组合。

（2）洞口土体加固应符合下列规定：

1）加固的范围应结合工程地质及水文条件、顶管机型、管道尺寸、顶管推进方向、坡度、埋深和周围环境等情况确定；

2）土体加固可采用水泥土搅拌桩、高压旋喷桩、冷冻法及降水等形式；

3）应对加固土体整体滑移失稳进行验算（图3.9-1），安全系数不应小于1.4；

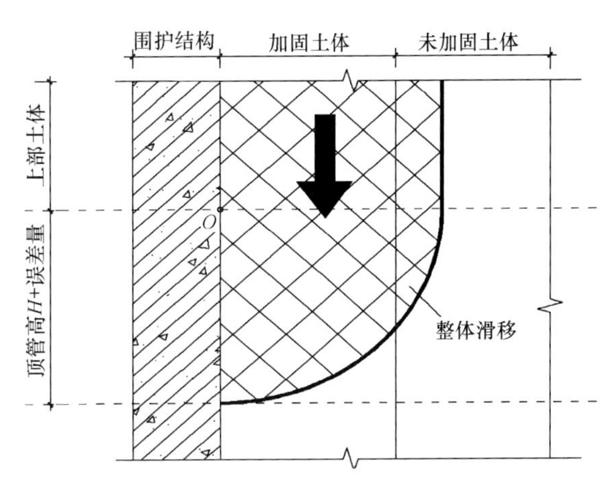

图3.9-1　洞口土体加固整体滑移稳定验算示意图

4）加固效果应采用钻芯取样的方式进行检验，加固体的无侧限抗压强度强度不宜少于1MPa，渗透系数不宜大于1×10^{-6}cm/s，并应检查加固体的整体性和均匀性；

5）始发、接收前应在洞门上打设探测孔；

6）后靠加固应满足顶进总顶力的要求。

（3）洞口止水装置设计应符合下列规定：

1）应综合考虑工作井的具体条件、地层特点；

2）始发时可根据埋深采用盘根、橡胶法兰、钢丝刷按压注油脂等措施。

3）接收井可采用对洞口土体加固的方式。

（4）顶管始发井的预留洞口应安装帘布橡胶板密封，无漏泥、滴水现象，并采用可调节的钢压板作后靠，以保证帘布橡胶板的密封性能（图3.9-2）。当地下水位较高时，宜采用双层橡胶止水装置（图3.9-3～图3.9-6）。

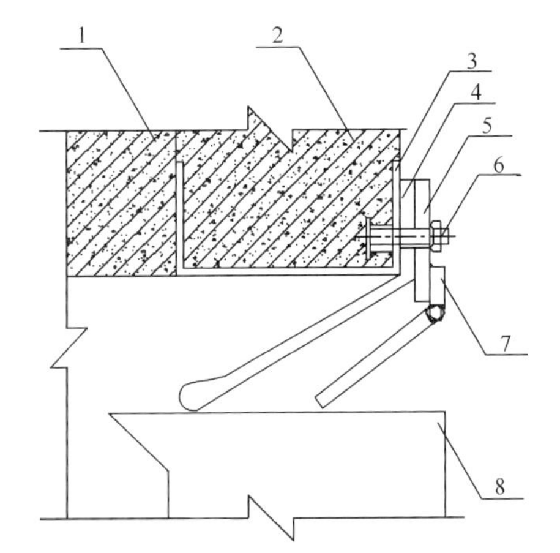

图3.9-2　止水装置

1—围护结构；2—井内衬墙；3—预埋洞口钢环；4—止水橡胶帘布；5—压板；6—固定螺栓；7—翻板；8—矩形顶管机

（5）覆土深度超过10m、地层为透水层时，应设置井壁预埋钢环，宜采用双层止水橡胶板。橡胶压板可加工成钳接；覆土深度超过15m时宜采用钢刷止水装置。

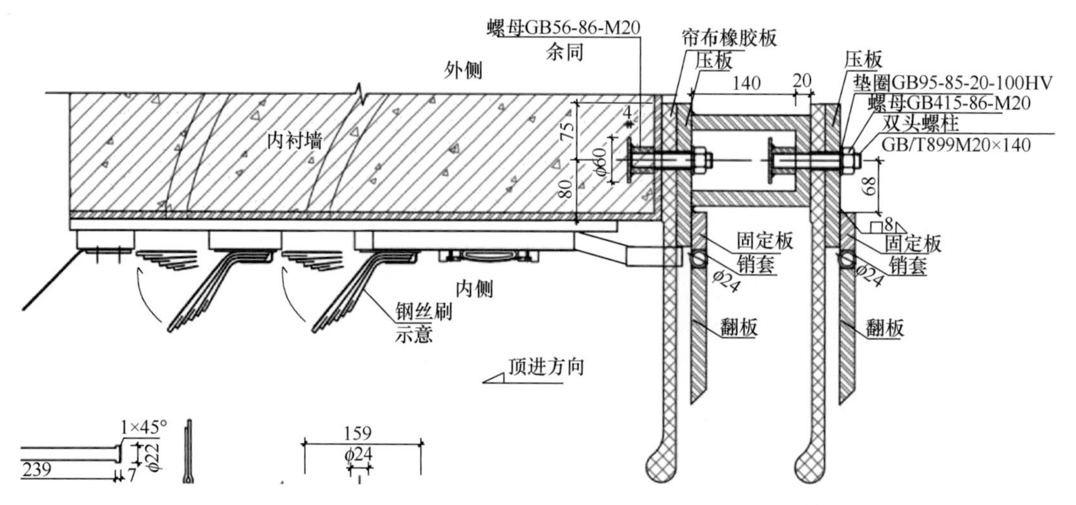

图 3.9-3　顶管进洞双层防水门帘示意

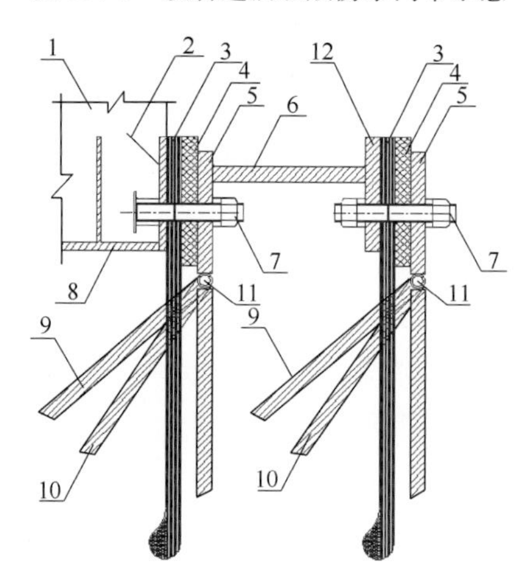

图 3.9-4　洞口双道橡胶止水装置细部构造

1—井壁侧墙；2—锚固钢筋；3—止水橡胶帘布；4—压板（一）；5—翻板；
6—中间止水钢环；7—固定螺栓；8—预埋洞口钢环；9—折页板（顶管通过时）；
10—折页板（管片安装时）；11—销轴；12—压板（二）

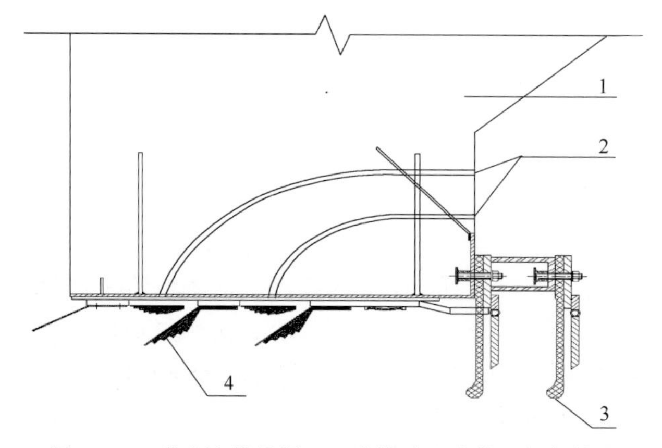

图 3.9-5　带有注浆的洞口双道橡胶止水装置细部构造

1—内衬墙；2—密封优质管路；3—洞口防水门帘；4—钢丝刷

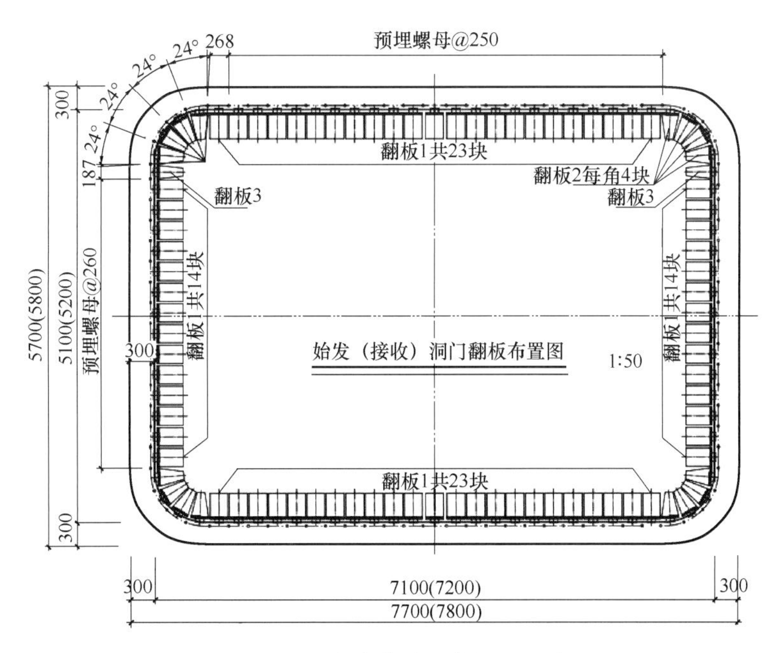

图 3.9-6　帘布橡胶止水板立面图

（6）橡胶止水圈的拉伸量大于等于 400%，肖氏硬度在 40°±5°范围以内，厚度不宜小于 20mm，内径小于管道外径 100mm，还要具有一定的耐磨性。

第4章 管 节 制 作

4.1 概述

（1）管节投入生产前，应按下列内容对生产厂家技术交底：

1）设计规定的钢筋规格、数量、间距、分布与钢筋之间搭接长度、连接方式（焊接或钢丝绑扎）、钢筋保护层厚度、插口端和钢承口端钢环的材质和尺寸等；

2）各类预埋件尺寸、预埋方式、数量、与管节本体内钢筋连接等；

3）吊装孔、注浆孔、压浆孔及接驳器的定制尺寸、固定方式等；

4）混凝土的强度等级、管节成型方式以及养护等工艺要求；

5）管节的后期养护与防护等。

（2）每套新模具应进行不少于3节管节的生产试制，管节检验合格后方可批量生产。

（3）管节出厂前应对合格的管节进行标识，标识内容应包括生产企业的名称、产品商标、产品标志、产品生产日期以及检验合格标识等。

4.2 材料性能要求

（1）钢筋混凝土管节制作质量应符合现行国家标准《混凝土和钢筋混凝土排水管》GB/T 11836的规定，管节及接口的尺寸精度和抗渗性能应满足设计要求。

（2）管节水泥宜采用强度等级不低于42.5的硅酸盐水泥、普通硅酸盐水泥，水泥性能应符合现行国家标准《通用硅酸盐水泥》GB 175、《抗硫酸盐硅酸盐水泥》GB 748与《硫铝酸盐水泥》GB 20472的相关规定。不同厂商、不同品种和不同等级的水泥不得混用。

（3）管节细骨料宜采用中细沙，细度模数宜为2.3～3.3，含泥量不宜大于2%，骨料性能应符合现行国家标准《建设用砂》GB/T 14684的相关规定。

（4）管节粗骨料宜采用碎石或卵石，粗骨料最大粒径不宜大于31.5mm，且不应大于钢筋净间距的3/4，含泥量不宜大于1%，骨料性能应符合现行国家标准《建设用碎石卵石》GB/T 14685的有关规定。

（5）管节混凝土可掺加外加剂或掺合料，不得使用氯盐类外加剂或其他对钢筋有腐蚀作用的外加剂，且掺加外加剂应符合现行国家标准《混凝土外加剂》GB 8076的相关规定。

（6）管节混凝土用掺合料应符合下列规定：

1）粉煤灰应符合现行国家标准《用于水泥和混凝土的粉煤灰》GB/T 1596与《粉煤灰混凝土应用技术规范》GB/T 50146的有关规定；

2）矿渣粉的技术等级要求不应低于S95，并应符合现行国家标准《用于水泥、砂浆和混凝土中的粒化高炉矿渣粉》GB/T 18046 的有关规定；

3）采用其他掺合料不得对产品产生有害影响，使用前应进行试验验证。

（7）管节混凝土拌合用水应符合现行行业标准《混凝土用水标准》JGJ 63 的有关规定。

（8）管节钢筋宜采用冷轧带肋钢筋、热轧带肋钢筋，也可采用热轧光圆钢筋、冷拔低碳钢丝，钢筋性能应符合现行国家标准和行业标准《冷轧带肋钢筋》GB 13788、《钢筋混凝土用钢 第 2 部分：热轧带肋钢筋》GB 1499.2、《钢筋混凝土用钢 第 1 部分：热轧光圆钢筋》GB 1499.1 及《混凝土制品用冷拔低碳钢丝》JC/T 540 的有关规定。

（9）管节接头采用弹性橡胶密封圈防水时，宜采用氯丁橡胶、三元乙丙橡胶。弹性橡胶密封圈的硬度、拉伸强度、拉断伸长率、压缩永久变形等性能指标应满足设计要求和现行国家标准《橡胶密封件 给、排水管及污水管道接口密封圈材料规范》GB/T 21873 的有关规定。且防霉等级应优于二级，抗老化性能应符合管节使用寿命要求。

（10）管节接头采用水膨胀橡胶圈防水时，遇水膨胀橡胶圈的体积膨胀倍率、硬度、拉伸强度、拉断伸长率等性能指标应满足设计要求和现行国家标准《高分子防水材料 第 3 部分 遇水膨胀橡胶》GB/T 18173.3 的有关规定，且防霉等级应优于二级。

（11）管节接头采用其他密封材料防水时，应满足设计要求。

（12）氯丁橡胶、三元乙丙橡胶及聚氨酯密封胶的物理力学性能指标应符合表 4.2-1～表 4.2-3 的规定。

氯丁橡胶的物理力学性能指标　　表 4.2-1

<table>
<tr><th>序号</th><th colspan="2">项　目</th><th>单位</th><th>性能指标</th><th>检测方法</th></tr>
<tr><td>1</td><td colspan="2">硬度（邵尔 A）</td><td>度</td><td>60±5</td><td rowspan="3">按现行国家标准《橡胶密封件 给、排水管及污水管道接口密封圈 材料规范》GB/T 21873 执行</td></tr>
<tr><td>2</td><td colspan="2">拉伸强度</td><td>MPa</td><td>≥15</td></tr>
<tr><td>3</td><td colspan="2">扯断延伸率</td><td>%</td><td>≥380</td></tr>
<tr><td rowspan="2">4</td><td rowspan="2">压缩永久变形</td><td>70℃×24h</td><td>%</td><td>≤35</td><td rowspan="2">按现行国家标准《硫化橡胶或热塑性橡胶 压缩永久变形的测定 第 1 部分　在常温及高温条件下》GB/T 7759.1 执行</td></tr>
<tr><td>2℃×168h</td><td>%</td><td>≤20</td></tr>
<tr><td>5</td><td colspan="2">撕裂强度</td><td>kN/m</td><td>≥30</td><td>按现行国家标准《硫化橡胶或热塑性橡胶 撕裂强度的测定（裤形、直角形和新月形试样）》GB/T 529 执行</td></tr>
<tr><td>6</td><td colspan="2">脆性温度</td><td>℃</td><td>≤−45</td><td>按现行国家标准《硫化橡胶或热塑性橡胶 低温脆性的测定（多试样法）》GB/T 15256 执行</td></tr>
<tr><td rowspan="3">7</td><td rowspan="2">热空气老化</td><td>硬度（邵尔 A）</td><td>度</td><td>≤8</td><td rowspan="3">按现行国家标准《橡胶密封件 给、排水管及污水管道接口密封圈 材料规范》GB/T 21873 执行</td></tr>
<tr><td>拉伸强度</td><td>MPa</td><td>≥12</td></tr>
<tr><td>70℃×168h</td><td>扯断伸长率</td><td>%</td><td>≥300</td></tr>
<tr><td>8</td><td colspan="2">臭氧老化 50pphm，20%，48h</td><td></td><td>2 级</td><td>按现行国家标准《硫化橡胶或热塑性橡胶 耐臭氧龟裂 静态拉伸试验》GB/T 7762 执行</td></tr>
</table>

三元乙丙橡胶的物理力学性能指标 **表 4.2-2**

<table>
<tr><th colspan="2">检测项目</th><th>力学指标</th><th>检测项目</th><th>性能指标</th><th>检测方法</th></tr>
<tr><td colspan="2">硬度</td><td>邵尔（A）</td><td>Shore（A）</td><td>50～60</td><td>按现行国家标准《橡胶密封件 给、排水管及污水管道接口密封圈 材料规范》GB/T 21873 执行</td></tr>
<tr><td colspan="2">抗硫化</td><td>70℃×168h</td><td>拉伸强度变化率（%）</td><td>−20</td><td>按现行国家标准《硫化橡胶或热塑性橡胶 压缩永久变形的测定 第 1 部分 在常温及高温条件下》GB/T 7759.1 执行</td></tr>
<tr><td colspan="2">外观</td><td>半透明、无色至乳白色到浅琥珀色固体</td><td>玻璃化温度（℃）</td><td>−60～−50</td><td rowspan="18">按现行国家标准《不饱和橡胶中饱和橡胶的鉴定》GB/T 16583 执行</td></tr>
<tr><td colspan="2">气味</td><td>无味至微石蜡味</td><td>表面张力（mN/m）</td><td>25～35</td></tr>
<tr><td colspan="2">密度（g/cm^3）</td><td>—</td><td>扩张系数（水）</td><td>4.5×10^{-8}</td></tr>
<tr><td colspan="2">纯品</td><td>0.86～0.87</td><td>扩散系数（正己烷）</td><td>4.1×10^{-8}</td></tr>
<tr><td colspan="2">充油</td><td>0.87～0.90</td><td>扩散系数（CH_2Cl_2）</td><td>1.3×10^{-7}</td></tr>
<tr><td rowspan="3">折射率</td><td>23℃</td><td>1.474</td><td>纯晶度（X 射线）</td><td>乙烯含量不同而异，通常为零</td></tr>
<tr><td>90℃</td><td>1.4524</td><td>脆化温度（℃）</td><td>−77～−69</td></tr>
<tr><td>120℃</td><td>1.4423</td><td>最低回弹温度（℃）</td><td>−30</td></tr>
<tr><td colspan="2">丙烯含量</td><td>20～50</td><td>回弹率（%）</td><td>50～80</td></tr>
<tr><td colspan="2">碘值
（g 碘/100g 胶）</td><td>—</td><td>比热容［kJ/(kg·K)］</td><td>2.09～2.64
（通常 2.2）</td></tr>
<tr><td colspan="2">ENB 型</td><td>5～30</td><td>热导率［W/(m·K)］</td><td>0.28～0.38</td></tr>
<tr><td colspan="2">DCPD 型</td><td>5～20</td><td>热传系数［W/(m^2·K)］</td><td>1.7×10^6</td></tr>
<tr><td colspan="2">1.4-HD 型</td><td>10～20</td><td>体积膨胀系数（℃$^{-1}$）</td><td>(7.5～7.8)×10^{-4}</td></tr>
<tr><td colspan="2">凝胶含量（%）</td><td>约 0</td><td>膨胀系数（℃$^{-1}$）</td><td>(2.3～2.5)×10^{-4}</td></tr>
<tr><td colspan="2">门尼黏度
ML (1+4)100℃</td><td>30～120
（最高 135）</td><td>体积电阻率
（20℃）（Ω·m）</td><td>—</td></tr>
<tr><td colspan="2">分子量分布</td><td>窄～宽</td><td>介电强度（20℃）
（MV/m）</td><td>—</td></tr>
<tr><td colspan="2">pH 值</td><td>约 7</td><td>交流</td><td>35～45</td></tr>
<tr><td colspan="2">充油量/份</td><td>—</td><td>直流</td><td>70～100</td></tr>
</table>

续表

检测项目	力学指标	检测项目	性能指标	检测方法
石蜡系油	15～100	介电常数（20℃，1kHz）	2.5～3.5（通常 2.7）	按现行国家标准《不饱和橡胶中饱和橡胶的鉴定》GB/T 16583 执行
环烷系油	30～100	介电耗损角正切（20℃，1kHz）	（1.5～1.8）$\times 10^{-3}$	
闪点（℃）	360	溶解度参数（25℃）$(J/cm^3)^{1/2}$	16.2	
自燃点（℃）	370	总灰分（%）	<0.3（通常 0.15）	
透气性（$cm^2/satm$）	100	稳定剂加入量（%）	0.5～1.0	
挥发性（%）	<1（通常 0.5）	储存稳定性（室内、自然）	优	

聚氨酯建筑密封胶的物理力学性能指标　　表 4.2-3

序号	检测项目		性能指标	检测方法
1	密度（g/cm^3）		规定值±0.1	按现行行业标准《聚氨酯建筑密封胶》JC/T 482 执行
2	下垂度（mm）		≤3	
3	表干时间（h）		≤24	
4	挤出性（mL/min）		≥80	
5	适用期（h）		≥1	
6	弹性回复率（%）		70	
7	拉伸模量（MPa）	23℃	0.4	
		−20℃	0.6	
8	定伸粘结性		无破坏	
9	浸水后定伸粘结性		无破坏	
10	冷拉-热压后的粘结性		无破坏	
11	质量损失率（%）		≤7	

4.3　接头构造

（1）管节钢承口端柔性接口可分为单胶圈和双胶圈两种形式，并应满足图 4.3-1、图 4.3-2的要求。

（2）矩形管节钢承口细部尺寸可按表 4.3-1 选用。

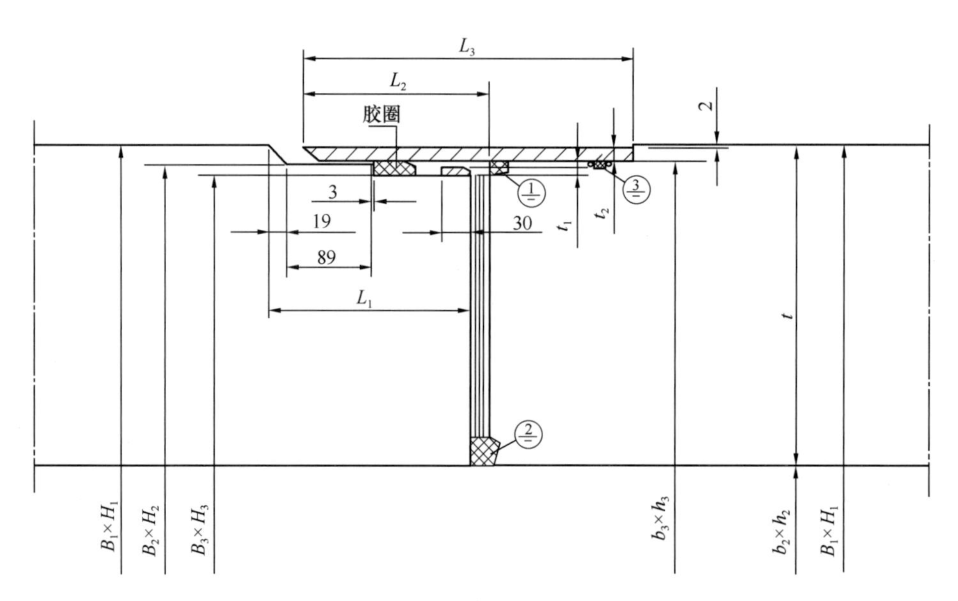

图 4.3-1　管节单胶圈钢承口管柔性接头

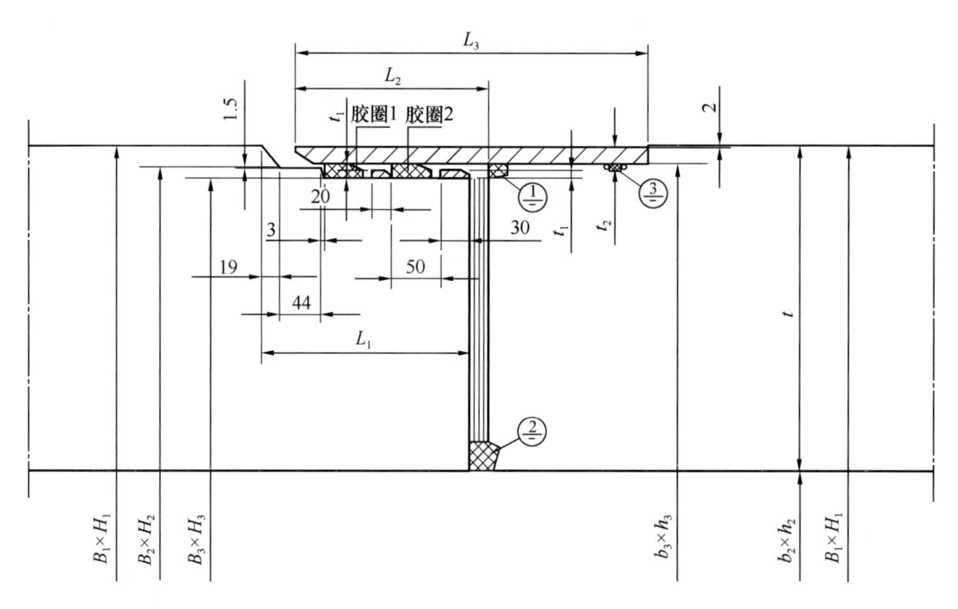

图 4.3-2　管节双胶圈钢承口管柔性接头

（3）管节间密封与防水应符合下列规定：

1）密封橡胶圈材料应为氯丁橡胶或氯丁橡胶与水膨胀橡胶复合体，并用胶粘剂接于管节基面上，接口处强度应大于 10MPa，接口平整光滑、无痕迹，不允许有裂口；

2）在遇有含油的地下水部位，宜选用丁腈橡胶；在含油弱酸弱碱地下水时宜选用氯丁橡胶，遇霉菌侵蚀时宜选用防霉等级在二级及以上的橡胶，在平均气温低的部位，宜选用三元乙丙橡胶；

3）管节与钢套环间形成的嵌缝槽采用聚胺酯密封胶嵌注；

4）在钢承口的两圆筋之间嵌入膨胀橡胶止水条；

矩形管节钢承口接头细部尺寸（单位：mm）　　**表 4.3-1**

顶管外部尺寸 ($B_1 \times H_1$)	顶管壁厚 (t)	顶管内部尺寸 ($b_2 \times h_2$)	插口尺寸				钢承口尺寸			
			$B_2 \times H_2$	$B_3 \times H_3$	t_1	L_1	$b_3 \times h_3$	t_2	L_2	L_3
6000×4300	500	5000×3300	5957×4257	5930×4230	≥8	191	5972×4272	≥12	≥175	≥325
6900×4200	450	6000×3300	6857×4157	6830×4130	≥8	191	6872×4172			
6900×4900	450	6000×4000	6857×4857	6830×4830	≥8	191	6872×4872			
7000×5000	600	5800×3800	6957×4957	6930×4930	≥8	191	6972×4972			
7400×4400	600	6200×3200	7357×4357	7330×4330	≥8	191	7372×4372			
7500×4300	500	6500×3300	7457×4257	7430×4230	≥8	191	7472×4272			
7700×4300	600	6500×3100	7657×4257	7630×4230	≥8	191	7672×4272			
7700×4500	500	6700×3500	7657×4457	7630×4430	≥8	191	7672×4472			
	600	6500×3300	7657×4457	7630×4430	≥8	191	7672×4472			
9100×4400	600	7900×3200	9057×4357	9030×4330	≥8	216	9068×4368	≥14	≥200	≥365
9100×5500	650	7800×4200	9057×5457	9030×5430	≥8	216	9068×5468			
9800×6300	700	8400×4900	9757×6257	9730×6230	≥8	216	9768×6268			
9900×8150	700	8500×6750	9857×8107	9830×8080	≥8	216	9868×8118			
10200×6600	650	8900×5300	10157×6557	10130×6530	≥8	216	10164×6564	≥16	≥200	≥365
10400×7500	700	9000×6100	10357×7457	10330×7430	≥8	216	10364×7464			
14800×9426	900	13000×7626	14757×9383	14730×9356	≥8	216	14764×9390			

注：1. 图 4.3-1～图 4.3-2 中管节宽高尺寸 $B_1 \times H_1$、$b_2 \times h_2$、$B_2 \times H_2$、$B_3 \times H_3$、$b_3 \times h_3$ 和钢承口尺寸 t_1、t_2 等对应图表的管节宽高尺寸 $B_1 \times H_1$、$b_2 \times h_2$、$B_2 \times H_2$、$B_3 \times H_3$、$b_3 \times h_3$ 和钢承口尺寸 t_1、t_2，图例中管接头纵向尺寸 L_1、L_2 和 L_3 对应图表的 L_1、L_2 和 L_3；

2. 当采用 Q235 钢板时钢承口钢板厚度可适当减薄。

5）弹性密封垫生产前必须进行防水试验及耐久性试验，以检测验证所设计的密封材料的材质，构造是否满足防水及耐久性要求；

6）人工收面与弹性密封垫对应的位置应人工打磨保证光滑。

（4）管节与管节之间接头处传力面应设置环状传力衬垫，衬板一般采用中等硬度的木质材料或多层夹板，板接头处以企口方式相接，管节下部的嵌缝槽采用聚硫密封胶嵌填，传力衬垫应符合下列规定：

1）应选用中等硬度、质地均匀、有弹性的松木、杉木或胶合板；

2）衬垫应满足管节之间的缓冲要求；

3）厚度宜为15～30mm，应根据管道的尺寸和曲率半径确定；

4）管节端面的木衬垫板宜使用胶粘剂粘贴，粘贴时应位置准确，粘贴牢固，表面平整。

（5）管节接口形式应符合下列规定：

1）应优先选用“F”形钢承口接口形式，接缝防水装置宜采用楔形止水圈和双组分聚硫密封膏嵌缝；

2）当顶管需穿越砂层、卵石层等透水性强的地层，以及对沉降要求严格的建（构）筑物等情况时，宜采用双道橡胶密封圈的钢承口接口形式；

（6）管节钢承口应符合下列规定：

1）钢承口及钢环材料应采用Q235钢，钢环表面采用环氧富锌底漆二道，每度不低于30μm，环氧沥青面漆二道，每度不低于80μm，钢承口接头内侧应磨平；

2）钢承口焊接应满焊，并应采取措施防止钢承口焊接变形；

3）钢承口对角线尺寸误差应小于5mm。

（7）橡胶止水带的横断面构造应满足图4.3-3～图4.3-7的要求。

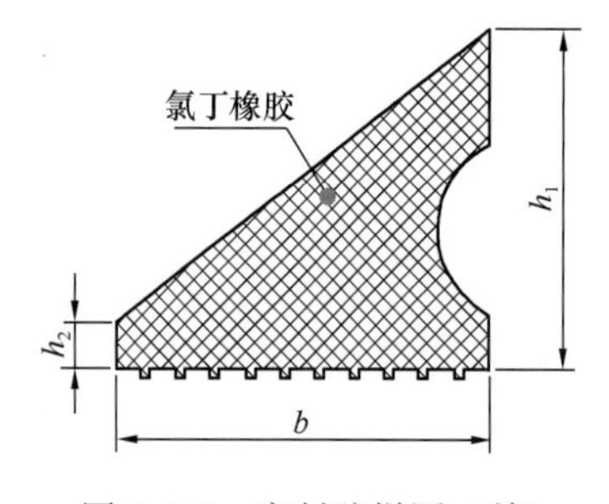

图4.3-3　密封胶样图（单）

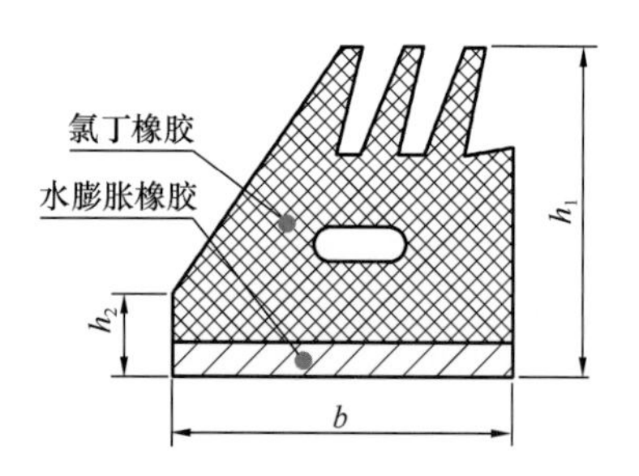

图4.3-4　密封胶样图（双）

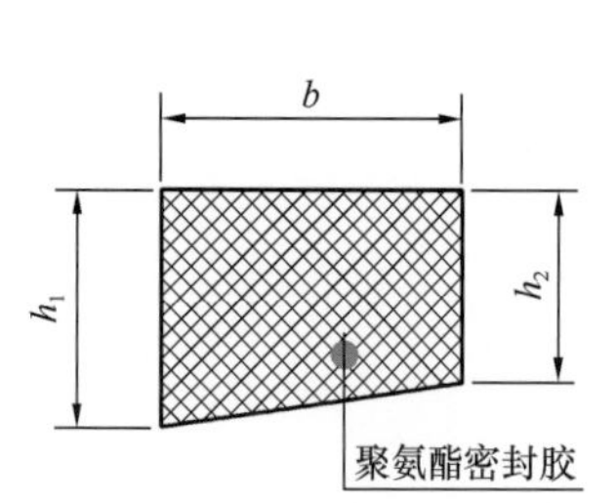

图4.3-5　密封胶①样图

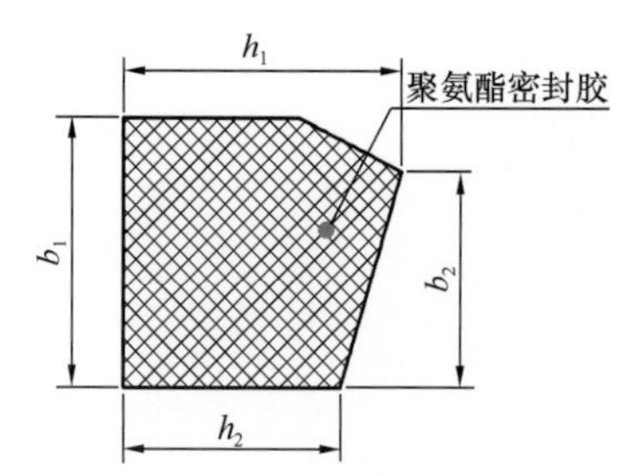

图4.3-6　密封胶②样图

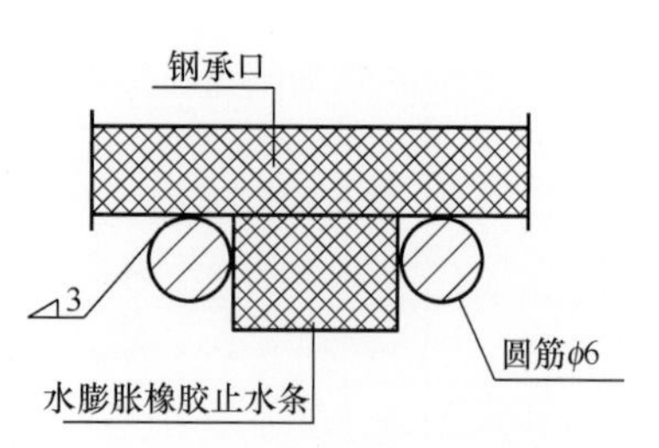

图4.3-7　水膨胀胶样图

(8) 进场前应对矩形管节、钢套环、橡胶密封圈及衬垫材料进行检测和验收，对存在问题的管节责令供应商进行整改，直至验收合格，方可投放工地进行顶进施工作业。

(9) 管节对接前，应使用粘结剂将橡胶密封圈正确固定在管节胶圈槽内，顶进前应在止水圈斜面上和钢承口斜口面均匀涂抹一层硅油。对接时受力应均匀，对接后橡胶密封圈不应移位和反转。

(10) 顶管施工完成后，应先将管节接缝清洗、干燥，再采用聚氨酯建筑密封胶对管节接缝进行嵌缝。

4.4 管节防腐

(1) 当地下水或管节内介质对混凝土和钢筋具有腐蚀性时，应对管道内外壁做防腐处理，并应满足设计要求。

(2) 钢筋混凝土管防腐涂料品种的选用、层数、厚度等应符合设计规定，管外壁防腐宜采用环氧类涂料，管内壁防腐宜采用水性涂料、无溶剂涂料等环保型涂料。

(3) 钢筋混凝土管内壁防腐施工前，管道接口应按照设计要求进行嵌缝密封。

(4) 混凝土内壁涂刷的腻子应具有与混凝土粘结牢固、快速干燥的性能，抗碱渗透底漆与基面和涂料应结合紧密。

(5) 管道内壁防腐涂料工程的混凝土基层应符合下列规定：

1) 基层表面不得有残留沾污物；

2) 基层不得有裂缝或凹凸缺陷现象，平整度允许空隙不应大于2mm；

3) 基层应保持干燥，含水率不应大于6%。

(6) 混凝土内壁防腐涂料工程施工应自上而下、分段涂装，底面可不涂装。

(7) 采用刷涂或滚涂工艺时，宜按“一底二中二面”要求施工；采用喷涂工艺时宜按“一底三面”施工；后一道涂料施工应在前一道涂料实干后进行。

(8) 矩形管节内、外金属件应按设计要求进行防腐蚀处理；防腐施工前，应清除金属构件表面的油污、尘土、焊渣、氧化物及疏松的锈蚀物。

(9) 钢套环应按设计要求进行防腐处理，防腐材料宜采用环氧煤沥青，防腐层厚度不宜小于0.2mm。钢套环端部应光滑平整。

4.5 管节预制

4.5.1 管节预制应符合下列规定

(1) 预制管节生产前应对钢模误差进行检测，若不符合标准则需进行校正，在管节生产过程中也应按相关规定对钢模进行定期检测及维护保养。

(2) 混凝土管节应包含下列构造：

1) 矩形顶管基本结构应包括钢筋骨架、吊装孔、注浆孔、压浆孔、内外钢环、预埋件和混凝土等；

2）矩形顶管插口和钢承口的内外钢环应与钢筋骨架钢筋焊接，并紧切模具的内壁；

3）插口钢环上应根据需要设置注浆孔、试压孔，插口工作面应设置1～2道楔形或锯齿形橡胶密封圈止水（“O”形橡胶圈不利于与管节的粘结，且在矩形顶管顶进施工时易移位或滑落，从而导致其防水效果不佳）。

（3）混凝土管节构造应满足下列要求：

1）每一节矩形顶管的吊装口数量为8个，采用内径120mm，壁厚8mm无缝钢管制作；

2）注浆孔和压浆孔的数量及管径根据用户的需要而定；

3）矩形顶管插口和钢承口的内外钢环的厚度和宽度符合表4.3-1之规定，并且钢环内外表面刷涂防锈油漆。

（4）成品外观质量应符合下列规定：

1）承插口钢环工作面、管外壁钢环外表面应光洁，不应粘有混凝土、水泥浆及其他污物；

2）顶管结构迎土面裂缝宽度不得大于0.2mm，背土面裂缝宽度不得大于0.3mm；

3）管节承、插口端部混凝土不应出现缺料、掉角、露筋、露石及孔洞等瑕疵；

4）管道内壁混凝土表面应平整光洁，不应出现直径或深度大于10mm孔洞、凹坑以及蜂窝麻面等不密实现象；

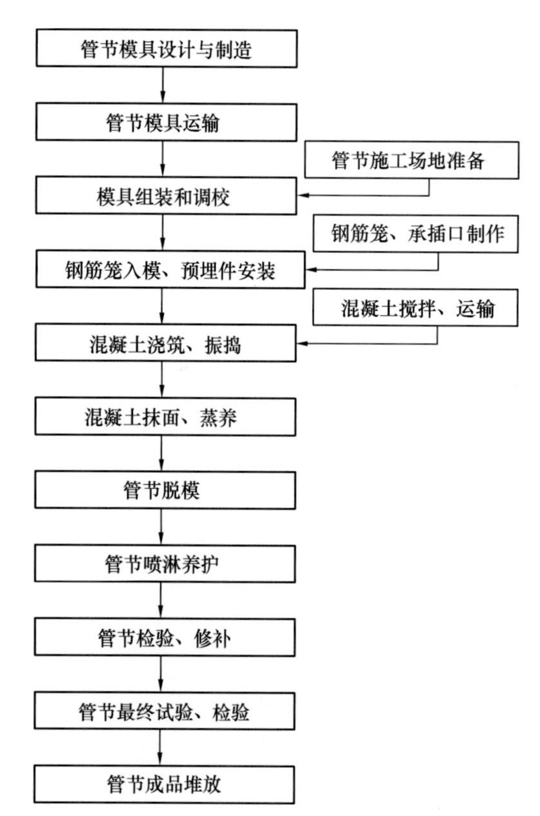

图4.5-1　管节生产制作工艺流程图

5）管道外壁混凝土表面应平整，无黏皮、麻面、蜂窝、塌落、露筋、空鼓，局部凹坑深度不应大于5mm；

6）管节合缝处无漏浆现象。

4.5.2　管节生产工艺流程及技术要点

1. 管节生产制作流程

管节生产制作工艺流程如图4.5-1所示。

2. 管节生产工艺及技术措施

（1）管节模具设计与制造、运输

在管节结构施工图设计完成后，及时进行管节模具的设计与制造。设计时充分考虑模具有足够的刚度和耐久性。模具制造时应加强监造，保证模具的刚度。管节生产模具应由专业模具生产厂家进行加工，由运输汽车运到管节制作场。

管节模具设计如图4.5-2所示。

（2）管节生产场地准备

由于通道较短，管节总计62节，顶管顶进施工前须全部完成管节制作施工，管节脱模后利用翻身平台垂直翻身，竖向存放。

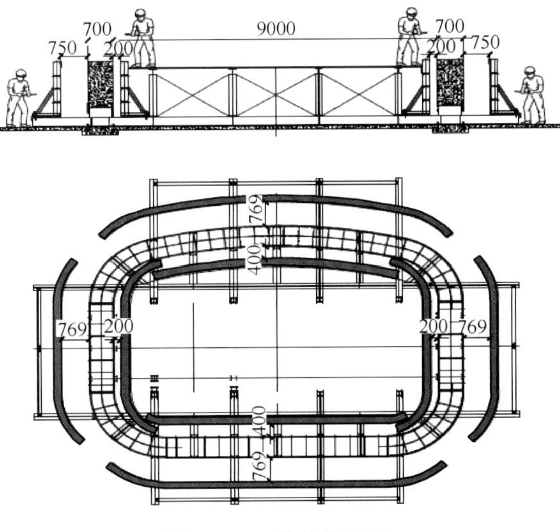

图 4.5-2　管节模具图

管节在施工场地内分两层水平存放，下垫枕木或混凝土条形基础。管节生产场地须满足管节制作及堆放要求，管节制作场地布置如图 4.5-3 所示。

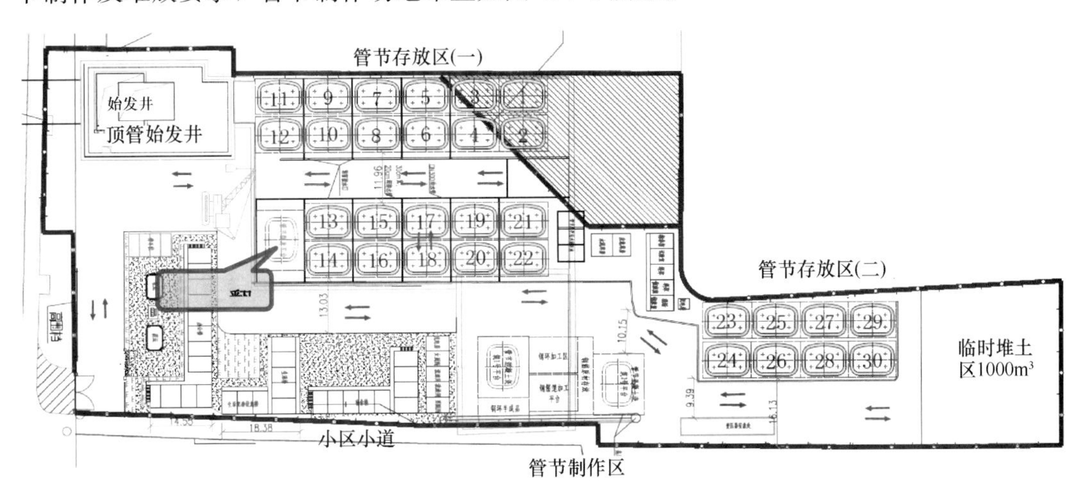

图 4.5-3　管节制作场地平面布置图

（3）模具组装与调校

钢结构模具进场之前，应依据管节的重量，模具重量和施工中的其他荷载做好基础，要求模具在使用过程中底座不变形，特别是长边不凹陷。模具的检测项目有承口内、外长净尺寸；承口内、外宽净尺寸；插口内、外长净尺寸；插口内，外宽净尺寸以及高度。

模具底座的定位和平整度直接影响管节的成型质量，底模的定位是保证管节端面平整度的决定性因素。底模安装到位后，必须用水准仪测量标高，至少取 8 个点（4 个角上和 4 条边的重点），标高差值控制在 1mm，经调整后，方可进行电焊固定，以确保底模水平。

模具的拼装顺序：底模定位→支撑固定→角模、内模就位→钢筋骨架整体调入钢筋骨

图 4.5-4　管节模具组装验收

架吊入钢模→埋件定位→外模就位→内外模板尺寸调整→混凝土保护层检查→模具拼装检测（图 4.5-4）。

（4）钢筋笼的制作、运输

1）钢筋笼制作工艺流程：钢筋原材料检验→调直、断料→弯弧、弯曲→部件检查→部件焊接→钢筋骨架成型焊接→钢筋笼检验。

2）钢筋笼制作工艺要点

严格控制钢筋的原材料质量，未经检验和试验合格的钢筋不使用。钢筋的调直、下料、弯弧、弯曲，均采用人工配合钢筋加工机械完成，然后进行部件检查，对不合格的钢筋部件进行清理，合格部件可用于钢筋笼加工。钢筋先在小模型架上焊接成片，然后将成片的部件放在钢筋笼加工模型上用 CO_2 保护焊机焊接成型（图 4.5-5）。成型后由检验员进行检查，检查钢筋直径、数量、间距、焊接牢固情况、焊接烧伤情况，检查后进行标识，不合格的钢筋笼报废不用于管节生产中。钢筋笼检验合格后，用吊机将钢筋笼放置在存放区，使用时直接用吊机将钢筋笼装入管节模具中。钢筋笼存放时注意采用防锈防蚀措施。

图 4.5-5　钢筋笼制作

（5）接口钢套环的制作

接口钢套环的圆弧部分采用冲压成型，圆弧长度部分必须与钢模密贴不漏浆，承插口钢套环一般分 4 段拼接。钢套环原材采用工厂进行加工，运输至施工现场进行焊接拼装。

承插口焊接完成后进行防锈处理，防锈处理前清除承插后表面和转角处锈、油污浮尘等杂物。防锈处理采取涂刷油漆，涂层厚度大于等于 240μm。涂刷油漆分三次进行处理，底漆厚度为 75μm，中层漆厚度为 115μm，面漆厚度为 50μm。

（6）钢套环、钢筋骨架、预埋件入模定位

入模的顺序：底模、内模就位→承插口钢环入模→钢筋骨架整体吊装入模→承插口钢环锚筋焊接及压浆孔、起吊孔预埋件定位→接口处止水条安装→模板定位固定检查→浇捣准备。

管节钢模在每次拆模后应清理干净，均匀涂抹脱模剂。

承插口刚套环、预埋注浆孔和吊装孔均应紧贴模板并与钢筋笼进行焊接固定，确保制作过程中不出现漏浆及移位现象。承口处的预埋止水条在混凝土浇筑前进行安装，浇筑前确保止水条表面干燥，不进行膨胀。

钢筋骨架入模前必须先将保护层垫块固定在外圈主筋上，保护测工垫块设置间距为每米一只，钢筋骨架在吊装（图 4.5-6）时必须由专用吊具进行吊装，以确保入模后的钢筋骨架的整体。

图 4.5-6　钢筋笼吊装入模图

混凝土浇筑前，必须严格查验以下内容：隐蔽工程、保护层、埋件位置、合模质量和构件的几何尺寸，确认无误后方可浇筑。

（7）管节混凝土浇捣

1）混凝土采用商品混凝土，通过混凝土车运送至施工现场，采用天泵泵送入模。

2）管节混凝土采用立式（承口）振动成型工艺，浇捣混凝土时，可以按管节的高度方向分三层布料。第一层布料后插入式振捣棒必须插至距底部约 10cm 的地方，振捣棒纵向插入点间距不得大于 30cm（采用 70 振动棒），宜以交叉偏于一侧前振的方式来振捣密实。振捣第二层和第三层混凝土时，振捣棒须穿至下层表面，使上下层结合成一体。

3）振捣时避免碰撞钢筋，预埋件和钢模等钢筋密集的部位应多振和缩短插点的间距，避免漏振和不密实。

4）为保证混凝土的振实质量，应适当控制混凝土的黏聚性和塌落度，塌落度一般控制在 110～130mm，振捣成型后的管节上端面应压实抹光，抹面次数不得少于三次，端面要求确保光滑平整。

（8）管节混凝土蒸汽养护

管节在混凝土浇捣及上口面收水抹光结束后，应及时盖上塑料薄膜，然后在模具外围罩上一个紧密不透气的帆布罩，采用蒸汽锅炉加热进行蒸汽养护。

混凝土的蒸汽养护可分静停、升温、恒温、降温四个阶段，混凝土的蒸汽养护应分别符合下列规定：

1）静停期间应保持环境温度不低于 5℃，灌筑结束 4～6h 且混凝土终凝后方可升温。

2）升温速度不宜大于 10℃/h。

3）恒温期间混凝土内部温度不宜超过 60℃，最大不得超过 65℃，恒温养护时间应根据构件脱模强度要求、混凝土配合比情况以及环境条件等通过试验确定。

4）降温速度不宜大于 10℃/h。

同时将混凝土试块和管节同条件进行养护，进行检测试块的强度，当混凝土强度达到设计强度 85%，即可作为管节脱模的依据和标准。

（9）脱模

混凝土降温后将同条件混凝土试块送试验室进行试压。强度达到设计强度等级 85%后即可脱模起吊，接试验室通知后开始脱模。脱模时，管节温度与环境温度之差不得大于10℃，以防止出现温差裂缝。

脱模顺序：先打开内外模合缝口，使内外模与管节完全脱开，将外模板移动至安全位置，内模用双向丝杠收起，轻轻吊走管节。

脱模（图 4.5-7）必须使用专用吊具，地面操作四人配合进行，将吊具与管节的起吊预埋件相连，由专人向吊车司机发出起吊信号，轻轻吊走管节，避免钢模与管片造成碰撞。

脱模过程中严禁锤打、敲击等野蛮操作。

脱模后，及时对管节内外表面及边角作适当清理。模具与混凝土接触面用刷子和棉丝清理干净。

（10）管节翻身运输

管节脱模完成后，采用 250t 履带吊和特制的管节吊具，采用 4 点起吊的方式将管节缓缓吊起。由于预制管节钢承口朝下，管节堆放须将钢承口翻转向上，管节起吊后，将其移动至管节翻身架上，采用固定绳索人工配合进行管节翻身工作，如图 4.5-8 所示。

图 4.5-7　管节脱模图

图 4.5-8　管节翻身图

管节翻身完成后，再由特制吊具吊放至管节堆放场地。

（11）管节后期养护

管节翻身后，用 250t 履带吊将管节转运到临时堆放场的喷淋养护区。

管节转运过程应轻吊轻放，防止损坏管节边角，喷淋养护时应设专人经常喷淋养护，避免管节表面出现干燥无水。

（12）管节堆放

1）管节在插口端面醒目处注明制造编号、生产日期等。

2）管节的堆放、运输时，应有专人指挥，防止碰撞损坏。

3）管节场地地面应坚实平整。须避免因管节自重造成储存场所不均匀下沉或垫木变形而产生异常应力和变形。

4）管节竖立按生产先后顺序堆放，堆放高度不超过2块。

（13）成品检验及修补

1）成品尺寸检验

用游标卡尺分别测量管节的宽度和厚度；每环管节都进行外观质量检验，管节表面应光洁平整，无蜂窝、露筋、无裂纹、缺角。轻微缺陷进行修饰，止水带附近不允许有缺陷，灌浆孔应完整，无水泥浆等杂物。

2）产品修补

深度大于2mm，直径大于3mm的气泡、水泡孔和宽度不大于0.2mm的表面干缩裂缝用胶粘液与水按1∶1～1∶4的比例稀释，再掺进适量的水泥和细砂填补，研磨表面，达到光洁平整；破损深度不大于20mm，宽度不大于10mm，用环氧树脂砂浆修补，再用强力胶水泥砂浆表面填补研磨处理。

3）产品最终检验由安全质检部派出的质量监督员负责，不合格的产品及时标识和隔离合格产品储存。

（14）最终检验和试验

1）混凝土强度试验

施工时每天应制作四组（12块）试件，分别为24h试验一组，7d试验一组，标养、同条件养护28d各试验一组；强度试验样品尺寸为150mm×150mm×150mm，于正式生产前至少提供2组测试资料。

2）管节水平拼装检验应符合下列规定：

为保证装配式结构良好的受力性能，提供符合计算假定的条件，每生产30环管片应抽检3环作水平拼装检验，3环水平拼装允许误差应符合相关标准要求。

4.5.3 管节生产质量保证措施

1. 钢筋笼加工

（1）钢筋制作应严格按设计图纸加工，不得随意更改；

（2）钢筋进入弯弧机时应保持平衡，防止平面翘曲，成型后表面不得有裂缝；

（3）钢筋骨架焊接成型时必须在符合设计要求的靠模上制作；

（4）骨架首先必须先安装在模具上，经测量调整和检验各项尺寸都符合要求，才可作为定型尺寸开料和弯曲成型；

（5）钢筋骨架焊接成型时焊接位置要准确，严格掌握好钢筋骨架的焊接质量。钢筋焊接电流应控制在100～140A之间；焊接不得烧伤钢筋，凡主筋烧伤深度超过1mm，即作废品处理；焊缝表面不允许有气孔及夹渣，焊接后氧化皮及焊渣必须及时清除干净；

（6）正确选用焊条，焊条型号应符合设计图纸的要求。

2. 钢模检查及骨架入模

（1）本工程用钢模具有高精度性、外形尺寸大、埋设件定位较难等特点；

（2）钢模清理必须彻底，钢模清理后涂脱模油，涂油要均匀不得出现积油、淌油现象；

（3）在钢模合拢前应先查看一下模底与内外模接触面是否干净；

（4）钢模合拢后，必须用内径分离卡检查钢模内净断面尺寸，要有3点以上，并实记录于自检表中，若超过误差尺寸必须重新整模直至符合要求；

（5）钢筋骨架应放于钢模平面中间，其四个周边及底面须扎有垫块，垫块厚度符合设计规定的混凝土保护层厚度；

（6）钢筋骨架不得与螺栓孔模芯接触，安装螺栓芯棒必须到位，不得有松动现象；

（7）吊装孔、注浆孔等预埋件的安装其底面必须平整密贴于边模上；所有预埋件必须按照设计要求准确就位，并应固定牢靠，防止振捣时移位。

3. 承插口焊接及其与钢筋笼焊接

（1）焊接人员

1）焊接人员包括焊接技术人员、焊工、焊接检查人员以及金属试验室焊接检验人员和焊接热处理人员。

2）各类焊接人员应具备相应的专业技术知识和现场实践经验，并经专业培训考试合格，做到持证上岗。

（2）焊接材料

1）焊接材料管理应满足“焊接材料管理办法”的要求。

2）焊条、焊丝等焊接材料应做好标识管理工作。

3）焊接材料的保管、焊条烘焙应按说明书或焊接规范执行，保证焊接材料符合要求规定。

4）焊接材料发放应有记录台账，使材料使用具有可追溯性。

5）焊条应放入专用焊条保温桶内，到达现场接通电源，随用随取，预防受潮。

（3）焊接工艺控制

1）焊接技术人员负责焊接工艺的制订和控制。

2）焊接技术人员应按照项目部施工技术措施目录的要求，依据图纸、资料和规程、规范等编制焊接技术措施。

3）焊接工程开工前，焊接技术人员应依据焊接工艺评定编制各项目的焊接作业指导书即工艺卡，并经专责工程师审核、批准后指导施工。

4）焊工领取焊材应持有焊接技术人员开具的《焊材领用卡》。

5）焊接应严格执行焊接作业指导书即工艺卡，若实际工作条件与指导书不符时，需报技术员核实、处理。

6）焊工施焊完后，应及时清理、自检、做好标识，上交自检记录。

7）焊接质检员必须掌握整个现场各个项目的焊接质量情况，会同技术员共同做好工艺监督，及时对完工项目检查、验评和报验。

8）焊接技术员或质检员应按规范要求及时委托热处理、光谱检验和探伤检验。并对出现的质量问题分析研究、找出对策，以便质量的持续改进。

9）焊接技术记录应做到及时、准确、规范。

（4）焊接检验

1）工程部应根据工程进度、施工方案在检验工作开始前编制检验计划。

2）金属试验室检验人员依据有关规程、规范对焊接接头进行检验。

3）无损检验必须及时进行，以免造成焊口大范围返工，无损检验采取渗透检测。

4）严格执行委托单和结果通知单制度。试验室试验、检验人员及时将试验、检验结果以通知单的形式反馈给委托专业公司，发现焊缝超标应填写焊缝返修通知单，返修后及时复检并按规定加倍抽检。

5）检验、试验报告签发应及时、准确、规范。

4. 预埋件统计、安装、检查

（1）管节预埋件较多，主要包括ϕ150钢管吊装孔8只（每侧各两只）、*DN*2522注浆管18只（20只），*DN*50阻摩注浆管18只（20只）、接驳器（竖墙、端墙）等，施工前安排专业技术人员负责预埋件安装与检查验收。

（2）技术人员采用表格形式将管节预埋件进行逐一统计，统计完成后由技术负责人核对、检查，并经技术负责人签字确认后方可用于指导施工。

（3）根据预埋件统计表指导现场安装施工，要求预埋件型号、尺寸及位置均需符合设计要求。

（4）预埋件安装过程中须进行加固定位，加固需牢靠、稳固，并不得损害预埋件。

（5）混凝土施工前，安排人员采取封堵、覆盖等方式对预埋件进行保护，并通知监理工程师验收，验收合格后方可进入下一道工序。

5. 混凝土灌筑、养护

（1）注浆孔、置换注浆孔和吊装孔等预埋件不能损坏，安装位置要正确；

（2）浇筑前必须先按规定项目对组合的模具进行验收，发现任何不合格项应通知上道工序返工；

（3）模具经检验合格才可放入钢筋笼，安装预埋件和检查保护层；

（4）组装好的模具经检验合格后才准许浇筑混凝土；

（5）只有被确认坍落度在要求的范围内且符合设计级配要求的混凝土方可用于管节生产；

（6）光面后盖上密封的帆布罩，并进行蒸汽养护；

（7）严格控制蒸养时间、升温及降温速率、恒温时间和湿度等；管节蒸养要满足规定控制混凝土强度达到规定强度的85%以后，才能进行拆模、起吊；起吊出来的管节，测量及标识后进行脱模后的喷淋养护，养护时间为夏季为7d，冬季为14d。

6. 管节检验

管节经检验后逐块填写检验表，管节检验内容如下：

（1）生产期达到28d，管节强度经试验达到设计强度，抗渗性能满足设计要求后才能使用；

（2）管节无缺角掉边，无麻面露筋；

（3）管节的预埋件完好，位置正确；

（4）管节尺寸符合设计及相关规范要求；

（5）管节型号和生产日期的标志醒目、无误。

7. 管节试生产

为确保管节生产质量符合设计相关要求，通过进行管节试生产检验管节质量，管节试生产采用素混凝土进行，其余施工工艺同管节制作。通过对管节试生产中出现的问题进行统计分析，并采取相应措施进行修正，确保管节生产施工质量。

4.5.4 管节生产安全保证措施

（1）建立消防组织，按要求配置消防设施，定期组织学习相关法规，定期组织义务消防队活动。

（2）建立安全生产组织，落实安全生产的法律、法规，落实安全生产规章制度；坚持日常的安全交底和班前讲话。

（3）各种常规机械电器（履带吊、锅炉等）均应严格按照安全规程操作，确保施工安全，施工人员要正确使用个人施工防护用品，遵守安全防护规定，进入现场均需戴安全帽。

（4）吊车司机吊运钢筋笼、管片时应注意力集中，防止伤人和磕碰模具。

（5）应注意保护各类电线、管道和开关，防止意外损坏。

（6）为保证安全，码放管节上下应整齐划一，防止倾翻。

（7）按劳动保护规定，向员工发放必须的劳动保护规定用品。

（8）采取措施降低管节场噪声。

4.6 管节标识、堆放、吊装和运输

（1）管节出厂前应在管节易见位置对合格的管节进行标识，标识内容应包括企业名称、产品商标、产品标记以及生产日期等，要求喷刷字迹工整、清晰，不得随意涂改，比例协调（图 4.6-1）。

（2）管节的堆放（图 4.6-2）应符合下列规定：

图 4.6-1　管节标识

图 4.6-2　管节堆放

1）不同规格的管节不能混合堆放，特别是码垛的应是同一规格的管节，并做好标识；

2）矩形顶管管节堆放的层数不宜超过2层，堆放的地面为实土地面或铺设砂石地面，要求地面平整，各管节堆放周边间距不得少于1.00m，堆场要预留安全通道，其宽度应不少于1.50m，应确保管节受力均匀，堆放安全；

3）为了防止胶圈受到潮湿和高温天气的影响而产生龟裂或裂缝等破坏，因此管节接头上的胶圈待管节发往工地时才套装；

4）在干燥气候条件下，应加强管节的后期洒水养护。

（3）管节吊装（图4.6-3）应符合下列规定：

1）采用专用吊具进行吊装，在吊装前应首先检查吊具的销子是否固定、钢丝绳是否损坏，在吊装时查看插销是否能完全插入到吊装孔里面；

2）吊装时，吊钩吊起管节缓慢上升到一定的高度，并高于前方的物体高度，再缓慢开动吊机将管节吊至规定的位置，在吊运过程中应采取措施防止管节碰伤。

（4）管节运输（图4.6-4）应符合下列规定：

1）管节运输车上堆放层数不应超过2层，管节之间应保持一定的距离，宜控制在0.6m～1.0m；

图4.6-3 管节吊装

图4.6-4 管节运输

2）车辆运行途中保持匀速行驶，不得急刹车或超速行驶，避免管节由于惯性而滑动、滚落造成安全事故。

3）管节超宽超限时应符合交通运输管理部门的有关规定。

4.7 管节质量控制

（1）根据影响结构性能、安装和使用功能的严重程度，外观质量缺陷可按表4.7-1划分为严重缺陷和一般缺陷。

预制构件外观质量缺陷 表4.7-1

名称	现象	严重缺陷	一般缺陷
露筋	构件内钢筋未被混凝土包裹而外露	纵向受力钢筋有露筋	其他钢筋有少量露筋

续表

名称	现象	严重缺陷	一般缺陷
蜂窝	混凝土表面缺少水泥浆而形成石子外露	构件主要受力部位有蜂窝	其他部位有少量蜂窝
孔洞	混凝土中空穴深度和长度均超过保护层厚度	构件主要受力部位有孔洞	其他部位有少量孔洞
夹渣	混凝土中夹有杂物且深度超过保护层厚度	构件主要受力部位有夹渣	其他部位有少量夹渣
疏松	混凝土中局部不密实	构件主要受力部位有疏松	其他部位有少量疏松
裂缝	缝隙从混凝土表面延伸至混凝土内部	构件主要受力部位有影响结构性能或使用功能的裂缝	其他部位有基本不影响结构性能或使用功能的裂缝
连续部位缺陷	构件连接处混凝土缺陷及连接钢筋、连接铁件松动	连接部位有影响结构传力性能的缺陷	连接部位有基本不影响结构传力性能的缺陷
外形缺陷	缺棱掉角、棱角不宜、翘曲不平、飞出凸肋等	清水混凝土构件内有影响使用功能或装饰效果的外形缺陷	其他混凝土构件有不影响使用功能的外形缺陷
外表缺陷	构件表面麻面、掉皮、起砂、玷污等	具有重要装饰效果的清水混凝土构件有外表缺陷	其他混凝土构件有不影响使用功能的外表缺陷

（2）管节应按设计要求和现行国家标准《混凝土结构工程施工质量验收规范》GB 50204 的有关规定进行结构性能检验。

（3）管节生产过程中应有检查和验收记录。所有检查和验收记录应签章齐全、日期准确。

检查数量：全数检查；

检验方法：查阅检查和验收记录。

（4）管节脱模时，管节的混凝土立方体抗压强度应满足设计要求。当设计无要求时，应达到设计抗压强度标准值的 75％。

检查数量：逐节检验；

检验方法：检查标准养护试块强度试验报告或同条件养护试块强度试验报告。

（5）出厂时，管节的混凝土立方体抗压强度应满足设计要求。当设计无要求时，应达到设计的混凝土立方体抗压强度标准值。混凝土试块强度应按照现行国家标准《混凝土结构工程施工质量验收规范》GB 50204 和《混凝土强度检验评定标准》GB/T 50107 的规定检验评定。

检查数量：逐节检验；

检验方法：检查标准养护试块强度试验报告或同条件养护试块强度试验报告。

（6）管节的混凝土的抗渗等级应满足设计要求。混凝土抗渗等级应按照现行国家标准和行业标准《混凝土结构工程施工质量验收规范》GB 50204、《混凝土耐久性检验评定标准》JGJ/T 193的规定检验评定。

检查数量：逐节检验；

检验方法：检查试验报告。

(7) 管节上的预埋件、预留插筋、预埋管线和预留孔洞的规格、位置和数量应满足设计要求。

检查数量：全数检查；

检验方法：查阅设计文件，观察，量测。

(8) 管节应在明显部位标明工程名称、生产单位、生产日期、构件规格、编号、重量、质量验收标志等。

检查数量：全数检查；

检验方法：观察。

(9) 管节的外观质量不应有严重缺陷。对已经出现的严重缺陷，应由生产单位提出技术处理方案，并经监理单位认可后进行处理；对裂缝或连接部位的严重缺陷及其他影响结构安全的严重缺陷，技术处理方案尚应经原设计单位认可。经处理的部位应重新检查验收。

检查数量：全数检查；

检验方法：观察，检查处理记录。

(10) 管节不应有影响结构性能、安装和使用功能的尺寸偏差。对超过尺寸允许偏差且影响结构性能或安装、使用功能的部位，应由生产单位制定技术处理方案，并经监理单位、设计单位认可后进行处理。经处理的部位应重新检查验收。

检查数量：全数检查；

检验方法：观察，尺量，检查处理记录。

(11) 预制构件的外观质量不应有一般缺陷。对出现的一般缺陷应进行修整并达到合格。

检查数量：全数检查；

检验方法：观察，检查处理记录。

(12) 管节的尺寸偏差及检验方法应符合表4.7-2、表4.7-3的规定；设计有专门规定时，尚应满足设计要求。施工过程中临时使用的预埋件，其中心线位置允许偏差可取表4.7-2中规定数值的2倍。

检查数量：全数检查；

检验方法：量测。

管节几何尺寸允许偏差（单位：mm）　　**表4.7-2**

序号	项目		质量要求
1	接口对角线误差		≤2
2	弯曲度	长度方向	≤有效长度的0.3%
		宽度及高度方向	≤外壁宽度或高度的0.3%
3	端面倾斜		≤5
4	保护层厚度		−5～+8

续表

序号	项目		质量要求
5	内宽 b_1	600～1500	±5
		1800～3900	±6
		4000～7200	±8
		＞7200	±10
6	内高 h_1	600～1500	±5
		1800～3900	±6
		4200～7200	±8
	外宽 B		±10
7	有效长度 L		－5～＋10
8	腋角宽×高	a	±5
		b	±5
9	壁厚	顶板 T_1	±5
		侧板 T_2	±5
10	预留孔位置		±5
	预埋件位置		±5

管节接口尺寸允许偏差（mm） **表 4.7-3**

序号	项目	质量要求
1	接口间隙 d	±2
2	接口图上注明尺寸	±2

第5章　工作井施工

5.1　概述

矩形顶管工程施工通常在工作井中进行，而顶管工作井（始发井）通常采用排桩、地下连续墙、型钢水泥土搅拌墙（SMW）等作为围护结构，但需要在顶进一侧的井壁上开较大孔洞，且顶管过程中由于顶进千斤顶对反力墙部分井体施加了作用反力，使井体整体受力发生了变化。本章主要介绍排桩、地下连续墙、型钢水泥土搅拌墙（SMW）工作井施工。

工作井施工应遵守下列规定：

（1）编制专项施工方案；

（2）应根据工作井的尺寸、结构形式、周边环境条件等因素确定支护（撑）形式；

（3）土方开挖过程中，应遵循“开槽支撑、先撑后挖、分层开挖，严禁超挖”的原则进行开挖与支撑；

（4）井底应保证稳定和干燥，并应及时封底；

（5）井底封底前，应设置集水坑，坑上应设有盖；封闭集水坑时应进行抗浮验算；

（6）在地面井口周围应设置安全护栏、防汛墙和防雨设施；

（7）井内应设置便于上、下的安全通道。

工作井施工准备应包含以下内容：

（1）应根据设计文件，复核现场的施工条件是否满足工作井和接收井的工艺要求；

（2）确认现场平面位置满足顶管设备安装的空间要求，必要时应考虑对井的平面位置进行调整；

（3）施工通道宽度、净空应满足设备运输和吊装的要求；

（4）确认架空管线、地下管线及其他建构筑物、障碍物等对井的施工及后续顶进施工均无影响。

（5）核实顶管设备的尺寸，确认工作井和接收井的尺寸满足设备安装、始发及到达的要求。

（6）预留洞口必须制作圆形模板，模板的尺寸偏差小于等于±5mm。模板的强度和刚度足够保持洞口的圆度。

前后衬墙应满足以下要求：

（1）圆形井和逆作井、钢板桩井、排桩井，应设置前、后衬墙。

（2）矩形沉井反力墙预留洞口时，必须设置后衬墙。

（3）在工作井设置前后衬墙时，衬墙表面必须与顶进轴线垂直，表面平整，满足安装止水圈的要求。

（4）双向顶进时，前衬墙应预留出洞口，后衬墙不宜预留洞口。

工作井内外排水应满足以下要求：

（1）工作井和接收井的顶部应高出地面 15～30cm；

（2）工作井和接收井周边，应有临时排水系统；

（3）根据顶管施工的排水量确定集水坑的大小和个数，集水坑的深度不宜小于 40cm。集水坑宜设置在角部或两侧，不能与顶进轴线重叠。集水坑应在浇注底板时预留；

（4）对工作井接收井周边的现有河涌、鱼塘等水体，应防止施工扰动对其造成影响。

工作井和接收井完工后，应对其周边地面进行硬化。

5.2 灌注桩排桩井

5.2.1 技术特点

用钻孔（冲孔或旋挖）灌注桩等作为基坑侧壁围护，顶部锚筋锚入压顶梁，结合水平支撑体系，达到基坑稳定的效果，可用于矩形顶管始发工作井，周边没有地铁等特殊需要保护的深基坑，造价适中。

5.2.2 适用范围

适用于顶管井平面不规则或深度较大的情况，在地下水位较高的地层，应在桩间加做止水设施，如旋喷、摆喷、定喷等，其他方面则与地下连续墙相同。

排桩井施工应满足以下要求：

（1）桩深应井入持力层 50cm；

（2）在排桩外侧作为止水帷幕的搅拌桩或旋喷桩应先施工。

5.2.3 工艺原理

排桩井工艺原理参见图 5.2-1。

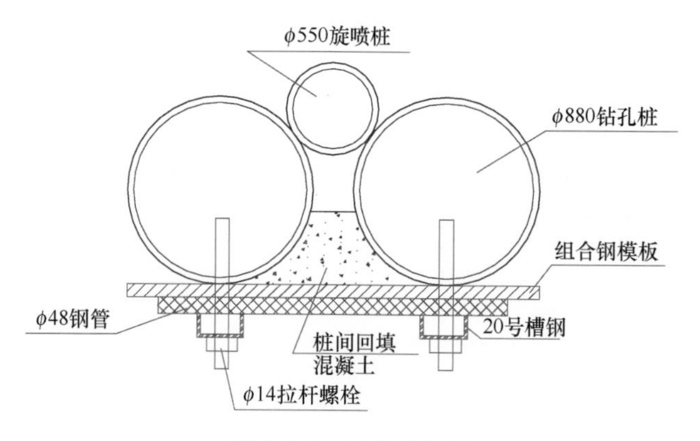

图 5.2-1　工艺原理图

5.2.4　施工工艺流程及操作要点

5.2.4.1　工艺流程（图5.2-2）

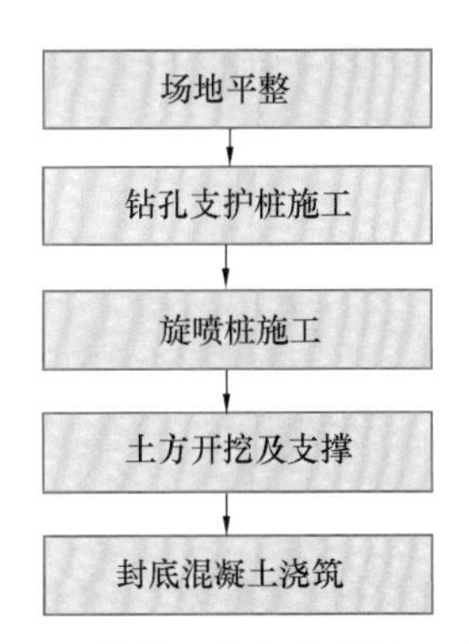

图5.2-2　排桩工作井总体施工流程图

5.2.4.2　钻孔支护桩施工操作要点

1. 钻孔支护桩施工工艺流程

采用高效、环保的旋挖钻机泥浆护壁成孔，具体工艺流程见图5.2-3。

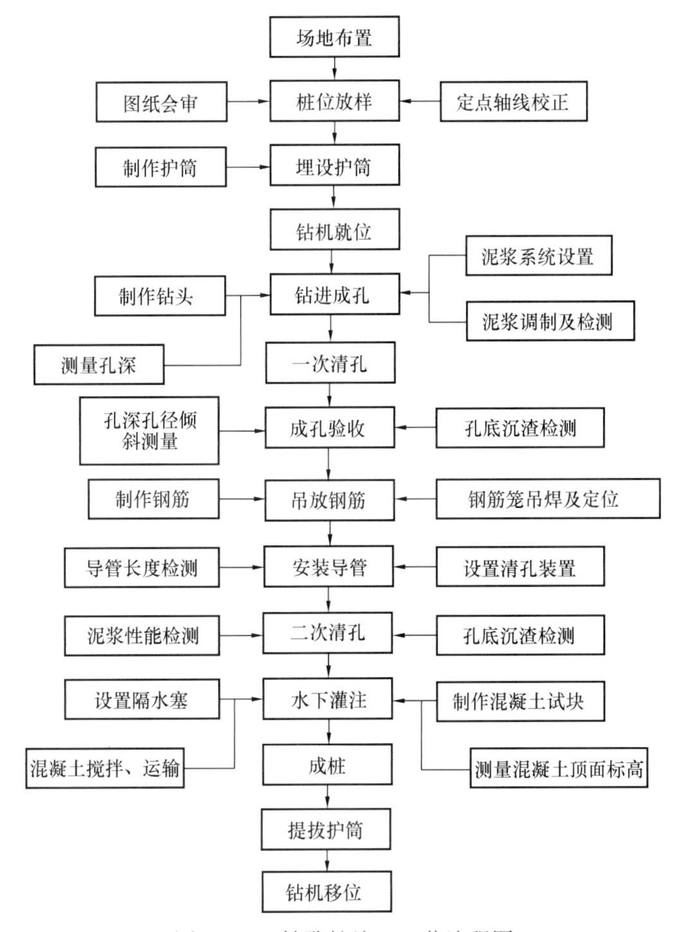

图5.2-3　钻孔桩施工工艺流程图

2. 支护桩主要操作要点

（1）放桩位线

清除杂物、平整场地后，依据设计图纸主体结构轴线和桩位坐标进行测量放线，使用全站仪测定桩位。在桩位点打 300mm 深的木桩，桩上标定桩位中心（图 5.2-4），并采用“十字栓桩法”作好标记及编号，并加以保护。测量结果经自检、复检后，报请监理复核，复核无误并签字认可后，方可施工。

（2）埋设护筒

采用 6mm 厚钢板的钢护筒，护筒直径大于钻头直径（内径比桩径大 100mm），护筒顶标高应高于施工面 200～300mm，顶部开设 1～2 个溢浆口，并确保筒壁与水平面垂直，隔离地面水，稳定孔口土壤和保护孔壁不塌，以保证其垂直度并防止泥浆流失，有利于钻孔工作进行。护筒周围用黏土分层夯实。

护筒定位（图 5.2-5）时应先对桩位进行复核，然后以桩位为中心，定出相互垂直的十字控制桩线，并作十字栓点控制，挖护筒孔位，吊放入护筒，同时用十字线校正护筒中心及桩位中心，使之重合一致，并保证其护筒中心位置与桩中心偏差小于 20mm。

图 5.2-4　桩定位示意图

图 5.2-5　埋设护筒

钻孔前应再次测定桩位，并保证护筒垂直，确保护筒底端坐在原状土层。

（3）钻机就位

钻机就位前要求场地处理平整坚实，以满足施工垂直度要求，钻机按指定位置就位后，须在技术人员指导下，调整桅杆及钻杆的角度。

对孔位时，采用十字交叉法对中孔位。在对完孔位后，操作手启动定位系统，予以定位记忆。对中孔位后，钻机不得移位，钻臂也不得随意改变角度。

（4）护壁泥浆制备

为保证护壁质量，在主要利用原土造浆的情况下，现场准备膨润土。

1）采用钠膨润土，掺外加剂配制护壁泥浆。新鲜泥浆配合比如下：膨润土为 3%～10%，纯碱为 1%，CMC 为 0.1%；

2）泥浆材料的选定：自来水及钠膨润土；纯碱选用食用碱羟甲基纤维素 CMC，易溶高粘。

3）泥浆性能指标及测试方法（表 5.2-1）

泥浆性能指标及测试方法　　表 5.2-1

项 目	性 能 指 标	测 试 方 法
相对密度	1.05～1.25	比重称
黏度	18～25S	漏斗黏度计 500ml/700ml
胶体率	>98%	100ml 量杯法
含砂量	<8%	含砂量测定仪
泥皮厚	1～2.5mm/30min	失水量仪
pH 值	8～10	pH 试纸

注：相对密度 1.25 为成孔后泥浆相对密度，正常情况下只测相对密度、黏度、pH 值。

4）泥浆制备的技术要求

对孔内泥浆的浆面下 1m 处及离孔底以上 1m 处各取一次试样测试。若达不到标准规定，要及时调整泥浆性能。新制泥浆应静置 24h，测试合格后方能应用。旋挖斗提升出地面时要及时补浆，以保持孔内泥浆面高度。

在清孔结束后测一次黏度和相对密度，浇筑混凝土前再测一次，并做好原始记录。

5）泥浆系统的布置

根据本工程的施工进度和设备配置，考虑在每个施工区段设置 1 套泥浆制备与输送系统，供作业线使用。

桩孔的回浆首先经过 JHB-100 分子振动筛处理，将泥浆的泥和砂等大粒径的杂物分离出，处理后的泥浆再经过三级沉淀（图 5.2-6）。

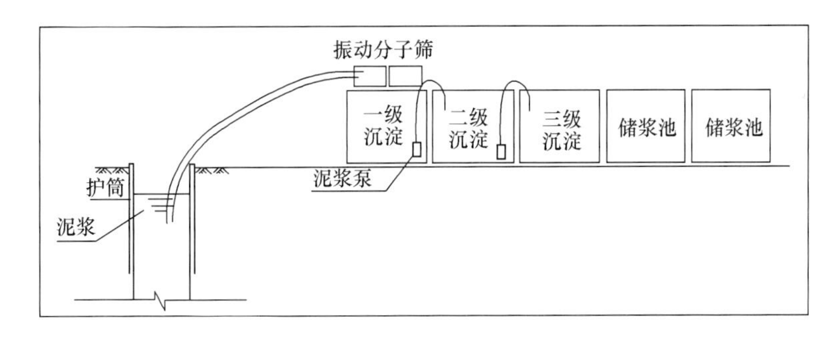

图 5.2-6　泥浆回收示意图

（5）钻孔

第一根桩施工时，要慢速运转，掌握地层对钻进的影响情况，以确定在该地层条件下的钻进参数（表 5.2-2）。

钻孔桩施工参数表　　表 5.2-2

序号	项目	偏差	检测方法
1	钻孔中心位置	不大于 20mm	全站仪
2	孔径	不小于设计值	检孔器
3	倾斜度	不大于桩长 0.3%	水平尺
4	孔深	不小于设计值	测绳

开钻前，用水平仪测量孔口护筒顶标高，以便控制钻进深度。钻进开始时，注意钻进速度，调整不同地层的钻速。

在钻进过程中，一定要保持泥浆面不得低于护筒顶 400mm。提钻时，须及时向孔内补浆，以保持泥浆面不得低于护筒顶 400mm。钻进过程中，要经常检查钻斗尺寸（可根据试钻情况决定其大小）。钻进过程中，采用工程检测尺随时观测检查，调整和控制钻杆垂直度（图 5.2-7）。

图 5.2-7　旋挖机钻进图

（6）清孔（图 5.2-8）

第一次清孔应在完成孔之后并在吊装钢筋笼之前立即进行。第一次清孔，采用钻机放慢钻速利用双底捞渣钻头将悬浮沉渣全部带出的方式进行；清孔结束，自检合格后与监理工程师利用测井仪器，共同进行桩孔各项参数的测定。第一次清孔到使用井径仪检测时间约 30min。

图 5.2-8　旋挖机清孔

在下放钢筋笼后，浇灌混凝土之前，必须进行二次清孔（图 5.2-9）。清孔时采用流量为 120m^3/h 的 3PN 泥浆泵将孔底沉渣清出。置换泥浆并及时补充新泥浆，直至各项指标合格。清孔过程中须保持孔内水头，防止坍孔，不得采用加深钻孔深度的方法来代替清孔。清孔结束时后3～5min，在监理工程师监督下用标准测绳测量沉渣厚度。测绳探头为圆锥形。定期复测测绳标尺位置的准确度，且应有备用测绳。

图5.2-9　二次清孔

灌注混凝土前最后测量孔深，检查沉渣厚度不得大于100mm，超过标准的必须进行再次清孔。

（7）钢筋笼制作

进场钢筋有出厂证明或合格证，试验合格单，现场见证取样进行原材复试。

平整钢筋笼加工场地。钢筋进场后保留标牌，按规格分别堆放整齐，防止污染和锈蚀。

支护桩钢筋笼长约29m，分2节（节长12m、17m）绑扎。钢筋连接接头采用直螺纹套筒，接头错开35d，d为钢筋直径（图5.2-10）。螺旋筋与主筋采用绑扎，加劲筋与主筋采用点焊，加劲筋接头采用单面焊10d。

图5.2-10　钢筋笼制作和直螺纹套筒连接

根据现场实际情况，钢筋笼成型后根据规范要求进行自检、隐检和交接检，内容包括钢筋（外观、品种、型号、规格）、焊缝（长度、宽度、厚度、咬口、表面平整等）、钢筋笼允许偏差（主筋间距、加劲筋间距、钢筋笼直径和长度等）（表5.2-3），并做好记录。结合钢筋焊接取样试验和钢筋原材复试结果，有关内容报请监理工程师检验，合格后方可吊装。

钢筋笼质量验收标准　　**表5.2-3**

项次	项目	允许偏差（mm）
1	主筋间距	±10
2	箍筋间距	±20
3	钢筋笼直径	±10
4	钢筋笼长度	±50
5	钢筋笼主筋保护层	±20

钢筋笼保护层厚度 70mm，采用 $\phi18$ 钢筋作为导向钢筋保护层，沿钢筋笼周长水平均布 4 个，纵向间距 3m，导向钢筋保护层焊在主筋上。

检验合格后的钢筋笼应按规格编号分层平放在平整的地面上，防止变形。

（8）钢筋安装

1）钢筋笼吊装

钢筋笼吊装拟采用 50t 履带吊主吊，25t 汽车吊辅吊，用 6 个吊点起吊。钢筋笼下放前，应先焊上钢筋保护层定位筋，以确保混凝土保护层厚度。吊点加强焊接（图 5.2-11），确保吊装稳固。吊放时，吊直（图 5.2-11）、扶稳，保证不弯曲、扭转。对准孔位后，缓慢下沉，避免碰撞孔壁。

图 5.2-11　钢筋笼吊点加强焊接及钢筋笼起吊

2）钢筋笼入孔

在下放过程中，吊放钢筋笼入孔（图 5.2-12）时应对准孔位，保证垂直、轻放、慢放入孔。入孔后应徐徐下放，不得左右旋转，若遇障碍停止下放，查明原因进行处理，严禁高提猛落和强制下放。

图 5.2-12　钢筋笼吊立和入孔

3）钢筋笼安装就位

用水平仪测量护筒顶高程，确保钢筋笼顶端到达设计标高，随后立即固定。下放钢筋笼时，要求有技术人员在场，使用 ϕ14 或 ϕ16 吊筋以控制钢筋笼的桩顶标高。安装钢筋笼完毕到灌注混凝土时间间隔不应大于 4h。

（9）玻璃纤维筋的注意事项

1）玻璃纤维筋应水平放置，避免暴晒，杆体端部不应沾染油污。

2）受力主（纵）筋间 GFRP 筋与钢筋、GFRP 筋与 GFRP 筋之间的连接应采用钢制 U 形卡连接，U 形卡应与筋材直径相适应，每根筋材连接端的 U 形卡数量不得少于两个。

3）其余部位间的 GFRP 筋与钢筋、GFRP 筋与 GFRP 筋之间的连接可以采用铁丝绑扎或者尼龙绳进行绑扎，绑扎应该牢靠。

4）玻璃纤维筋钢筋笼制作过程中应注意采取增加玻璃纤维筋钢筋笼刚度的措施（如钢筋笼两侧采用工字钢包边、钢筋笼内部采用一些玻璃纤维筋桁架或后期可以去除的钢筋桁架等），以防止在吊装以及运输过程中出现较大的变形。

5）对于需要吊装才能将钢筋笼放置到位的情况，由于盾构需要在钢筋笼中间（沿高度方向）穿越，所以钢筋笼一般会出现两个部位的搭接（受力主筋间 GFRP 筋与钢筋、GFRP 筋与 GFRP 筋之间），吊装的方式宜采用从上向下（沿高度方向）的三吊点方式起吊，第一吊点一般位于钢筋笼最上部 1m 范围之内，第二吊点一般位于第一次连接点位置以上 1m 内，第三吊点一般位于第二次连接点位置以下合适的位置。

6）钢筋笼吊装的过程中，起吊点均需要放置在钢筋之上，严禁将起吊点放置在玻璃纤维筋上。

（10）水下混凝土灌注施工

浇筑混凝土前，要测定泥浆面下 1m 及孔底以上 1m 处泥浆相对密度和含砂量，若相对密度大于 1.25，则采取置换泥浆清孔。成孔一小时后孔底泥渣厚不得大于 100mm，浇筑混凝土前（下钢筋笼、导管）孔底沉渣厚度不得大于 100mm。泥浆相对密度 1.1～1.15，含砂量小于 8%。

1）导管和漏斗

选择合适的导管，导管直径为 250mm。导管组装时接头必须密合不漏水（要求加密封圈，黄油封口）。在第一次使用前应进行闭水打压试验，试水压力 0.6～1.0MPa，不漏水为合格。导管底端下至孔底标高上 500mm 左右。漏斗安装在导管顶端（图 5.2-13）。

2）对混凝土的技术要求

桩设计要求混凝土强度为 C30，粗骨料（碎石）最大粒径不得大于 25mm，坍落度 180～220mm，扩散度为 340～450mm，最大容许含盐量 0.5%。采用普通硅酸盐水泥，可适当掺加高效减水剂，掺量根据试验确定，并经设计师的认可。不允许任何含有氯化钙的外加剂用在混凝土配合比中。配制的混凝土应该密实，具有良好的流动性。满足水下混凝土灌注并为保证设计要求，以保证桩身混凝土的强度。

3）浇筑水下混凝土

混凝土浇筑前必须重新检查成孔深度并填写混凝土浇筑申请，合格后方可浇筑。

混凝土浇筑前必须检查混凝土塌落度、和易性并记录。混凝土运到灌注点不能产生离析现象。

图 5.2-13　安装漏斗和导管

导管内使用的隔水塞（图 5.2-14），球胆大小要合适，安装要正，一般位于水面以上。灌注混凝土前孔口要盖严，防止混凝土落入孔中污染泥浆。

混凝土灌注（图 5.2-15）过程中，始终保持导管位置居中，提升导管时应有专人指挥掌握，不使钢筋骨架倾斜、位移，如发现骨架上升时，立即停止提升导管，使导管降落，并轻轻摇动使之与骨架脱开。

图 5.2-14　安放隔水塞

图 5.2-15　支护桩混凝土灌注

混凝土灌注到桩孔上部 5m 以内时，可不再提升导管，直到灌注至设计标高后一次拔出。灌注至桩顶后必须多灌 0.5～1m，以保证凿去浮浆后桩顶混凝土的强度。

混凝土灌注完成后及时拔出护筒，在最后一次拔管时，要缓慢提拔导管，以避免孔内上部泥浆压入桩中。

灌注混凝土过程中，及时测量混凝土面的标高，严格控制超灌高度，确保有效桩长和保证桩头的高度。

在灌注水下混凝土过程中，设污水泵及时排水防止泥浆漫出，确保文明施工。

做好并收集、整理好各种施工原始记录，质量检查记录等原始资料，并做好施工日志。灌注桩应按表 5.2-4 验收。

灌注桩质量验收标准及方法　　表5.2-4

序号	检查项目	允许偏差或允许值	检查方法
1	桩位	不大于20mm	检测桩中心
2	孔深	+300mm	测锤
3	桩体质量检验	按基桩检测技术规范	基桩检测技术规范
4	混凝土强度	设计要求	试件报告
5	承载力	按基桩检测技术规范	基桩检测技术规范
6	垂直度	<0.5%	测钻杆
7	桩径	±50mm	井径仪
8	泥浆比重	1.15～1.20	比重计
9	沉碴厚度	≤100	用重锤测量
10	混凝土坍落度	180～220mm	坍落度仪
11	钢筋笼主筋混凝土保护层厚度	≥50mm	用钢尺量
12	钢筋笼安装深度	±100mm	用钢尺量
13	混凝土充盈系数	>1	混凝土实际灌注量
14	桩顶标高	+30mm，－50mm	水准仪，需扣除桩顶浮浆层及劣质桩体

5.2.4.3　旋喷桩施工工艺流程与操作要点

1. 旋喷桩施工工艺流程图（图5.2-16）

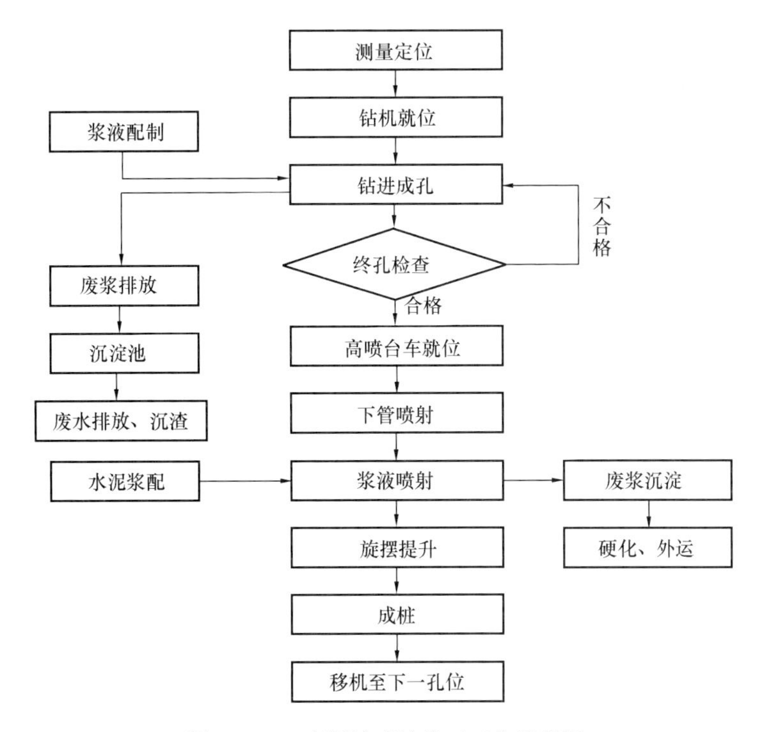

图5.2-16　高压旋喷桩施工工艺流程图

高压旋喷桩施工方法示意图（图 5.2-17）。

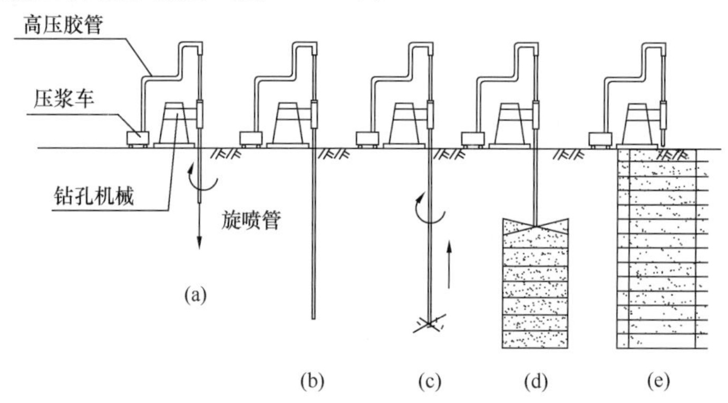

图 5.2-17　高压旋喷桩施工方法示意图
（a）钻机就位钻孔；（b）钻孔至设计高程；（c）旋喷开始；
（d）边旋喷边提升；（e）旋喷结束成桩

2. 施工操作要点

（1）测量定位

先采用液压锤破除路面混凝土，再依据控制桩和设计图，准确放出旋喷桩孔位（图 5.2-18）。

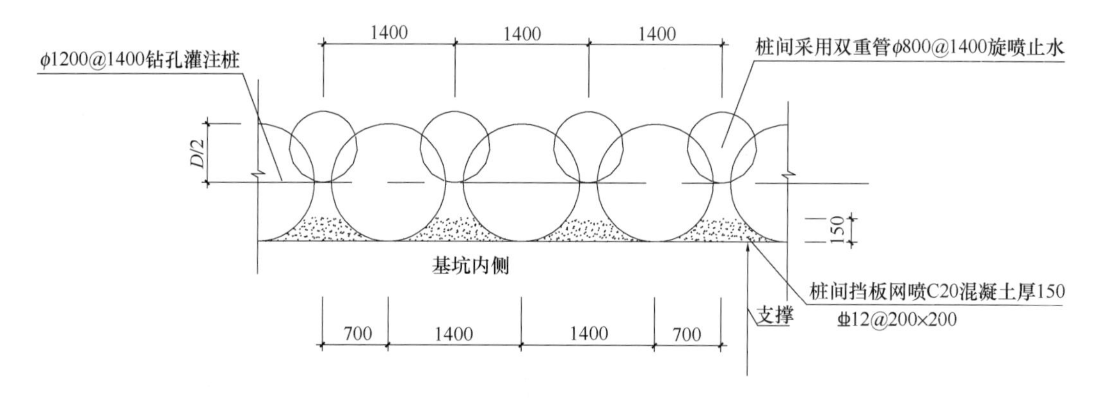

图 5.2-18　旋喷桩桩间止水大样图

（2）钻机就位，钻孔

根据现场放线移动钻机，使钻杆头对准孔位中心。同时为保证钻机达到设计要求的垂直度，钻机就位后必须作水平校正，使其钻杆轴线，垂直对准钻孔中心位置，保证钻孔的垂直度不超过 1%。在校直纠偏检查中，利用垂球（高度不得低于 2m）从垂直两个方向进行检查，若发现偏斜，则在机座下加垫薄木块进行调整。钻进成孔，孔径为 ϕ125mm，严格按已定桩位进行成孔，平面位置偏差不得大于 50mm，采用原土造浆护壁。

（3）插管，试喷

引孔钻好后，插入旋喷管，进行试喷，确定施工技术参数。注浆材料：普通硅酸盐 32.5R 水泥，水泥浆（单液）水灰比为 0.8～1.0，参考参数见表 5.2-5。

双重管高压旋喷桩施工技术参数　　表5.2-5

序号	项目		单 位	参数值	备 注
1	压缩空气	气压	MPa	0.5～0.7	
		气量	L/min	1500～3000	
2	水泥浆	浆密度	kg/L	1.5	
		浆量	L/min	60～70	
3	提升速度		cm/min	7～20	
4	喷嘴直径		mm	2.1	
5	加浆密度		g/cm³	1.2	
6	钻杆提升速度		r/min	10～16	
7	水泥用量		kg/m	>300	

（4）高压旋喷注浆

1）施工前预先准备排浆沟及泥浆池，施工工程中应将废弃的冒浆液导入或排入泥浆池，沉淀凝结后集中运至场外存放或弃置；

2）旋喷前检查高压设备和管路系统，其压力和流量必须满足设计要求。注浆管及喷嘴内不得有任何杂物。注浆管接头的密封圈必须良好。

3）做好每个孔位的记录，记录实际孔位、孔深和每个钻孔内的地下障碍物、注浆量等资料；

4）当注浆管贯入土中，喷嘴达到设计标高时，即可按确定的施工参数喷射注浆。喷射时应先达到预定的喷射压力，量正常后再逐渐提升注浆管，由下而上旋喷注浆。

5）每次旋喷时，均应先喷浆后旋转和提升，以防止浆管扭断。

6）配制水泥浆时，水灰比要求按设计规定，不得随意更改，在喷浆过程中应防止水泥浆沉淀，使浓度降低。每次投料后拌合时间不得少于3min，待压浆前将浆液倒入集料斗中。水泥浆应随拌随用。

7）高压喷射注浆过程中出现骤然下降、上升或大量冒浆等异常情况时，应查明产生的原因并及时采取措施。

8）一旦出现中断供浆、供气，立即将喷管下沉至停供点以下0.3m，待复供后再行提升。

9）当提升至设计桩顶下1.0m深度时，放慢提升速度至设计高程。

10）喷射作业结束后，用冒出浆液回灌到孔内，直至不下沉为止。

（5）废弃浆液处理

喷射注浆施工中，将产生不少废弃浆液。为确保场地整洁和顺利施工，在施工前拟在场地内设置泥浆池，泥浆在施工中抽排汇入泥浆池中，待泥浆固结后再外运处理。

（6）冲洗机具

当高压喷射注浆完毕，应迅速拔出注浆管彻底清洗浆管和注浆泵，防止被浆液凝固堵塞（因故停工3h时，妥善清洗泵体和喷浆管道）。

（7）移动旋喷机具至下一孔位。

3. 施工应急措施

根据经验：孔口冒浆量小于注浆量的20%为正常现象，若超过20%或完全不冒浆时，应查明原因并采取相应措施。

若因地层中有较大空隙引起的不冒浆，则可在浆液中掺加适量的速凝剂，缩短时间，使浆液在一定土层范围内凝固。另外还可在空隙地段增大注浆量，填满空隙后再后继续正常旋喷。

冒浆过大的主要原因一般是：有效喷射范围与注浆不相适应，注浆量大大超过旋喷固结所需的浆量所致，减少冒浆的措施有三种：

（1）提高旋喷压力。

（2）适当缩小喷嘴孔径。

（3）加快提升旋喷速度。

旋喷时，要做好压力，流量和冒浆量的量测工作，钻杆的旋喷和提升必须连续不断。当拆卸钻杆继续旋喷时，要注意保持钻杆有 0.5m 的搭接长度，不得使喷射固结体脱节。

4. 成桩检查及检测

每次施工时测量钻杆长度，确保桩长达到设计要求。在旋喷桩全部完成 28d 之后，按规范要求抽取旋喷桩总数的 2‰，且不少于 3 根。

检测位置在每根检测桩桩径方向 1/4 处，桩长范围内垂直钻孔取芯，观察其完整性均匀性，拍摄取出芯样的照片，取不同深度的 3 个试样做无侧限抗压强度试验，要求其无侧限抗压强度 $q_u \geqslant 1.0$MPa，渗透系数 $k \leqslant 10^{-6}$cm/s，钻芯后的孔洞采用水泥砂浆灌注封闭。

5.2.5 材料与设备

1. 材料

注浆采用强度等级为 P.O 42.5R 的普通硅酸盐水泥，所用水泥各项测试技术指标符合现行国家标准，颗粒大于 0.5mm 的水泥不得用于注浆，使用前应进行各项技术指标的复查实验。

2. 主要施工机具（表 5.2-6）

双管旋喷桩主要施工机具 **表 5.2-6**

名称	型号	技术参数	备注
工程地质钻机	XY-100	可钻深度大于 30m，ϕ130，泥浆护壁	
高台喷车	GS500-4	提升速度 5～15cm/min	
空气压缩机	W1.6/10	压力 0.5～1.0MPa，排风量 1.6m³/min	
二重管	TY-301	ϕ91，喷嘴 1.8mm	
灰浆泵	PH-5	泵压 0.5～1.5MPa，流量 60～80L/min	

5.2.6 质量控制

1. 灌注桩质量控制措施

（1）灌注桩排桩施工前应通过试成孔确定合适的成孔机械、施工工艺、孔壁稳定等技术参数，试成孔数量不宜少于 2 个。

（2）围护结构的灌注桩成孔机械应采用能确保垂直度的设备，施工过程中须采取措施确保垂直度偏差不应大于 1/150。

（3）灌注桩桩身范围内存在较厚的粉性土、砂土层时，宜采取下列技术措施：

1）采用膨润土造浆，提高泥浆黏度；

2）先施工隔水帷幕，后施工围护排桩；

3）在围护结构位置宜采用低掺量水泥搅拌桩预加固。

（4）灌注桩排桩钢筋笼吊装长度应根据地坪标高和设计桩顶标高计算确定，并固定牢靠。

（5）灌注桩排桩外侧宜设置隔水帷幕，隔水帷幕形式应根据基坑开挖深度、环境保护要求等因素选用，隔水帷幕的深度应根据渗流计算结果确定。

（6）钻孔灌注桩排桩施工应符合现行行业标准《建筑基坑支护技术规程》JGJ 120 的规定。

2. 旋喷桩质量控制措施

（1）旋喷施工前，将钻架安放平稳牢固，定位准确，喷射管倾斜度不大于 1.5%，桩心偏差不大于 5cm。

（2）正式开工前应作试验桩，确定合理的旋喷参数和浆液配合比。旋喷深度、直径、抗压强度符合设计要求。

（3）为使浆液因延时而不致沉淀和离析，及早提高复合固结体的强度，应掺入 3%的陶土和适量的早强剂。

（4）旋喷过程中，冒浆量小于注浆量的 20%为正常现象，若超过 20%或完全不冒浆时，应查明原因，调整旋喷参数或改变喷嘴直径。

（5）钻杆旋转和提升必须连续不中断，拆卸接长钻杆或继续旋喷时要保持钻杆有10～20cm 的搭接长度，以免出现断桩。

（6）在旋喷过程中，如因机械故障中断旋喷时，应重新钻至桩底设计标高并重新旋喷。

（7）制作浆液时，水灰比要按设计进行，严格控制，不得随意改变。在旋喷过程中，应防止泥浆沉淀、浓度降低。不得使用受潮或过期水泥。浆液搅拌完毕后送至吸浆桶时，应有滤网进行过滤，过滤筛孔以小于喷嘴直径 1/2 为宜。

（8）在旋喷过程中，若遇到孤石或大的漂石，桩位可适当调整（根据受力情况，必要时加桩），避免畸形桩和断桩。

（9）旋喷施工按规定作好记录，并按监理工程师批准的表格填写。

（10）按规定作好质量检验，可采取钻孔取芯、标准贯入、静载试验等方法进行，检查点的数量按有关规范办理。质量检验应在注浆结束 28d 后进行，对检验不合格的应复喷。

5.2.7　安全措施

1. 旋挖灌注桩施工安全措施

（1）钻机座不宜直接置于不坚实的填土上，以免产生不均匀沉陷。修通旱地位置便道，为施工机具、材料运送提供便利。

（2）钻孔场地在陡坡时，应挖成平坡。如有困难，可用排架或枕木搭设工作平台，机底枕木要填实，保证施工时机械不倾斜、不倾倒，以免发生倒塌事故。

（3）旋挖钻机每成孔一根桩，辅助人员必须立即用竹跳、竹胶板将桩孔盖好，孔洞四周用钢管搭设防护栏杆，以保证安全可靠。

（4）施工现场基础施工区域必须拉上醒目的警示线、标语，严禁非工作人员进入施工现场。

2. 高压旋喷桩施工注意的安全措施

（1）高压泥浆泵、空压机、高压清水泵必须指定专人操作，压力表应定期检修检定，以保证正常工作。

（2）钻机操作人员应具有熟练操作技能。

（3）施工前应检查高压设备和管路系统，其压力和流量（风量）需满足设计要求，应检查管道的耐久性以及管道连接是否可靠，泵体、注浆管及喷嘴内不得有任何杂物，各类密封圈必须良好，无渗漏现象，否则接头断开、软管破裂，将会导致浆液、高压水流飞散、软管甩出等安全事故。安全阀中的安全销要进行试压检验（试压检验到当地压力容器检验所检验），必须确保在达到规定压力时能断销卸压，绝不能轻易安装未经试压检验的自制安全销。

（4）喷射浆自喷嘴喷出时，具有很高的能量，因此人体与喷嘴之间的距离不应小于60cm。

（5）喷射注浆的浆液目前一般以水泥浆为主，但有时也加入其他化学添加剂，一般说浆液硬化后对人畜均无害，但硬化前的液体进到眼睛里时，必须立即进行充分清洗，并及时到医院治疗。

（6）吊、放喷射管路时，严禁管下站人。不得将电缆浸泡在水和泥浆中，防止漏电伤人。

5.2.8 环境保护

1. 工地围蔽

（1）施工围蔽上设立施工警示牌和交通导向牌，夜间挂警示灯，并保证施工沿线在夜间有足够的照明设施。

（2）施工期间，根据监理工程师、甲方或当地政府要求，在要求的时间和地点，提供和维持所有的照明灯光、护板、围蔽、栅栏、警示信号标志和值班人员，对工程进行保护和为公众提供安全和方便。

2. 噪声控制

（1）施工噪声包括现场施工产生的噪声和车辆运输产生的噪声。

（2）施工过程将动用挖掘机、水泥搅拌桩等施工机械和石方爆破施工，这些施工机械和爆破施工在进行施工作业时产生噪声，成为对临近敏感点有较大影响的噪声源。这些噪声声源有的是固定源，有的是现场区域内的流动源。

（3）确定施工场地合理布局、优化作业方案和运输方案，保证施工安排和场地布局考虑尽量减少噪声的强度和敏感点受噪声干扰的时间。超标严重的施工场地要有必要的噪声控制设施，如隔声屏障等。

3. 振动控制

施工振动包括重型施工机械运转，重型运输车辆行驶、锤击、夯实等振动作业产生的振动。施工作业产生振动的影响范围通常在30m以内，需严格控制对30m范围内原有构筑物及原路面的影响。

4. 空气污染

（1）对易产生粉尘、扬尘的作业面和装饰、运输过程，制定操作规程和洒水降尘制度，在旱季和大风天气适当洒水，保持湿度。

（2）合理组织施工、优化工地布局，使产生扬尘的作业、运输尽量避开敏感点。

（3）严禁在施工现场焚烧任何废弃物和会产生有毒有害气体、烟尘、臭气的物质等有毒物质要使用封闭和带有烟气处理装置的设备。

（4）水泥等易飞扬颗粒散体物料应尽量安排库存内存放，堆土场、散装物料露天堆放场要压实、覆盖。

（5）选择合格的运输单位，做到运输过程不散落。

5. 水质污染

（1）土石方工程施工期间，基坑排水必须经过沉淀池沉淀处理方可排出。

（2）大门设立洗车槽，洗车槽连通沉淀池，对沉淀池定期清理。机械废液用容器收集，杜绝随意乱倒。

（3）根据不同施工地区排水网的走向和过载能力，选择合适的排口位置和排放方式。

（4）在工程开工前完成工地排水和废水处理设施的建设，并保证工地排水和废水处理设施在整个施工过程的有效性，做到现场无积水、排水不外溢、不堵塞、水质达标。

（5）回填土堆放场、泥浆水产生处设沉淀池，沉淀池的大小根据排水量和所需沉淀时间确定。

6. 路况维护

严格控制外出车辆载重，不发生超载，并对机械、车辆造成现有路面损害的，要及时进行补修、维护，施工道路发生沉陷、积水时要及时进行清理及加固，确保道路畅通。

7. 路面卫生

在进出现场路口设置洗车槽，任何从现场出外的车辆均需经过冲洗干净才能出外，防止车辆将淤泥带出场外污染道路。施工场地内路面每天定时洒水、清扫，使路面保持洁净。

8. 工地卫生

（1）施工现场切实做到工完场清，施工垃圾要集中堆放，及时清运，以保持场容的整洁。

（2）教育施工人员养成良好的卫生习惯，不随地乱丢垃圾、杂物，保持工作和生活环境的整洁。

（3）严禁乱倒垃圾、乱卸或用于回填。施工现场设垃圾站，各类生活垃圾按规定集中收集，每班清扫，每日清运。

9. 固体废弃物管理

（1）对施工过程中产生的固体废弃物，按《固体废弃物分类清单》分类收集到指定的容器或地点。运输过程中，不得沿途丢弃、遗散，防止污染环境。

（2）建立和维护用于收集、储存、运输和处置固体废弃物的设施、设备、场所，设置明显标志，设专人管理，保证其正常运行和使用。

（3）废弃物必须及时清运，防止污染环境。

5.3 地下连续墙

5.3.1 简述

地下连续墙是建造深基础工程和地下构筑物工程的一项新技术，广泛应用于工业、民用和市政工程等工程项目，它具有挡土、截水、防渗、支护、承重等多种功能，目前在矩形顶管的工作井采用此结构型式较多。

5.3.2 技术特点

（1）墙体刚度大，强度高，可承重、挡土、截水、抗渗，耐久性能好。

（2）用于密集建筑群中建筑深基础，对周围地基无扰动，对相邻建筑物，地下设施影响较小。

（3）可在狭窄场地条件施工，原有建筑物的小距离可达 0.2m 左右；对附近地面交通影响小。

（4）可用于逆作法施工，使地下部分与上部结构同时施工，大大缩短工期。

（5）可节省大量的土石方，且无须降低地下水位。

（6）施工机械化程度高，劳工强度低，挖掘工效高。

（7）施工振动小，噪声低，有利于保护城市环境。

（8）无须放坡、支模，施工操作安全。

（9）成槽机上装有自动测斜、纠偏、测探等装置，能保证成槽尺寸准确，成槽精度高，垂直偏差小，表面平整、光滑。

5.3.3 适用范围

此工法用于多种地质条件，包括淤泥、黏性土、冲积土、砂性土及粒径 50mm 以下的砂砾层中施工，深度可达 70m。不适于在熔岩地段、含承压水很高的细砂、粉砂地层以及很软的黏性土层使用。此工法适用于建筑物的地下室、地下商场、停车场、地下油库、挡土墙、高层建筑的深基础、逆作法施工围护结构；工业建筑的深池、坑、竖井；邻近建筑物基础的支护以及水工结构的堤坝防渗墙、护岸、码头、船坞；桥梁墩台、地下铁道、地下车站、通道，或临时围堰工程等，特别适用作地下挡土、防渗结构。

5.3.4 工艺原理

地下连续墙是在地面上采用一种挖槽机械，沿着深开挖工程的周边轴线依靠泥浆护壁每次开挖一定长度（一个单元槽段），待挖至设计深度并清除沉淀下来的泥渣后，将在地面上加工好的钢筋骨架（钢筋笼）用起重机械吊放入充满泥浆的沟槽内，用导管向沟槽内浇筑混凝土，由于混凝土是由沟槽底部开始逐渐向上浇筑，所以随着混凝土的浇筑即将泥浆置换出来，待混凝土浇筑至设计标高后，一个单元槽段即施工完毕，如此逐段进行，以特殊接头方式，在地下筑成一道连续的钢筋混凝土墙壁，作为截水、防渗、承重、挡土结构（图5.3-1）。

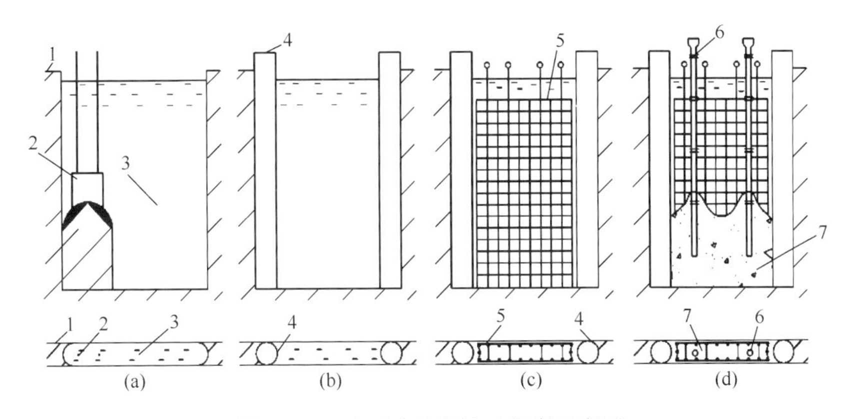

图5.3-1 地下连续墙施工程序示意图

（a）成槽；（b）放入接头管；（c）放入钢筋笼；（d）浇筑混凝土成墙

1—未开挖槽段；2—液压抓斗；3—护壁泥浆；4—接头管；

5—钢筋笼；6—导管；7—混凝土

5.3.5 施工工艺流程及操作要点

1. 工艺流程（图5.3-2）

工艺流程包括测量定位、操作平台与导墙施工、槽段划分、制备泥浆、成槽、清底、安装接头管、安装钢筋笼、安导管、浇筑混凝土、引拔接头管、泥浆处理。

2. 操作要点

a 施工准备

（1）查看地质水文报告详细了解地质、地层、土质以及水文情况，为选择挖槽机具、泥浆循环工艺、槽段长度等提供可靠技术数据。如有必要，进行钻探，摸清地下连续墙部位的地质和地下障碍物情况。

（2）清理场地按设计地面标高进行场地整平，拆迁施工区域内的房屋、通信、电力设施以及上下水道等障碍物和挖除工程部位地面以下3m内的地下障碍物。

（3）编制施工方案：①根据工程结构、地质情况及施工条件制定施工方案，选定并准备机具设备，进行施工部署、平面规划、劳动配备及划分槽段。②确定泥浆配合比、配制及处理方法，提出材料、施工机具需用量计划及技术培训、保证质量、安全及节约技术措施等。

（4）设置临时设施：①按平面及工艺要求设置临时设施，修筑道路。②在施工区域设置导墙、操作平台。③泥浆池及泥浆处理机具放置处、材料库、钢筋加工焊接场地安装水电线路。④进行试通水、通电、试运转、试挖槽、混凝土试浇灌。

b 导墙、操作平台施工与注意事项

（1）导墙开挖深槽开挖前，须沿着地下连续墙设计的纵轴线位置开挖导墙，在两侧浇筑钢筋混凝土导墙。

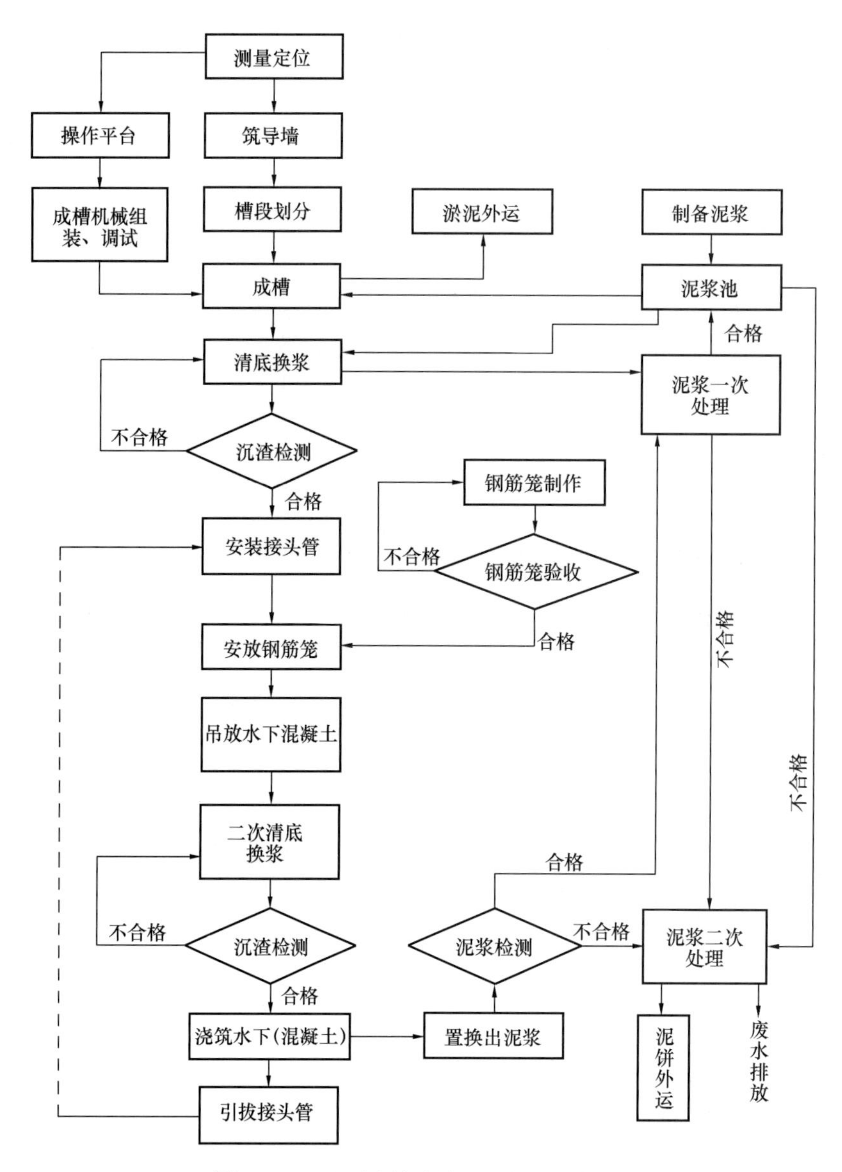

图 5.3-2　地下连续墙施工工艺流程框图

(2) 导墙的作用：①控制挖槽位置，为挖槽机导向。②容蓄泥浆，防止槽顶部坍塌。③作施工时水平与竖向量测的基准。④作吊放钢筋笼、承载引拔机重力以及架设挖槽设备的支撑点等。

(3) 根据地质水文条件，采用对应形导墙，工程上多采用“⅃ L”或“ᒣ ᒥ”形导墙。

(4) 导墙一般深度 1.2～2.0m，底部宜落在原土层上，顶面高于施工场地 10～20cm，以阻止地表水流入。

(5) 导墙应高出地下水位 1.5m 以保证槽内泥浆面高出地下水位 1m 以上的小压差要求，以防止塌方。

(6) 导墙的厚度一般为 0.15～0.25m，两墙间净距比成槽机宽 3～5cm。

（7）为防止导墙产生位移，在导墙内侧每隔2m设一木撑。

（8）操作平台的作用：①便于机械行走与场地清理。②操作平台与导墙一起浇筑，并延导墙向两侧带一定的坡度浇筑，防止雨水进入槽内，使泥浆浓度下降，达不到护壁的作用。③操作平台四周设排水沟（图5.3-3）。

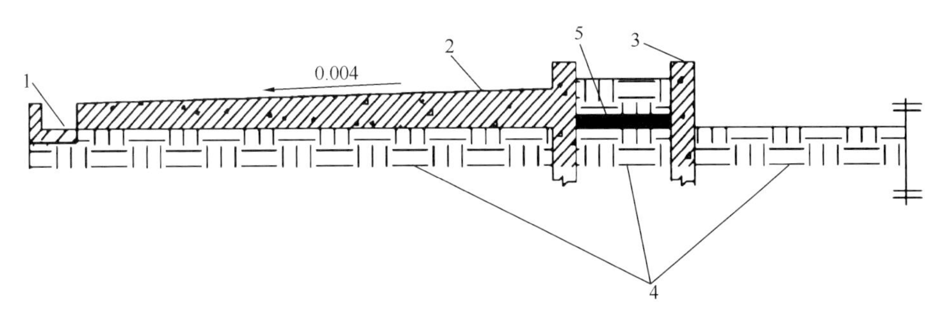

图5.3-3　导墙与操作平台断面图

1—砖砌排水沟；2—操作平台；3—导墙；4—回填素土夯实；5—木支撑

（9）导墙施工注意事项：①导墙基底应尽可能坐落在原土层上并和土面紧密接触，墙侧回填应用黏性土并夯实，不使槽内泥浆渗入导墙外。②当回填土较厚时，可采用地基处理的方法将导墙基底土质加固。③导墙和连续墙的中心须一致，竖向面必须保持垂直，它是保证连续墙垂直精度的重要环节。④导墙面与纵轴线允许偏差为±10mm；内外导墙面净距允许偏差为±5mm；导墙上表面应水平，全长范围内高差应小于±10mm，局部高差应小于5mm。

c　成槽施工

（1）槽段划分槽段长度的确定：按墙设计平面构造要求和施工的可能性将连续墙划分若干个单元槽段。一般决定单元槽段长度的因素有：

1）设计构造要求，墙体的深度和厚度。

2）地质水文情况，开挖槽面的稳定性。

3）对相邻结构物的影响。

4）挖槽机的小挖槽长度。

5）泥浆生产和护壁能力。

6）钢筋笼重量和尺寸及吊放方法和能力。

7）单位时间内混凝土供应能力。

8）导管的作用半径。

9）拔锁口管的能力。

10）施工技术的可能性，连续操作有效工作的时间等因素。一般采用挖槽机最小挖掘长度（即一个挖掘单元的长度）为一单元槽段。地质条件良好，施工条件允许，亦可采用2～4个挖掘单元组成一个槽段，长度为2～8m。确定槽段长度后，为了便于挖槽，在操作平台上标明槽段位置。

（2）分段接缝位置与接头形式：①槽段分段接缝位置应尽量避开转角部位和内隔墙连接部位，以保证良好的整体性和强度。由于半圆形接头（锁口管）具有连接整体性、抗渗性好和施工较简便等优点，使用为普遍。②槽段接头一般分为刚性接头和柔性接头，柔性接头形式有：锁口管接头、“V”字隔板接头；刚性接头有：接头箱接头、隔板式接头和预制钢筋混凝土连接接头形式等。

（3）成槽施工工艺

1）成槽采用抓斗式施工法。液压绳索式抓斗安装在一般的起重机上，抓斗连同绳索由起重机操纵上下起落卸土和挖槽。抓斗挖槽通常用“分条抓”或“分块抓”两种方法。

2）分条抓与分块抓是先抓两侧“条”（或“块”），再抓中间“条”（或“块”），这样可避免抓斗挖槽时发生侧倾，可保证抓槽精度（见图 5.3-4）。

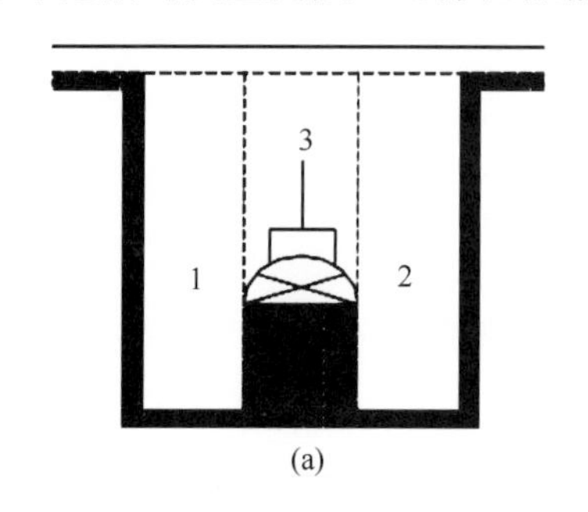

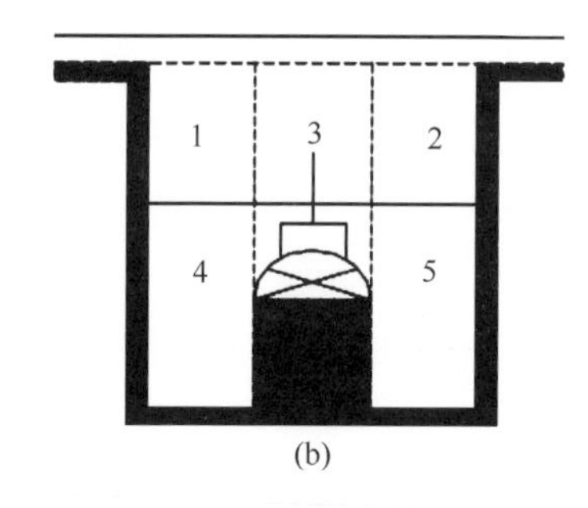

图 5.3-4 抓斗挖槽方法

（a）“分条”抓槽法；（b）“分块”抓槽法

3）施工注意事项

① 初始挖槽阶段应保证位置准确，同时必须慢速均匀抓进，严格控制垂直度和偏斜度，使其在允许偏差范围内。

② 开槽速度要根据地质情况、机械性能、成槽精度要求及泥浆供应能力等来选定。

③ 挖槽要连续作业，并且要依顺序连续抓进。

④ 抓进过程中应保持护壁泥浆不低于规定高度，特别对渗透系数较大的砂砾层、卵石层，更应注意保持一定高度的泥浆液面。

⑤ 成槽过程中局部遇岩石层或坚硬地层，抓进困难时，可配以冲击钻联合作业，用冲击钻冲击岩石，用抓斗排渣，交错进行，以提高效率。

⑥ 成槽应连续进行，在上一槽段接头管拔出 2h 左右，应开始下一个槽段，这样如存在偏差，混凝土强度尚低，较易切除。

d 泥浆循环工艺

（1）泥浆的组成和作用

1）泥浆是由膨润土、羧甲基纤维素（又称化学浆糊，简称 CMC）、纯碱及铁铬木质磺酸钙（简称 FCL）等原料按一定的比例配合，并加水搅拌而成的悬浮液。

2）泥浆在成槽过程中起液体支撑，稳定槽段面，悬浮泥渣和携渣，冷却切削机具和刀具切土的润滑等作用，其中重要的是固壁作用，它是确保挖槽机成槽的关键。

（2）泥浆配合比的选择

1）泥浆应有一定的造膜性、理化稳定性、流动性和适当的密度。

2）泥浆控制的主要技术性能指标见表 5.3-1，选择泥浆既要考虑护壁、携渣效果，又要考虑经济性，应因地制宜，常用泥浆参考配合比见表 5.3-2。

泥浆的性能指标　　表 5.3-1

<table>
<tr><th rowspan="2">项次</th><th colspan="2" rowspan="2">项目</th><th colspan="2">性能指标</th><th rowspan="2">检验方法</th></tr>
<tr><th>一般土层</th><th>软土层</th></tr>
<tr><td>1</td><td colspan="2">密度</td><td>10.4～1.25t/m³</td><td>1.05～1.25t/m³</td><td>泥浆密度称</td></tr>
<tr><td>2</td><td colspan="2">黏度</td><td>18～22s</td><td>18～25s</td><td>500～700 漏斗法</td></tr>
<tr><td>3</td><td colspan="2">含砂率</td><td><4%～8%</td><td><4%</td><td>含砂仪</td></tr>
<tr><td>4</td><td colspan="2">胶体率</td><td>≥95%</td><td>>98%</td><td>100 量杯法</td></tr>
<tr><td>5</td><td colspan="2">失水量</td><td><30mL/30min</td><td><30mL/30min</td><td>失水量仪</td></tr>
<tr><td>6</td><td colspan="2">泥皮厚度</td><td>1.5～3mm/min</td><td>1～3mm/min</td><td>失水量仪</td></tr>
<tr><td rowspan="2">7</td><td rowspan="2">静切力</td><td>1min</td><td rowspan="2">10～25mg/cm</td><td>20～30mg/cm</td><td rowspan="2">静切力测量仪</td></tr>
<tr><td>10min</td><td>50～100mg/cm</td></tr>
<tr><td>8</td><td colspan="2">稳定性</td><td><0.05g/cm³</td><td>≤0.02g/cm³</td><td>500 量筒或稳定计</td></tr>
<tr><td>9</td><td colspan="2">pH 值</td><td>10</td><td>7～9</td><td>pH 试纸</td></tr>
</table>

注：表中上限为新制泥浆，下限为循环泥浆。

泥浆参考配合比（以重量%计）　　表 5.3-2

土质	膨润土	酸性陶土	纯黏土	CMC	纯碱	分散计	水	备注
黏土	6～8	—	—	0～0.02	—	0～0.5	100	
砂	6～8	—	—	0～0.05	—	0～0.5	100	
砂砾	8～12	—	—	0.05～0.1	—	0～0.5	100	掺防漏计
软土	—	8～10		0.05	4	—	100	
粉质黏土	6～8	—	—	—	0.5～0.7	—	100	
粉质黏土	1.65	—	8～12	—	0.3	—	100	半自成泥浆
粉质黏土	—	—	12	0.15	0.3	—	100	半自成泥浆

3）在黏性土或粉质黏土为主的地质条件下，如土质中黏土含量大于50%，塑性指数大于20，含砂量小于5%；二氧化硅与三氧化铝含量的比值为3～4，亦可采用自成泥浆或半自成泥浆护壁，即用开挖深槽中的黏土为造浆原料。成槽过程中，泥浆密度通过调节进水量和挖进速度来控制。

（3）泥浆的制配与管理（图5.3-5）

1）膨润土泥浆应以搅拌器搅拌均匀，拌好后，在贮浆池内一般静止24h以上，最低不少于3h。

2）采用膨润土泥浆，一般新浆密度控制在1.04～1.05；循环过程中的泥浆重度控制在1.25～1.30以下；遇松散地层，泥浆密度可适当加大；灌注混凝土前，槽内泥浆重度控制在1.15～1.20以下。

3）在成槽过程中，要不断向槽内补充新泥浆，使其充满整个槽段。泥浆面应保持高出地下水位0.5m以上，亦不应低于导墙顶面0.3m。

4）在施工中，经常测试泥浆性能和调整泥浆配合比。

① 成槽过程中，每进尺3～5m或每小时测定一次泥浆密度和黏度。

② 在清槽前后，各测一次密度、黏度。

③ 在灌注混凝土前测一次密度。

④ 取样位置在槽段底部、中部及上口。

⑤ 失水量、泥皮厚度和 pH 值，在每槽段的中部和底部各测一次。

⑥ 发现不符规定指标要求，随时进行调整。

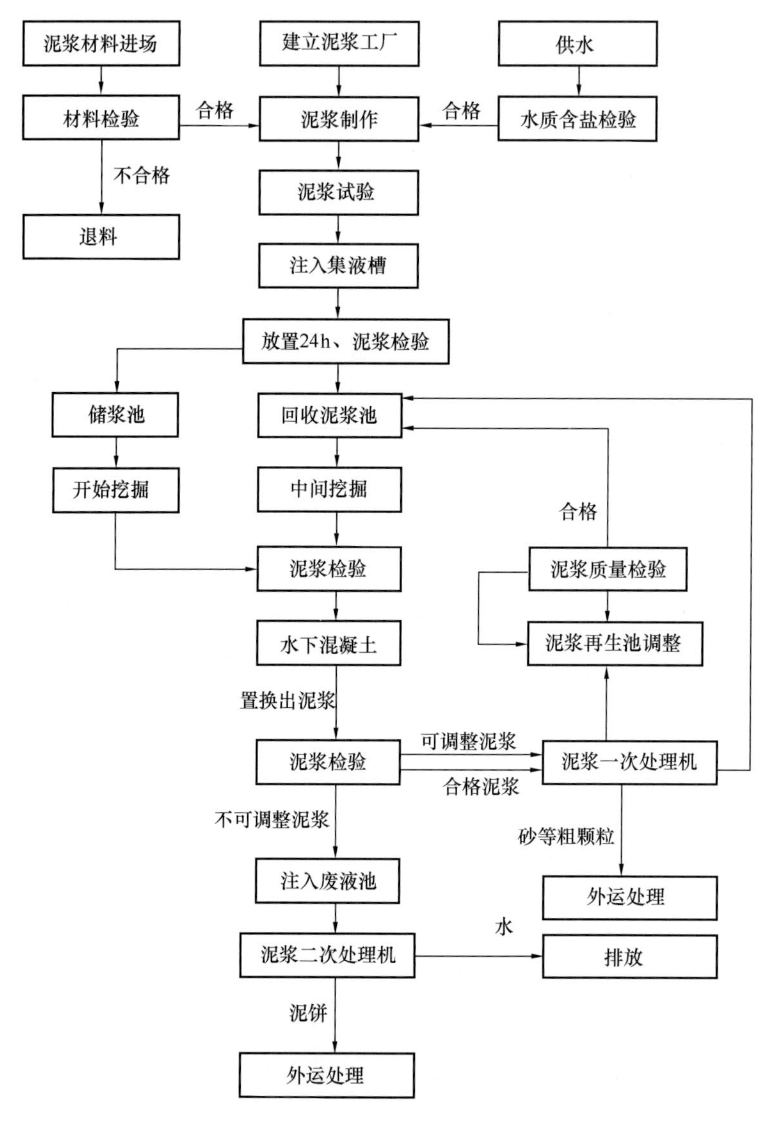

图 5.3-5　泥浆管理流程图

(4) 泥浆的处理

1) 混凝土浇灌过程中，从槽段内置换出来的泥浆必须经泥浆一次处理机进行筛分处理，再送入再生池进行取样检验，调整到需要的指标与新鲜泥浆混合循环使用，不得将泥浆直接排回泥浆再生池。

2) 若回收过程中，发现泥浆质量很差，经检验无法调整处理时，该泥浆必须直接排回废液池，经二次处理机进行水土分离处理，压滤出的清水经化学中和后排放，泥饼用土方车外用处理。

e 清槽

（1）清槽目的是置换槽孔内稠泥浆，清除槽底沉渣物，以保证墙体结构受力要求，同时为下一道工序安装接头管、钢筋笼、浇灌混凝土提供良好条件，保证墙体质量。

（2）在钢筋笼下放前清槽一次，首先清除前段混凝土接头处残留的泥皮、泥块，可采用自制刷壁器，用吊车吊入槽内紧贴接头混凝土面往复上下刷2～3遍清除干净，再用成槽机抓斗清除底部较厚的沉渣。

（3）二次清槽在钢筋笼下放后进行，可采用混凝土导管压清水或稀泥浆的正循环法或反循环法清孔。

（4）清槽的质量要求是：清槽结束后1h，测定槽底沉淀物的淤积厚度不大于20cm，槽底20cm处的泥浆密度不大于1.2为合格。

f 钢筋笼的制作与吊放

（1）钢筋笼制作

1）钢筋笼的制作应根据设计钢筋配置图和槽段的具体情况及吊放机具能力而定。

2）钢筋笼按一个单元槽段宽制作，在墙转角，则制成L形钢筋笼。

3）钢筋笼加工一般应在工厂平台上放样成型，主筋接头用闪光接触对焊，下端纵向主筋宜稍向内弯曲一点，以防止钢筋笼放下时，损伤槽壁。

4）钢筋笼制作允许偏差为：主筋间距±10mm；箍筋间距±20mm；钢筋笼厚度和宽度±10mm；总长±50mm。

5）为了保证槽壁不塌，应在清槽完后3～4以内下完钢筋笼，并开始浇筑混凝土。

（2）钢筋笼吊放（图5.3-6）

1）对长度小于15m的钢筋笼，一般采用整体制作，用15t或者25t履带式吊车一次整体吊放。

2）对长度超过15m的钢筋笼，常采取分两段制作吊放，接头尽量布置在应力小的地方，先吊放一节，在槽上用绑条（或搭接）焊接或采用套筒连接。

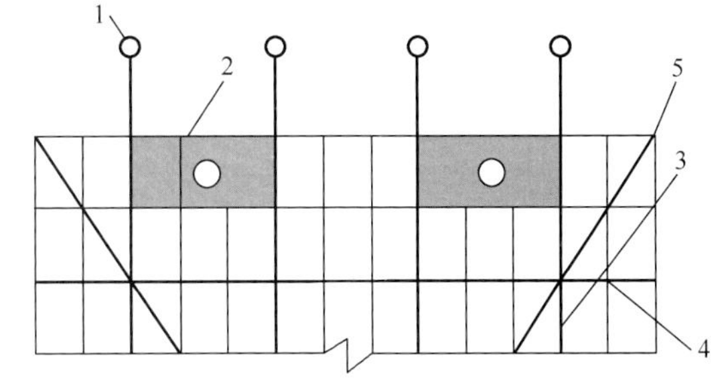

图5.3-6 钢筋笼的吊放

1—横担点；2—钢板主吊点；3—纵向桁架筋；4—横向桁架筋；5—剪力加固筋

3）吊放一般采用两副铁扁担或一副铁扁担及两副吊钩起吊的方法。

g 混凝土浇筑与注意事项

（1）混凝土浇筑

1）混凝土配合比的选择

① 混凝土配合比的设计除满足设计强度要求外，还应考虑导管法在泥浆中灌筑混凝土的施工特点（要求混凝土和易性好，流动度大且缓凝）和对混凝土强度的影响。

② 混凝土强度一般比设计强度提高5MPa，混凝土应具有良好的和易性，施工塌落度宜为18～20cm，并有一定的流动度保持率，塌落度降低至15cm的时间不宜小于1h，扩散度宜为34～38cm。

③ 混凝土初凝时间应满足浇灌和接头施工工艺要求，一般宜低于 3～4h。

2）浇灌方法

① 通常采用履带吊车吊混凝土料斗，通过下料导管浇灌。

② 导管内径一般选用 150～300mm，每节长度 2～2.5m，并配几节 1～1.5m 的调节长度用的短管。

③ 一般采用 2～3 根导管，导管间距一般在 3m 以下，大不得超过 4m，同时距槽段端部不得超过 1.5m。

④ 导管的下口至槽底间距，一般取 0.4m。

⑤ 开导管的方法采用球胆或预制圆柱形混凝土隔水塞，在混凝土浇灌过程中，混凝土导管应埋入混凝土中 2～4m，小埋深不得小于 1.5m，亦不宜大于 6m，两根管交替灌注混凝土。

⑥ 开导管时，下料斗内须初存的混凝土量要经计算确定，以保证完全排出导管内泥浆，并使导管出口埋深不小于 0.8m 的流态混凝土中，防止泥浆卷入混凝土内。

（2）混凝土浇灌注意事项

1）混凝土浇筑要一气呵成，不得中断，并控制在 4～6h 内浇完，以保证混凝土的均匀性。间歇时间一般应控制在 15min 内，任何情况下不得超过 30min。

2）浇灌时要保持槽内混凝土面均衡上升，而且要使混凝土面上升速度不大于 2m/h，浇灌速度一般为 30～35m^3/h。

3）在混凝土浇灌过程中，要随时用探锤测量混凝土面实际标高（至少 3 处，取平均值）计算混凝土上升高度，导管下口与混凝土相对位置，统计混凝土浇灌量，及时做好记录。

4）搅拌好的混凝土应在 1.5h 内浇筑完毕，夏季应在 1h 内浇完，否则应掺加缓凝剂。

h 槽段接头施工

（1）槽段接头多采用半圆形接头，系在吊放钢筋笼前，在未开挖槽段一端紧靠 土壁安放接头管（又称锁头管），阻挡混凝土与未开挖槽段土体粘合，并起混凝土侧模作用，待混凝土浇灌后，逐渐拔出接头管，在浇筑段端部形成半圆形的混凝土接缝面。

（2）接头管用履带式吊车吊放槽内紧靠端壁，或贴半圆形槽壁，使管中心线与地下墙中心一致，并使整个管保持垂直状态，管下端放至槽底并插入 50cm 以上，上端固定在导墙或顶升架上。

（3）接头管上拔方法常用的有吊车吊拔及液压千斤顶拔两种，前者适用于 18m 内，直径 600mm 以下接头管提拔；后者适用于直径较大，埋置较深接头管顶拔，也是国内外使用广泛的方法。

（4）提拔接头管要掌握好混凝土的浇灌时间、浇灌高度、混凝土的凝固硬化速度，不失时机地提动和拔出。

I 劳动力配置（表 5.3-3）

劳动力配置（每台班） **表 5.3-3**

序号	岗位	单位	数量	岗位内容
1	机械操作工	人	4	成槽机 2 人；吊车 2 人
2	起重工	人	1	吊车指挥

续表

序号	岗位	单位	数量	岗位内容
3	试验取样员	人	1	泥浆检验
4	电工	人	1	电路检查维修
5	制浆员	人	2	制备泥浆
6	普工	人	4	混凝土浇筑

5.3.6 材料与设备

1. 主要施工机械设备组成（表5.3-4）

地下连续墙主要施工机械设备表　　表5.3-4

序号	机械名称	规格型号	单位	数量	用途
1	成槽机	—	台	1	成槽
2	履带式起重机	根据需要	台	2	起吊钢筋笼
3	泥浆一次处理机	—	台	1	泥浆处理
4	泥浆二次处理机	—	台	1	泥浆处理
5	泥浆搅拌机	RM-2000	台	1	泥浆搅拌
6	对焊机	UN1-150	台	1	钢筋焊接
7	钢筋弯曲机	GW-40	台	1	钢筋加工
8	钢筋切断机	GQ40-1	台	1	钢筋加工
9	电焊机	BX-500	台	14	钢筋焊接
10	泥浆泵	NU-115	台	10	泥浆循环
11	真空泵	—	台	1	泥浆处理
12	空压机	$6m^3/min$	台	1	泥浆处理
13	自卸汽车	15t	台	5	泥饼外运
14	液压挖掘机	SH200	台	1	泥饼外运
15	泥浆车	—	台	1	泥浆外运
16	液压引拔机	HC-1000	台	1	引拔接头管
17	接头管	—	套	1	槽段接头
18	水下混凝土导管	ϕ300	套	1	浇筑混凝土

2. 主要检测设备和配置（表5.3-5）

主要检测设备和配置　　表5.3-5

序号	机械名称	规格型号	单位	数量	用途
1	超声波测壁仪	—	台	1	检验成槽质量
2	水准仪	DS3	台	1	测量水平度、标高
3	钢卷尺	5m、50m	把	2	检验钢筋笼尺寸

续表

序号	机械名称	规格型号	单位	数量	用途
4	泥浆相对密度测定器	ANB-1	个	1	检测泥浆
5	泥浆黏度测定器	1006	个	1	检测泥浆
6	含砂量测定器	ANA-1	个	1	检测泥浆
7	泥浆失水仪	ANS-1	个	1	检测泥浆

5.3.7 质量控制

1. 执行的质量标准

《建筑地基基础工程施工质量验收规范》GB 50202—2018、《钢筋焊接及验收规程》JGJ 18—2012、《混凝土结构工程施工验收规范》GB 50204—2015、《地下防水工程施工质量验收规范》GB 50208—2011。

2. 其他质量要求

(1) 施工前应检验进场的钢材、电焊条，确定合格的商品混凝土供应商。

(2) 施工中应检查成槽的垂直度、槽底的淤积物厚度、泥浆密度、钢筋笼尺寸、浇注导管位置、混凝土上升的速度、浇注面标高、地下连续墙连接面的清洗程度、商品混凝土的塌落度、接头管的拔出时间及速度。

(3) 成槽结束后，应用超声波测壁仪对槽的深度、宽度及倾斜度进行检验，重要的结构应对每段进行检测，一般结构可抽查20%槽段，每个槽段应抽查一个断面。

(4) 对于永久性结构的地下连续墙，在钢筋笼放入后，应做第二次清孔，沉渣厚度应符合设计和规范要求。

(5) 每 $50m^3$ 地下连续墙应做1组混凝土试块，每5个槽段做一组抗渗试块，在强度满足设计要求后方可开挖。

5.3.8 安全措施

(1) 按照施工组织设计要求规划布置施工现场的安全保护设施，落实安全措施后才能开工。

(2) 施工人员需经过三级安全教育培训，并参加了施工技术、安全技术措施交底，特殊作业工种必须持证上岗，熟悉施工现场的危险源和应急措施。

(3) 作业人员已配有合格的个人防护用品，主要有劳保鞋、劳保工作服、手套（电焊工配绝缘手套）、防尘口罩等，定期体检，严格执行职业病防护措施。

(4) 做好不同季节作业人员防暑降温、防寒保暖等工作。

(5) 进行定期或不定期的安全检查，及时发现和消除安全事故隐患，制止违章作业和违章指挥，对重点作业场所，加强安全管理力度。

(6) 现场临时用电采用TN-S系统三相五线制，严格执行三级配电、二级保护及“一机、一闸、一保护”的规定；电缆架设应顺直、标准，保证绝缘良好；所有电气设备和金属外壳具有良好的接地和接零保护，所有的临时电源和移动电具装置有效的二级漏电保护开关，潮湿的场所使用安全电压。

（7）成槽机、起重设备安装和拆除必须执行相应的《安装方案》和《拆除方案》，安装完成后，使用前必须组织试吊、试运行和有关部门正式验收，经确认合格后方可作业。

（8）为了保证钢筋笼吊装安全，吊点位置的确定与吊环、吊具的安全性应经过设计与验算，吊环必须与钢筋相交的水平钢筋笼每个交点都焊接牢固。

（9）在保护设施不齐全、监护人员不到位的情况下，严禁人员下槽、孔内清理障碍物。

（10）经常检查钢丝绳的磨损程度，并按规定及时更新。

（11）起重机工作前，必须检查距尾部的回转半径外 500mm 内无障碍物；起重机吊钢筋笼时，应先吊离地面 20～50cm，检查起重机的稳定性，制动器的可靠性、吊点和钢筋笼的牢固程度确认可靠后，才能继续起吊。

（12）按照应急预案要求配备抢险人员和器材。

5.3.9　环保措施

（1）开工前，应对每个施工人员进行环境保护、环境卫生教育培训，并做好记录。

（2）对施工现场生产、生活用水的排放进行控制。施工前按实施性施工组织设计建好生产区和生活区排水沟。排水沟的宽度、深度、坡度满足排放要求，避免沟内积水。

（3）分块设置过滤池和沉淀池，所有生活用水和生产用水均经过过滤、沉淀后方可排出。不定期对水沟、水池进行清理和冲洗，确保水沟、水池内无长期积水和垃圾。

（4）加强机械管理，改进施工工艺，执行《建筑施工场界噪声限值》GB 12523—2011 标准，减少施工过程中的噪声。

（5）地下连续墙施工产生的废泥浆采用专用的泥浆二次处理机处理，泥浆二次处理机处理将泥水进行分离，形成的泥饼运往弃土场，滤出的清水排入排水沟。

（6）施工中产生的固体废弃物及时回收处理，施工机械定期检查维修。

（7）按照应急预案要求配备抢险人员和器材。

5.4　型钢水泥土搅拌墙

5.4.1　技术特点

（1）水泥土搅拌桩系采用三轴搅拌桩机按一定的定位程序搅拌使搅拌土桩都能得到两次搅拌循环从而提高水泥搅拌土桩的质量形成较高的防水帷幕。

（2）在水泥土搅拌桩形成的初期插入大刚度 H 型钢形成型钢和混凝土的支护体水泥搅拌土桩和型钢组合体的相互作用使得两者优势增强。

（3）水泥土搅拌桩中的型钢和坑内型钢水平支撑组成承担边坡水平力支护体的主要构

件，与水泥土搅拌桩良好的防水能力共同组成深基坑防护，使深基坑施工过程对周边已有建筑及设施不利影响减小，维护施工环境和谐。

(4) 水泥土搅拌桩中的型钢经过减摩剂处理当基坑施工回填后型钢可拔出回收使得该结构具有很好的经济效益。水泥搅拌土桩与钢筋混凝土灌注桩比较有用钢量少、工艺操作简单、质量控制方便、造价低、工期快等优点。

(5) 水泥搅拌土桩施工过程不排出有害物质对环境无污染。

5.4.2 适用范围

型钢水泥土搅拌墙，一般适用于填土、淤泥质土、黏性土、粉土、砂性土、饱和黄土等地层。

对于杂填土地层，施工前需清除地下障碍物；对于粗砂、砂砾等粗粒砂性土地层，应注意有无明显的流动地下水，以防止固化剂尚未硬化时流失而影响工程质量。

对于 N 值在 30 击以上的非常紧密的土质和 N 值虽然在 30 击以下，但混有 ϕ100mm 以上砂砾的土质等复杂地层时，可采用预成孔工艺先行施工先导孔，然后再进行超深三轴水泥土搅拌桩施工。

淤泥、泥炭土、有机质土、地下水具有腐蚀性的地层中含有影响搅拌桩固化剂硬化的成分，会对搅拌桩的质量造成不利的影响，须通过现场试验确定可行性和适用性。

有内支撑的型钢水泥土搅拌墙支护可以作为地下深层开挖中的止水桩及工程支护。

(1) 水泥土搅拌桩工艺原理系采用深层搅拌桩机切土搅拌同时喷射水泥灰浆，使水泥和土之间产生一系列物理、化学反应而逐步硬化，形成具有整体性、水稳性和一定强度的水泥土混合桩体，达到防水和整体构造（图 5.4-1）。

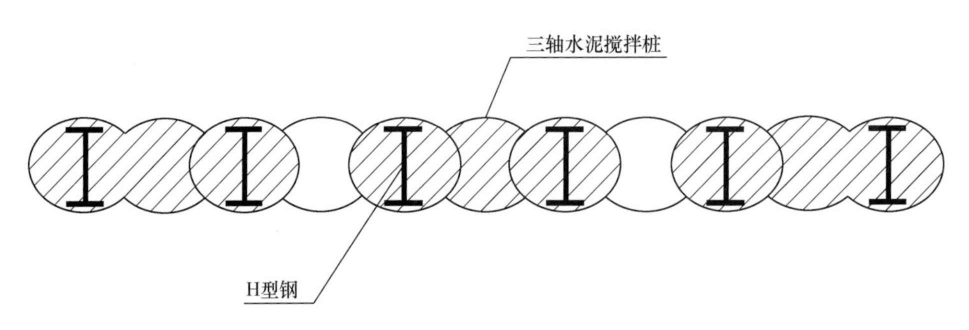

图 5.4-1　工艺原理图

(2) 在水泥土搅拌桩施工形成后及时将型钢通过自重经吊车沉入水泥土搅拌桩中形成型钢水泥土搅拌复合墙。

(3) 水泥土搅拌桩中的型钢增强了水泥土搅拌桩的支护承载力水泥土搅拌桩又是横向联系形成支护墙体和防水帷幕的主体。该主体并通过坑内钢水平支撑组成空间支护体系，以承担边坡水平外力完成基坑支护。

(4) 水泥土搅拌桩的质量均匀性、垂直度、强度、型钢与桩身的同心度是构成支护墙体和防水帷幕的关键。通过施工工艺为上述质量关键提供可行的作业指导。

5.4.3　工艺流程及操作要求

5.4.3.1　工艺流程（图5.4-2）

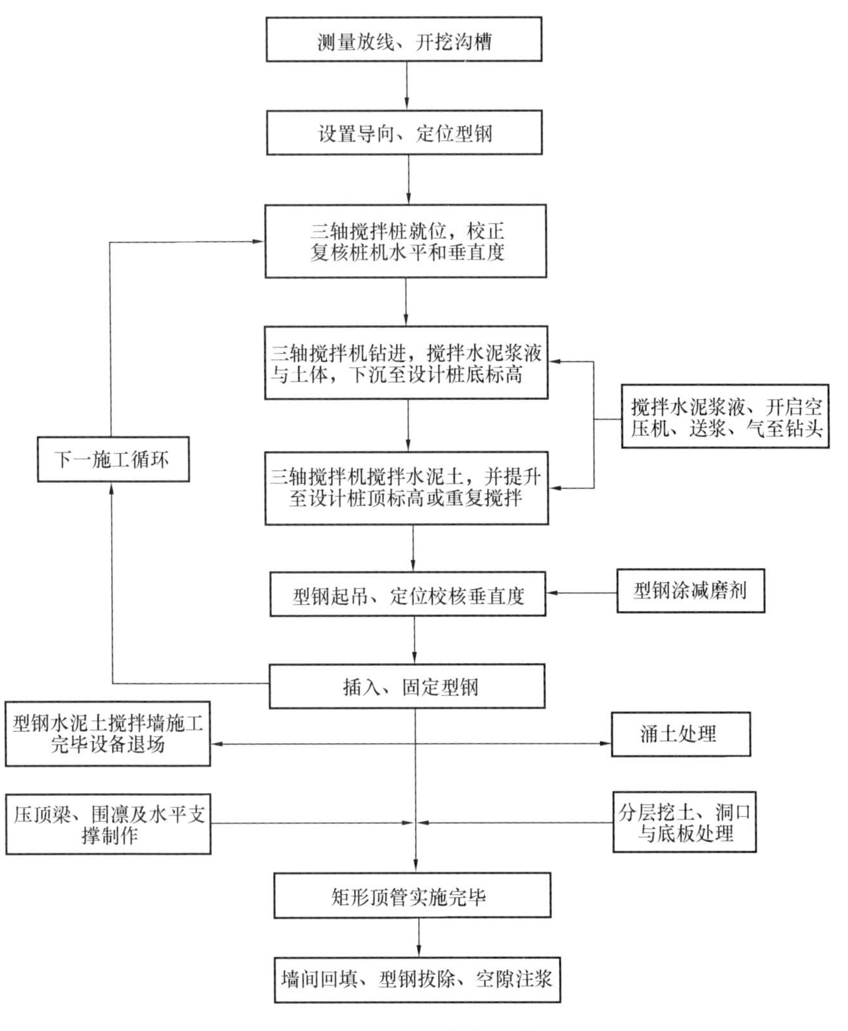

图5.4-2　工艺流程图

5.4.3.2　操作要点

1. 水泥搅拌土施工

（1）水泥搅拌土施工流程：场地平整→桩机就位→搅拌下沉喷浆→提升搅拌喷浆→桩机移位。

（2）三轴搅拌桩机按一定的定位程序：

1）一般情况下采用跳槽式双孔全套复搅式连接。

2）围墙转角处或施工间断情况下采用单侧挤压式连接。

（3）场地准备

1）平整施工现场填土至机械工作面高度并适当压实，保证机械移动，不沉陷水平满足机械钻杆垂直度要求。

2）根据经验依照搅拌桩深度在桩位中线上开挖土体搅拌后体积增高储槽。

3）定位放线确定支护桩中轴线测定水准桩用于桩深搅拌依据。

（4）由三轴搅拌机与桩架组成的三轴搅拌桩机应符合下列要求：

1）具有搅拌轴驱动电机的工作电流显示。

2）具有桩架立柱垂直度调整功能。

3）具有主卷扬机无级调速功能。

4）主卷扬机采用电机驱动的应有电机工作电流显示主卷扬机采用液压驱动的应有油压显示或具有钢丝绳的工作拉力显示。

5）桩架立柱下部装有搅拌轴的定位导向装置。

6）在搅拌深度超过 20m 时须在搅拌轴中部位置的立柱导向架上安装移动式定位导向装置。

（5）桩机就位要求

1）根据设计放线桩的中轴线安放桩机轨道。

2）桩架在轨道上移动调整桩排的中心对准中轴线在中轴线上各桩距离以顺轨道移动桩架给定。

3）中轴线放样应分段给出标桩的位置其数量必须满足桩施工定位的需要。

4）桩定位力求准确要保证水泥土搅拌桩间搭接符合设计要求。

（6）桩的搅拌工艺

1）桩的搅拌升降速度由机械设计决定，通常每分钟应不大于 0.5m 且与设计匹配满足设计要求。在正常情况下升降速度不变。在作业前应进行校对。

2）当电流小于额定电流时，桩的搅拌升降速度也小，但只要切土搅拌工作不受影响是允许的，但要相应调整喷浆量。

3）对于软土层可采用两搅两喷工艺即在下沉切土搅拌和提升搅拌的同时进行喷射水泥浆。采用三轴搅拌桩机施工使每根桩都得到一个重复搅拌过程。

4）对于采用自动沉降型钢的水泥浆水灰比应大于 1∶1.5。

5）水泥土搅拌桩施工前应做水泥土搅拌试验核定按设计水泥用量的情况下水泥土所能达到的强度及抗渗能力。

（7）水泥浆的喷射

1）水泥浆喷射要做到压力保证、喷射均匀是保证水泥土搅拌桩整体质量的关键。

2）水泥浆喷射由灰浆泵经软管接入桩杆喷浆口保证桩杆下沉切入搅拌过程或提升搅拌过程灰浆喷射自如。

3）水泥浆喷射额定压力不宜小于 0.3MPa。

4）喷浆泵的喷射量应与水泥土水泥掺量相匹配，其最小喷射量可按以下公式确定。

$$q=\frac{1}{4}\pi\times D^2\times aw\times TL\times(1+S)\times v \tag{5.4-1}$$

式中 q——最小喷射量；

D——钻头直径（m）；

aw——设计水泥掺量值（%）；

TL——土体密度（kN/m^3）；

v——钻杆下沉或提升速度（m/min）；

S——水灰比。

5）水泥浆根据需要掺用外加剂如减水剂、早强剂、泵送剂等。使用外加剂的标准应符合相应标准。

6）输浆管应保持通畅，每班检查不少于4次，遇到泵送不畅应及时查明原因停机排除。

（8）水泥土搅拌桩整体性要求

1）水泥土搅拌桩每班应连续作业。

2）当班次交替停歇时间超过水泥土终凝时间时应加大搭接量100mm以上。终凝时间判断可现场试验确定。当停歇时间过长可在水泥土搅拌桩后侧紧贴补打3根水泥土搅拌桩。

3）水泥土搅拌桩垂直度要达到设计要求，且不大于1，保证桩长全部都能搭接。

设计搭接量应大于桩长乘以允许垂直偏差。

（9）其他事项

1）水泥搅拌土桩顶部应保证无积水以保证搅拌土桩凝固环境。

2）若桩顶设盖梁的在桩土体终凝前依设计要求加插连接件。

2. 型钢插入与升拔回收

（1）型钢插入的形式根据设计确定，有以下方式

1）密插型：即在每一根水泥土搅拌桩的中心插入一根型钢。

2）插二跳一型：即在每连续两根水泥土搅拌桩的中心各插入一根型钢，间隔一根水泥土搅拌桩不插型钢而后如上循环连续进行。

3）插一跳一型：即在每一根水泥土搅拌桩的中心插入一根型钢，间隔一根水泥土搅拌桩不插型钢，而后如上循环连续进行。

4）转角及需要加强的部位依设计说明。

（2）插入型钢基本要求

1）型钢材料、规格应符合设计要求。

2）型钢长度根据工程设计制备，当长度不能满足设计要求时需事先在拼接处做成坡口焊接，必要时在接头中部做成双向鱼尾榫以加强接头刚度。焊接面应与型钢原面一致，以保证升拔回收。

3）型钢整长必须顺直，总弯曲不得大于1‰且不大于15mm。

4）型钢接头每根不大于2处，且不在受弯、受剪大的位置。焊缝应达到二级要求。

5）型钢的表面处理：

拟拔除回收的型钢，插入前应先在干燥条件下除锈，再在其表面涂刷减摩材料。完成涂刷后的型钢，在搬运过程中应防止碰撞和强力擦挤。减摩材料如有脱落、开裂等现象应及时修补。

浇筑压顶圈梁时，埋设在圈梁中的型钢部分必须用油毡等材料将其与混凝土隔开（图5.4-3），以利型钢的起拔回收。

（3）型钢插入（图5.4-4）

1）型钢插入应在水泥土搅拌桩两次搅拌程序完成后紧接进行。

图 5.4-3　埋设在圈梁中的型钢采用油毡等材料将其与混凝土隔开

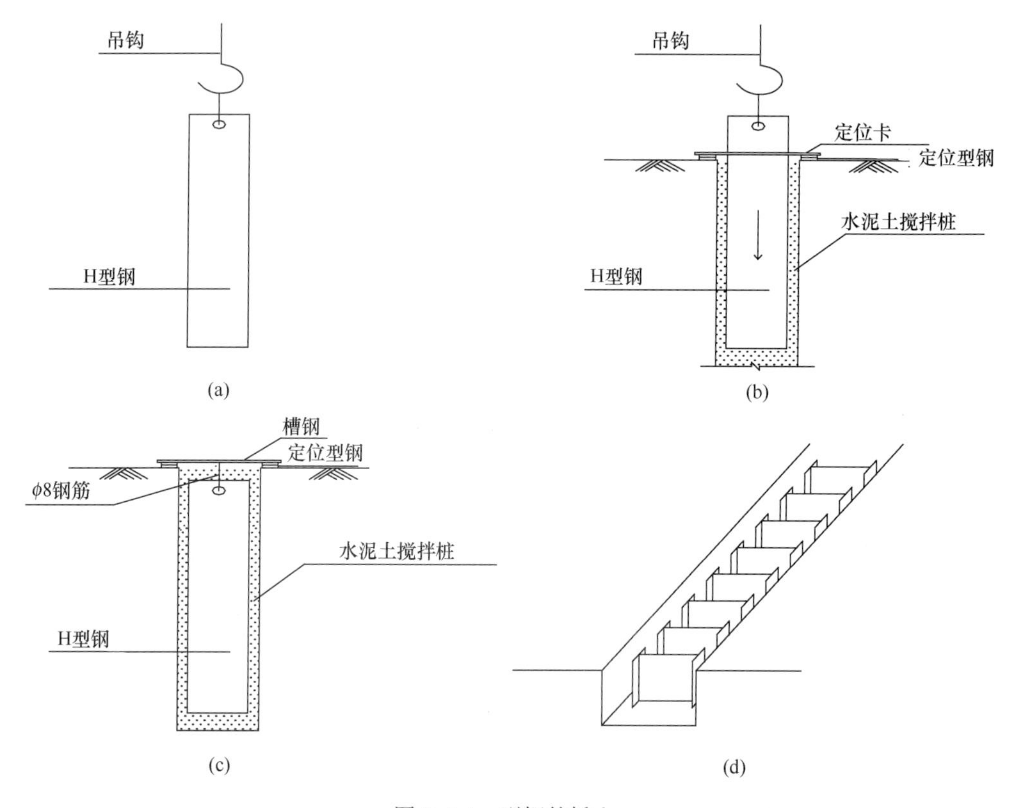

图 5.4-4　型钢的插入

(a) H 型钢吊放；(b) H 型钢定位；(c) H 型钢固定；(d) H 型钢成型

2）型钢插入前安装定位卡，做到位卡的中心与水泥土搅拌桩的中心一致，符合定位卡位置时应采用双复核的方法，既要核对已插入的型钢间距又要复核与原点的距离。

3）型钢插入一般采用自重下沉法，即由吊车从型钢顶部起吊使型钢在自重下保持垂直而后对准定位卡就位再松弛吊绳让型钢稳步、均匀下沉至设计标高。

当型钢自重有继续下沉可能时在水泥土搅拌桩顶上设置止滑措施或往后适当推迟下沉

时间；

当型钢自重下沉达不到设计标高时可采用机械加压方法使之到达。

4）型钢下沉的垂直度要严格保证，可采用压桩机上吊挂垂球和经纬仪视测相结合的方法，保证垂直度偏差不大于规定值。

5）型钢下沉后应核验下沉深度是否满足要求，并将其固定在架设措施现场正确的位置上。

（4）型钢升拔的要求

1）型钢升拔应在基坑施工完成后进行。

2）型钢升拔逐根进行，升拔前应利用钢筋混凝土围顶梁做反力架通过千斤顶把型钢先行升拔，待型钢活动后以吊车吊钩垂直稳定对准型钢中心提升吊绳均速升拔（图 5.4-5）。

图 5.4-5　H 型钢起拔示意图

升拔过程要保持型钢的垂直上升以减少升拔阻力和保持型钢不变形。

3）水泥土搅拌桩中在型钢提升后形成的孔洞应用干砂仔细回灌，必要时加扦插或振荡。

在围护结构完成使用功能后，由总包方或监理方书面通知进场拔除。型钢拔除应事先采取减阻措施，并注浆填实桩孔。

总包方应保证围护外侧满足履带吊大于 6m 回转半径的施工作业面。型钢两面用钢板贴焊加强，顶升夹具将 H 型钢夹紧后，用千斤顶反复顶升夹具，直至吊车配合将 H 型钢拔除。

H 型钢露出地面部分，不能有串连现象，否则必须用气割将连接部分割除，并用磨光机磨平。

桩头两面应有钢板贴焊，增加强度，检查桩头 ϕ100 圆孔是否符合要求，若孔径不足必须改成 ϕ100；如孔径超过则应该割除桩头并重新开孔，每根桩头必须待两面贴焊钢板后才能进行拔除施工。

3. 围檩、支撑安装与土方开挖

（1）顶部纵、横支撑应在同一标高平面上并且可以提高每层开挖空间。纵、横向支撑宜采用工具型钢质梁（管）。

（2）内支撑设置施工顺序：钢筋混凝土围顶梁或钢围檩——支撑柱牛腿设置——纵向支撑梁设置——横向支撑梁设置。

（3）事先按支护设计设置钢筋混凝土围顶梁在顶梁内侧按纵横支撑、斜撑留设预埋件。围檩内与插入型钢接触面应加油毡隔离。

（4）按设计标高由上而下依土方开挖进度设置水平钢围檩，当挖土标高到达时清除型钢内侧部分水泥土搅拌桩，使钢围檩部位型钢露出。钢围檩应顺直紧靠竖向型钢（即先前插入的型钢），并与型钢焊接。当钢围檩与个别竖向型钢不能紧靠时，可加焊钢垫板。

（5）钢围檩与水泥土搅拌桩间的空隙应用素混凝土填实。

（6）支撑柱牛腿设置：根据支护设计的标高在支撑柱上焊接支撑牛腿。

（7）同平面纵向支撑的设置：

1）纵向支撑梁设置顺序为先中部后两端。

2）在两个支撑柱间纵向支撑梁位置上先挖出一条安放纵向支撑梁（管）沟，安接纵向支撑梁（管）。从中间到两端接续完成。

3）在安装纵向支撑梁（管）的同时依设计横向支撑位置预放一字形节（点）头。

（8）一字形节头系钢质同平面支撑的节头，它顺纵向支撑管两侧为大于纵向支撑（管）的孔洞，使纵向支撑（管）穿过。与横向支撑平行的一字形节头宽度应大于横向支撑（管）宽度（直径）。一字形节头的上下面用材厚度应加大，使一字形节头的承载能力大于横向支撑。在一字形节头的两端设连接法兰盘留待与横向支撑梁（管）连接。

（9）在各条纵向支撑梁（管）完成后，从中部开始逐根完成横向支撑（管），其施工方法参照以上纵向支撑梁（管）。

（10）若采用纵、横支撑不同平面时，不必采用一字形节头，在纵、横向支撑梁（管）交接处可增加U形钢筋扣螺栓。

（11）纵横支撑的拼接可辅助段接头或垫板，并与围檩紧贴焊接。

（12）支撑的安装过程要严密观测型钢水泥土搅拌桩变形状况，必要时施加预应力反顶支护体。

（13）斜撑在纵向支撑的同时紧接进行，与围檩焊接，必要时在围檩上加焊端部止滑托块。

（14）内支撑立柱穿地下室楼板部分先留洞，回收后补浇钢筋混凝土。

（15）内支撑立柱与地下室底板结合部须采取防水措施，如焊接止水板等。

（16）每层支撑完成后，方可开挖该层支撑下到下一层支撑面以上的土方。土方开挖方法按工程施工组织设计进行。土方开挖过程若需要挖土机械穿越支撑时，应加高支撑两侧土，加盖厚钢板，防止压坏支撑体。

4. 基坑回填等其他工艺流程施工

（1）基坑开挖完成后及时封底及地下室施工，按支护设计程序分段回填或浇筑钢筋混凝土撑板方可按程序卸内支撑。

（2）土方开挖、支撑施工应和单性施工组织相结合。

（3）土方开挖过程要加强支护体和周围环境观察，特别是周围危险段、紧靠基坑的危物和重要建筑物的变形及透水状况以采取必要的措施。

（4）应急措施应包括堵水措施、加撑措施、坑内回压措施等。

（5）支撑拆除要和地下室施工相结合，施工时先用千斤顶卸荷，观察土体变形情况，无意外情况发生方可全面拆除。

5.4.4 材料与设备

1. 材料

（1）配置的水泥灰浆中使用水泥应用普通硅酸盐水泥以不小于32.5为宜。

（2）当水泥等级较高可掺用粉煤灰，粉煤灰应达到Ⅱ级，细度应95%通过4900孔/cm^2，掺量以设计要求试验换算。

（3）外加剂应达到相应标准要求。

（4）型钢与支撑应符合设计的规格标准要求。

2. 设备

（1）主要机械：吊车、挖土机、水泥土搅拌桩机、灰浆泵、灰浆搅拌机等。

（2）配套设施：电焊机、千斤顶、钳工机具、灰浆罐或池、灰浆输送管、水电管线及开关设施等。

（3）质量控制仪器具：水准仪、经纬仪、卷尺、塔尺、垂球等。

5.4.5 质量要求

1. 质量控制标准

（1）《型钢水泥土搅拌墙技术规程》JGJ/T 199—2010、《建筑基坑支护技术规程》JGJ 120—2012、《建筑深基坑工程施工安全技术规范》JGJ 311—2013、《建筑地基基础施工质量验收规范》GB 50202—2018。

（2）水泥土搅拌桩施工后采用钻孔取芯等手段检查成桩质量。

（3）水泥土搅拌桩成桩质量检验和型钢插入允许偏差分别按表5.4-1和表5.4-2执行。

水泥土搅拌桩成桩质量检验标准 **表5.4-1**

序号	检查项目	允许偏差或允许值	检查频率		检查方法
			数量	点数	
1	桩体搭接（mm）	设计要求			用钢尺量
2	桩底标高（mm）	+100，−50	每根	1	测钻杆长度
3	桩体偏差（mm）	50	每根	1	用钢尺量
4	桩径（mm）	±10	每根	1	用钢尺量钻头
5	桩体垂直度	≤1/200	每根	全过程	经纬仪测量
6	施工间歇	<16h	每根	全过程	查施工记录

型钢插入允许偏差 **表5.4-2**

序号	检查项目	允许偏差或允许值	检查频率		检查方法
			数量	点数	
1	型钢长度（mm）	±10	每根	1	用钢尺量
2	型钢底标高（mm）	−30	每根	1	水准仪测量

续表

序号	检查项目	允许偏差或允许值	检查频率		检查方法
			数量	点数	
3	型钢平面位置（mm）	50（平行于基坑方向）	每根	1	用钢尺量
		±10（垂直于基坑方向）	每根	1	用钢尺量
4	形心转角 ϕ（°）	3	每根	1	量角器测量

（4）支撑安装参照相关钢结构安装规程。

（5）水泥土防水幕墙应有效闭合，无透水现象。

2. 质量保证措施

（1）型钢水泥土搅拌墙施工应根据地质条件、成桩深度、桩径、厚度、型钢规格等技术参数，选用不同功率的设备和配套机具，并应通过试成桩确定施工工艺及各项施工技术参数。

（2）型钢水泥土搅拌墙施工范围内应进行清障，施工场地应进行平整，施工道路的地基承载力应满足搅拌桩机、起重机等重型机械安全作业和平稳移位的要求。

（3）三轴水泥土搅拌桩施工时，搅拌桩机就位应对中，平面允许偏差不应大于±20mm，搅拌桩机导向架的垂直度允许偏差不应大于1/250。

（4）三轴水泥土搅拌桩搅拌下沉速度宜控制在0.5～1.0m/min，提升速度在黏性土中宜控制在1.0～2.0m/min，在粉土和砂土中不宜大于1.0m/min，并保持匀速下沉或提升。提升时不应在孔内产生负压造成周边土体的过大扰动，搅拌次数和搅拌时间应能保证水泥土搅拌桩的成桩质量。

（5）三轴水泥土搅拌桩施工宜采用跳打双孔套接复搅连接成墙。对于 N 值大于30击的硬质土层，可采用预先钻孔松动土层后，再用跳打双孔套接复搅连接成墙。当三轴水泥土搅拌桩施工深度大于30m时，宜采用加接钻杆的施工工艺。桩与桩之间的搭接时间间隔不应大于24h。

（6）对环境保护要求高的基坑工程，采用三轴水泥土搅拌桩机成桩时，宜选择螺旋式或螺旋、叶片交互配置的搅拌钻杆，并应通过试成桩及施工过程中的实际监测结果，调整施工参数和施工部署。

（7）型钢回收起拔应在水泥土搅拌墙与主体结构外墙之间的空隙回填密实后进行，型钢拔出后留下的空隙应及时注浆填充，并应编制包括浆液配比、注浆工艺、拔除顺序等内容的专项施工方案。周边环境条件复杂、保护要求高的基坑工程，型钢不宜回收。

（8）基坑开挖前应检验水泥土搅拌桩的桩身强度，强度指标应满足设计要求。水泥土搅拌桩桩身的强度宜采用浆液试块强度试验确定，也可以采用钻取桩芯强度试验确定。

（9）型钢水泥土搅拌墙施工应符合现行行业标准《型钢水泥土搅拌墙技术规程》JGJ/T 199的规定。

（10）水泥土搅拌下沉切土深度应与桩架配重相适应当遇到下沉阻力较大时应加大桩架配重以保证搅拌喷射顺利进行。

（11）水泥浆不得离析，水泥浆要严格按设计配置要预先筛除水泥中的块结。水泥浆应在灰浆搅拌机中不断搅动待压浆前再缓慢倒入集料斗中。

（12）水泥土搅拌确保加固强度和均匀性压浆阶段不允许发生断浆现象若提升时发生断浆现象应将搅拌头下沉再继续喷浆搅拌提升。

（13）水泥土搅拌严格按设计确定数据控制喷浆量和搅拌头提升速度误差不得大于±10cm/min。

（14）水泥土搅拌施工中常见的问题及处理见表5.4-3。

水泥土搅拌施工中常见的问题及处理 表5.4-3

常见问题	发生原因	处理办法
预搅下沉困难；电流值高、电机跳闸	电压偏低； 土质较硬阻力太大； 遇大块石或树根等障碍物	调高电压； 适量冲水下沉； 开挖排除障碍
搅拌机下不到预定深度，但电流不高	土质太黏；搅拌机自重不够	增加搅拌机自重或加设反压装置
喷浆提升未到设计顶面标高； 集料或坑中浆液已排空	后台投料不准； 灰浆泵磨损漏浆； 灰浆泵输浆量增大	重新标定投料量； 检修灰浆泵； 重新标定灰浆泵输浆量
喷浆提升到设计顶面标高； 集料或坑中剩浆过多	后台投料不准； 输浆管路部分堵塞	重新标定拌浆用水量； 清洗输浆管路
输浆管堵塞、爆裂	输浆管内有浆液硬结块； 喷浆口球阀间隙太小	拆洗输浆管； 使喷浆口球阀间隙适当

（15）型钢下沉过程宜采用经纬仪和三角架挂锤球双校方法控制。

（16）内支撑安装质量控制重点是：交接点是否可靠不偏心，围檩和H型钢及水泥土搅拌桩连接是否紧密有效。

5.4.6 安全措施

（1）作业用电应符合安全规定，开关箱与设备实行一机一闸一漏电保护器。

（2）作业人员应佩戴个人安全防护用品（如安全帽、护目镜、用电作业有防护手套和胶靴）。

（3）水泥土搅拌桩机作业范围应设安全警戒，非作业人员不得进入作业区。

（4）所有机械装置均应有防护装置及保险装置，机械操作人员开工前应按操作规程进行试运转和检查。

（5）基坑施工中应设有顶棚防护的人行扶梯。

（6）操作人员必须持证上岗。

（7）基坑四周必须设置1.5m高护栏，要设置一定数量临时上下施工楼梯。

（8）吊装现场一切服从统一指挥并保证信息沟通。吊车司机一切动作要服从指挥指令，做到慢起轻落，防止撞击事故的发生，吊装均应绑溜绳以控制构件空中位置。

5.4.7 环保措施

（1）施工过程应遵守《建筑工程施工现场环境与卫生标准》JGJ 146—2013。

（2）机械设备施工安排应遵守城市噪声控制要求。

（3）现场粉尘应洒水，泥浆应及时清理。
（4）挖方及虚土按指定地点集中堆放，封闭外运。
（5）夜间施工应按当地环保规定执行。

5.5 工作井质量控制

工作井的围护结构、井内结构施工质量验收标准应按现行国家标准《建筑地基基础工程施工质量验收规范》GB 50202—2018、《给水排水构筑物工程施工及验收规范》GB 50141—2008 的相关规定执行。

工作井应按下列标准进行验收：

主 控 项 目

（1）工程原材料、成品、半成品的产品质量应符合国家相关标准规定和设计要求；
检查方法：检查产品质量合格证、出厂检验报告和进场复验报告。
（2）工作井结构的强度、刚度和尺寸应满足设计要求，结构无滴漏和线流现象；
检查方法：按表 5.5-1 的规定逐个进行检查，检查施工记录。

渗漏水程度描述使用的术语、定义和标识符号　　表 5.5-1

术语	定　义	标识符号
湿渍	结构内壁，呈现明显色泽变化的潮湿斑；在通风条件下潮湿斑可消失，即蒸发量大于渗入量的状态	#
渗水	水从结构内壁渗出，在内壁上可观察到明显的流挂水膜范围；在通风条件下水膜也不会消失，即渗入量大于蒸发量的状态	○
水珠	悬挂在结构内壁的水珠、内壁渗漏水用细短棒引流并悬挂在其底部的水珠，其滴落间隔时间超过 1min；渗漏水用干棉纱能够擦拭干，但短时间内可观察到擦拭部位从湿润至水渗出的变化	◇
滴漏	悬挂在结构内壁的水珠、内壁渗漏水用细短棒引流并悬挂在其底部的水珠，且滴落速度每分钟至少 1 滴；渗漏水用干棉纱不易擦拭干，且短时间内可明显观察到擦拭部位有水渗出和集聚的变化	▽
线流	指渗漏水呈线流、流淌或喷水状态	↓

（3）混凝土结构的抗压强度等级、抗渗等级应满足设计要求；
检查数量：每根钻孔灌柱桩、每幅地下连续墙混凝土为一个检验批，抗压强度、抗渗试块应各留置一组；沉井及其他现浇结构的同一配合比混凝土，每工作班且每浇筑 $100m^3$ 为一个检验批，抗压强度试块留置不应少于 1 组；每浇筑 $500m^3$ 混凝土抗渗试块留置不应少于 1 组；
检查方法：检查混凝土浇筑记录，检查试块的抗压强度、抗渗试验报告。

一 般 项 目

（4）结构无明显渗水和水珠现象；

检查方法：逐个观察。

（5）顶管顶进工作井的反力墙应坚实、平整；后座与井壁反力墙联系紧密；

检查方法：逐个观察；检查相关施工记录。

（6）两导轨应顺直、平行、等高，基座及导轨的夹角符合规定；导轨与基座连接应牢固可靠，不得在使用中产生位移；

检查方法：逐个观察、量测。

（7）工作井施工的允许偏差应符合表 5.5-2 的规定。

检查方法：逐个观察、量测。

工作井施工的允许偏差　　表 5.5-2

<table>
<tr><th colspan="4" rowspan="2">检查项目</th><th rowspan="2">允许偏差
（mm）</th><th colspan="2">检查数量</th><th rowspan="2">检查方法</th></tr>
<tr><th>范围</th><th>点　数</th></tr>
<tr><td rowspan="3">1</td><td rowspan="3">井内导轨
安装</td><td colspan="2">顶面高程</td><td>+3.0</td><td rowspan="3">每座</td><td>每根导轨 2 点</td><td>用水准仪测量、
水平尺量测</td></tr>
<tr><td colspan="2">中心水平位置</td><td>3</td><td>每根导轨 2 点</td><td>用经纬仪测量</td></tr>
<tr><td colspan="2">两轨间距</td><td>+2</td><td>2 个断面</td><td>用钢尺量测</td></tr>
<tr><td>2</td><td>井尺寸</td><td>矩形</td><td>每侧长、宽</td><td>不小于设
计要求</td><td>每座</td><td>2 点</td><td>挂中线用尺量测</td></tr>
<tr><td rowspan="2">3</td><td colspan="2" rowspan="2">进、出井预留洞口</td><td>中心位置</td><td>20</td><td rowspan="2">每个</td><td>竖、水平各 1 点</td><td>用经纬仪测量</td></tr>
<tr><td>宽、高尺寸</td><td>±20</td><td>垂直向各 1 点</td><td>用钢尺量测</td></tr>
<tr><td>4</td><td colspan="3">井底板高程</td><td>±30</td><td>每座</td><td>4 点</td><td>用水准仪测量</td></tr>
<tr><td rowspan="2">5</td><td colspan="2" rowspan="2">顶管工作井
反力墙</td><td>垂直度</td><td>0.1%H</td><td rowspan="2">每座</td><td rowspan="2">1 点</td><td rowspan="2">用垂线、角尺量测</td></tr>
<tr><td>水平扭转度</td><td>0.1%L</td></tr>
</table>

注：H 为反力墙的高度（mm）；L 为反力墙的长度（mm）。

第 6 章　顶管设备及安装

6.1　概述

20 世纪 60 年代以来，地下空间开发和利用的需求促进了盾构隧道技术的发展，世界各国在盾构法隧道施工技术研究与工程实践方面做了大量工作，在开挖面稳定、塑流化改性、自动控制量测和计算机等领域综合应用了许多高新技术，使盾构顶管机发展为集多项高新技术于一身的高度自动化的机电一体化设备。对地质条件的适应能力和安全掘进能力大为提高。值得重视的是，针对地质条件的顶管设备研制、选型和安装对于矩形顶管工程的顺利施工发挥着关键性作用。

顶管设备及安装应遵循下列原则：

（1）起重设备应经有关部门检验合格方可使用，起重荷载应满足使用要求。

（2）起重作业人员应持证上岗，并严格遵守国家和行业有关安全技术标准。

（3）场地的地基承载力应满足最大吊装载荷要求。

（4）起重设备活动范围附近有高压电线路时，吊装活动范围与高压电线的最小距离应符合国家或行业相关的技术标准的规定。

（5）吊装前应进行试吊，试吊前应严格检查吊耳、机械及索具的性能情况。经确认试吊正常后，方可正式吊装。

（6）设备吊装时须平稳慢放，大型设备宜用绳索辅助牵引。

（7）顶管设备及安装需考虑逃生通道。

（8）组装前应对所使用设备、工具进行安全检查，杜绝一切安全隐患，保证组装过程的安全顺利进行。

（9）组装前应制定详细的组装方案与计划。

6.2　矩形顶管机设计与选型

矩形顶管机设计应符合下列规定：

（1）矩形顶管机大小应与施工工况相匹配，断面大小应与隧道管节相适应，设备长度应综合考虑工作井尺寸大小，在满足功能需求的情况下尽量缩短；同时应根据现场组装及运输条件对大断面矩形顶管机进行分块设计。

（2）矩形顶管机应能在工作环境温度 5～50℃、相对湿度小于 90%的条件下正常使用。

（3）矩形顶管机设计应为循环利用、智能化制造、绿色环保、再制造提供条件。

（4）矩形顶管机零部件的设计应满足强度、刚度、疲劳可靠性要求。

（5）矩形顶管机各系统结构的布局应充分考虑便于使用操作、物料输送、设备维修保养和紧急情况下的人员疏散。

矩形顶管机选型应重点考虑所施工地质的地层粒径、渗透系数、地下水压情况，同时兼顾开挖尺寸、开挖面稳定性、埋深、成本、工期、场地大小、地层是否采取降水处理等工程实际综合考虑而定。

矩形顶管机依据地层粒径选型时，土压平衡顶管机在不进行渣土改良及泥水平衡顶管机在不使用添加剂时，根据地层粒径大小，顶管机可按图 6.2-1 选型，选型应符合下列规定：

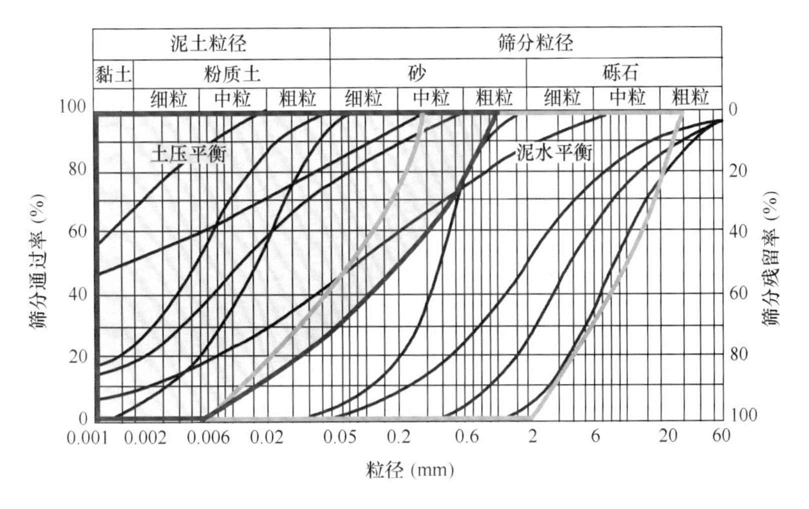

图 6.2-1　顶管机类型与地层粒径关系曲线

（1）粉土、粉质黏土、淤泥质粉土和粉砂等黏稠土壤地层施工（地层粒径范围为 1.5mm 以下）选用土压平衡顶管机较优；

（2）砂、砾石、卵石等地层施工（地层粒径范围为 0.01～40mm）选用泥水平衡顶管机较优；

（3）岩土中粉粒和黏粒的总量达到 40%以上时，可选用土压平衡顶管机，反之可选用泥水平衡顶管机较好。

矩形顶管机依据渗透系数选型可参考图 6.2-2，当地层的渗透系数小于 10^{-7}m/s 时，采用土压平衡顶管机较优；当地层的渗透系数大于 10^{-4}m/s 时，采用泥水平衡顶管机较优；当渗透系数在 10^{-7}～10^{-4}m/s 之间时，两者皆可。

矩形顶管机依据地下水压选型，当地下水压不大于 0.3MPa 时，采用土压平衡顶管机较优；当地下水压大于 0.3MPa 时，采用泥水平衡顶管机较优。

矩形顶管机适用工况可参考表 6.2-1 执行。

矩形顶管机适用工况　　**表 6.2-1**

矩形顶管机类型	土压平衡式矩形顶管	泥水平衡式矩形顶管
适用土质	黏土、粉土、砂土、砾石层； 需适时添加相应改良剂	淤泥质土、粉土、砂土、砾石层； 需适时添加适当的添加剂
适用距离	短、中、长	短、中、长、超长距离
适用坡度	一般平坡顶进，迎坡顶进时，纵坡不宜大于 2%	一般平坡顶进，迎坡顶进时，纵坡不宜大于 2%

续表

矩形顶管机类型	土压平衡式矩形顶管	泥水平衡式矩形顶管
沉降要求	地面沉降要求严格工况	地面沉降要求较小工况
管顶覆土	一般不小于 3m	一般不小于一倍管道高度，且不小于 4m

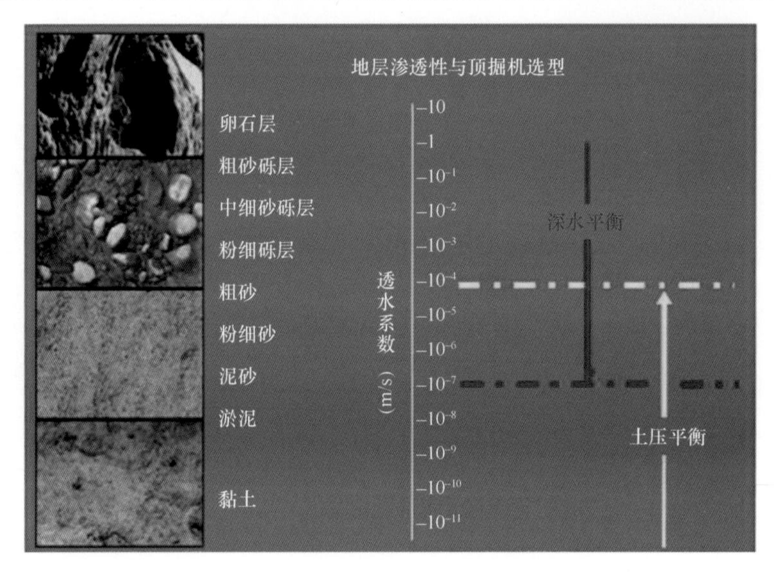

图 6.2-2　顶管机类型与地层渗透系数关系

开挖系统选型与设计应符合下列规定：

(1) 矩形顶管机的开挖面稳定形式应根据工程地质和水文地质选择；

(2) 开挖系统应具有切削矩形断面土体、支撑开挖掌子面、渣土改良和搅拌的功能；

(3) 矩形顶管机开挖系统宜采用多个刀盘单元组成，也可由单个仿形刀盘构成，应具备矩形断面切削能力；

(4) 矩形顶管机开挖系统设计应尽量减少开挖盲区，开挖盲区可采用高压水射流、风钻等主动切削形式，也可采用盾体切刀等被动切削形式；未采用盲区处理措施的地层，开挖盲区不应影响矩形顶管的正常掘进；

(5) 矩形断面开挖系统可按表 6.2-2 选型（图 6.2-3～图 6.2-7）。

矩形断面开挖系统选型　　**表 6.2-2**

矩形断面开挖系统类型		开挖特点	适应工况
平行中心轴式刀盘	前后面组合刀盘	旋转运动；盲区辅助措施处理；搅拌较充分	软土地层；沉降要求严格的隧道工程
	同平面组合刀盘	旋转运动；盲区辅助措施处理；搅拌充分	砂、砾石、卵石等不稳定地层；沉降要求严格的隧道工程
偏心轴式刀盘	偏心多轴式刀盘	多曲柄摆动；全断面切削；搅拌不充分	软土地层；隧道埋深较大；沉降要求一般的隧道工程
	行星轮驱动刀盘	公转＋自转；全断面切削；搅拌充分	软土、软岩地层；沉降要求严格的隧道工程

续表

矩形断面开挖系统类型	开挖特点	适应工况
中心轴、偏心轴组合式刀盘	多种运动形式；全断面切削；搅拌较充分	软土地层，沉降要求一般的隧道工程
其他（滚筒式、摆动刀盘式）	滚动或摆动；全断面切削；搅拌不充分	沉降要求一般的隧道工程

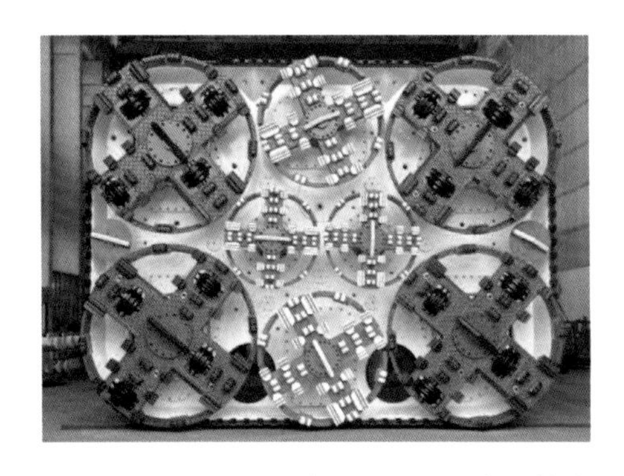

图 6.2-3 同平面组合刀盘式平行中心轴式刀盘顶管机

图 6.2-4 偏心多轴式摆动刀盘（土压）顶管机

图 6.2-5 行星轮驱动刀盘顶管机

图 6.2-6 中心轴、偏心轴组合式刀盘顶管机

排渣系统选型与设计应符合下列规定：

（1）排渣系统选型应与土仓压力平衡形式相匹配，并具有辅助调节土仓压力的功能。

（2）矩形土压平衡顶管机螺旋输送机根据地质工况不同，可选用有轴式或带式，一般而言，软土地层宜选用有轴式，砾石层视砾石粒径大小选用有轴式或带式。

（3）施工地质富含水，选用螺旋输送机出渣时，螺旋输送机出渣口宜配置双闸门。

图 6.2-7 滚筒矩形断面顶管机

矩形土压平衡顶管机应配置渣土改良系统，并应符合下列规定：

（1）黏土、粉土地层应至少配置泡沫改良

系统；

（2）砂土地层应至少配置膨润土改良系统；

（3）砾石层矩形顶管机应配备泡沫、膨润土、黏土综合改良系统。

根据地质工况需求，需人员带压进仓作业时，矩形顶管机应配置人舱，人舱技术要求应满足《全断面隧道掘进机土压平衡盾构机》GB/T 34651—2017 中第 5.5 节的要求。

6.3 矩形土压平衡顶管机

矩形顶管机类型主要包括矩形土压平衡顶管机（图 6.3-1）和矩形泥水平衡顶管机（图 6.4-1），具体选型可通过专家会确定。

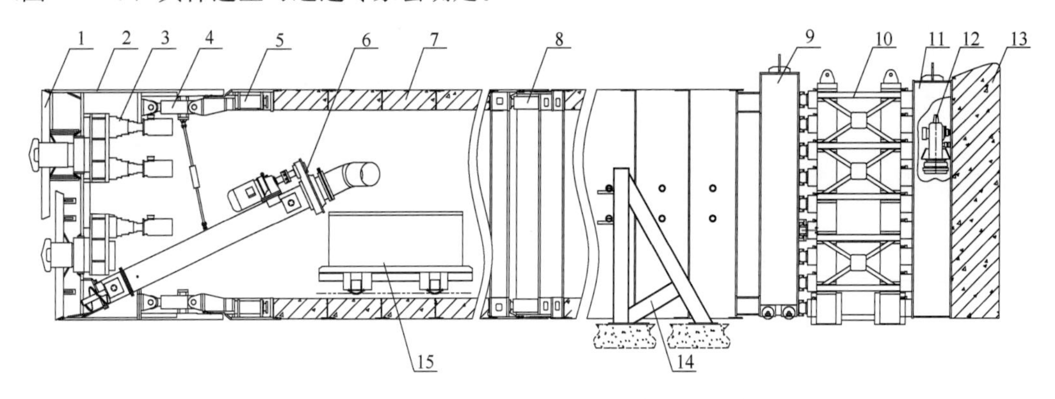

图 6.3-1 矩形土压平衡顶管机结构示意图

1—开挖系统；2—盾体；3—主驱动单元；4—纠偏系统；5—脱离装置；6—螺旋输送机；7—管节；8—中继间；9—顶铁；10—顶推装置；11—后靠；12—导向系统；13—反力墙；14—止退装置；15—渣土输送系统

矩形土压平衡顶管的结构随着其技术的不断发展也在逐渐产生变化，但其基本形式始终是以各种系统进行组合。其主要由切削搅拌系统、出渣系统、纠偏系统、顶推系统和触变泥浆减阻系统等组成。

6.3.1 工作原理

土压平衡为整个矩形顶管系统施工的工作原理，当矩形顶管机施工时，矩形顶管机前方的刀盘不断切削土体，被切削后的土体挤入充满土舱，并与为了改善其渗透性和流塑性等性能而注入的浆液进行搅拌，最后从螺旋排土器中排出，以此来使土舱中的压力减小。随着顶管机的顶进，前方土体被切削从土舱中排出。当从螺旋排土器排出的土量等于刀盘切削进入土舱中的土量时，则前方工作面土压力与土舱前部土压力保持平衡，即为土压平衡状态。该施工方法主要适用于长度不大的小口径隧道，顶管法施工工作井占地面积小，保证地面建筑物不受损害。

6.3.2 切削系统

顶管施工中最重要的系统就是位于顶管机头前方的切削系统，其由驱动装置及刀盘构成，一般主要指刀盘。刀盘的组成包括刀盘架、刀具、传动装置和盘体等，刀盘的作用是采用切削的形式开挖工作面土体，并搅拌注入改良浆液后的土体，以改善土体的流塑性，方便排出；而且，刀盘有支撑开挖面的作用，可以减少地表的下沉变形。

刀盘根据结构形式可分为辐条式和面板式两种，辐条式刀盘切削土体时扭矩相对较小、排土方便、可有效传递工作面土压至土舱，而面板式刀盘的特点与辐条式相反，但面板式刀盘在地下水丰富、易坍塌土层中施工时可以有效防止工作面发生坍塌。施工前根据顶管工程所处的地质情况及特点选择刀盘的结构形式，以使刀盘结构适应所处地质的施工需求。各种刀盘系统如图 6.3-2 所示。

图 6.3-2　切削系统刀盘示意图

随着刀盘持续切削土体，切削系统中刀具的磨损、失效、掉落等现象经常发生，为了尽可能地避免这些现象，可以采用如下措施：

(1) 提高制造刀具原材料的刚度要求，特别是必须增强材料的抗磨能力；

(2) 刀具的数量适当增加，从而减小每个刀具的平均受力；

(3) 采用堆焊方式焊接刀具后侧，使刀具与刀盘连接的强度得到增强。

刀盘中非常重要的参数——开口率，是指刀盘的开口面积在刀盘总面积中所占的比例，一般情况下，泥水平衡顶管的开口率比土压平衡顶管机的开口率要小。对刀盘开口率的选取，根据顶管所处地层土体的物理性质如黏性、颗粒的最大直径等进行判断，选择刀盘开口率的结果对掘进面的稳定会产生直接影响。为使土体能够顺利地进入土舱，当顶管机掘进的地层土体流动性较差时，一般选择开口率较大的刀盘。

目前，顶管机一般采用变频电机驱使刀盘转动，这种驱动方式有传动能量损失小及修理方法简单的优点，并且可以满足刀盘扭矩较大时的要求。由于顶管施工所处地层情况会发生变化（如软质土层或硬质土），切削系统需要不同的转速和扭矩，为了掘进的安全及快速，驱动装置必须满足功率大且可以大范围调节的要求。

切削系统功能可总结为以下三条：

(1) 支撑开挖工作面，防止前方土体发生坍塌；

(2) 切削前方土体，使前方土体破碎形成渣土进入土舱：

(3) 搅拌土舱中的渣土以及注入的土体改良浆液，以均衡土舱中的压力并且方便排土。

刀盘切削主要形式主要包括：

(1) 小刀盘式：顶管机端部装有四台小刀盘，由四台小刀盘切削土体，切削面积可达到整个断面面积的 60%～70%，四台小刀盘可单独运转，通过编组运行可以控制机头的姿态。它由螺旋输送机出土，可保持土压平衡，维持开挖面的稳定（图 6.3-3）。

(2) 组合刀盘式：该驱动系统由一台大刀盘及四把伸缩刀（或仿形刀）组成切削刀

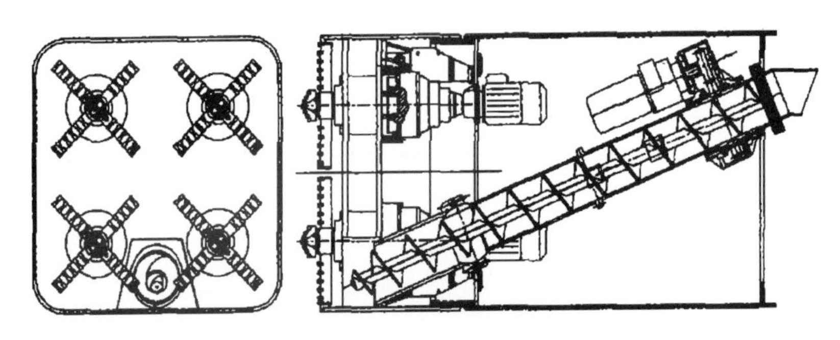

图 6.3-3　小刀盘式顶管机

组，大刀盘及仿形刀能正反转。由螺旋输送机出土，可保持土仓内的土压平衡，维持开挖面的稳定（图 6.3-4）。

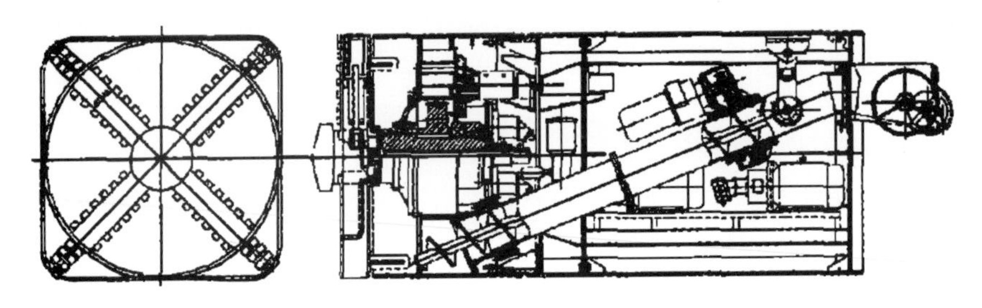

图 6.3-4　组合刀盘式顶管机

（3）多偏心轴式：利用平行双曲柄机构的运动原理，由几组偏心曲轴组成的驱动装置同时驱动刀盘，刀盘上的每把刀具以曲轴中心距为半径绕着各自的支撑圆心点作平面圆周运动，与刀盘轴向方向的推进运动合成实现全断面的切削掘进（图 6.3-5）。

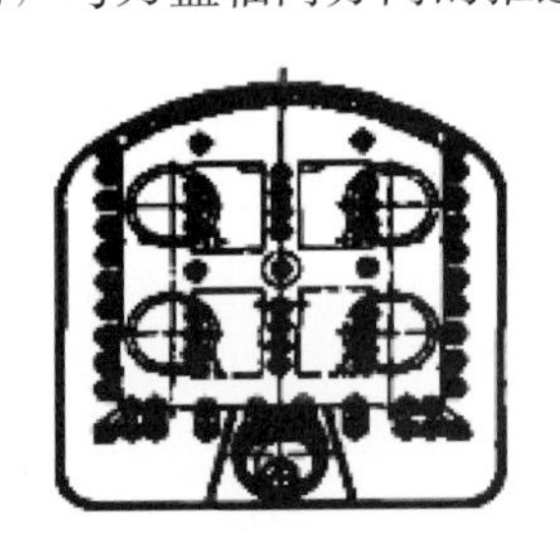

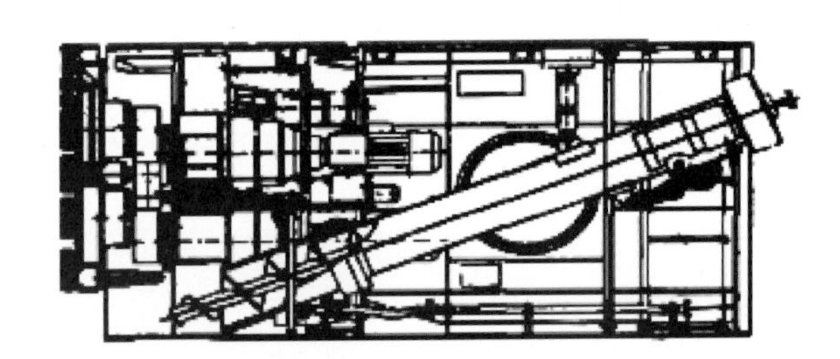

图 6.3-5　多偏心轴式顶管机

切削形式有以下特点：

（1）小刀盘式结构简单，而且几个刀盘的正反转控制还能消除切削带来的偏心力矩，有利于克服主机顶进过程中的自转。但该机头只能适应一般土层，在砂性黏性互层及砂含量高、卵石粒径大的含水恶劣地层中施工，60%的断面切削率显然偏小。

（2）中心大刀盘配多具仿形刀或伸缩刀形式，结构对称、受力均匀，对土体扰动小，有利于机头的顶进。但此方案传动系统较复杂，长距离掘进的可靠性受到工作环境恶劣的制约。地下掘进过程的不可逆性和操作空间的限制，不能不对掘进设备的可靠性提出苛刻的要求。此外，这种刀盘形式只适应正方形断面。

（3）多偏心轴式刀盘以四轴偏心驱动刀盘构成仿形切削系统，结构简单，传动系统可靠、能对任意断面形状实现全断面切削。并能形成对开挖面的平衡土压，防止正面土体坍塌。刀盘上的刀具不仅起到切削土体的作用，而且能与搅拌棒、刀盘一起搅拌改良土仓内的土质，使土体形成良好的塑流性，改善土压平衡的条件，减少对周围地层和环境的扰动。此外，由于切削器以偏心距为半径转动，转动半径小，切削刀头的线速度低，减少了刀头的磨耗，可大幅度提高顶管机的一次顶进距离。

6.3.3 搅拌与注塑系统

搅拌与注塑系统位于顶管机头内，当工作面土体被切削系统切削后进入土舱，土舱中土体受到挤压堆积变硬，若土舱中不易排出渣土将影响开挖面施工质量，因此要求矩形土压平衡顶管土舱内土体应处于“塑性流动状态”，即：

（1）土体的塑性流动状态：为保证形成平衡的土舱压力，土体充满土舱且分布均匀，土体的抗剪强度要求处于较低水平，含水率要求处于较高水平，以使土体可以具备塑性流动性；

（2）土体的渗透性较小：土舱内土体较小的渗透性，可避免开挖面土体中地下水的大量外渗，可以使开挖面保持稳定，并且可以控制在螺旋出土机出口处产生“喷涌”现象，保持开挖面的水土压力；

（3）土体的压缩性适中：为更好的保持开挖面土体稳定，具有压缩性的土体可以当土舱压力发生变化时及时产生适当反应。但若土体具有过大的压缩性，会提高其渗透性，不利于工作面土体开挖；

（4）土体的内摩擦角较小：较小的土体内摩擦角可以降低土体的摩擦性，以减少刀盘的附加扭矩，保证开挖效率，提高了能源利用率。

采用搅拌与注塑系统可以有效改善土舱中土体的相关性质保证土体的“塑性流动状态”。该系统的作用，是当搅拌土舱中的土体时，将膨润土泥浆、起泡剂等添加剂注入土舱中，土体与添加剂经过充分搅拌后，渣土性质将得到明显改善，经过搅拌的渣土有利于排土设备的工作，也可以更好的保持土舱与开挖面之间的土压平衡，控制施工效果。

搅拌与注塑系统由搅拌装置与注塑装置共同构成。

（1）搅拌装置

土压平衡顶管机搅拌装置一般为刀盘结构本身以及位于刀盘背面的搅拌棒，随着刀盘的转动，刀盘结构与搅拌棒对土舱内土体进行搅拌。其作用是，可以对进入土舱中的土体和注入的添加剂进行充分搅拌，增强土体的流动性，并改善土体相关性质。

（2）注塑装置

注塑装置一般是指注塑喷嘴和管线。对于辐条式刀盘，注塑喷嘴位于辐条内，并经过特殊处理以防止土体和水体的倒灌；面板式刀盘，注塑喷嘴位于面板内，同样经过特殊的处理。辐条与面板内部有专门的管道作为注塑管线，管线最终与注塑材料的制备设施相连，经过压力泵压注添加剂。一般情况下，土舱隔板上也布置着数量不等的注塑喷嘴及管线，以对土舱内的土体进行改良。对于注塑装置所注入的添加剂有起泡剂、膨润土、环氧树脂及水溶性高分子材料 PAM 等，这些材料分别属于表面活性剂、矿物类、吸水性树脂、水溶性高分子材料。为改善土体相关性质，可根据工程所处的地质情况选择合适的添加剂。

6.3.4 出渣系统

出渣系统配置应符合下列规定：

（1）矩形土压平衡顶管机排渣系统应配置螺旋输送机；顶进距离较长的可用渣土泵、皮带机输送将渣土泵送至地面；顶进距离较短的可采用渣车运输，运输至始发井，再由垂直运输机械吊至地面。

（2）土压平衡顶管施工的排渣设备安装应符合下列规定：

1）采用渣土泵出土时，应设置泥浆沉淀池，进排浆管应平直、少弯道，进排浆管间连接应严密，送土管间的折角不宜超过 2°；

2）用轨道渣车出土时，道轨对接错位水平向不应大于 5mm，高低不应大于 2mm，轨道两端应设置渣车防撞装置；

3）采用卷扬机牵引渣车时，卷扬机的线速度不宜大于 0.5m/s；

4）渣车轨道安装应延伸到顶推液压缸支架上。

（3）场内地面运输：根据出土量、运输距离和现场堆土条件，可用吊车直接将渣土转运到堆渣场内，或采用自卸汽车将弃渣运送至堆渣场，然后再用垂直吊机或铲车堆高，做到文明施工。堆土场应具有良好的排水和通行条件。

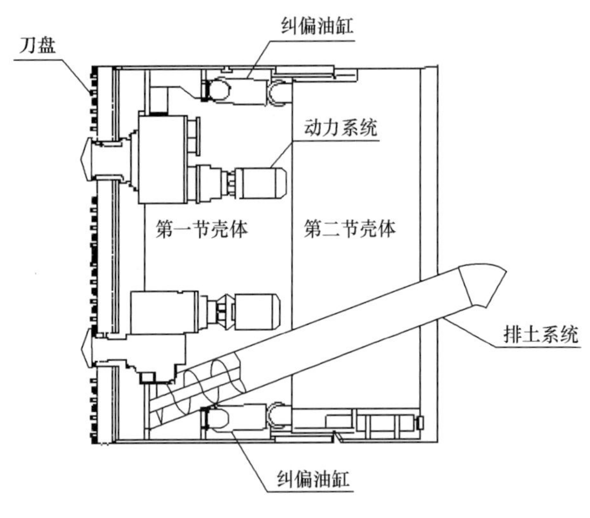

图 6.3-6 矩形顶管机示意图

出渣系统包括两部分，一部分为螺旋输送机，刀盘切削的土体进入土舱后经过螺旋输送机的运输排出土舱，螺旋输送机的运输依靠的是螺杆的不停转动：另一部分是排土控制器，排土控制器控制螺旋输送机口的闭合，进而可以控制排土量的多少。排土系统将土体排出土舱后卸于运送车，由运送车将渣土运出隧道。排土系统如图 6.3-6 所示。

（1）螺旋输送机

螺旋输送机一般是中心轴式结构，由两部分组成，一部分是机壳，机壳位于外部呈圆筒形：另一部分为螺旋杆，螺旋杆上安装有连续的叶片。螺旋输送机与土舱出口相连，其挂土作业时，通过旋转螺旋杆将土舱中土体排出，进而可以改变土舱中的土压力，通过改变土舱压力可以控制土压平衡的状态。并且连续的叶片之间的土体被分隔成闭土塞，可以防止地下水的喷出。

（2）排土控制器

排土控制器位于螺旋输送机外端，其可以控制螺旋输送机出口的闭合，当控制器关闭出口时输送机不能出土，反之出土，因此控制器可以控制排土量的多少，从而可以影响土舱压力的变化，改变土压平衡的状态。并且控制器可以控制输送机中渣土的密度，当顶管工程位于地下水以下时，通过增大渣土的密度可以防止地下水涌出。

因此，排土系统的主要功能是通过螺旋输送机将土舱中的渣土排出，在排土过程中依靠输送机中螺旋杆的转动速度及排土控制器对出土口的闭合控制调节排土的多少进而控制土舱压力与工作面土压力的平衡，并最终防止地表的较大变形网，螺旋输送机与排土控制器相互配合可以使输送机中土体起到封闭塞的效果，可以有效防止喷涌。

6.4　矩形泥水平衡顶管机

矩形泥水平衡顶管的结构（图 6.4-1）主要由切削系统、泥水循环系统、纠偏系统、顶推系统和触变泥浆减阻系统等组成，其中切削系统、纠偏系统、顶推系统和触变泥浆减阻系统与矩形土压平衡顶管机相同。

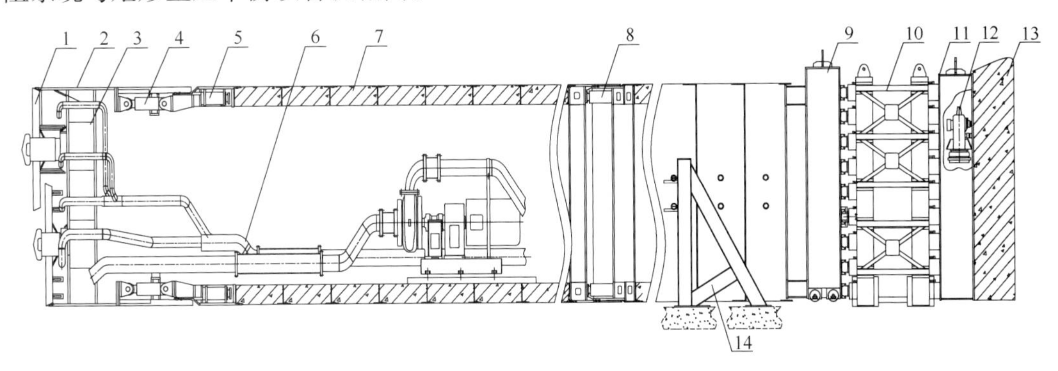

图 6.4-1　矩形泥水平衡顶管机结构示意图

1—开挖系统；2—盾体；3—主驱动单元；4—纠偏系统；5—脱离装置；6—泥水循环系统；7—管节；8—中继间；9—顶铁；10—顶推装置；11—后靠；12 -导向系统；13—反力墙；14—止退装置

6.4.1　工作原理

矩形泥水平衡的顶管机通过刀具切削下来的泥土在泥土仓内形成塑性体，以平衡土压力，而在泥水仓内建立高于地下水压力 10～20kPa 的泥水、泥浆，以平衡地下水压力。通过把进水添加黏土等成分的比重调整到一定范围内，即使挖掘面是砂的土质，也可形成一层结实的不透水泥膜，同时平衡地下水压力和土压力。

顶管机的刀盘前面切割面安装固定刮刀，刀座和刀盘焊接采用耐磨焊条。刀盘刮刀对前面土体是全段面的刮动。刮刀对破裂的土体进行切割，掏空前方土体，顶管机向前推进。

顶管机的刀盘和泥土仓是个多棱体，且刀盘是围绕主轴作偏心转动，经过刀盘对前方土体切割，当有大块土体或块石进入顶管机泥土仓，经刀盘转动时就会被轧碎，碎块泥土小于顶管机的隔栅孔就进入泥水仓被泥水循环管输送走。

6.4.2　泥水循环系统

泥水平衡顶管机的泥水循环系统安装应符合下列规定：

(1) 根据场地条件设置泥浆箱或泥浆池，并应配置泥水处理器对泥、水进行分离；

（2）进浆泵宜靠近泥浆箱安装，泥浆箱出浆口宜高出箱底500mm，出浆口宜设置截止阀，再通过软管与进浆泵连接；

（3）排浆泵安装在井内或隧道内，井内安装高度宜高出井底500mm，管内安装宜离开顶管机主机5～10m，视顶进距离和断面大小布置排浆泵数量；

（4）管路拐弯处应使用弯头连接；

（5）泥浆箱应尽量靠近始发井，可以减小排浆管路过长而产生的管路摩阻力；

（6）泥水处理器应可沉淀或分离块状物，防止块状物再次进入泥水循环系统引起堵塞和损坏。

（1）泥水加压平衡顶管工法的基本原理是，经过合理调整比重、压力和流量的泥浆被送入顶管机的压力仓，与切削后的泥土混合后被排出，经流体输送设备输送至泥水处理站，分离出泥土，并调整泥水比重后再次循环使用。

（2）工作面稳定原理

1）泥浆的压力与作用于工作面的土压力、水压力相抗衡，以稳定工作面；

2）刀盘的平面紧贴着工作面，起到挡土作用；

3）泥浆使工作面形成一层抗渗性泥膜，以有效发挥泥浆压力的作用；

4）泥浆渗透至工作面一定深度后，可起到稳定工作面及防止泥浆向地层泄漏作用。

工作面对泥浆的过滤作用，因土的颗粒直径、渗透系数等而异，但总的来说，以上相互作用可让工作面达到稳定。因此，施工中应加强对泥浆压力和泥浆品质的控制。泥浆的浓度越高，对稳定工作面的效果越大，但流体输送设备和泥水处理设备的负担也随之增大，因此，应根据切削土体的实际情况进行适当控制。通常采用的泥浆相对密度值为1.05～1.3，黏度不小于25S。

（3）接力泵的布置

送浆管的输送对象是经过相对密度调整的泥水，即使延长输送距离送浆压力也不会明显降低，相比之下，排泥管需要把切削后的泥土输送至泥水处理站，随着管道的延长，泥土密度增大，输送压力损失较大，因此，排泥管路中必须合理设置接力泵，以防止排泥压力（流量）降低。

（4）排砾装置

当排泥管内混入了砾石或其他固结物体，可利用砾石破碎装置将其破碎。破碎机的最大破碎尺寸为50±10mm。

（5）旁通管的布置

当遇到以软弱土层和砾石层为主的地层时，切削后的泥土有可能造成排泥管口及阀的堵塞，从而引起工作面泥水过多、流量不稳等。这些现象很有可能对掘进效率和工作面稳定造成不良影响。应利用旁通循环消除排泥管的堵塞。

（6）送排泥管路

送排泥管路的作用是在顶管机与泥水处理设备之间输送泥浆，在掘进施工中发挥着重要的作用。必须考虑流体输送的安全、降低管路输送损失以及加强耐磨性能等。

6.5 顶推系统与导轨安装

6.5.1 顶推系统

将安装在始发井内的顶推设备统称为顶推系统，包括顶推油缸、顶铁及液压泵站等，主要作用是利用顶力将顶管机和顶管管节按照设计的轴线顶进接收井。顶推系统必须能调整为不同的顶进速度来适应顶进过程中遇到地质情况发生改变或工期做了调整等情况，因此，为满足施工要求实时控制顶力是尤为重要的。

顶推液压缸（图 6.5-1）的安装及调试应符合下列规定：

（1）顶推液压缸宜固定在支架上，可做整体吊装；

（2）每根液压缸中心轴线宜与管节厚度中心重合；

（3）液压缸的油路应并联，每根液压缸应有进油、出油的控制系统；

（4）每根液压缸应设置油路断路开关；

（5）分别对每根液压缸进行调试，检查油压均可达到额定压力；

（6）顶推液压缸宜取偶数，且其规格宜相同，当规格不同时，其行程应一致，并应将同规格的液压缸对称布置。

顶推系统的核心为主油缸，其依据合力中心位置分别对称布置于支架上，由左、右两组构成。为了弥补油缸行程的不足而设置了顶铁，顶铁要满足传递顶力并确保工作时稳定的要求，因此顶铁构造要做到两面平整且厚度均匀，同时其刚度要大，受压强度要高。液压传动具有强力的往复运动、运动中能变速、定速和间歇等特点，同时能正确地控制速度及位置。

顶推系统是安装在始发井内顶推设备的统称，主要设备是主油缸，还包括液压泵站、导轨、顶铁、后背及后座，其作用是造成强大的顶力将管节及顶管机沿着设计轴线顶进接收井，过程中需要克服工作面前方土压力及管道周围的摩擦力。

主油缸是顶推系统的核心，根据已确定的合力中心位置，沿两侧竖向对称布置于支架，分为左、右两组，施工时左右对称分配油缸数量提供顶力，如图 6.5-1 所示。顶推液压缸支架的安装应符合下列规定：

（1）顶推液压缸支架应牢固安装在工作井底板上，支架两侧应平行、等高、对称，安装轴线应与隧道设计轴线一致；

（2）顶推液压缸支架安装应使顶推液压缸的合力中心在隧道中心的垂直线上，且合力中心点宜低于隧道中心。

顶推液压泵站（图 6.5-2）的安装及调试应符合下列规定：

（1）顶推液压泵站的油箱有效容积（高低液位差之间的容积）应不小于液压缸用油量总和的 1.1 倍，油管通径应与液压缸的大小和数量匹配；

（2）顶推液压泵站安放的场地应平整压实、通风、防雨，必要时配备保温措施；

（3）顶推液压泵站应靠近液压缸安装。设定工作压力不得超出液压泵的额定压力，且不能长时间在额定压力下连续工作；

（4）油管的承压能力不小于系统的最高压力，安装时应顺直但不紧绷，不宜使用过长的油管。

图 6.5-1　顶推液压缸

图 6.5-2　顶推液压泵站

6.5.2　导轨安装

导轨（图 6.5-3）安装在主油缸前方，沿顶进方向布置至墙体。导轨作用是支托未入土的管节和顶管机导向土体。导轨可选用钢混基础直接铺钢轨形式或钢台架基础铺设钢轨形式，基础刚度和强度应满足施工要求、保证轨道安装精度。导轨安装应符合下列规定：

图 6.5-3　导轨安装

（1）导轨安装位置应避开刀盘旋转范围，轨道前端距离始发洞门 0.5～0.7m。

（2）始发洞门破除后，应在洞门下方铺设辅助导轨，辅助导轨安装数量、水平位置及标高应与始发主导轨相匹配，整体满足始发精度要求。

（3）导轨的安装允许偏差应符合：轴线偏差±3mm；导轨顶面高程 0～3mm；轨距偏差±3mm。

（4）导轨应安装牢固，使用过程中应不产生位移，施工过程中应经常检查。

（5）依据隧道设计线路，提前调整好导轨标高、坡度等。

顶铁是为了弥补油缸行程不足而设置的，厚度要小于主油缸行程。顶铁要传递顶力，为确保工作时稳定，顶铁两面要平整，厚度要均匀，受压强度要高，刚度要大。顶铁的安装和使用应符合下列规定：

（1）顶铁宜采用型钢焊接成型，刚度应满足最大顶推力需求；

（2）顶铁安装轴线应与隧道设计轴线一致，顶铁与导轨、管节、液压缸之间的接触面不得有泥土、油污；

（3）顶铁与管节之间应采用缓冲材料衬垫；

（4）顶铁与顶推液压缸连接端宜配置顶推液压缸向后拖拽装置；

(5) 顶铁放置导轨上应能自身保持稳定；

(6) 顶进时，工作人员不得在顶铁上方及侧面停留，并应随时观察顶铁有无异常迹象。

后背是指将主油缸的顶力传递到土体中去的承重结构，一般为钢筋混凝土结构或一块铡后背。为保证工作井钢筋混凝土结构不被破坏，在后背前加上后座。后靠的安装及调试应符合下列规定：

(1) 后靠宜采用焊接钢构，后靠的立面面积应根据顶力、井壁厚度及强度、土层的承载力综合确定；安装时应确保作用面与顶进方向（隧道设计轴线）垂直，倾斜误差不应大于0.5%；

(2) 为了保证推进时后靠横向稳定，可用型钢对后靠进行横向的固定；

(3) 后靠安装应根据其布筋结构确定安装位置及A、B面朝向；

(4) 后靠与井壁之间的空隙应浇筑强度不低于C30的钢筋混凝土。

止退装置的安装应符合下列规定：

(1) 顶管机始发井内宜设置止退装置，止退装置应相对隧道设计轴线对称布置，确保管节两侧受力均匀；

(2) 止退装置的基座标高应能保证止退销安装轴线与管节吊装孔轴线处于同一高度；

(3) 止退装置的安装方向应能承受来自掌子面向后的水土压力。

顶推系统是顶管机及管节前进的主要动力源，除了需要使顶管机具有向前顶进的动作，还需要为顶管机及管节前进提供推力。因为顶管实际施工工况十分复杂，顶管整体受力不均衡，顶管在顶进过程中，顶力往往会与顶进距离不成简单的比例关系，此时就需要通过根据土舱压力变化及地表变形值来调整实际需要的顶力配置，既能满足施工需要节约成本又能保证对周围环境产生较小影响。

顶进设备的液压传动具有许多优点，如强力的往复运动、运动中能间歇、定速、变速等。远距离控制运动的变化方向和速度的增减；变换方向时不产生冲击和振动，并随时可停止运动；能正确地控制位置和速度，顶进中可调速，通过调速能获得不同的功率；压力虽大，但超负荷时有溢流阀，安全可靠，另外由于顶管的施工环境潮湿，故顶进设备要加强防护装置，以免泥土混入液内或黏附机器而产生故障，对顶推系统的要求是：耐高压、工作性能稳定、抗磨损而重最轻、安全可靠。

顶管机顶进施工时，顶推系统为克服工况不同时刀盘正面阻力及管道周围摩阻力的变化，必须提供足够大的顶力；同时，顶进过程中由于地质情况的改变和工期的调整，顶推系统必须选用不同的顶进速度。因此，实时控制顶力是施工时的一项重要工作。

6.6 顶管机安装和调试

基座安装好后一定要确保其牢固、准确，在推进施工的过程中能保持不发生位移、不发生扭曲变形和不发生地面沉降等现象。基座上的两根轨道一定要保持平行、等高。轨道与顶进轴线一定要保持平行，同时保持导轨高程偏差不超过4mm，导轨中心水平位移不超过6mm。导轨的型号是采用42 kg/m的重轨。在安装完成轨道以后，不可以将机头摆设在轨道，而应该将机头摆设在机架之上。机架和后靠一起联合放置在轨道上，与此同时，还需要在顶管接收井也安装同样规模的导轨、机架。在顶管机推进管节的时候，轨道也会顺着推进的方向延伸进去，而机架和后靠这些设备还是停留工作井内不动。

同样，后靠本身垂直度和后靠与轴线的垂直度对后面的顶管管道推进施工也十分重要。要确保顶力的传递均匀，后靠应该按照推进轴线放样装置的时候，把钢后靠背当作钢模板和反力墙混凝土模板一起安装，浇筑混凝土反力墙。这样做是为了确保后靠与混凝土反力墙、工作井的墙壁完整地接触。这样操作可以使得顶管管道推进的时候产生的反顶推力可以均匀地分布于工作井内衬墙上。后靠的安装高程误差不能大于 4mm，水平误差不大于 6mm。

考虑到顶管机头在吊装的过程中可能对周边环境的影响，比如造成路面部分沉陷、破坏路面及地下管道等事故，在吊车停靠的位置周边安放了 35mm 厚的钢板，并在钢板上安放了六块钢制路基箱（8m×2.5m×0.45m）。这样做是为了增大接触面积来减小吊车对路面的压力。

在吊装之前，要对吊装设备进行仔细的检查，以确保吊装设备的安全。同时，要配备专业的施工技术人员在现场进行指挥、管理和操作。吊装前应对有关人员进行安全培训和详细的技术及安全交底。

在平板车上将顶管机头吊起之后，需要停留一段时间。这样做有两个目的，首先是确认一下顶管机头的实际重量是否在吊车的起重范围以内；第二是确定吊车起吊顶管机头是否对路面和工作井有破坏。只要在确保吊车能安全吊起顶管机头并不对周边环境造成破坏的情况下，才可以将顶管机头慢慢地吊入工作基坑，正确地放置在事先摆好的导轨上，在起吊大断面矩形顶管机头的同时，技术人员要加强对地面的变形情况进行严格的监测，一旦发现有路面变形的情况，要马上将顶管机头停放下来，把吊车行驶到周边，对顶管工作井周围的进行路基注浆加固（图 6.6-1）。

顶管机主顶所处的位置，决定着顶进轴线控制的难易程度。所以，在定位的同时，保持同顶管管节的中心轴线成对称分布状态，这样可以确保顶管管节受力均匀。当主顶完成

图 6.6-1　顶管机头吊装

定位以后，还需要调试和验收，这样可以确保全部千斤顶处于良好的同步工作状态，顶管机就位、调试验收。

要控制好顶管出洞路线段的轴线，需要在大断面矩形顶管机吊入工作井之后，对矩形顶管机进行精准的定位，确保顶管机轴线与设计轴线是一致的。在矩形顶管机精准定位以后，还需要反复调试多次，只有在确保矩形顶管机能正常运转以后，才能进行顶管出洞和顶管推进等下一步的工作。

顶管机安装和调试应符合下列规定：

（1）顶管机的尺寸和结构应满足实际工程要求，在吊装前应做详细的检查。

（2）顶管机正式起吊前应进行试吊，试吊中检查全部机索具、场地受力情况，系好溜绳，平起吊，吊装人员不能站立在吊臂和顶管机下方。

（3）在吊装顶管机时应平稳、缓慢、避免任何冲击和碰撞。一般重量较轻的小型简单顶管机可用钢丝绳吊放，对于大型顶管机等重要设备，应采用专用吊具，确保安全可靠。

（4）顶管机下放至距离导轨 50cm 时，调整顶管机的吊放位置，并在顶管机前端预留出洞门处理空间，然后缓慢放下。

（5）在始发井内矩形顶管机两侧宜设置左右限位装置或设置左右位置调节装置。

（6）顶管机主机组装前应熟知所组装部件的结构、连接方式及技术要求。

（7）顶管机主机组装工作应本着由前向后、先下后上、先机械后液压电气的原则。

（8）顶管机顶进前应进行调试，并应符合下列规定：

1）连接顶管机操作台、电气柜内与外部的所有电线电缆，并做送电前检查保证接线正确、规范；

2）检查并确保所有电气柜、控制盒、端子盒、传感器等正确安装、防护到位，无松动、损坏、污染等异常情况；

3）按顺序逐级给整机送电，送电前所有开关均处于断开状态；

4）PLC 程序、上位机软件及视频监控系统软件正确下载及安装；

5）通信系统正常，液压、流体及机械满足调试的动作条件要求；

6）按调试验收大纲分系统进行调试，并应符合下列规定：

① 检查刀盘是否安装正确，运转无干涉，刀盘系统开挖轮廓应满足设计要求；

② 正、反转动各刀盘应平稳，电机转动电流无突变；

③ 纠偏系统的动作应反应及时，上下左右纠偏动作液压缸伸缩量应与操作台的数值一致。

7）系统调试完成后，进行整机调试，应达到验收大纲的性能指标要求。

6.7　触变泥浆减阻系统

注浆的作用主要包括两点：一是有润滑作用，注浆将矩形管节和周围土体间的摩擦力从干摩擦力变为湿摩擦力，有效降低了管周摩擦阻力；二是支撑起了周围土体，由于顶管机机头通常大于顶管管节，同时受顶管顶进过程中的背土效应影响，顶管顶进过程中顶管管节周围土体会出现空隙，注浆使顶管管节周围土体空隙填满了浆液，使顶管施工引起的土体沉降明显减小。

减摩系统的安装应符合下列规定：

（1）减摩触变泥浆搅拌桶和压浆泵应根据注浆量和注浆压力选用，并宜靠近泥浆箱（储浆池）安装。

（2）注浆主管管径不应小于40mm，并宜分段设置球阀。

（3）每个注浆孔应安装单向阀，每组支管应单独设置球阀。

（4）顶管机后面第1～3节管应安装注浆管，后续管节可按需要设置。

（5）在注浆泵出口及注浆口处应安装压力检测装置，可安装压力表或压力传感器，便于准确观测注浆压力。

（6）触变泥浆注入孔阀门宜采用并联分组、单组可控模式。

注浆工作有两个工作环节：搅拌浆液、压注浆液。搅拌浆液是将注浆材料与水等进行拌合形成浆液材料，注浆材料主要有膨润土、高分子聚合物、起泡剂等，其中应用最广泛的是膨润土。压注浆液是通过注浆泵压注，经过浆液管道通到顶管机及各管节的注浆孔，以压注到顶管机及管节背后。浆液根据不同的土体，其相对密度、黏度、失水率、稳定性、浓度有具体要求；浆液在注浆压力作用下经过管道分散到各个孔，最终进入土体与管节之间。管节注浆孔的位置在设计时，一般设置于管节边缘即管节端头，位于两节管节接头边缘。这种布置形式的优点在于：可以使注入的浆液先进入相连两管节的套环之间，浆液在套环之间分布均匀后再流入管节与周围土体的缝隙。

这样可以使压注的浆液分布更加均匀，不易流失，且注浆压力不用过大，并更容易形成泥浆套，效果也更好。管节注浆如图6.7-1所示。

图6.7-1　触变泥浆减阻系统

从注浆孔注入泥浆后，泥浆在自重作用下，先流动到管节底部然后向上涨，随之管节周围充满泥浆。泥浆首先填满管节与周围土体之间的空隙，并在注浆压力的作用下继续向周围地层进行扩散与渗透，与周围土体形成混合土体，并随着注浆的继续在周围土体与管节之间形成泥浆套。泥浆套对防止泥浆持续向周围土体中扩散有很好的作用，由于泥浆套存在一定的压力可以起到支撑周围土体的作用，不让周围土体坍塌。并且泥浆套的存在，管节至少变成部分漂浮，以使顶进过程中减摩擦效果更加明显。

6.8　纠偏系统

纠偏系统位于顶管机头内（图 6.8-1），纠偏是指顶管机端偏离设计轴线后，利用顶管机本身的纠偏机构，改变顶管机端的方向，减小偏差，以使管道沿设计轴线顶进。在顶管施工过程中，顶管机以后的管节跟随行进，即顶管机刀盘开挖出洞穴，管节沿洞穴顶进，因此顶管机顶进若产生偏差都将全部保留在全管线上。所以顶管机的纠偏是非常重要的，顶管机纠偏效果的好坏，将直接反映顶管施工的质量。纠偏液压缸的安装应符合下列规定：

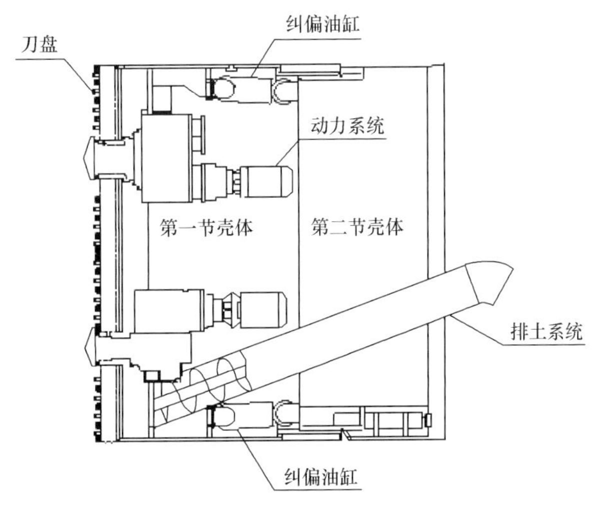

图 6.8-1　矩形顶管机示意图

（1）纠偏液压缸安装在顶管机主机铰接位置，用以调整垂直和水平的轴线偏差。

（2）纠偏液压缸安装方向应根据盾体结构形式确定，确保液压缸伸缩方便且不影响管线布置。

顶管机的纠偏，是通过顶管机机头后方的纠偏油缸的调节来实现的，矩形土压平衡顶管机一般分为两节，第一节与第二节之间安装纠偏油缸，如图 6.8-2 所示，第一节相对于第二节可以上下、左右转动，即纠偏。顶进过程中，进行纠偏作业，改变顶管机端的方向，首先改变机端偏差，以使后续管节沿设计轴线顶进。

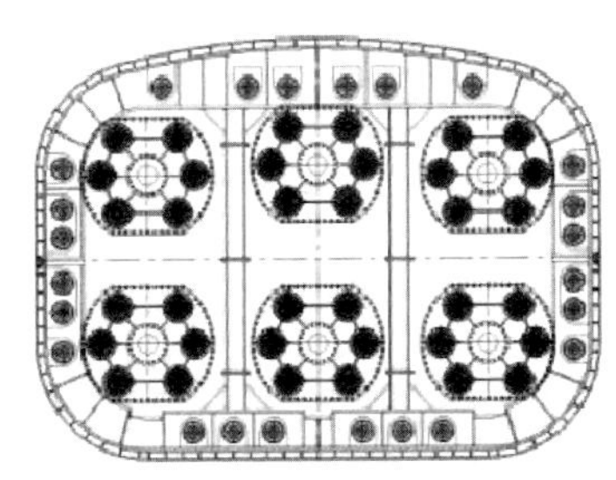
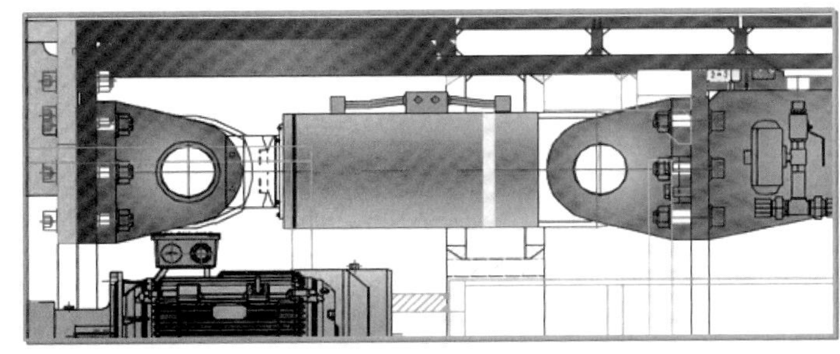

图 6.8-2　纠偏系统示意图

顶管纠偏过程，有以下规律及要求：

（1）应在顶进过程中进行纠偏。在顶管机静止状态下进行纠偏时，纠偏力会非常大，并且纠偏力会随着周围土质的硬度增加而增大。并且，在静止状态时，测点偏差会比较大，而在顶进作业同时进行纠偏，并控制纠偏量随着顶进过程逐渐增加，上述情况就不会出现。

（2）顶进过程中，不宜选用较大的纠偏角，因为纠偏比较灵敏，在顶进中逐步纠偏，要勤纠、微纠、和看趋势进行纠偏，避免造成轴线较大的弯曲。

（3）由于顶管机机头测点与机头断面有一定距离，纠偏效果会有滞后，纠偏效果一般在顶进一段距离后才会反映出来，因此在纠偏中所采取的纠偏角要考虑此因素影响。

（4）顶管纠偏过程需要周围土体具有一定的地基反力，当遇到软弱土层或不均匀地层的情况下，纠偏有失灵可能。为避免纠偏失灵，事先应采取措施。

（5）若上下及左右方向都需要纠偏时，应先对一方向纠偏后再对另一方向进行纠偏，不可同时纠偏，以避免发生管道扭转。一般先对高程进行纠偏，后对左右纠偏，因为高程比左右偏差较难纠偏。

6.9 测量系统

测量是对位置偏差测量，偏差有机头左右、高低偏差之分。利用机头壳体上的测量靶及壳体上的倾斜仪，通过全站仪和水准仪等测量设备对其进行位置监测，可避免顶管顶进过程中产生与设计不一致的偏差问题。一般情况下，测量设备放置于工作井后部，根据测量原理，对测量靶测量，分别测出其左右和高低结果。根据测量结果分析顶进方向与高低的偏差，对偏差结果进行纠偏，并判断纠偏效果是否达到要求。而倾斜仪的变化结果可有效判断顶管机头姿态及纠偏。需要说明的是，在顶进施工前，应对测量设备及部件进行检测，并将顶进初始时各测量设备的原始数据登记记录，为顶进过程中的数据变化提供分析的依据。测量系统的安装应符合下列规定：

（1）测量系统宜具有设计轴线管理、空间位置检测、姿态检测、图形显示、测量基点校核及与主机控制系统通信的功能。

（2）测量装置安装架应固定在始发井主体结构上，确保不会发生位移扰动，且能与顶管机头部安装的测量靶保持良好的通视，每次顶进前应进行复核。

（3）测量靶应固定在顶管机上，测量靶的位置应事先测定完成，并经常进行位置检查和纠正。

（4）测量装置安装应与顶管机测量靶中心重合，误差不超过 3mm。

（5）测量系统所有电缆都经过屏蔽保护，电缆连接有明确标识，电缆设计具有防误插拔功能。

6.10 中继间安装

6.10.1 中继间安装应遵循的规定

（1）在顶推距离较长，始发井顶推系统不足以提供全部顶力时，应设置中继间接力顶进，中继间结构示意图如图 6.10-1、图 6.10-2 所示。

（2）中继间及液压缸的安装应符合下列规定：

1）中继间液压缸宜固定在支架上，合力的作用点应在隧道中心的垂直线上；

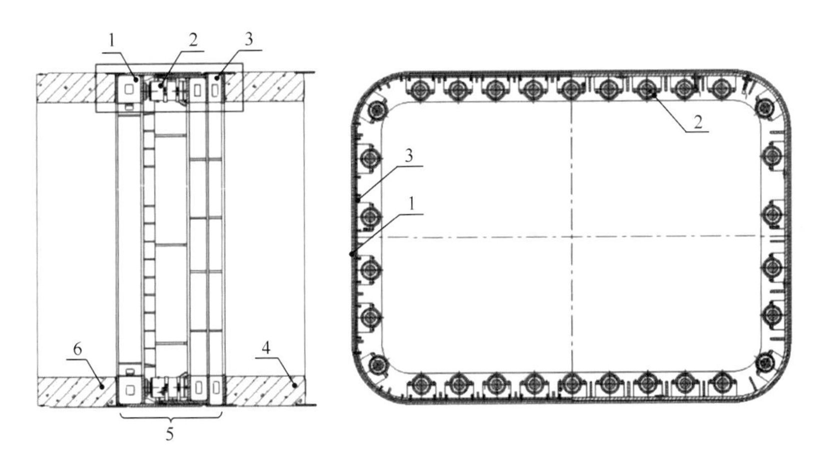

图 6.10-1 中继间结构示意图
1—前壳体；2—液压缸；3—后壳体；4—后部管节；5—中继间；6—前部管节

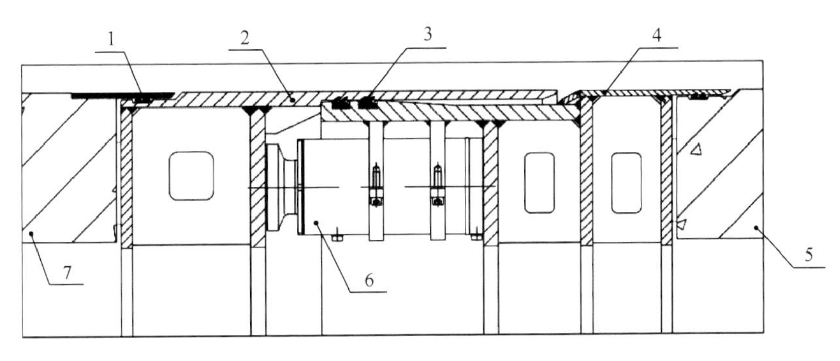

图 6.10-2 中继间结构局部放大示意图
1—管节密封；2—前壳体；3—铰接密封；4—后壳体；5—后部管节；6—液压缸；
7—前部管节

2）中继间液压缸宜取偶数，规格宜相同，并作周向均匀布置；当规格不同时，行程应同步，并应将同规格的中继间液压缸对称布置；

3）中继间液压缸的油路应并联，每台中继间液压缸应有进油、回油的控制系统；

4）中继间吊放入始发井后，应认真检查各项工作部件是否正常，安装完毕后应进行试顶；

5）当总推力达到中继间推力40%～60%时，就应安放第一个中继间，此后，每当达到中继间推力的70%～80%时，安放一个中继间。而当总推力达到中继间推力的90%时，就应启用中继间。

6.10.2 中继间安装关键技术

中继间是矩形顶管中必不可少的设备。在顶管施工中，通过加设中继间的方法，就可以把原来需要一次连续顶进几百米或几千米的长距离顶管，分成若干个短距离的小段来分别加以顶进。

当在顶管施工过程中，如果使用基坑中主顶油缸的最大推力都无法把管道顶到接收井时，那么，就必须在这一段管道的某个部位安装上一个中继间。先用中继间把中继间以前的管道和顶管机向前顶一段距离（通常约为中继间油缸的一次行程）。然后，再用主顶油缸把中继间合拢。接下来，重复上述动作，就把原来一次顶进的管道分两段来顶。

如果距离再长，分两段还不行，可在距第一个中继间后面管道的某个部位再安装上第二个中继间，把整段管道分三段来顶。

1. 中继间油缸

中继间油缸的形式有两种：一种是柱塞式的单作用油缸，另一种是活塞式的双作用油缸。通常，中继间油缸的行程都不太长，在 300～500mm 之间。柱塞式单作用中继间油缸的外形如图 6.10-3 所示。柱塞式单作用中继间油缸只有一个油口，当来自中继间油泵的高压油进入油口以后，柱塞就往前伸。当中继间需要合拢，即柱塞要回缩时只能依靠该中继间后面的基坑主顶油缸或是它后面的中继间油缸前伸来实现。前、后安装板是用来固定中继间油缸的。

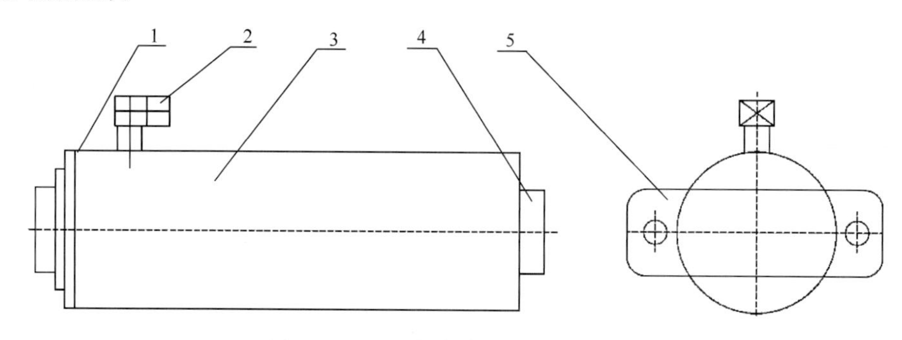

图 6.10-3　柱塞式单作用中继间油缸

1—柱塞杆；2—油口；3—油缸缸体；4—后安装板；5—前安装板

活塞式双作用中继间油缸的外形如图 6.10-4 所示。活塞式双作用中继间油缸有两个油口，当来自中继间油泵的高压油进入无杆腔油口时，油缸活塞杆就往前伸。同时，有杆腔内的油从油口流回油箱。当中继间需要合拢时，只需让压力油从有杆腔油口进入即可。

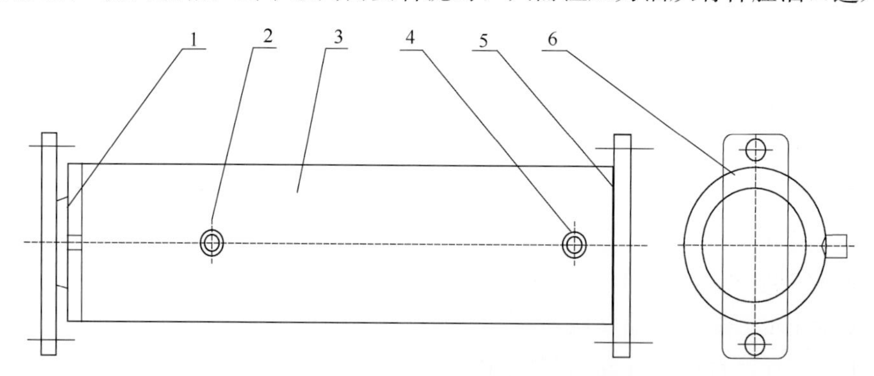

图 6.10-4　活塞式双作用中继间油缸

1—活塞杆；2—有杆腔油口；3—油缸缸体；4—无杆腔油口；5—后安装板；6—前安装板

2. 钢制中继间

中继间的设计必须满足刚度大、安装方便和加工精确，并在使用中具有水密性。中继间的结构如图 6.10-5 所示。

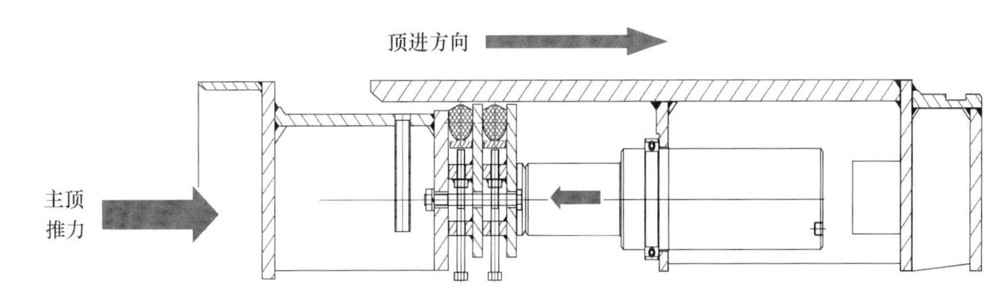

图6.10-5　中继间结构大样图

其主体结构主要由以下部分组成：

(1) 推力油缸（总推力小于或等于主顶站总顶力，均为单项作用小千斤顶，行程30cm），其规格、性能要求一致。

(2) 钢壳体和千斤顶紧固件、止水密封圈。

(3) 液压管道、电器和操纵系统。

中继间的壳体应与管节外径相等，并使壳体与管节中的滑动面之间具有良好的水密性和润滑性。滑动端应与特殊管节相接。

中继间的允许转角宜大于1.2°，合力中心应可调节。

6.11　顶管辅助施工与设备

起重机械安装应符合下列规定：

(1) 顶管施工需配备垂直吊装设备。一般情况下可采用桥式起重机（即门式行车）或旋转臂架式起重机（如汽车吊、履带吊），其起重能力应满足顶管掘进机和顶推设备的装拆、顶进管节的吊放和顶铁的装拆、土方和材料的垂直运输等需求。

(2) 起重机械应建立现场维修保养、定期检查和交接班制度，并遵照执行起重机械相关的安全操作规程。

6.12　质量控制

原材料、成品、半成品的产品质量应符合现行国家相关标准规定。

顶管机、主顶系统、中继间、减摩系统、测量系统、排渣系统、动力系统应工作正常，系统调试及联合试车结果应符合现行国家相关标准规定。

设备总体安装应符合下列规定：

(1) 穿墙止水装置中心偏离顶管机中心不应大于10mm；

(2) 止水帘板压板与顶管机间隙为10～20mm；

(3) 穿墙洞四周与顶管机筒体之间的间隙应大于50mm，且洞口应清理干净；

(4) 油箱液压油数量应满足所有液压缸的使用要求；

(5) 激光经纬仪安装完毕并与顶管机测量靶中心重合，误差不超过3mm。

后座垫铁安装应符合下列规定：

(1) 后座垫铁可采用厚度大于50mm的钢板或厚度更大的焊接钢构，后座垫铁的立面面积应根据顶力、井壁厚度及强度、土层的承载力综合确定。安装时应确保作用面与顶进方向垂直，倾斜误差不应大于0.5%。

（2）后座垫铁与井壁之间的空隙应浇筑强度不低于C30的钢筋混凝土。

导轨安装应符合下列规定：

（1）导轨宜选用钢轨及槽钢组合焊接制作，刚度和强度应满足施工要求。

（2）导轨应顺直、平行、等高，安装的纵向坡度应与管道设计坡度一致。

（3）导轨应安装牢固，使用过程中应不产生位移，施工过程中应经常检查。

（4）导轨的安装允许偏差应符合表6.12-1的规定：

导轨安装允许偏差（mm） **表6.12-1**

偏差项目	轴线偏差	导轨顶面高程	两轨净间距
允许偏差值	±3	0～+3	±2

顶铁安装应符合下列规定：

（1）顶铁的强度、刚度应满足最大允许顶力要求；安装轴线应与管道轴线平行、对称，顶铁在导轨上滑动平稳，且无阻滞现象，以使传力均匀和受力稳定。

（2）顶铁与管端面之间应采用缓冲材料衬垫，并宜采用与管端面吻合的U形或环形顶铁。

（3）安装前应检查顶铁规格和完好性，不同规格的顶铁不宜混用。

测量系统安装应符合下列规定：

（1）测量控制点应设置在稳定可靠、不易扰动、通视良好、易于标识的位置。

（2）激光经纬仪安装架应固定在工作井底板上，每次顶进前应进行复核。

（3）测量靶应经常进行水平检查和纠正，或使用垂重自动纠平。

第7章 顶 进 施 工

7.1 概述

施工前，施工单位应做好如下准备工作：

（1）按照合同文件、设计文件和有关规范、标准要求，根据建设单位提供的施工界域内有关工程地质、水文地质和周围环境情况，以及沿线地下与地上管线、周边建（构）筑物、障碍物及其他设施的详细资料进行核实确认。

（2）应熟悉和审查施工图纸，掌握设计意图与要求实行自审、会审（交底）和签证制度；发现施工图有疑问、差错时，应及时提出意见和建议；如需变更设计，应按照相应程序报审，经相关单位签证认定后实施。

（3）在开工前应编制施工组织设计，对关键的分项、分部工程应分别编制专项施工方案，专项施工方案应按规定程序审批后执行，有变更时要办理变更审批。

（4）施工临时设施应根据工程特点合理设置，并有总体布局方案。对不宜间断施工的项目，应有备用动力和设备。

（5）工程所用的管材、矩形顶管附件、构（配）件和主要原材料等产品进入施工现场时应进行进场验收并妥善保管。进场验收时应检查每批产品的订购合同、质量合格证书、性能检验报告、使用说明书、进口产品的商检报告及证件等，并按国家有关标准规定进行复验，验收合格后方可使用。

（6）现场配置的混凝土、砂浆、防腐与防水涂料等工程材料应检测合格后方可使用。

（7）施工所用管节、半成品、构（配）件等在运输、保管和施工过程中，应采取有效措施防止其损坏、锈蚀或变质。

（8）施工单位应遵守国家和地方政府有关环境保护的法律、法规，采取有效措施控制施工现场的各种废弃物对环境造成的污染和危害。

施工中质量控制好以下环节：

（1）质量检验、验收中使用的计量器具和检测设备，应经计量检定、校准合格后方可使用。

（2）各分项工程应按照施工技术标准进行质量控制，每个分项工程完成后，应进行检验。

（3）相关各分项工程之间，应进行交接检验，所有隐蔽分项工程应进行隐蔽前验收，未经检验或验收不合格不得进行下道分项工程施工。

（4）矩形顶管附属设备安装前应对有关的设备基础、预埋件、预留孔的位置、高程、尺寸等进行复核。

（5）施工单位应按照相应的施工技术标准对工程进行全员全过程控制，建设单位、勘察单位、设计单位、监理单位等各方应按有关规定对工程质量进行管理。

（6）工程应经过竣工验收合格后，方可投入使用。

（7）顶管施工中应合理配置管道内通风、供电、照明等装置。

7.2 施工组织设计

顶管施工前应编写顶管施工组织设计，应满足设计文件与合同协议的要求，在现场踏勘的基础上，综合考虑各方面因素，根据实际情况选用合适的设备和选择最优施工方法与工艺，还应随着工程进展根据实际情况的变化调整施工参数。

在编制专项施工组织设计之前，应对施工沿线进行踏勘，了解建（构）筑物、地下管线和地下障碍物的状况。应根据地下水文地质条件和周边环境选择顶管掘进机。对邻近建（构）筑物、地下管线要制定监测和技术保护措施。

施工组织设计应符合《市政工程施工组织设计规范》GB/T 50903—2013 等相关的规范要求，应包括但不局限于以下内容：

（1）编制依据及采用标准。

（2）工程概况：主要介绍工程基本情况、施工场地特征、工程地质和水文地质、地面及地下建（构）筑物、地下管线及其他地下障碍物等内容。

（3）施工现场总平面布置。

（4）工程重难点分析及措施。

（5）施工工作计划：包括施工进度计划、机械设备计划及劳动力安排计划等。

（6）顶管设备选型与配置：应符合可靠性、安全性、地层适应性等原则，并应根据断面大小、掘进距离、地质条件、估算总顶力、顶管施工方法等确定顶管机设备类型和合适的刀盘布置形式，包括顶管机、中继间、主顶液压缸等，注明主要设备性能参数。

（7）施工准备工作，包括下列主要内容：

1）后靠、导轨、顶管机、液压缸、止水圈的安装方法，应附安装图；

2）降水措施；

3）洞门凿除；

4）管节预制、运输、存放；

5）中继间加工。

（8）主要施工技术方案，包括下列主要内容：

1）总顶力估算、后靠背承载力估算及反力墙设计。

2）顶管施工参数的选定。

3）顶管始发和接收技术措施及安全控制。

4）管材的选择及管节长度的确定，管节的连接与防水，管节的内外防腐。

5）注浆减阻措施，包括泥浆配合比、注浆量和注浆压力的确定；泥浆制备和输送设备及其安装规定；注浆工艺、注浆系统及注浆孔的布置；掘进洞口的泥浆封闭措施等。

6）土体改良。

7）顶管掌子面及管节压力监测。

8）顶管穿越不良地层、复合地层等采取的主要技术措施。

9）排渣方式和渣土的处理，附渣土暂存位置图。

10）顶管测量、纠偏方法及姿态控制措施。

11）地面变形监测点布设。

12）地层变形的监测及控制措施。

13）中继间的位置、安装、使用与拆除措施。

14）顶管施工时的通风、供电、通信措施。

15）工程重点部位的技术措施。

16）顶管贯通后的泥浆置换和防水处理措施。

（9）顶管管节吊装方案。

（10）施工安全和质量保证措施。

（11）季节性施工技术措施。

（12）施工文明和环境保护措施。

（13）根据工程风险分析及风险源排查、评估、施工措施及风险控制等编制施工应急预案，包括下列主要内容：

1）工程风险分析及应急预案；

2）顶管始发应急措施；

3）顶管过程中的应急措施；

4）顶管接收应急措施；

5）顶管穿越障碍物处理措施；

6）应急动力与电源配置；

7）工程意外伤害预防及处理措施。

（14）现场远程管理和视频监控。

7.3　顶管始发与接收

7.3.1　顶管始发与接收应遵循的规定

（1）顶管洞口的施工应符合下列规定：

1）顶管始发和接收预留洞口的位置、几何尺寸、封堵方式应符合设计和施工方案的要求。

2）顶管工作井洞口施工影响范围内的土层应进行预加固处理，始发和接收前应检查加固处理后的土体强度和渗漏水情况。

3）设置临时封门时，应考虑周围土层变形控制和施工安全等要求。封门应拆除方便，拆除时应减小对洞门土层的扰动。

4）洞口应设置止水装置，止水装置联结环板应与工作井壁内的预埋件焊接牢固，且用胶凝材料封堵；顶管结束后，矩形顶管与洞口的间隙应及时进行封堵。

① 当为黏性土且地下水压力较高时，宜采用橡胶板止水，并应加快进、出洞的施工速度。

② 当为粉土且有地下水时，宜采取措施降低地下水位，并缩短进、出洞时间，无法降水时，应对土体进行固结处理。

③ 当为砂土时，宜加固洞口外的土体，降低土体的渗透系数。

5）混凝土管节渗漏水处理应满足下列要求：

① 宜在气温较低，接缝、裂缝张开较大时进行注浆堵水处理。

② 结构仍在变形、未稳定的裂缝渗漏水，可先行堵水处理，同时应具备结构稳定后进一步治理的条件。

③ 需要补强的渗漏部位，应选用改性亲水环氧树脂灌浆材料、水泥基灌浆材料、油溶性聚氨酯灌浆材料等固结体强度较高的灌浆材料。

（2）洞口始发时，顶管机与其后续 2～3 节管之间应采用有效的机械连接。

（3）接收井内宜预留略高于管底的垫层支承顶管机。当地下水位高，可能发生管涌或流砂时，应采用压力接收方式。

（4）顶管结束后应采取注浆措施填充管外侧超挖的空隙。

（5）软土地区，顶管始发时应采取下列措施防止顶管机倾斜下沉：

1）基坑导轨前端应尽量接近洞口，缩短顶管机的悬空长度；

2）进、出洞作业应连续不可停顿；

3）宜在洞口内设置支撑顶管机的临时装置。

（6）顶管始发应符合下列规定：

1）顶管机穿越始发洞口加固区时，始发洞口内应注满泥浆，掘进速度宜控制在 2～3mm/min。

2）顶管机穿越始发洞口加固区之前应在机外壳两边焊接支座与导轨面齐平，防止顶管机摆动。

3）顶管始发时应防止因顶管机的自重因素往下偏移，将顶管机与后面 3 节管节连接在一起。

4）顶管始发出洞时应均匀增加掘进力，减小对洞门土体的扰动。

5）初始掘进时应有防止顶管机后退措施。

6）初始掘进时应只使用下层液压缸掘进。

7）处于地下水较丰富的砂性土层时，应对洞口处土体进行固结处理。

（7）顶管接收应符合下列规定：

1）顶管机接近接收井洞口加固区前，应加强测量管线距离和管道偏差。

2）顶管机进入接收井洞口加固区时，应控制掘进速度在 2～3mm/min，接近接收井洞口时，应将洞口封口墙拆除并清理洞口障碍物。

3）顶管机进入接收井后，应对管节与洞口间的空隙进行适当塞填，作止水处理。

4）接收井内可安装掘进机临时支架，确保顶管机平稳接收。

5）当地下水位高时宜采用水下到达措施。

（8）工作井洞口封门拆除应符合下列规定：

1）钢板桩工作井，可拔起或切割钢板桩露出洞口，并采取措施防止洞口上方的钢板桩下落。

2）沉井工作井应先拆除洞圈内侧的临时门，再拆除井壁外侧的封板或其他封填物。

3）在不稳定土层中掘进时，封门拆除后，顶管机应立即顶入土层并连续掘进，直至洞口及止水装置发挥作用为止。

4）在高地下水压环境下施工时，应采取技术措施防止封门在水压作业下突然倒塌造成人员伤亡，确保顶管机接收安全。

7.3.2　顶管始发与接收关键技术

顶管在始发、到达阶段，因承受顶管机体自重荷载的载体承载力发生突变以及顶推力作用的变化，易造成顶管机姿态的变化，可能产生栽头问题，需采取控制措施。

1. 始发基座及顶管机就位

如图7.3-1所示，始发基座作为顶管机的初始位置，顶管机就位时，其定位装置的焊接位置要经过精确计算和测设；就位后，要重新对顶管机进行初始姿态的测量和计算，确保顶管机定位满足要求。

图7.3-1　顶管机安装就位

2. 后靠就位及安装

本项目后靠采用2块钢构件，并在其背后填充混凝土，其安装位置要满足主顶油缸安装要求且后靠平面要与设计轴线垂直。安装时要保证后靠平面上下垂直，防止在推进过程中影响顶管机的俯仰角。

3. 导轨定位安装

导轨是始发基座和洞门连接的重要部分。顶管机在始发进洞初期，刀盘的质量大于盾尾的质量，导轨要保证与始发基座轨道平齐，并且要加固牢靠，保证顶管以精准的预定姿态进洞。

4. 洞门预留及破除

本工程隧道洞门采取预隔离施工，在始发井施工时将每个洞门两侧用模板隔开，隔开部位钢筋全部断开。但在后期施工期间发现，由于隧道轴线出现偏差，影响了其他隧道轴线位置，原先预留的洞门则需要重新定位和破除。洞门的破除必须满足进洞要求，并同时考虑洞门防水的尺寸。洞门破除如图7.3-2所示。

图7.3-2　洞门破除

5. 顶管机始发趋势

本项目共7跨隧道，顶管机始发时要调

整好顶管机的油缸行程，防止顶管机与相邻管节之间出现夹土；否则，顶管机的趋势调整难度会相应加大。

6. 顶管始发与接收

由于加固区域的土体较硬，若在始发与接收的加固区掘进趋势发生了变化，则很难调整。故须严格控制掘进速度，保证顶管机推进趋势的稳定。

7.4 顶管掘进

7.4.1 顶管掘进应遵循下列规定

(1) 顶管机的选型可根据工程地质条件、水文地质条件、周边环境条件等因素综合确定，常用的矩形顶管机有土压平衡式、泥水平衡式和网格式。

(2) 矩形土压平衡顶管掘进施工应符合下列规定：

1) 掘进前，应根据顶进管道覆土厚度、土体性质、地下水埋深等因素确定土舱压力控制值。

2) 掘进中，根据土舱压力的变化，调节排土速度与顶进速度，使土舱压力始终保持在预设范围内。

3) 应根据不同的土质采取不同的土体改良方法。

4) 开顶时，应先启动刀盘转动，再启动油缸推进；停顶时，应先停止油缸推进，再停止刀盘转动。

5) 掘进中，须同步向管外壁注入减阻泥浆，并应根据泥浆的损失适当补充注浆。

6) 掘进过程中，应随时对掘进机位置进行测量定位，及时纠偏。

7) 顶管贯通后，应向管外壁注入土体固结浆，置换减阻泥浆。

8) 距离地下管线、地下和地上建（构）筑物较近时，应适当降低顶进速度。

9) 当周边环境对土体变形要求严格时，应进行土体变形监测，根据监测数据随时调整顶进参数。

10) 软土区掘进，应随时关闭排土闸门，防止土体喷出，导致土舱压力降低。

(3) 矩形泥水平衡顶管掘进施工应符合下列规定：

1) 掘进前，应根据顶管覆土厚度、土体性质、地下水埋深等因素确定泥水舱压力控制值。

2) 掘进中，根据泥水舱压力的变化，调节进水速度、排泥速度与掘进速度，使泥水舱压力始终保持在预设范围以内。

3) 开顶时，应先启动进、排泥泵，进行机内循环，然后进行机外循环，再启动刀盘转动，最后启动油缸推进；停顶时，应先停止油缸推进，然后进行机外循环，再停止刀盘转动，转到机内循环，最后关闭进、排泥泵。

4) 使用面板式刀盘时，应根据地质条件确定刀盘开口的数量与面积。

5) 对顶管机内进水阀、排泥阀、旁通阀操作时，不能将所有的阀同时处于“关”的状态；应按下列顺序进行：从机内循环转换到机外循环时，应先打开进水、排泥直通阀，然后再关闭转换阀；从机外循环状态转换到机内循环状态时，应先打开转换阀，再关闭进水、排泥阀。

6）掘进中，须同步向管外壁注入减阻泥浆，并应根据泥浆的损失适当补充注浆。

7）掘进过程中，应随时对顶管机位置进行测量定位，及时纠偏。

8）顶管贯通后，应向管外壁注入土体固结浆，置换减阻泥浆。

9）距离地下管线、地下和地上建（构）筑物较近时，应适当降低顶进速度。

10）当周边环境对土体变形要求严格时，应进行土体变形监测，根据监测数据随时调整顶进参数。

（4）顶管掘进前应符合下列规定：

1）掘进前应对成品管节、钢套环、橡胶密封及衬垫材料作检测和验收。

2）钢套环应按设计要求进行防腐处理，刃口无疵点，焊接处应平整。

3）管节承插前，应采用胶粘剂将橡胶圈正确固定在槽内，并涂抹对橡胶无腐蚀作用的润滑剂，承插时外力应均匀，承插后橡胶圈应不移位、不翻转。

（5）顶管掘进时应符合下列规定：

1）初始掘进速度宜控制在5～10mm/min。

2）正常掘进时，掘进速度宜控制在10～20mm/min；在掘进时应对掘进速度作不断调整，找出掘进速度、正面土压力（泥水压力）、出渣量（出泥量）的最佳匹配值。

3）土压力值的确定应根据选用顶管机型式确定。土压平衡式顶管，实际上就是把顶管机土舱内的土压力控制在顶管机所处土层的主动土压力与被动土压力之间，即：

$$P_a < P < P_p \tag{7.4-1}$$

$$P = K_0 \cdot P_0 \tag{7.4-2}$$

$$P_0 = \gamma \cdot H_0 \tag{7.4-3}$$

$$P_a = \gamma \cdot H_0 \cdot \tan^2(45^\circ - \varphi/2) - 2C \cdot \tan(45^\circ - \varphi/2) \tag{7.4-4}$$

$$P_p = \gamma \cdot H_0 \cdot \tan^2(45^\circ + \varphi/2) + 2C \cdot \tan(45^\circ + \varphi/2) \tag{7.4-5}$$

式中 P_a——主动土压力（kPa）；

P——控制土压力（kPa）；

P_p——被动土压力（kPa）；

K_0——静土压系数，在砂性土中可取0.25～0.33之间，在黏性土中可取0.33～0.7之间；

P_0——静止土压力（kPa）；

γ——土的重力密度（kN/m^3）；

H_0——管顶至原状土地面的覆土深度（m）；

φ——土的摩擦角（°）；

C——土的内聚力（kPa）。

4）控制土压力除了计算以外还需在顶进时实测，将实测值与计算值做比较，修正计算值。

5）泥水平衡式顶管机正面泥水压力宜控制在比水土压力高出0.01～0.03 MPa。

6）应统计每节管节的出土量（出泥量），并应与理论出土量（出泥量）保持一致。

（6）距离工作井始发加固区不小于1倍顶管机长度宜作为试验段，通过现场实测调整施工参数范围和匹配关系。

（7）顶管掘进中为防止机头下沉的现象，可采取下列措施：

1）调整后座主推油缸的合力中心，用后座下层油缸进行顶进；

2）宜将顶管管节前3～5节用型钢焊接相连；

3）对洞口土体进行加固处理；

4）加强洞口密封可靠性，防止或及时封堵顶管始发和接收时的水土流失。

（8）当采用中继间技术时，应对中继间进行编组控制，从矩形顶管机头向后按次序依次将每段管节向前推移，当一组中继间伸出时，其他中继间应保持不动，在所有中继间依次完成作业后，主顶工作站完成该掘进循环的最后掘进作业。

（9）施工参数记录应符合下列规定：

1）顶管始发前应测量顶管机头的轴线和标高，并将测量数据及时反馈进行调整。

2）掘进施工中的原始数据记录应连续、真实、完整。

3）原始记录和测量分析资料应完整存档。

（10）加接管节时，主推油缸在缩回前应对已掘进的管节采取止退措施。

（11）掘进过程应连续进行，如遇下列情况之一时，应暂停掘进，及时处理，并应采取防止顶管机前方塌方的措施：

1）顶管机前方遇到不明障碍物；

2）反力墙变形严重；

3）顶铁发生扭曲现象；

4）管位偏差过大且纠偏无效；

5）顶推力超过管材的允许推力；

6）油泵、油路发生异常现象；

7）管节接缝、中继间渗漏泥水、泥浆；

8）地层、邻近建（构）筑物、管线等周围环境的沉降量超出控制允许值。

（12）制定应急预案，在发生下列紧急情况时应及时采取应对措施，防止事态发展，减少损失：

1）顶管机穿越众多管线引起管线沉降偏大的风险；

2）施工期间存在突然停电、停水等影响工程质量的风险；

3）施工期间存在不可预见恶劣水文气候条件对工程产生不利影响的风险；

4）各种意外事件对工程施工工期如期完成构成的风险；

5）施工现场机械设备产生故障的风险；

6）施工现场的火灾风险；

7）工程项目的实际成本超出计划预算太多的风险。

（13）当顶管施工下穿（上跨）建（构）筑物、轨道交通、铁路、公路、堤防、重要地下管线及遇到地下障碍物等时，应符合下列规定：

1）施工前应对穿越建（构）筑物等地段进行详细调查，评估施工对建（构）筑物的影响，并针对性地采取保护措施，控制地层变形；

2）宜根据建（构）筑物基础与结构的类型、现状，采取地基加固或桩基托换措施；

3）加强地表和建（构）筑物等变形监测，并及时反馈，优化调整管节推进参数和同步注浆参数；

4）对施工引起的地表变形和周围环境的影响进行实时监测，并采取相应的安全保护措施，制定应急预案；

5）穿越地铁、铁路、公路或其他设施时，除需符合本规程的有关规定外，尚应遵守相关行业的有关技术安全的规定；

6）在遇到地下障碍物，如孤石、卵石等地层时，应在采取安全措施的条件下，先清除障碍物，然后再继续顶进，如遇特殊或紧急情况，应及时采取应变技术措施，并向有关部门汇报。

7.4.2 顶管掘进关键技术

1. 顶进速度及出土量控制技术

顶进初始阶段不宜过快，一般控制在5～10cm/min左右，正常施工阶段可控制在10～20mm/min左右。

土压平衡矩形顶管顶进过程中是需要严格控制管节内出土量的，就是为了防止出现超挖、欠挖的现象。通常情况下，出土量是需要保持在理论计算出土量的98%以上。出土方式利用吊斗吊送到地面上预先设置好的土坑里。考虑加入润滑泥浆因素，每节矩形顶管管节实际出土量应控制在55m^{3}左右。施工过程中，要保持顶管管节的出泥量同顶进时的取泥量尽可能相等。

如果顶进时管节的出泥量超过顶进时的取泥量，地面就会出现沉降现象。相反，如果顶进时管节的出泥量低于顶进时的收泥量，地面又会出现隆起现象。由此可见，如果顶进时管节的出泥量与顶进时的取泥量之间是不平衡的，那么就会对顶管周边的土体造成扰动。因此，在工程中是需要使出泥量与顶进取泥量保持相对平衡，这样才能避免影响到顶管管节周边的土体以及影响到地面。而要使出泥量与取泥量保持平衡的关键就是严格控制土体切削量。尤其要防止出现超量出泥的现象。

泥水平衡矩形顶管顶进千斤顶时，观察工作仓的泥水力表，控制顶进速度和出土量保证舱内、舱外压力平衡，顶管机正面泥水压力宜控制在比水土压力高出0.01～0.03MPa；舱内压力过大，地面隆起；舱内压力过小，地面沉陷，所以控制顶进与出土的速度相当关键。

2. 防顶管机栽头控制技术

（1）原因分析

顶管机栽头现象产生的原因主要有以下几个方面：

1）顶管机体的重心偏差。顶管机身质量主要集中在机体前盾的前半部分。始发进洞后，机身质量由始发基座和混凝土地梁共同承受转为由底部原状土承受。但原状土体的承载能力相对较弱，在机体重力作用下出现不均匀沉降。

2）土压平衡未及时建立。隧道洞门密封不严密。掘进时出现了漏浆现象，虽然采取了棉纱封堵，仍有少量漏浆。泥浆的流失使洞门下方土体松软，土体的承载力不足，同时造成掌子面未能及时达到土压平衡，使前盾和土舱受力不均。

3）始发时姿态预留不够。始发姿态预留主要体现在绝对标高预留和趋势预留两个方面。顶管机始发时，不仅绝对标高预留要充足，预留趋势也要考虑充分。

4）后靠不稳，顶管机姿态失控。后靠墙体围护结构土体加固不牢或加固区域较小、顶管机后靠背不平整等，均会导致后靠受力不均，从而使顶管机姿态失控，造成栽头现象。

（2）防栽头控制技术

1）设备、管节定位处理

顶管管节可采用钢混组合式管节，顶、底部采用钢筋混凝土结构，两侧壁采用钢结构。施工时，将顶管机和管节采用定位块进行固定连接，盾尾定位块如图 7.4-1 所示；同时，上下管片间除采用管片螺栓连接外，另在左右两侧钢侧壁之间进行焊接连接（图 7.4-2），使顶管隧道与顶管机形成一个整体，防止顶管机栽头。

图 7.4-1　盾尾定位块

图 7.4-2　钢侧壁间焊接

2）洞门密封处理

在隧道东户口增设洞门密封。洞门密封采用帘布橡胶板和钢板压板，在周围混凝土端墙上安装膨胀螺栓，一侧钢侧壁上焊接螺栓来进行固定，如图 7.4-3 和图 7.4-4 所示。同时，在始发顶进过程中随时观察，发生漏浆现象时及时进行密封，防止由于密封失效后不能及时形成土压平衡条件而引起栽头。

图 7.4-3　钢侧壁侧密封

图 7.4-4　整体洞门密封

3）增加始发姿态的预留量

某工程 1 号隧道始发掘进时，虽然对始发基座进行了一定的调试，但效果不理想，掘进初期仍然出现了顶管机栽头现象。结合隧道的实测高程偏差，在 2 号隧道以及后续的 5

条隧道始发时都对顶管机姿态进行相应的微调，具体调整参数如表7.4-1所示。

某工程顶管机姿态预留参数　　表7.4-1

隧道编号	标高预留	趋势预留
1号	0.5	1
2号	1	1
3号	1	1
4号	1	1
5号	1	1
6号	1	1
7号	1	1

4）后靠背安装及稳定性控制

后靠背的正确安装定位，对于顶管掘进始发姿态影响较大。以某工程项目为例采取如下措施：

该项目后靠背为对称两件，每件11.5t。两件后靠背对称轴线安置，净间距为3400mm；后靠背安放要垂直，与其后井墙留最少5cm间隙。后靠背定位完成后，使用钢筋、膨胀螺栓将其固定，并在其与墙体的间隙内浇筑M15水泥砂浆，以保证后靠背的受力均衡。

后靠台背回填时由于顶管机后靠周围作业空间的限制，后靠混凝土的回填不易捣鼓或无法进行捣鼓密实。针对这种现象，本项目经过试验，在1号～5号隧道后靠回填时，采用高流动性速凝混凝土进行填充；在6号、7号隧道始发时，由于受到外部条件的制约无法采用速凝混凝土进行回填，创新性地采用了河沙拌合水泥干灰的方法。

两种不同后靠回填方式各有其优缺点：速凝混凝土凝固性稳定性高，但受制于外界条件；河沙拌合水泥干灰不受外界条件制约，但其混合参量需要进一步优化，对河沙和水泥干灰的混合质量不易保证。通过现场试验，这两种方式均对顶管机防栽头控制起到了良好的作用。

3. 解决矩形顶管顶部背土问题

矩形顶管机的截面是矩形，外表面平直，在顶进过程中机头顶部土体不能形成土拱，土体重量直接反压在机顶壳上，出现“背土”现象（图7.4-5）。高毅等依托实际工程首次提出“整体背土”概念，“整体背土效应”概念认为浅埋矩形顶管在顶进过程中，随着顶程逐渐增大，正上方土体与管节接触面积越来越大，在摩阻系数一定的情况下，正上方土体与管节的总摩阻力越来越大，超出了周边土体的整体约束能力，导致正上方土体伴随管节整体位移的突发破坏现象。

当管节顶部土体所受抗力难以抵挡其与管节的摩阻力时，将会发生整体背土现象（图7.4-6）。考虑到土体直接剪切破坏较被动剪切破坏所需的位移小，因此发生整体背土效应需要满足底部摩擦力大于双侧剪切约束力的前提条件，当其差值大于前端土体抗力时即发生整体背土破坏，如下列公式所示。

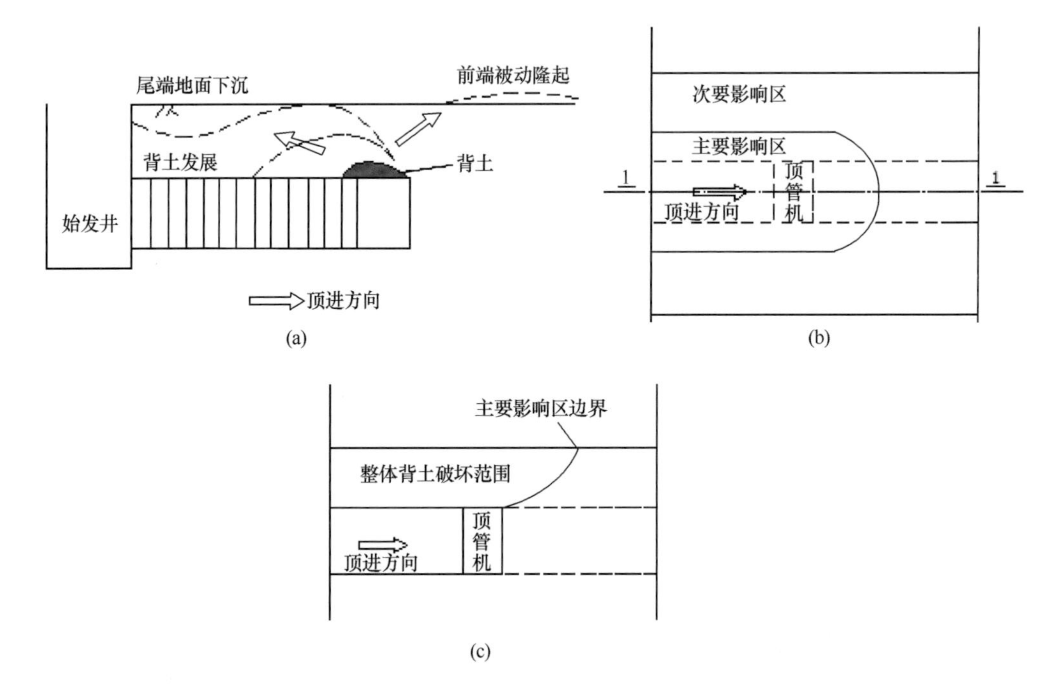

图 7.4-5　顶管背土效应示意图

（a）整体背土体效应示意图；（b）整体背土体平面示意图；（c）整体背土体 1-1 剖面示意图

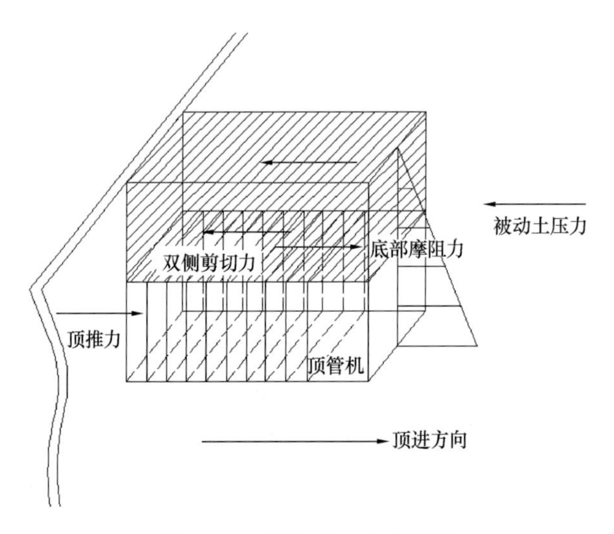

图 7.4-6　整体背土力学模型

$$前提条件:F_f \geqslant 2F_u \tag{7.4-6}$$

$$破坏条件:F_f - 2F_s \geqslant R \tag{7.4-7}$$

式中　F_f——顶管前端正上方土体受到的总管节摩阻力；

F_u——顶管前端正上方土体单侧剪切极限约束力；

F_s——顶管前端正上方土体单侧剪切滑移约束力；

R——前端土体极限抗力。

发生整体背土效应的前提条件：

$$\gamma' db\mu + Cb - (2c' + 0.5K\gamma' d\tan\varphi')d \geqslant 0 \tag{7.4-8}$$

式中　γ'——上覆土体的有效重力密度；

d——上部覆土厚度；

b——管土接触宽度；

μ——管土摩擦因数，可取0.3；

C——管土内聚力，可取5.0kPa；

φ'——有效应力强度指标；

K——黏性土侧压力系数经验值。

由式（7.4-8）可知，发生整体背土效应的前提条件与顶进长度无关。

整体背土效应的破坏条件：

$$\gamma' dlb\mu + Clb - K\gamma' ld^2\tan\varphi' \geqslant \frac{1}{2}\gamma' d^2 bK'_P + 2c' db \cdot \sqrt{K'_P} \tag{7.4-9}$$

$$K'_P = \tan^2\left(45° + \frac{\varphi'}{2}\right) \tag{7.4-10}$$

式中　l——顶管顶程；

K'_P——按有效应力强度指标计算的朗肯被动土压力系数。

综上所述，式（7.4-8）～式（7.4-9）为浅埋矩形顶管整体背土效应的预判理论公式。

要克服“背土”现象，必须在顶进过程中或暂停的情况下，在机头处压注触变泥浆，填补在顶进过程中机顶外表面与土体的空隙，并保持一定的压力，避免机头“背土”现象发生外，还须在顶进过程中专门对出洞段管节上部进行注浆，随时填堵由于管节“背土”而出现的建筑空隙。可以采用在矩形顶管机的壳体周边特别是顶部设置安装多道的压浆管，确保浆液均匀分布于整个上顶面，在土体和壳体平面之间形成一层泥浆膜，以减少土体同壳体的摩擦力，同时防止背土现象的发生。

矩形顶管机的机壳上表面面积大，在顶进中机顶承受很大的上方土体对机顶的土压力，所以外壳的刚度必须满足正常的刀盘动力及顶部的土压力。外壳钢板厚度宜用30mm，内表面须加纵横向加劲肋，确保机壳的整体刚度。

减少背土现象可采用地质加固的措施，特别是不稳定地层。在穿洞区域采取地层加固，确保有好的开始，防止一出洞出现背土现象，对后期顶进带来诸多不利因素。

在顶进时，每隔一段时间应对顶管机后部已成管道高程作一次复测，一旦出现管道下沉情况严重时，应对下沉部位进行底部注浆，防止由此引起的地面沉降。

设计制造顶管设备时，应增加防背土装置，如增设帽檐、优化注浆管路等，以增强其防背土能力。

7.5　注浆减阻

7.5.1　注浆减阻基本要求

（1）施工现场应建立泥浆池，满足顶管工程所需不同泥浆的配置需求。

（2）触变泥浆应符合下列规定：

1）在管道外壁应压注触变泥浆，在管道四周形成一圈稳定的泥浆套，要求施工期间泥浆不失水，不沉淀，不固结；

2）管道每节管节应设置触变泥浆管，压浆时可根据实际需要调整压泥浆管的间距；

3）触变泥浆应充分搅拌水化，泥浆搅拌完成宜放置24h，膨润土泥浆需要膨化24h；

4）压浆压力宜控制在比地下水的水压力高0.02～0.04MPa；

5）注浆量不应低于理论值的2倍。

（3）顶管掘进过程中应采取措施减小管壁摩擦阻力，宜采用向管外壁与土体间注入润滑泥浆的方式减阻。注浆减阻应满足下列要求：

1）选择优质的触变泥浆材料；

2）在矩形顶管上预设压浆孔，压浆孔的设置要确保掘进时管外壁和土体之间的间隙能形成稳定、连续的泥浆套；

3）膨润土的储藏及浆液配制、搅拌、水化时间应按照产品的性能要求进行，使用前应先进行试验；

4）注浆应遵循“同步注浆与补浆相结合”和“先注后顶、随顶随注、及时补浆”的原则；

5）注浆设备和管路应可靠，应具有足够的耐压和良好的密封性能；

6）长距离顶管的注浆与补浆应分别设独立的注浆系统，注浆宜使用低压力、大流量的注浆泵，补浆可使用高压力、小流量的注浆泵。

（4）注浆浆液选择应符合下列规定：

1）触变泥浆可用于黏性土、粉质土和渗透系数不大于10^{-3}cm/s的砂性土等地层中。渗透系数大于10^{-5}cm/s时应另添加化学稳定剂；

2）渗透系数大于或等于10^{-2}cm/s的粗砂和砂砾层宜采用高分子化学泥浆；

3）石蜡非亲水减阻剂可用于无地下水的硬土层；

4）沿海地质条件下宜使用抗盐膨润土。

（5）触变泥浆注浆系统应符合下列规定：

1）制浆装置容积应满足形成泥浆套的需要；

2）注浆泵宜选用液压泵、活塞泵或螺杆泵；

3）注浆管分为主管和支管两种，应根据顶管长度和注浆孔位置设置。主管道宜选用直径为40～50mm的钢管，支管可选用25～30mm的橡胶管。管接头拆卸方便且在工作压力下无渗漏现象；

4）补浆孔的布置：混凝土管每3～5管节应设一组补浆孔，每组补浆孔轴向间距一般为10～25m，补浆孔的间距可按下式估算：

$$L_{m} = T \times V \tag{7.5-1}$$

式中 L_m——补浆孔间距（m）；

T——减阻泥浆失效期（d），可取$T=$（6～10）d；

V——每天平均掘进速度（m/d）。

5）注浆孔的布置按顶管断面尺寸确定，每个断面可设置8～10个；相邻断面上的注浆孔可平行布置或交错布置；注浆孔宜有排气功能，每个注浆孔宜安装球阀，在顶管机尾部和其他适当位置的注浆孔管道上应设置压力表；

6）每套中继间应单独设注浆孔，中继间的注浆应与中继间启动同步，在运行中连续注浆；

7）注浆前，应检查注浆装置水密性；注浆时压力应逐步升至控制压力；注浆遇有机械故障、管路堵塞、接头渗漏等情况时，经处理后方可继续掘进。

（6）触变泥浆的配合比，应根据顶管穿越地层的特性、地下水条件、触变泥浆的技术指标等综合确定（表7.5-1）。

触变泥浆技术指标触变泥浆技术指标 **表7.5-1**

指标	单位	技术要求	测试方法
动力黏度	Pa·s	>30	旋转式黏度计测定
滤失量	$cm^3/30min$	<25	滤失量测定仪测定
密度	g/cm^3	1.1～1.15	泥浆比重计测定
pH值	—	8～10	pH试纸直接测定或取滤液用pH计测定
含砂量	%	<3	含砂率计测定
稳定性	—	静止24h无析水	稳定性测定仪测定
静切力	Pa	100左右	浮筒切力计测定

（7）注浆孔的实际注浆量，对于黏性土和粉土不应大于理论注浆量的1.5～3倍，对于中粗砂层应大于理论压浆量的3倍以上。

（8）在注浆过程中，应根据减阻效果和控制地面变形的实际监测数据，及时调整注浆流量和注浆压力等工艺参数。注浆压力可按下列公式计算，注浆压力取最大值

$$P=(2\sim3)\gamma H_0 \tag{7.5-2}$$

$$P_A\leqslant P\leqslant P_A+30 \tag{7.5-3}$$

$$P_Z=\gamma_w H_w+\gamma H_0\tan^2\left(45^\circ-\frac{\varphi}{2}\right)-2C\tan\left(45^\circ-\frac{\varphi}{2}\right) \tag{7.5-4}$$

或存在卸力拱时：

$$P_A=\gamma_w H_w+\gamma h_0 \tag{7.5-5}$$

$$h_0=\frac{D_0\left[1+\tan\left(45^\circ-\frac{\varphi}{2}\right)\right]}{2\tan\varphi} \tag{7.5-6}$$

式中 P_z——泥浆套顶部的水压力和主动土压力（kPa）；

γ——土的重力密度（kN/m^3）；

γ_w——水的重力密度（kN/m^3）；

H_w——工作面或卸力拱以上的水柱高度（m）；

H_0——管顶至原状土地面覆土层厚度（m）；

φ——顶管所处土层的内摩擦角（°）；

h_0——卸力拱的高度（m）；

C——土的内聚力（kPa）。

（9）注浆管出口应设单向阀，出口压力应大于地下水压力，在砂性土中掘进时，单向

阀宜加装在注浆孔的管道外侧。

7.5.2 膨润土~聚合物泥浆体减阻材料

在矩形顶管时，为了减小顶进时管外壁承受的摩擦阻力，要进行注浆减摩，在管节外侧形成完整泥浆套。顶管施工中注浆作用机理为：一是起润滑作用，将顶进管道与土体之间的干摩擦变为湿摩擦，减小顶进时的摩擦阻力；二是起填补和支撑作用，浆液填补施工时管道与土体之间产生的空隙，同时在注浆压力下，减小土体变形，使隧洞变得稳定。

注浆减摩作为一门新技术，在顶管工程中应用越来越普及。目前，主要侧重于注浆的施工工艺研究，而注浆过程中浆液与管道以及周围土体之间的相互作用机理尚未深入了解。

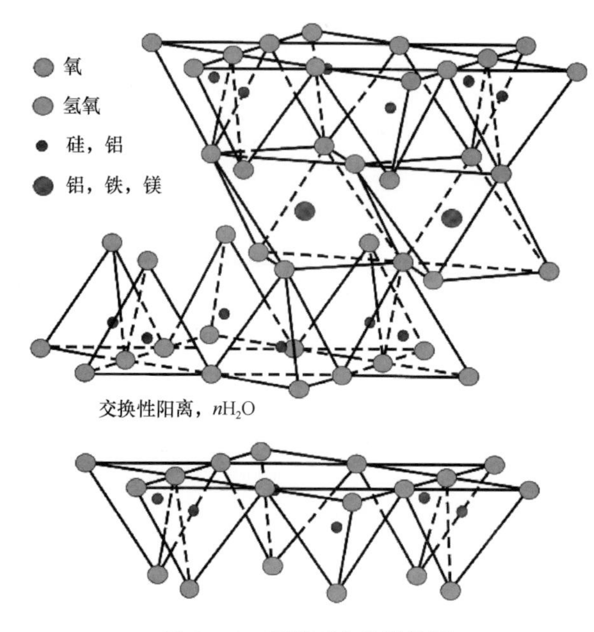

图 7.5-1 蒙脱石化学结构图

(1) 膨润土

膨润土也叫膨土岩、斑脱岩、漂白土等。它的确切名称为蒙脱石黏土，而膨润土属于商业名称。膨润土是以蒙脱石为主要组分的黏土，蒙脱石的物理化学决定了膨润土的一系列工艺技术性能。

1) 蒙脱石的化学组成

蒙脱石的化学式是 $(Al_{1.67}Mg_{0.33})[Si_4O_{10}][OH]_2.nH_2O$，结构图如图 7.5-1。蒙脱石的理论化学成分为 SiO_2 66.7%，AL_2O_3 25.3%，H_2O 5%。此外尚含有其他的金属氧化物，如氧化铁、氧化钙、氧化镁、氧化钠、氧化钾等。表 7.5-2 列出蒙脱石（膨润土）、伊利石、高岭土等常见黏土矿物的化学组成。

蒙脱石（膨润土）、伊利石、高岭土等常见黏土矿物的化学组成　　表 7.5-2

编号	黏土及黏土矿物	化学组成（%）							
		SiO_2	Al_2O_3	Fe_2O_3	CaO	MgO	Na_2O	K_2O	H_2O 或烧失量
1	高岭石（江西高岭村）	45.58	37.22	—	0.46	0.07	0.45	1.7	13.38
2	多水高岭石（四川叙水）	40.35	38.34	1.41	1.14	1.88	—	—	16.83
3	膨润土（辽宁黑山）	68.74	20	0.70	2.93	2.17	—	0.20	6.8
4	膨润土（山东潍县）	71.34	15.14	1.97	2.43	3.42	0.31	0.43	5.06

续表

编号	黏土及黏土矿物	化学组成（%）							
		SiO_2	Al_2O_3	Fe_2O_3	CaO	MgO	Na_2O	K_2O	H_2O或烧失量
5	膨润土（浙江临安）	71.29	14.17	1.75	1.62	2.22	1.92	1.78	4.24
6	伊利石	51.22	25.91	4.59	0.16	2.84	0.17	6.09	7.14
7	海泡石（江西乐平）	61.30	0.57	0.73	0.15	29.70	0.26	0.19	7.10
8	凹凸棒石	53.64	8.79	3.36	2.02	9.05	—	0.75	20

由表7.5-2可见，各种黏土矿物在化学组分的含量上有明显的差别：与高岭石相比较，蒙脱石的二氧化硅 SiO_2 含量很高，而三氧化二铝 $A1_2O_3$ 含量则较低；伊利石矿物的氧化钾 K_2O 含量则较高。黏土矿物在化学组分上的特点，是化学分析法鉴定黏土矿物类型的依据。

2）蒙脱石晶体构造特点

不论哪种矿物，它们晶体的基本构造单位都是硅氧四面体和铝氧八面体。但是由于以不同的联结方式堆叠和晶层间所存在的离子种类不同，从而形成了不同的黏土矿物。

蒙脱石晶体构造的主要特点是：

① 蒙脱石晶胞上下表面皆为氧离子层，故晶层之间是分子力联结，联结力弱，水分子容易进入两晶胞之间，使黏土膨胀、分散，它属于膨胀性黏土矿物。在水介质中甚至可以分离成为单一晶胞。蒙脱石的分散粒度，小于 $1\mu m$ 的颗粒可达50%以上。

② 蒙脱石晶格内部有明显的离子置换现象。即八面体的铝离子 Al^{3+} 可被镁离子 Mg^{2+}、铁离子 Fe^{2+} 或锌离子 Zn^{2+} 所置换，置换量达20%～50%；四面体中的硅离子 Si^{4+} 也可被铝离子 Al^{3+} 所置换，但置换量不大，一般小于5%。由于高价离子被低价离子所置换，造成晶格内部的电荷不饱和，即带有多余的负电荷。

这就造成蒙脱石具有吸附阳离子和进行阳离子交换的特性。这种特性对与钙质膨润土的改型以及进行泥浆的化学处理极为重要的。

③ 由于晶格内部的离子置换作用，置换后的低价阳离子半径比原来的高价阳离子半径大，因而会引起八面体和四面体晶格结构的“畸变”（变形）或“破裂”，有助于蒙脱石矿物分散度的提高。

基于上述特点，以蒙脱石为主要组成的膨润土是制造泥浆的好材料，但是从孔壁稳定的角度来看，岩层中蒙脱石含量高时，易发生水化膨胀、钻孔缩径，孔壁坍塌等复杂状况。

3）蒙脱石的电负性

蒙脱石颗粒好似带电的“大负离子”，它的表面通常带有负电荷。关于这点，已从电泳试验得到证实。所谓的电泳，是指在电场的作用下，溶胶粒子和它所负载电荷的离子，向着与自己电荷相反的方向迁移，对液相做相对运动的现象。

黏土矿物所带负电荷主要来自三个方面。

① 晶格置换作用

如上所述，蒙脱石晶格内部的高价阳离子被低价阳离子所置换，因而晶体表面带负电荷。这种负电荷的数量决定晶格中离子取代（置换）的多少，而不受所在介质 pH 值的影响。因此称为永久负电荷。永久负电荷大部分分布在黏土晶层的层面上。

② 电离作用

黏土矿物晶体的铝氧八面体单位中的 $A1^{3+}$ 和 OH^-（或 AlO_3^{3-}）在水介质中离解，而使其矿物端面产生电荷。在酸性介质中 OH^- 或 AlO_3^{3-} 离解，端面带正电荷；在碱性介质中 $A1^{3+}$ 或 H^+ 离解，端面带负电荷。

③ 破（断）键作用

黏土矿物晶格结构中的 Si—O、Al—O 或 Al—OH 的化学键，在水介质中发生断裂造成破键，因而在晶体的端面边棱上产生电性不饱和。在酸性介质中，破键吸附 H^+，使黏土矿物端面带正电荷；在碱性介质中吸附 OH^-，端面带负电荷。

电离作用和断键作用所产生的电荷主要在黏土矿物的端面和边棱上（黏土矿物属片状构造，端面面积在总面积中占的比例很小），且所带电荷属性随介质 pH 值的不同而变化，因而称为可变性负电荷。对蒙脱石来说，位于晶层层面上的永久性的负电荷是主要的，约占负电荷总量的 95%；位于端面上的负电荷所占比例是很小的，但它们对蒙脱石的胶体性质和流变性能的影响却很大。

4）蒙脱石的吸附能力

如果把一种固体粉末，如活性炭，放入一种有色的溶液中搅拌，会发现溶液的颜色明显减褪，这表明溶液中的有色物质已部分地附着于固体粉末的表面上，这就是固体表明的吸附作用。或者说，吸附作用是固体颗粒表明浓集周围分散介质中的分子或离子的现象。具有吸附能力的物质叫吸附剂，被吸附的物质叫吸附质。一般来说，泥浆中的黏土颗粒是吸附剂，加入泥浆的化学处理剂是吸附质。

产生吸附作用的动力是由于固体表明存在着自由表面能。处于固体内部的原子，其周围原子对它的作用是对称的，一般是饱和的。但是处于固体表面上的原子，周围对它的作用是不对称的，所受的力是不饱和的。因而固体表面上存在有剩余的能量，即自由表面能。自由表面能自发降低的趋势表现为对介质中某些物质的吸附作用。实际上，吸附作用的进行，就是降低表面能的过程。

吸附作用对泥浆具有十分重要的意义。黏土的改性、配置不同类型的泥浆、调节改善泥浆的性能等，都是通过黏土对化学处理剂的吸附作用和改变黏土颗粒表面性能来实现的。

泥浆中黏土颗粒的吸附作用，可分为物理吸附、化学吸附和离子交换吸附。

① 物理吸附

物理吸附是吸附剂表面与吸附质之间靠分子间引力（即范德华力）产生的吸附。物理吸附的主要特点是，吸附力较强，易解吸，是可逆的，吸附速度和解吸附速度都快，且易达到平衡（即吸附速度和解吸附速度相等时）。由于分子力作用，故物理吸附没有选择性，可以发生与固体吸附剂和任何吸附剂之间。泥浆中黏土颗粒与处理剂分子之间广泛存在着物理吸附现象，如煤碱剂、梭甲基纤维素、聚丙烯酰胺等有机处理剂与黏土颗粒表面普遍存在着物理吸附。

物理吸附与固体颗粒的分散度有重要关系。固体颗粒越细，其比表面越大，物理吸附也就越明显。蒙脱石的分散性好，比表面积为 757m^2/g，伊利石为 200m^2/g，高岭石只有 72m^2/g，可见蒙脱石的物理吸附作用最明显。

② 化学吸附

化学吸附是依靠吸附剂与吸附质之间的化学键力（离子键、共价键、配价键）产生的吸附，可以将其看成是两相界面发生的化学反应。化学键力只能在特定的各原子之间产生，因此化学吸附是有选择性的。化学吸附力强，不易解吸，可逆性差，且吸附速度较慢。

泥浆中也广泛存在着化学吸附，如许多有机处理剂的阴离子基团（$-COO^-$、SO_3^-、$-cH_3O^-$）与黏土颗粒端面的 $A1^{3+}$、Fe^{2+} 等离子带正电荷的部位靠静电引力或配价键形式，吸附在黏土颗粒端面上。

此外，还有氢键作用力引起的吸附。如有机处理剂分子中的某些基团，如羧基-COOH、羟基-OH、酰胺基-$CONH_2$ 等，与黏土矿物晶体表面的氧或氢氧形成氢键而吸附在黏土颗粒的表面上。氢键的作用力属于分子间力，但氢键有方向性和饱和性，且作用力较强。氢键力在泥浆中普遍存在，并起着重要作用。

需要指出，上述两种吸附作用的区别不是绝对的，这两类吸附常常是相伴发生的，并在一定条件下转化。开始是分子力起作用的物理吸附，当吸附剂和吸附质的距离接近到化学键力作用范围时，就转化为化学吸附，有时低温进行物理吸附，高温进行化学吸附；在黏土颗粒表面平坦处产生物理吸附，在边缘、棱角处为化学吸附。

物理吸附与化学吸附的主要区别见表 7.5-3。

物理吸附与化学吸附的区别 **表 7.5-3**

吸附类别	物理吸附	化学吸附
吸附力	范德华力	化学键力
吸附热	较小，与液化热相似	较大，与反应热相似
选择性	无选择性	有选择性
吸附分子层	单分子层或多分子层	单分子层
吸附速度	较快，不需要活化能，不受温度影响	较慢，需要活化能，温度高速度加快
吸附稳定性	会发生表面位移，易解吸	不位移，不易解吸

③ 离子交换吸附

如上所述，黏土颗粒是带负电的，为达到电性平衡，黏土颗粒表面要吸附带相反电荷的离子（阳离子），这种被吸附的阳离子和溶液中阳离子发生交换作用，这种作用就叫阳离子交换吸附。常见的交换阳离子有 Na^+、Ca^{2+}、Mg^{2+} 等。

（a）阳离子交换吸附的特点

a）同号离子进行等电量交换。即阳离子与阳离子之间发生交换，而且交换时是按等电量方式进行的。

b）阳离子交换吸附是可逆的，主要受溶液中离子浓度的影响。

c）阳离子交换能力的强弱是有一定顺序的。在溶液中离子浓度相差不大的情况下：高价阳离子的交换能力强，容易取代低价的阳离子；电价数相同的不同离子，离子半径大的交换能力强；同价离子水化能力弱的，在溶液中形成的水化膜薄，距离晶格近，引力强，交换能力也强。综上所述，常见的阳离子交换吸附强弱的顺序是：

$H^{+}>Fe^{3+}>Al^{3+}>Ba^{2+}>Ca^{2+}>Mg^{2+}>NH_4{}^{+}>K^{+}>Na^{+}>Li^{+}$

（b）阳离子交换吸附容量

阳离子交换吸附容量是指在 pH 值为 7 的中性条件下，蒙脱石所能吸附可交换性阳离子的总量，包括交换性氢和交换性盐基（指钙、镁、钠、钾）在内。它的数值一般以 100 克土中吸附阳离子的毫摩尔来表示，即 mmol/100g 土。

蒙脱石有明显的晶格置换现象，阳离子交换容量大，一般为 80～150mmol/100g 土，伊利石约为 10～40mmol/100g 土，高岭石的阳离子交换容量仅有 3～15mmol/100g 土。

蒙脱石阳离子交换容量还受下列因素影响：

a）钠质膨润土比钙质膨润土离子交换容量大。在水介质中，Na^{+}电离率大，电动电位高，活动性强，交换性好。因此，钠质膨润土的阳离子交换容量比钙质膨润土高得多。

b）阳离子交换位置被堵塞。有些阳离子（如 K^{+}、NH_4^{+}），当它们进入蒙脱石晶层六角环空穴后，便变成难以交换的阳离子，而使蒙脱石的阳离子交换容量降低。另外，Al^{3+}、Fe_2O_3或水化状态的 FeO 等，常占据阳离子交换位置（即吸附表面），形成阳离子交换的堵塞，从而降低其交换容量。

c）蒙脱石矿物粒度的影响。蒙脱石阳离子交换主要取决于晶格内部离子置换量。当蒙脱石颗粒变细、端面破裂增多时，阳离子交换量会稍有增加；而高岭石、伊利石矿物则随着颗粒变细，离子交换容量明显增加。

d）pH 值的影响。水溶液的 pH 值主要对蒙脱石端面电荷产生影响。pH 值大于 7 时，蒙脱石端面负电荷增加，阳离子交换增大；pH 值小于 7 时，其端面带正电荷（使总的负电荷量减少），阳离子交换量有所减少。

e）温度的影响。

（2）高分子聚合物物理化学性质

水溶性高分子化合物又称水溶性树脂或水溶性聚合物，是一种亲水性的高分子材料，在水中能溶解或溶胀而形成溶液或分散液。

水溶性高分子的亲水性，来自于其分子中含有的亲水基团。最常见的亲水基团是梭基、经基、酰胺基、胺基、醚基等。水溶性高分子的分子量可以控制，高到数千万，低到几百。其亲水基团的强弱和数量可以按要求加以调节，亲水基团等活性官能团还可以进行再反应，生成具有新官能团的化合物。

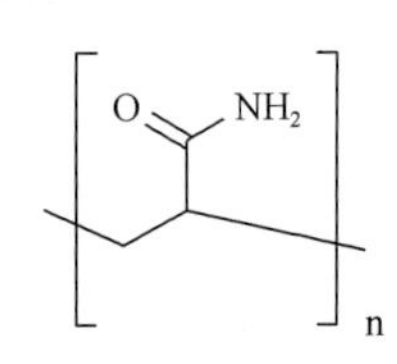

图 7.5-2　聚丙烯酰胺的结构

聚丙烯酰胺（Polyacryamide，简称 PAM）是水溶性高分子的一种，是丙烯酰胺（Acrylamide，简称 AM），分子式 $CH_2=CHCONH_2$ 及其衍生物的均聚物和共聚物的统称。聚丙烯酰胺是一种线型水溶性高分子，是水溶性高分子之中应用的最广泛的一种。聚丙烯酰胺的结构如图 7.5-2 所示。

聚丙烯酰胺的分类方法有很多。按照产品形式可以分为水溶液胶体、粉状及胶乳三种，按照化学性质可分为阳离子、阴离子、两性离子和非离子型四种，根据相对分子质量不同又可以分为很多品种。聚丙烯酰胺（PAM）分子量高（10^3～10^7），水溶性好，可调节分子量并可以引进各种离子基团以得到特定的性能。低分子量时是分散材料的有效增稠剂或稳定剂，高分子量时则是重要的絮凝剂。它可以制作出亲水而水不溶性的凝胶。它对许多固体表面和溶解物质有良好的粘附力。由于这些性能，PAM 因而能广泛应用于絮凝、增稠、减阻、凝胶、粘结、阻垢等领域。自从 20 世纪 60 年代起，非离子、阴离子、阳离子和两性丙烯酰胺聚合物的工业应用一直稳定增长，这是因为它们具有独特的化学和物理性质。现已广泛用于污水及饮用水处理、造纸、石油开采、矿冶、建材、纺织等行业，以及用于提高石油采收率和用作吸水性树脂。

1）物理性质

① 溶解性：完全干燥的聚丙烯酰胺是脆性的白色固体，聚丙烯酰胺的主链呈线型，具有亲水的酰胺基（$-CONH_2$），有些还有离子基团，故其显著特点是亲水性高，比其他大多数水溶性高分子的亲水性高得多。它易吸附水分和保留水分，使其在干燥时具有强烈的水分保留性，在干燥后又具有强烈的吸水性，且吸水率随衍生物的离子性增加而增加。PAM 能以任何浓度溶于水，溶解温度没有上限和下限。当把聚丙烯酰胺放入水中时，先出现溶胀，继而溶解。这是由于水分子进入大分子链间，克服大分子链间的分子引力所致。聚合度越高，则分子作用力越大，溶解性会受到影响。溶解时，必须进行适当的搅拌，作为浆液外加剂掺加时应该预先将粉剂水解，配制成水溶液。

② 黏度：影响聚丙烯酰胺溶液黏度的因素比较多，如分子量、水解度；溶液的含盐量及 pH 值等。聚丙烯酰胺水溶液的黏度随其浓度的增加而提高。分子量越大，在同一浓度下，黏度也越大。在高 pH 的溶液中，常因水解反应使分子中产生$-COO^-$，分子链受静电斥力的影响而有利于呈伸展状态，表现为其溶液黏度的升高。

③ 稳定性：常温下，固体的聚丙烯酰胺经长期存放而不会变质，但具有吸湿性。稀水溶液久置之后有时会发生老化现象（黏度降低，性能变坏）。

2）化学性质

聚丙烯酰胺分子链上的侧基为活泼的酰胺基（$-CONH_2$），它能发生多种化学反应，并通过这些反应获得多种衍生物。其主要有水解反应、经甲基化反应、磺甲基化反应、胺甲基化反应、霍夫曼降解反应、交联反应等。

作为水溶性高分子聚合物，聚丙烯酰胺是一种极好的絮凝剂，它依靠本身大分子链上，有能与水泥、黏土颗粒产生吸附的基团，同时又能有改变分子链在溶液中的基团，因而在水泥、黏土颗粒之间产生吸附与架桥，最终产生凝聚和凝结。

高分子絮凝能力的大小，与平均分子量的大小、电荷密度、分子的结构和形态以及掺量等有关。一般而言，分子量越大，絮凝能力越强。

3）聚合物在泥浆中的作用

① 吸附作用

聚丙烯酰胺加到泥浆中，首先与黏土发生吸附作用，在顶管过程中，它又要吸附在井壁与地层裂隙或孔隙的壁上。

PAM 在固体物质上的吸附主要存在以下几种作用：吸附剂表面间的氢键力、范德华力、表面金属离子（如 Al^{3+}）与 PAM 分子中的富电子基团（如$-NH_2$、$-COO^-$等）间形成配位键以及 PAM 中的$-COOH$与吸附剂中的 Al^{3+} 间的静电吸引力等。阻碍吸附的力是吸附剂表面的阴离子与 PAM 分子上的负电荷间的静电排斥作用，两类作用力的平衡影响聚合物吸附量的大小。氢键是 PAM 在固体表面上的主要吸附机理，氢键通常发生在长链上的氨基基团和黏土矿物表面的“自由氢基”之间。固体物质吸附 PAM 的量随着溶液 pH 值、水解度和温度的增加而降低，随着溶液中钠、钙等离子浓度的增加而增加，其中二价离子比一价离子更有效。电解质浓度较低时，PAM 分子主要以链序态吸附，电解质浓度较高时，以链环态、链端态吸附的数量逐渐增多，吸附只限制在固体物质的外表面上。

② 絮凝作用

聚丙烯酰胺是一个很好的絮凝剂，它依靠本身大分子链上，有效地与黏土颗粒产生吸附真的基团，同时又有能改变分子链在溶液中的形态的基团，因而在黏土颗粒之间产生吸附与架桥，最终产生絮凝和聚结。高聚物絮凝能力的大小与高聚物链的长短，以及它在溶液中的形态有关。因此，分子链的长短、支链的有无、基团的比例等，都对絮凝作用有很大的影响。

③ 减摩阻作用

PAM 和其他水溶性聚合物一样，能够大幅度降低流体通过管线所需要的能量，摩擦力可降低 80%。流体的阻力降取决于聚合物浓度和流体的线速度。

④ 稳定作用

聚丙烯酰胺溶液对电解质有很好的稳定性。

⑤ 分散作用

聚丙烯酰胺可以使悬浮液中的固体分散粒子被液相充分润湿和均匀分散，并使体系的分离、聚集和固体微粒的沉降速度降至最低，以维持悬浮液的最大的动力稳定性。由于 PAM 分子链中含有氢基，具有降低表面张力的作用，有助于水对固体的湿润，这对于纤维、填料等在水中的分散特别有利，当 PAM 加入浆料时，可以使纤维、填料表面形成双分子结构，外层分散剂极端与水有较强亲和力，增加了纤维、填料等固体粒子被水润湿的程度。纤维、填料等固体颗粒之间因静电斥力而远离，达到良好的分散效果。

⑥ 防塌作用

国内外的实验研究和钻井现场实践都证明了聚丙烯酰胺具有很好的防塌作用。聚丙烯酰胺的防塌机理主要是：长链的聚丙烯酰胺在泥页岩井壁表面上产生多点吸附，并可横过裂缝，从而阻止泥页岩的剥落；聚丙烯酰胺浓度较高时，在泥页岩井壁表面形成较致密的吸附膜，减慢了自由水向泥页岩渗透的速度，从而抑制了泥页岩的水化膨胀。

7.5.3 无固相浆液减阻体系

无固相浆液是不加黏土的浆液，或称无黏土浆液。它是利用碳酸盐、硫酸盐等非黏土质岩粉，再加上处理剂配成的悬浊液，或者是由有机高分子形成的水基交联液（不考虑岩粉的作用）。它同样具有黏度、失水量等性能，并起护壁作用。

由于无黏土本身不含固相，从而提高了溶液的润滑性以降低摩擦阻力，在环状空隙小的情况下，无黏土浆液能有效地降低泵压，对非稳定地层有较好的护壁防塌作用。

1. 植物胶的物理性质

（1）植物胶物质的可溶性

固体大分子物质在溶剂中有溶胀、溶解或不溶解三种情况。

溶胀是大分子物质特有的现象，当大分子物质放入低分子溶剂中，溶剂分子很快地扩散钻进大分子物质中去，由于大分子运动很缓慢，所以当大量的溶剂分子进入大分子物质后，大分子间还能一长时间地保持联系，维持原来的形状，要经过很长时间，才逐渐扩散到溶剂中去，所以溶胀可以看成是溶解的第一阶段。

如果溶胀停止在一定程度，称为有限溶胀。经过溶胀最终大分子物质能溶解形成溶液的，称为无限溶胀。各种不同的大分子物质的溶胀程度，从溶胀到溶解所需的时间是不相同的，并且它和大分子物质的机械粉碎程度（颗粒大小）和溶剂性质有关。

植物胶大分子物质是一类亲水性很强的物质，由于植物胶产品是被粉碎为60～80目细度的粉末，因此水分子容易进入植物胶物质中，使之溶胀，从溶胀到溶解的时间也比较短，在机械搅拌作用下一般需要20～30min。

溶胶中的分散质在介质中是不溶的，呈胶体分散后与介质间有着很大的界面，这种体系是多相体系。由于胶体粒子的选择性吸附而带电，使溶液得以稳定。

有机大分子物质包括多糖、蛋白质、脂肪、可溶性淀粉、纤维素等，在许多不溶性介质中也可以形成溶胶，它们和植物胶液一样均为亲液胶体。

（2）植物胶液的黏度与流变特性

黏度是表示体系对流动阻力的一种反应，液体对流动的阻力是由分子间的引力引起的，这也是植物胶液具有很高的黏度原因：

① 植物胶液特性黏度

植物胶在溶液中即使浓度很低时（0.3%～0.5%）也会使溶液的黏度增加很多。同系列的链状大分子，分子量愈大，一定浓度的溶液的黏度也愈大，在浆液中可起到提黏、携屑、降低密度、减少植物胶加量和降低浆液成本的作用。

② 植物胶液结构黏度

植物胶溶液属于非牛顿型液体，有较强的剪切稀释作用，且大分子链愈长，溶液在很低的浓度时就会成为非牛顿型流体。其黏度随切应力增加而降低的现象原因是在没有外力和较小的外力作用下，由于布朗运动，大分子在溶液中是混乱无序的，在足够的外力作用下，这些分子沿流动方向定向运动，引起体系黏度的降低。在浓的溶液中的分子间的链段相互靠近并结合，形成内部结构，使体系有较高的黏度，当切应力足以破坏这些结构时，黏度就减少了。

非牛顿体系的黏度可看成是由特性黏度和结构黏度两部分组成，即：

$$\eta = \eta_{特性} + \eta_{结构} \tag{7.5-7}$$

其中，结构黏度在机械作用下或温度升高时都会急剧降低，甚至消失，称为降解，这也是植物胶浆液在高温条件下黏度降低的根本原因。

③ 影响植物胶液黏度的主要因素

植物胶形态通常有直链大分子和支链大分子两种，又以直链大分子为主。大分子物质的柔顺性决定于小分子结构，只含碳、氢的分子柔顺性比较大，黏度较低；直链与支链分子相比较，直链的柔顺性大，黏度较低。温度发生变化时，温度愈高分子的柔顺性愈大，黏度也较低。大分子物质在溶液中的形态，也就是说蜷曲到什么程度等都对黏度与柔顺性有着直接的影响。大分子在溶液中的形态还依赖于其与溶剂间的相互作用，在良好的溶剂中，大分子是伸展的，其特性黏度大；反之，则小。

2. 植物胶的化学性质

植物胶是以甘露糖、半乳糖、木糖和葡萄糖等多糖物质为主要成分的水溶性物质，还含有少量的淀粉、粗蛋白、粗脂肪、粗纤维等化学物质，因此植物胶液实质上它是一种天然有机高分子化合物。

植物胶中的多糖以半乳甘露聚糖为主，其结构如图 7.5-3 所示。

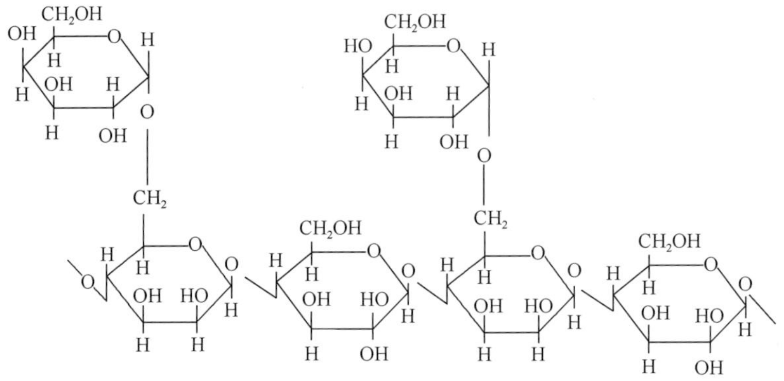

图 7.5-3　半乳甘露聚糖化学组成

植物胶浆液所采用的植物胶的主要成分是多糖，还含有蛋白质、脂肪、纤维素、淀粉等，因此植物胶就是植物器官中含多糖、蛋白质、脂肪、淀粉、纤维索的胶质态物质的总称。它们的化学组成是比较复杂的，不仅每种植物胶的化学组分有所不同，并且同一种植物胶也会因采收季节、生长环境（如土质、雨量、气温）的不同而有所差异。

作为一种天然高分子有机化合物，植物胶中多糖和可溶纤维素的分子结构中含有大量的氢基等亲水基团，与水可通过氢键相联结，发生水合作用，是二种亲水胶体，可以和水以任意比例相融合，形成稳定的胶液。然而，纯植物胶液直接用于地质钻探，并不能达到很好的浆液性能，其防塌和保护岩芯作用很差，必须在植物胶液中加入适当的处理剂进行改性，使植物胶组分充分地进行水化作用、交联作用和桥接作用，使植物胶溶液成为完整而稳定浆液体系。

植物胶中的多糖、纤维素、蛋白质、脂肪等组分能在植物胶类浆液体系中发挥积极的作用，它们的作用有所不同：

（1）多糖分子的提黏和吸附作用

植物胶的主要成分是多糖，它们都是水溶性物质，与水结合提黏作用显著，适中的黏度对于浆液携带岩屑，减少岩屑的重复破碎是有利的。多糖分子结构上的轻基可以与孔壁岩石晶格表面的氧原子形成氢键连接，使多糖分子吸附在孔壁上，可起到护壁的作用。

植物胶中含有的多糖主要是甘露糖、半乳糖、木糖和葡萄糖等，其中又以半乳甘露糖起主要作用。

（2）纤维素形成结构黏度

植物胶中的含有纤维素，野生植物是纤维素的土要来源之一，通常纤维素、半纤维素和木质素大量的存在于植物的细胞壁中。纤维素细粒在浆液中可以起到骨架的作用，增强浆液的结构强度，是形成植物胶类浆液结构黏度的重要物质基础，对增加植物胶胶膜的韧性也起到一定的作用。植物胶中的纤维素用稀酸水解则生成己糖和戊糖，所以纤维素的化学木质仍然是多糖。植物胶干粉中的纤维素在未水解的情况下不可能形成多糖，不具备有糖的性质。

（3）蛋白质增强吸附和抗污染能力

植物胶中所含的蛋白质对植物胶类浆液的胶体性能起着很重要的作用。蛋白质在水中能形成大分子胶体溶液，扩散慢，水化作用强。因为蛋白质在碱性的条件下可以分解为多种氨基酸，而氨基酸中的氨基为强吸附基团，对岩芯的吸附作用很强，可以对孔壁岩芯表面产生吸附，起到增强孔壁稳定的作用，并且在碱性条件下氨基酸经化学反应成为带负电的阴离子，可以吸附浆液中的Ca^{2+}、Mg^{2+}等有害离子，对防止浆液的污染有利。

蛋白质属高分子物质，分子量很大，一般都在一万以上，结构也很复杂，可被酸、碱和蛋白酶催化水解，此时蛋白质分子断裂，分子逐渐变小，形成分子从大小不等的肤段和氨基酸。

（4）脂肪的成膜作用

植物胶中的脂肪对改善浆液的性能起到一定的作用。

脂肪分子常和其他的化合物结合在一起，如糖脂分子脂肪分子和多糖分子结合而成，脂蛋白分子由脂肪分子和蛋白质分子集合而成，类似混杂形式的分子结构具有两种不同化合物的理化性能。不溶于水的脂肪还有很好的成膜作用，可起到降低浆液失水量和护壁的作用，从而改善浆液的性能。

因为脂肪有很好的成膜作用，膜具有保护层的功能，因此植物胶中的脂肪对降低浆液的失水量和护壁起着重要的作用。

3. 聚合物在植物胶浆液中的作用

（1）吸附成膜作用

植物胶浆液中常用的高分子聚合物以线型为主。线型高分子在液—固（孔壁岩石、岩屑等）界面上的吸附作用达到平衡之前，高分子吸附层的发育经历初始吸附成网，随后吸附成膜的过程。当岩石表面形成一定厚度而致密度的高分子膜时，便对岩石产生胶结作用。高分子吸附膜达到吸附平衡时的厚度可能较厚且坚韧，经历时间较长。然而，对于那些软、散、碎等易坍塌、掉块的孔壁岩石的胶结，至关重要的是高分子的初始吸附速度，即由吸附成网到吸附成膜的过程越快越好。也就是说，希望在瞬间吸附形成有足够胶结性能的高分子膜，否则孔壁稳定将失去控制。研究表明，影响高分子吸附成膜的速度和膜的致密程度的主要因素一是高分子聚合物的分子链的长度，二是高分子聚合物分子链上的官能团。对于常用的线型高分子，其分子链长度对成膜作用的影响，主要表现在吸附形态上，这里的最主要环节是控制高分子聚合物具有适当的分子链长度。分子链太长，大部分链节伸向液体中，成为链环和链端，只有少数链节吸附于固相表面。这种形态致使分子链与岩石的吸附链段少，对岩石的胶结作用较弱；同时，伸向液相的链环或链端必将成为其他高分子向岩石表面迁移吸附的障碍，使高分子吸附成膜的发育缓慢，膜不致密。此外，长链高分子也容易相互缠结，使分子向岩石表面的迁移吸附减慢，影响吸附成膜效果。

研究表明，分子链长适当的高分子聚合物，对岩石的吸附则有可能较多地表现为平卧式吸附，显然，这种吸附形态对成膜作用的增强是积极的，会加快成膜速度，提高膜的致密程度，从而对包裹岩矿芯、阻止岩层水化膨胀和防止孔壁坍塌十分有利的。

（2）渗析胶结作用

渗析胶结作用是线型的或团状高聚物进入岩石孔隙和缝隙时，因与孔壁表而吸附粘结和在孔道狭窄处被阻留而聚结，起到封堵孔隙、胶结岩石的作用。高聚物的渗析胶结作用是在浆液进入孔壁岩石的同时发生的，浆液进入的部位都伴有渗析胶结作用。可见，渗析胶结作用与吸附胶结作用的机理是不同的。

影响渗析胶结作用的主要因素有高聚物分子的形态、尺寸和吸附特性等。团状高分子，如聚硅酸胶团（分子量几百万）、线型高分子的交联结构（PHP 被 Fe^{3+} 、Al^{3+} 交联，植物胶被硼交联等），都有利于渗析胶结作用，并随胶团尺寸增大、胶团结构紧密而增强。

（3）剪切稀释作用

浆液的剪切稀释作用的大小可用剪切稀释指数来衡量，而剪切指数的大小决定于动切力和塑性黏度的比值，即动塑比的大小，动塑比越大，剪切稀释能力也越大。

研究还表明，分子链节为链状的高分子聚合物溶液都有较好的剪切稀释性能，而分子链为环状的聚合物溶液剪切稀释能力都较低，这是因为随着剪切速率的增加，聚合物的分子形状和包裹有聚合物的黏土颗粒的外形，逐渐转变为单一长轴按流动方向有规则的排列，以及体系内原来比较脆弱的结构。当剪切速率较高时，拆散后不易恢复，因而黏度随剪切速率的增高而不断降低。

4. 外加剂

为了使泥浆性能适应各种地层的要求，要对泥浆进行处理，主要是化学处理。

这种处理工作包括造浆时的初步处理，使新配泥浆的性能达到顶管工作顶进的要求，其次是顶进过程中对泥浆性能进行调节所做的补充处理。

初步处理主要是通过加入化学药剂帮助黏土颗粒分散或适度絮凝，配置出各种性能指标都合适的不同类型的泥浆来。而补充处理主要是加入化学处理剂调节泥浆性能达到顶进过程的要求。

调节泥浆的性能主要包括：降低泥浆失水量、增加泥浆黏度和切力、降低泥浆黏度和切力（分散稀释作用）、防漏、絮凝、调节 pH 值、增加润滑性、防腐蚀、杀菌、增加表面活性、去钙等处理工作。

（1）泥浆处理剂的作用

1）无机处理剂

无机处理剂在泥浆中广泛使用，其作用原理有如下几个方面：

① 分散或絮凝作用：这是按双电层理论进行处理的原理。如加入纯碱或磷酸钠盐，提供钠离子，帮助黏土颗粒分散或稳定，同时沉淀去钙或络合去钙的作用。相反，加入钙盐或食盐等，提供钙离子或过量的钠离子，对黏土颗粒进行适度絮凝，形成粗分散体系或网状结构，以满足抑制造浆及防塌、防漏等需要。

② 调节泥浆 pH 值：加入烧碱等提供氢氧离子，可使泥浆 pH 值增加，使泥浆处于弱碱性范围内，也有利于黏土的稳定。

③ 使有机处理剂溶解或水解：单宁酸、腐殖酸等有机酸在水中的溶解度小，黏土不易吸附它们。如加入适量烧碱水溶液，变成单宁酸钠或腐殖酸钠后，就成为水溶性处理剂了，这时也就容易被黏土所吸附，起稀释剂和降失水剂作用。

④ 其他作用：如进行无机凝胶堵漏，抑制盐层溶解等。

2）有机处理剂

有机处理剂广泛应用于泥浆处理，其他作用也是多方面的，品种比无机处理齐日多得多。无机处理剂可使泥浆具有分散稳定、絮凝、发泡、乳化、减摩润滑、抑制黏土质岩石水化、膨胀和造浆、抑制水敏性地层的坍塌等作用。从泥浆的性能来看，它们可用来降低泥浆的失水量，降低泥浆的黏土和切力，增加泥浆的黏度和切力、增加泥浆的润滑性能等。应指出，不是每种处理剂都同时具有多种作用的，而是以某一作用为主，或同时兼有其他作用。

（2）泥浆处理剂及选取

1）降失水剂：腐植酸甲

腐植酸钾（KHM）是一种高分子非均一的芳香族羟基羧酸盐，其外观为黑色粉末，易溶于水，水溶液呈碱性，用其配制的泥浆具有较强的防塌能力，KHM的有效成分是-COOK、-OK以及游离的K^+，KHM溶于水后能电离形成负电荷的水化基因，且KHM具有大的表面官能团，吸附了较多的自由水，提高了黏土颗粒的电动电位和静电斥力，使泥浆获得较低的失水量从而形成薄而有弹性的泥皮。同时K^+对基岩产生的封闭作用，可防止泥浆中的自由水的渗入，起到抑制水化和防塌作用。

试验结果表明：①腐植酸钾具有明显的降低泥浆失水作用，腐植酸含量、高，降失水作用好。②腐植酸钾泥浆的泥饼渗透性均小于原浆。③腐植酸钾泥浆有抑制页岩岩粉水化分散作用。④腐植酸钾具有抑制岩心吸水水化膨胀作用。⑤腐植酸钾加入泥浆中，常温下能提黏提切，高温下则起稀释作用。⑥腐植酸钾能提高泥浆的S电位，增加泥浆的稳定性。总之，腐植酸含量大于65%，钾含量大于8%，腐植酸钾的加入量为2%，能大大改善泥浆的性能。

2）润滑剂：石墨粉

从碳的原子结构分析，炭石墨材料本身就存在着润滑性。根据石墨的晶体结构可知，同一平面每层每个碳原子和相邻的三个碳原子间的距离都相等，构成正六边形环由于每个碳原子除了与同一网层平面内的三个碳原子以强共价键结合外，还要与邻近网层中的碳原子以较弱的次价键相结合，因此同层之间由较弱的力将其结合在一起。因为原子间的距离愈大其结合力就愈小。据计算层与层间的碳原子的结合力要比同一层内碳原子间的结合力小100多倍，所以层与层之间的结合就比较松。因此石墨在受到外力作用时层面容易发生解理，出现解理面（基面）所以石墨具有润滑的性质。

石墨晶体有足够的润滑性和柔软性，石墨宏观硬度很低，莫氏硬度等级为0.5～1，属于软性物质。石墨能在基层面上作完全的解理，并沿着解理平面而滑动，这就是石墨具有润滑性的主要原因。石墨在有水蒸气和空气的条件下能更好地发挥极好的润滑性。

石墨的摩擦特点：

① 石墨材料特有的晶体构造，则产生滑移。

② 天然或人造石墨干摩擦润滑剂具有吸附性，能形成一层润滑膜（石墨晶体膜）起到减少摩擦的作用。

③ 具有良好的导热性和散热性。

④ 因为碳的熔点很高，不会产生炭和金属材料的咬焊现象。

3）烧碱（NaOH）

烧碱即氢氧化钠（NaOH），是乳白色晶体，相对密度为2～2.2，易溶于水，水溶液呈碱性（pH 值为 14）。将 NaOH 放入植物胶浆液中，NaOH 会电离出 Na^+ 和 OH^-。

其中 OH^- 在聚糖分子内与氢基（-OH）形成氢键链结，以氢键链结的形式存在，在碱性条件下有利于水分子进入聚糖分子之间，水分子和聚糖分子的氢键链结使得大量的水分子束缚在聚糖分子之间。这样使得聚糖分子透水性差，且具有韧性。另一方面，Na^+ 等阳离子可使胶粒适度凝聚并适度水化，使得胶粒粒子尺寸变大。由于胶体增大，在测试植物胶浆液的失水量时，粒子从过滤空隙中通过的数目就会减少，浆液失水量就较小。加入 NaOH 后，可促进植物胶中的蛋白质分解为氨基酸，氨基酸中氨基为强吸附基团，对孔壁的吸附作用很强，可增强浆液的护壁效果。

4）分散剂：纯碱（$NaCO_3$）

纯碱即碳酸钠（$NaCO_3$），也叫苏打，无水碳酸钠为白色粉末，相对密度为 2.5，易溶于水，水溶液呈碱性（pH 值为 11.5）。在空气中易结块，存放时应注意防潮。

纯碱溶液主要存在 Na^+、CO_3^{2-}、HCO_3^- 和 OH^- 粒子，纯碱通过离子交换和沉淀作用使钙质黏土变为钠质黏土，从而有效地改善黏土的水化分散性能，因此加入适量的纯碱可使新的浆液的失水量下降，黏度、切力增大。但过量的纯碱要产生压缩双电层的聚结作用，反使失水变大。另一方面，纯碱也可以提高浆液的 pH 值。

7.5.4 注浆护壁机理

1. 泥浆与管道以及土体之间的相互作用

为减小摩擦阻力，后续管节的直径比掘进机的直径要小 2～5cm，使管道与周围土体之间会产生空隙；纠偏时对土体一侧产生挤压作用，而另一侧由于应力释放形成空隙，因此，在顶管顶进的曲线轨迹中存在许多这种空隙。注浆时，从注浆孔注入的泥浆会先填补管节与周围土体之间的空隙，抑制地层损失的发展。泥浆与土体接触后，在注浆压力的作用下，注入的浆液将向地层中渗透和扩散，先是水分向土体颗粒之间的孔隙渗透，然后是泥浆向土体颗粒之间的孔隙渗透；当泥浆达到可能的渗入深度之后静止下来，只须经过一个很短的时间，泥浆就会变成凝胶体，充满土体的孔隙，形成泥浆与土壤的混合土体；随着浆液渗透越来越多，会在泥浆与混合土体之间形成致密的渗透块（图 7.5-4）；随着渗透块越来越多，在注浆压力的挤压作用下，许多的渗透块之间黏结、巩固，形成一个相对密实、不透水的套状物，称为泥浆套。它能够阻止泥浆继续渗入土层。

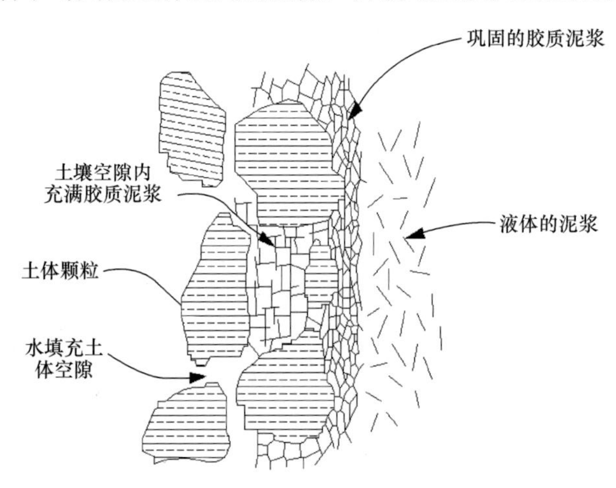

图 7.5-4 渗透块的形成

由于掘进机的开挖会对管道周围土体产生扰动，使部分土体结构遭到破坏而变成松散土体。在注浆压力作用下，泥浆套能够把超过地下水压力的液体压力传递到土体颗粒之间，成为有效应力压实土体。同时，泥浆的液压能够起到支撑隧洞的作用，使其保持稳定，不让土体坍塌到管道上。

如果注入的润滑泥浆能在管道的外周形成一个比较完整的泥浆套，则接下来注入的泥浆不能向外渗透，留在管道与泥浆套的空隙之间，在自重作用下，泥浆会先流到管道底部，随后向上涨起。当隧洞充满泥浆时，顶进管在整个圆周上被膨润土悬浮液所包围，受到浮力作用，管道将至少变成部分飘浮，它们的有效重量将变小，甚至可能变成负的。

管道在泥浆的包围之中顶进（图7.5-5），其减摩效果是十分令人满意的。

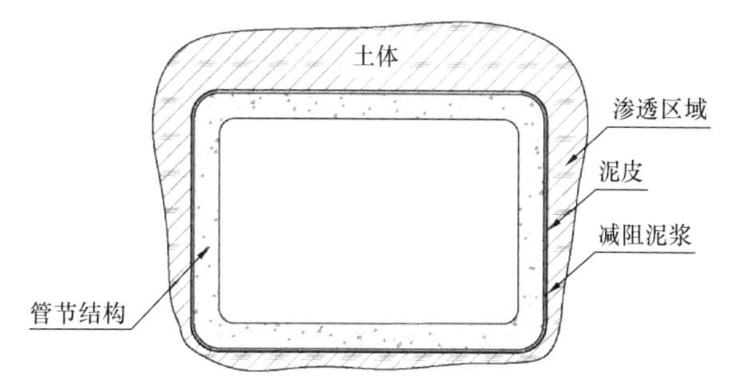

图7.5-5 泥浆与土体相互作用

实际施工中，由于受环向空腔不连续、不均匀、泥浆流失、地下水影响以及压注浆工艺等因素影响，可能会对减摩效果产生影响。但大幅度地降低摩擦阻力是毋庸置疑的，一般注浆后管道顶进时产生的摩阻力可以降低到3～5kPa。

2. 浆液在土体中的渗透

膨润土泥浆将渗入土层的孔隙内，充满孔隙，并继续在其中流动，其流速取决于孔隙的横断面与泥浆的流变特性。土体孔隙将对泥浆的流动产生阻力，在克服流动阻力的过程中，压浆压力（泥浆压力与地下水压力之差）将随着渗入深度的增加而成比例地衰减，所以，相应每一种压浆压力都有一个完全确定的渗入深度，即渗流距离。泥浆的渗流距离就相当于泥浆套的厚度。如图7.5-6所示，假定一条圆形土体孔隙的半径为r，τ_s为泥浆的流动阻力；距离L的孔隙对泥浆产生的阻力为W，则$W=2\tau_s r\pi L$。

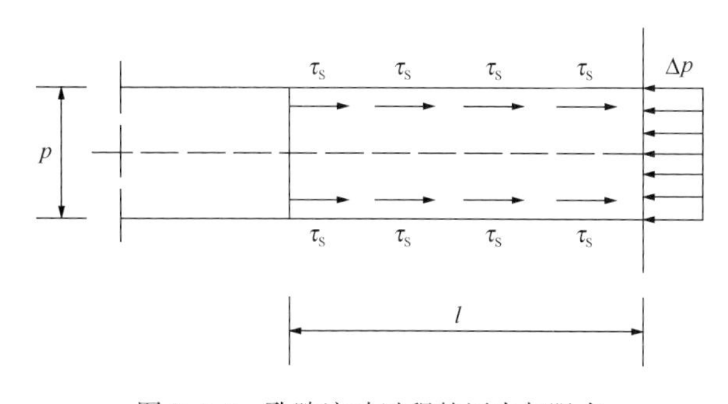

图7.5-6 孔隙流动过程的压力与阻力

为克服这一阻力，便需要一个压力p，$p=\Delta p\pi r^2$；式中Δp为泥浆压力与地下水压力之差。只要$p>W$孔隙内的泥浆便向前流动；一旦$p=W$则停止流动。根据受力平衡，对于既定的Δp，可求得$L=r\Delta p/(2\tau_s)$。由此可见，渗流距离与土体孔隙直径和压浆压力成正比，与泥浆的流动阻力呈反比。Janeseez和steiner（1994年）研究了泥浆在土体中的渗流，得出以下公式：

$$s=\frac{\Delta p d_{10}}{3.5\tau_s} \tag{7.5-8}$$

式中 s——渗流距离；

d_{10}——有效粒径，即小于该粒径的土颗粒质量占总质量的10%。

Jefdes（1992年）提出了考虑孔隙率n的表达式：

$$s=\frac{\Delta p d_{10}}{\tau_s}\frac{n}{1-n}f \tag{7.5-9}$$

式中 f——一个考虑土体中渗流路径的尺寸和弯曲程度的因素，一般为0.3。

对于典型的孔隙率 n，该公式得到的渗流距离要比公式（7.5-8）得到的值短得多。

Anagnostou 和 Kovari（1996 年）从德国标准 DIN-4126（1986 年）中引用了一个相似的表达式：

$$s=\frac{\Delta p d_{10}}{2.0\tau_{s}} \tag{7.5-10}$$

为了能够形成低渗透性的膜，就必须使泥浆不太容易渗透到土体中去。试验表明，泥浆浓度越高，在土体中的渗透距离越短。在高浓度泥浆和高注浆压力下容易形成泥浆套。一旦泥浆套形成，泥浆套厚度增加就会变慢，它的过程就像一张处于压力作用下的滤纸。

为了减小渗透，改善泥浆套的形成，可以添加聚合物。聚合物通常是由大量的小化学单体连接在一起而形成大的长链分子。应用在隧道工程中的人工聚合物主要有聚丙烯酰胺、聚丙烯酸酯乳液、部分水解的聚丙烯酰胺（PAM）、梭甲基纤维素（CMC）、多阴离子纤维素（PAC）等。它们的长链分子就像增强纤维一样，形成一张网留住膨润土颗粒（图 7.5-7），堵塞土体孔隙。钠 CMC 聚合物在日本被广泛的应用，PAC 材料同样也适用。当它们与先前开挖土体留在泥浆中的淤泥和细砂结合起来时，能够更好地堵塞大的土体颗粒之间的孔隙。

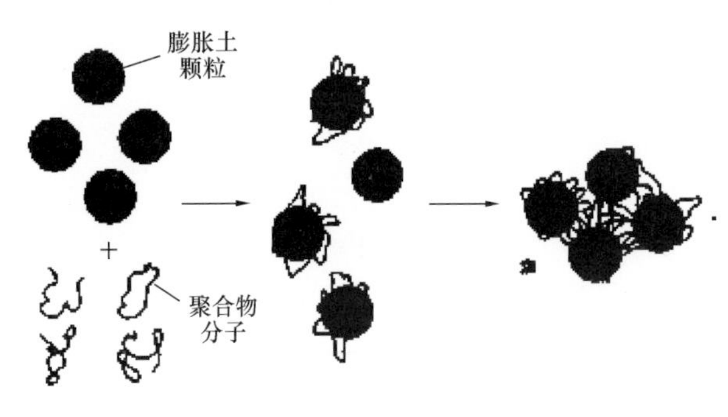

图 7.5-7 絮凝的搭接机理

3. 注浆对土层移动的影响

由于管径差以及纠偏操作会使管道与土体之间产生空隙，周围土体要填补这些空隙，进而产生地面沉降。另外，每当后续管节随掘进机一起向前顶进时，会对周围土体产生剪切摩擦力，产生拖带效应，使得土体产生沿管道顶进方向移动；而当更换管节停止顶进时，土体会产生部分弹性回缩，向顶进的反方向移动。

合理的注浆可以减小这些土层运动。从注浆孔注入的泥浆首先会填补管节与周围土体之间的空隙，进而形成泥浆套，能够起到支撑隧洞的作用，使开挖的隧洞保持稳定，不让土体坍塌到管道上，从而，可以减小地面沉降。由于土体与管道之间被泥浆隔离，使得管道顶进对土体产生的剪切摩擦力大大减小，可以减小深层土体水平移动。

7.5.5 注浆减阻机理

1. 润滑减阻护壁泥浆长距离输送紊流减阻性能

所谓的紊流减阻，就是在溶剂中加入减阻剂，在紊流状态下，流体的摩阻显著的降低。从观察流动现象知道，紊流与层流有本质的区别，在紊流情况下，流体质点的运动非常的紊乱，随时改变其速度的大小和方向，流体质点在向前运动的同时，还有大的横向速度，而横向速度的大小和方向是不断变化的，从而引起纵向速度的大小和方向也随时间作无规则的变化，也就是速度脉动现象。速度脉动的频率很高，达每秒几百次，在紊流中，各点的压力也是脉动的。由于流体微团的无规则迁移、脉动，使得流体微团间进行能量交换非常剧烈，而且紊流中的流动阻力比层流中的黏性阻力要大得多。

紊流附面层与层流附面层的结构也不相同，层流附面层的流动阻力是有黏性摩擦力产生的，而紊流附面层有层流底层和底面外面的一层紊流部分组成，层流底层内流动阻力也是有黏性摩擦产生的，而在附面层的紊流部分产生阻力的原因，既有摩擦的因素，也有流体微团横向迁移和脉动的因素。我们知道，黏性流体作无旋运动是不可能的，在紊流附面层，流体受到固体壁面流动条件、流体的黏性、表面粗糙度等因素而产生漩涡，因此在附面层中不仅有微小涡流，而且产生大涡流大都始于此。

由动量交换等理论可知，紊流总摩擦力等于黏性摩擦力与附加切应力之和。浆液中的聚合物分子链和分子线团减少了微小漩涡的数量及其抑制了小漩涡的扩展，使边界层中的涡流得到控制，减少了边界层内和边界层外的脉冲速度（横向脉冲速度），从而减少了紊流附加切应力，也就是减小了摩阻损失。另外，聚合物分子还可以用其他方式消散漩涡。聚合物分子和分子线团吸收的能量，一部分通过黏性耗散消耗掉，另一部分传给了边壁，也还有一部分将横向脉动的能量转变为纵向脉动的能量。

试验证明，高分子聚丙烯酰胺，植物胶等都具有良好的减阻性能，而且分子量越大，减阻率也就比较高。根据相关试验数据，减阻只能在紊流条件下降低摩阻，一旦流体进入层流状态就不会减阻，并有可能增加摩阻。

2. 润滑减阻护壁泥浆润滑减阻性能

任何运动物体都受到其周围介质或与其接触的物体的作用，这种力的效果是阻挠运动物体的运动，而且最后使它停止。这种力就是摩擦力或介质的阻力。当液体或气体开始流动时，由于内摩擦，使相邻层间出现速度梯度。它的最大特点是层与层之间的速度是连续变化的，没有显著的突变。但当两个固体彼此相对滑动时，接触物体之间的速度有显著的变化。摩擦只和相互摩擦着的两个物体的表面状态有关，而与距离表面某一深处诸层的状态无关。因此，这种摩擦就叫外摩擦。

在顶管过程中，要是管具和孔壁进行外摩擦，顶管工程将很难或无法进行。注入泥浆，在管具和孔壁之间有了一层泥浆润滑流体层，这时就不是外摩擦而是内摩擦行为了。当润滑层的厚度超过十分之几微米时，叫流体润滑。

黏土、岩石、钢材的表面都是亲水性的。在顶管过程中，膨润土—聚合物浆液要吸附在井壁、管具与地层裂隙或孔隙的壁上，或许是吸附了薄薄的一层，或许是吸附了很多层。而膨润土和聚合物都具有吸附性，能在孔壁上形成均匀泥饼，泥饼表面上依然是单层或多层的被吸附分子；而在管具表面上也形成单层或多层的被吸附分子，即均匀的泥饼。顶管过程中两摩擦表面完全被液体层隔开、表面凸峰不直接接触的摩擦，摩擦状态就变为内摩擦，其润滑过程也就变为泥皮之间的流体润滑，此种润滑状态称液体润滑，摩擦是在液体内部的分子之间进行，故摩擦系数极小。

植物胶浆液通过复合方式加入合成高分子聚合物后，由于高分子聚合物独特流变特性的影响，使植物胶流型流态发生很大改变，润滑减阻作用大大增强。水利电力部成都勘测设计院1985年所做《植物胶冲洗液研究报告》（水利水电攻关成果，标号15-12）表明，2%的纯植物胶冲洗液的润滑系数为0.245，降低水的润滑系数为27.94%，这样的润滑效果是相当显著的。将这样的润滑效果应用到顶管工程，将大大地减小顶管过程产生的阻力。

7.5.6 注浆工艺

（1）注浆工艺流程

根据注浆孔设置部位的不同，注浆工艺分为管外注浆法和管内注浆法。根据注浆工艺特点的不同，注浆工艺流程分为固定式注浆和移动式注浆。管外注浆法一般在顶管工作坑前壁设置注浆孔板，注浆孔与管中心线呈 45°角，且与顶进方向保持一致。孔板与顶管管材外壁留有定量的间隙，以利浆液注入。间隙以压紧式胶圈封闭，防止浆液倒流回工作坑。因注浆孔固定，这种注浆又称为固定式注浆，它适用于距离较短的顶管。管内注浆法即将注浆管引入顶管内部，在管材内壁开注浆孔注浆的方法。注浆孔的多少及设置方法视需要而定（图 7.5-8）。随着管子的顶进，注浆孔也随着向前移动，故又称为移动式注浆。目前在多数矩形顶管采用的是移动式注浆。移动式注浆如图 7.5-9 所示。

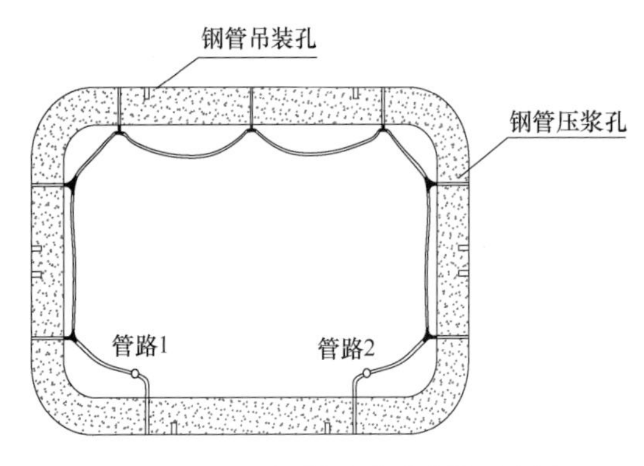

图 7.5-8 矩形顶管注浆孔布设示意图

图 7.5-9 移动式注浆图

压浆装置包括压浆孔、浆箱、泥浆中继站、压浆泵。

（2）注浆工艺参数

1）注浆量

注浆量是注浆减摩中重要的技术指标，它反映的是顶管的长度和浆膜厚度的量化关系。它和顶管的管材、顶管长度、土壤结构及含水率等因素有关。从顶管注浆开始，就要对注浆量、顶进长度、顶进推力、注浆压力及时间作综合的对比记录，并可根据注浆量及顶进长度、浆膜厚度对减摩效果进行动态分析。

顶管工程压浆一般由两个部分组成，一个是工具头后部的同步注浆，另一个是管道内的跟踪补浆。采用重叠压浆机理来控制注浆量，即每个压浆环压出去的浆都和下个压浆环的压浆范围重叠，压浆量控制在 6 倍建筑空隙以内，加上重叠范围，总体上压浆量为 8 倍建筑空隙。

为确保能形成完整有效的泥浆环套，管道内的补压浆的次数及压浆量根据管壁为泥浆反压、外壁摩阻力变化情况结合地面监测数据及时调整。

2）注浆压力

注浆压力应平稳均匀，一般通过观察贮浆池内浆液减少量、顶进长度、顶进推力及估算的浆膜厚度综合分析注浆压力是否过大或过少。开始注浆时压力不宜过高，压力过高不仅不易形成浆套，还会产生冒浆现象，影响减摩效果。

注浆压力的大小和稳定性会对土体的移动有影响。如果注浆压力过大，会对管道周围的土体造成挤压，使土体发生侧向位移和地面隆起现象；如果注浆压力过小，则浆液无法顺利地填补管道与周围土体之间的空隙，无法形成泥浆套，不能达到注浆的预期效果。同时，注浆压力不稳定，则会对土体产生扰动，破坏土体的结构，从而引起沉降，尤其是后期的固结沉降。

合适的注浆压力应既能使浆液顺利地注入管段外壁，又能不严重地扰动地层。采用土压平衡式顶管机，实际施工中注浆压力一般取掘进机大刀盘中心刀头处测到的土压力值（地下水压力和自重土压力之和）。

3）注浆速度

注浆速度受很多因素影响和制约，如注浆孔的设置、浆套形成快慢及效果、顶进速度等。可根据实际工程中减摩效果及注浆压力对注浆速度进行调节，以适应工程需要。

随着顶管的推进，注入的浆液将向地层中渗透、扩散，造成泥浆逐渐流失，管节与周围土体之间的泥浆套将减小。土体要向管壁方向移动，造成管壁摩阻力的增加，使顶力上升。

在注浆应用前，随着正应力的增加，剪应力基本呈线性增加，如图7.5-10中虚线A所示，得到管土接触面摩擦角为39.2°；当膨润土浆液注入管道与隧道之间多余的空隙后，短时间内获得虚线C，由于管道变成部分飘浮，正应力下降，接触面摩擦角下降到15.3°；过一段时间后，浆液向管道周围土体渗透、消散，润滑效果开始下降，正应力和摩擦角都会增加，此时，获得虚线B，摩擦角变为29.6°。

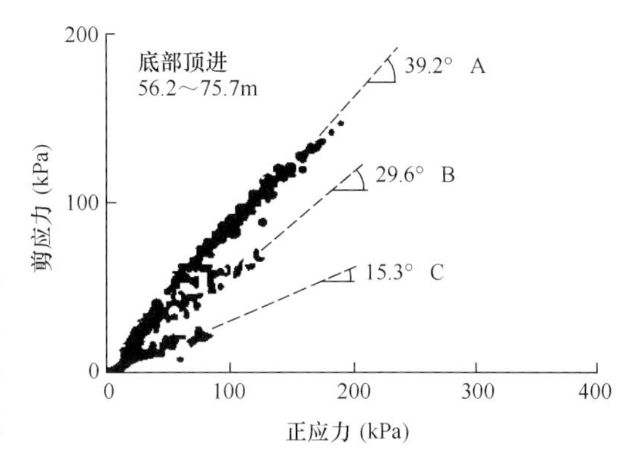

图7.5-10　管道底部实测得到的管土接触面正应力与剪应力的关系曲线

因此，在推进过程中，需对后面的管段不断补浆，以使管段与土层间空隙中的膨润土泥浆的压力能够始终保持与土压力一致。补浆孔的间距和数量，取决于土质（土壤允许膨润土泥浆向四周扩散的程度）、膨润土悬浮液的流变特性、顶管机的出土量和推进速度等。通常，每隔2～5节管段设置一些补浆孔。

4）在特殊土中注浆

在膨胀黏土中注浆要特别小心，因为黏土接触到含水的泥浆后，会吸收水分而膨胀。土体可能会充分膨胀到密合管径差，紧密地包裹住管道，增加管土之间的接触应力，提高顶进阻力。

遇到这种情况，可以采用两种措施：一是改变黏土的性能，将黏土转换成不容易吸水类型，通常的方法是交换黏土矿物中的离子。膨胀黏土含有一种相对高成分的蒙脱石，其他不太活跃的黏土成分主要是伊利石和高岭石矿物。增加钾氯化物对于减少膨胀性能特别有效；二是将黏土颗粒与水隔开，可采用高分子聚合物（例如PAM），它能够把水的表层与黏土表面结合起来，阻止水分进一步进入黏土颗粒中。仅需要很小的剂量即可达到目的，一般为总重的0.05%～0.1%。

(3) 注浆质量控制

为使注浆产生良好的效果，保证注浆质量，从施工开始到注浆结束，对注浆过程的每个环节都需要严格控制。注浆过程的质量控制如表 7.5-4 所示。

注浆过程的质量控制 **表 7.5-4**

项目	控制要点
浆液质量控制	1. 每次注浆前都要认真检查贮浆池中浆液的黏度，保证原浆黏度符合要求； 2. 浆液要充分搅拌，让其充分进行水化反应； 3. 贮浆池上设置防雨装置，防止雨水对浆液黏度的影响； 4. 要对膨润土进行过筛处理，清除其中的砂子、水泥、石块等杂物，以保证注浆顺利，减少注浆泵堵塞磨损
注浆压力的调整与控制	1. 注浆时压力不宜太高，因为注浆压力太高了容易产生冒浆，不易形成浆套； 2. 当注浆压力较大时，调整浆液黏度或注浆速度、浆液的配比及外加剂批，以保证注浆压力的持续和平稳
观察注浆泵的工作情况	注浆过程中要仔细观察注浆泵的工作情况，一旦发现注浆泵工作异常或注浆泵发生堵塞要及时处理，尽快恢复正常注浆
掌握好压水量	1. 在每次注完浆后，都应压一定量的清水，以防浆液在管路与注浆泵中凝固； 2. 压水量应仔细计算，过多过少都不行。过多，靠近注浆管附近的浆液被水稀释，浆液体强度降低；过少，浆液将在管路中凝结
形成环状浆液	1. 顶管管节采用钢筋混凝土 F 型管，其承口端与插口端之间有环形间隙； 2. 利用上述间隙，在钢筋混凝土 F 型管靠近承口端的内壁上布置管节压浆孔入口，在橡胶密封圈外侧环缝位置布置压浆孔出口。具体是在钢筋混凝土 F 型管尾部环向均匀地布置 4 个压浆孔，呈 90°环向交叉布置。压浆孔采用预埋钢管，在其内侧带有螺牙，以便于压浆软管与之连接，并且不用时可以用堵头封堵； 3. 顶进机推进时，通过现存的压浆设备将膨润土泥浆送到压浆孔，通过压浆孔向外压浆； 4. 膨润土泥浆通过内壁的压浆孔入口进入到管节承口端与插口端的环形间隙中，泥浆在充满环形间隙后，向土体中扩散，这样点状浆液出口变成了环状浆液出口，形成有效的环状泥浆护套，提高了压浆质量，可以取得良好的减阻效果

7.5.7 触变泥浆技术指标测定

1. 润滑减阻护壁泥浆的流变性测定

泥浆的流变性是指它的流动和变形特性（主要是流动性）。如泥浆的塑性黏度、动切应力、表观黏度和触变性等性能都属于流变性。

泥浆的触变性是指泥浆搅拌后变稀，静止时变稠的特性。具有触变性的胶体体系都存在空间网架结构，当结构破坏后重新恢复时，只有颗粒的某些部分互相接触，才能彼此连接，形成结构，这要求颗粒互相排列时有一定的几何关系。因此，恢复结构需要一定的时间进行定向排列。恢复结构所需要的时间和最终胶凝强度的大小是触变性的主要特征。从有结构到结构被拆散，再到结构恢复，在等温条件下是可逆的，是可以重复的。

泥浆的流变性影响泵压、排量、护壁质量等。直接关系到顶管的进度、质量和成本。

研究泥浆流变性较好的方法是用漏斗黏度计和旋转黏度计。

（1）漏斗黏度计

测量前，要用清水校正漏斗黏度计。标准漏斗黏度计注满700mL清水，流满500mL量杯的时间为15s。如有误差应按下式校正：

泥浆的实际黏度（S）＝15×测量的泥浆黏度（S）/测量的清水黏度（S）

漏斗黏度计所测定的黏度，只是泥浆在一定条件下的某一表观黏度，能在一定程度上反映泥浆的稠度变化，但不能反映构成表观黏度的塑性黏度和结构黏度的大小，也不能反映液体相对密度对黏度的影响，而且泥浆流出的压力差是变量而不是定值。因此漏斗黏度计在使用上有一定的局限性。

（2）旋转黏度计

目前广泛使用的是ZNN-D型旋转黏度计，其型号有ZNN-Dl，ZNN-DZ，ZNN-D6型，本试验采用ZNN-D6型电动六速旋转黏度计。

ZNN-D6型旋转黏度计，可测量液体的流变性，如表观黏度、塑性黏度、动切力、静切力、流性指数和稠度指数。

1）测量范围

牛顿流体：0～300mPa·s；

非牛顿流体：0～150mPa·s；

剪切应力：0～153.3Pa。

2）测量原理

牛顿流体，服从于牛顿内摩擦定律；塑性流体，服从于宾汉流体；假塑性流体和膨胀性流体，服从于幂函数式。

液体放置在两个同心圆的环形空间内，通过变速部分传动外筒恒速旋转。外筒通过被测液体作用于内筒上一个转矩，使同扭簧连接的内筒旋转一个相应的角度。依据牛顿定律，该扭角的大小与液体的黏度呈正比。于是液体黏度的测量转化为内筒转角的测量。根据指针所指刻度盘上的读数，按下列公式计算出动力黏度、剪切应力和流速梯度。

动力黏度：
$$\eta=\frac{15\phi m(r_2^2-r_1^2)}{2\pi^2 hr_1^2r_2^2}(\mathrm{Pa\cdot s}) \tag{7.5-11}$$

剪切应力：
$$\eta=\frac{\phi m}{2\pi r_1^2}(\mathrm{Pa}) \tag{7.5-12}$$

流速梯度：
$$dv=\frac{\pi r_2^2 n}{15(r_2^2-r_1^2)}(\mathrm{s^{-1}}) \tag{7.5-13}$$

式中 ϕ——扭转格数；

m——每扭转一格所代表的扭矩值（N·cm /格）；

r_1——内筒外半径（cm）；

r_2——外筒内半径（cm）；

h——内筒的高度（cm）；

n——外筒每分钟转速（r/min）。

以上公式具有一般性的意义。不过，在实际工作中若要用它们来处理实验数据，其运算就太繁琐了。ZNN-D6型黏度计，只需读出两个数值，即600转/分和300转/分的扭转格数（ϕ_{600}和ϕ_{300}），便可按下列简化的式子算出塑性黏度、动切应力、表观黏度（600转/分时）、流性指数和稠度指数。

塑性黏度：
$$\eta_s = \phi_{600} - \phi_{300}(\mathrm{MPa \cdot s}) \tag{7.5-14}$$

动切应力：
$$\tau_0 = 5(\phi_{300} - \eta_s)(\mathrm{Pa}) \tag{7.5-15}$$

表观黏度：
$$\eta = 0.5(\phi_{600})(\mathrm{MPa \cdot s}) \tag{7.5-16}$$

流性指数：
$$n = 3.322\lg\frac{\phi_{600}}{\phi_{300}} \tag{7.5-17}$$

稠度指数
$$K = 0.1 \times \frac{5 \times \phi_{300}}{511^n}(\mathrm{Pa \cdot s}) \tag{7.5-18}$$

静切力
$$GEL_{10S} \text{ 或 } GEL_{10\min} = 0.5 \times \phi_3 \tag{7.5-19}$$

式中　ϕ_{600} 和 ϕ_{300}——600转/分和300转/分的恒定读值；

ϕ_3——静止10s或10min后3r/min的最大值。

表7.5-5列出两种浆液流变性参数值。

膨润土-聚合物浆液与植物胶浆液流变参数值　　表7.5-5

浆液配方	漏斗黏度(s)	塑性黏度(MPa·s)	表观黏度(MPa·s)	动切力(Pa)	稠度指数 K	流性指数 n
11%膨润土+5%纯碱+0.007%PAM-3+1%腐植酸钾+0.6%石墨粉	68	11	26.5	31	16.103	0.336
2%SH+3%NaOH+0.6%PAM-3	139	16	26.5	21	7.383	0.457

注：1　纯碱的加量为膨润土加量的5%，下同。NaOH的加量为SH植物胶加量的3%，下同。

2　PAM-3粉状白色分子量为900～1199，固含量≥87%，视密度为0.6～0.75，有效pH值范围为5～12的聚丙烯酰胺。下同。

2. 润滑减阻护壁泥浆的失水和造壁性参数测定

水是水基泥浆的分散介质，在泥浆中呈三种形态，即结合水、吸附水和自由水。泥浆在压差的作用下，其自由水向孔壁岩层渗透，这种现象称之为失水（滤失性）。单位时间内失水的多少叫做失水量。通常用mL（毫升）表示。

（1）泥浆的滤失形式

1）初失水

它是顶管过程中泥浆与破碎岩石初次接触时的瞬间失水。这种失水量较大，但持续的时间短，随着泥皮的逐渐形成失水量相应降低。

2）动失水

动失水是泥浆循环过程中的孔壁失水。在未有泥皮形成之前，动失水量较大，但随着泥皮的形成，动失水量逐步降低。一般认为，泥浆在循环过程中的动失水量约占全部失水量的80%。

3）静失水

它是泥浆在静止状态下，即停止循环时的孔壁失水。泥皮不受液流的冲刷，在压力差作用下形成渗透失水，泥皮则随失水时间的延长逐渐增厚，失水量由大变小。静失水量比动失水量小得多，而泥皮则比动失水厚。

泥浆失水量的计算综上所述，泥浆的失水形式主要是动失水和静失水，可以从7.5min和30min的失水量值，计算出静失水和动失水。

目前测得泥浆失水量的仪器，主要是测静失水的。在静失水的研究过程中，失水量Q与压力差P、过滤时间、液相黏度η、泥皮性质K的关系，根据达西定律引出如下公式：

$$Q=\sqrt{\frac{KRPt}{\eta}} \tag{7.5-20}$$

式中 K——常数，取决于泥皮渗透率的大小；

R——失水量（体积）与泥皮体积之比，是一个与泥浆固相含量有关的比值；

P——压力差（Pa）；

t——过滤时间（min）；

η——液相黏度（Pa·s）。

在推导公式时，其假定渗透面积是固定的。从式中可以看出，在单位时间内，通过单位渗透面积，泥浆的静失水与压差的平方根呈正比，与泥浆的滤液黏度及泥浆中的黏土含量的平方根成反比。

根据公式，假定其他值是不变的，引出失水量与时间的关系式：

$$Q=K\sqrt{t} \tag{7.5-21}$$

$$\frac{Q_1}{Q_2}=\frac{t_1}{t_2} \tag{7.5-22}$$

式中 Q_1——t_1时间的失水量；

Q_2——t_2时间的失水量；

K——常数。

根据上式可以有：已知时间的失水量计算出任何时间的失水量，即7.5min的失水量正好等于30min失水量的一半。

我国规定泥浆静失水的压力为9.8×10^4Pa，近似于一个标准大气压，过滤面积以直径表示为75mm，滤失时间为30min，失水量以mL表示，泥皮厚度单位为mm。

在失水过程中，泥浆中的黏土颗粒附着于孔壁形成泥皮。泥皮可以阻止泥浆中自由水继续渗透，起到保护孔壁的作用。可根据泥皮的厚度（h）衡量泥浆造壁性。

（2）泥浆失水量和泥皮厚度的测定

测定泥浆失水量的方法和使用的仪器种类很多。常用的方法有滤纸润湿法、常温常压法、高温高压法、常温高压法等。不同的测定方法使用的仪器不同。

ZNS型泥浆失水量测定仪，这种仪器的主要特点是操作简便、准确、干净，其压力和失水量都是相当直观。因此是目前国内主要推广、使用的评价泥浆失水量的仪器。ZNS型台式失水量测定仪的主要技术参数如下：

1）过滤面积45.3cm^2（相当于美国API标准）。

2）工作压力0.70MPa（相当于API标准100b/in^2）。

3）泥浆杯最大容量为240mL（杯内液面高度约53mm时）。

失水量测量试验完成后，用水冲去滤纸上的浮泥，量出泥饼厚度和计算失水量。当

7.5min 的失水量小于 8mL 时，应连续测量 30min。

（3）润滑减阻护壁泥浆的失水和造壁性影响因素

在失水过程中，泥浆中的黏土颗粒附着于孔壁形成泥皮（泥饼）。泥皮可以阻止泥浆中自由水继续渗透，起到保护孔壁的作用。泥皮的厚度用来衡量泥浆造壁性。

顶管用泥浆失水过程与钻探泥浆失水过程一样，有瞬时失水、动失水和静失水过程。如果我们想控制渗入地层的滤失量，就必须控制动失水，如果我们想控制附着在孔壁的泥饼厚度，则必须控制静失水。这里需要指出的是，孔内泥浆失水是在孔内的温度和压差下向地层里进行的。不同的地层岩石具有不同的孔隙度、渗透率，因此，同一种性能的泥浆对应不同的地层其失水量是不同的，孔壁上附着的泥饼厚度当然也是不一样的。在渗透性大的砂岩、砾岩、缝缝洞洞发育的灰岩处的孔壁附着较厚的泥饼；在渗透性较小的页岩、泥岩、石灰岩和其他致密的岩石处的孔壁附着较薄的泥饼。

当然，泥饼的厚度是与失水量有关的。失水量越大，泥饼亦越厚。然而，失水量并不是决定泥饼厚度的唯一因素，对于不同的泥浆，泥饼厚度相同，但失水量可能不同；反之，失水量相同，泥饼厚度亦可能不同。失水量多固然不好；不恰当地要求过小的失水量会使泥浆的成本增加。

另外需要强调指出，泥浆水的性质不同，对地层岩石的影响也是不一样的。高矿化度的水、碱性弱的水和不分散性处理剂（如聚丙烯酰胺）的水，较之淡水、碱性强的水更不易引起孔壁坍塌。

总之，泥浆所形成的泥饼一定要薄、致密、韧性；而泥浆的失水量则要适当，应根据地层岩石的特点等因素来确定，同时应考虑泥浆的类型（即滤液的性质）。

泥浆的失水与造壁性的调节综上所述，影响泥浆失水的因素有泥饼的渗透性、压差、滤液黏度、作用时间、温度和地层的渗透性。影响泥浆动失水的因素除了以上几项外，还有泥浆环空液流的流速、流态和泥饼的剪切强度。其中孔内温度和地层的渗透性是客观存在的，其余的因素则是可人为的调节的。我们可以通过改善泥饼的质量（渗透性和抗剪强度）、确定适当的泥浆比重以减小液柱的压差、提高滤液黏度、控制泥浆回流速度和流态等方法来减少泥浆进入地层的失水量，建立薄而韧的泥饼。在这里，最重要的是泥饼的渗透性，致密的、渗透性小的泥饼是控制失水量的关键，也是获得良好的造壁性所必需的。方法是：

1）选用优质膨润土。优质膨润土颗粒细、呈片状、水化膜厚，故能形成致密的泥饼，而且可以在固相较少的情况下满足对泥浆滤失性和流变性质的要求。使用得当，优质膨润土是可以大多数情况下把泥浆的失水量控制到顶管工艺所要求数值的。优质膨润土是配将材料，同时也是控制失水量和建立良好造壁性的基本处理剂。

2）加入适量纯碱、烧碱或有机分散剂，提高黏土颗粒的水化程度和分散度。

3）加入 CMC 或其他聚合物（如聚丙烯酰胺）以保护黏土颗粒，阻止他们聚结，从而有利于提高分散度。同时，CMC 和聚合物沉积在泥饼上亦起堵孔作用，使失水量降低。

4）加入一些极细的胶体粒子堵塞泥饼孔隙，使泥饼的渗透性减小、抗剪能力提高。

5）以上是针对膨润土泥浆提高造壁性的方法，对于植物胶浆液，可以加入聚合物（如聚丙烯酰胺）增强对孔壁的吸附能力、增大隔水膜的厚度，包络孔壁内脱落的岩土块，提高孔壁的稳定性。对于孔隙较大的地层，可根据地层情况适当加入惰性材料，植物胶和惰性材料、岩粉岩屑一起进入孔壁裂隙后，在狭窄的部位进行架桥堵塞，并且被黏附在裂隙壁上，提高孔壁稳定性，使得孔壁表面形成良好的泥饼。

3. 润滑减阻护壁泥浆的润滑性参数测定

顶管用泥浆充盈于管节与土层之间的环形空隙，作为一种中间介质，在管节顶进的过程中，具有润滑和支承两大功能。顶管进程中的阻力可分为正面阻力和侧壁阻力。对于特定的工程项目来说，正面阻力基本上是不变的，而侧壁阻力却随管节顶进距离的长短而变化，往往是正面阻力的数倍或十余倍。减小顶进阻力的常用技术措施是在管节与土层之间灌注一定厚度的泥浆层，有效地发挥润滑作用，减小管节与土层之间的摩擦力，它可使侧壁阻力减少50%～80%。

顶管过程中孔壁泥皮对管具的作用类似钻探过程中卡钻时泥皮对钻具的作用，所以本文采用钻探系统中泥饼粘附系数表征浆液在顶管过程中的润滑性。泥饼的黏滞性或润滑性的好坏对顶管工作关系很大。

NF-1型泥饼粘附系数测定仪是测定泥饼摩擦阻力大小的专用仪器，是依据牛顿摩擦定律而设计制造的。物体沿泥饼表面移动时的摩擦系数叫做泥饼的粘附值。

当仪器工作时，使粘附盘与泥饼之间产生滑动的最小力在扭矩扳手上测出的扭矩值，即该泥饼的粘附系数。

（1）仪器的主要技术指标

1）泥浆杯的容量为350mL（内刻线处）。

2）CO_2气瓶额定压力为7.5MPa。

3）粘附盘直径为50mm。

4）工作压力为3.5MPa。

5）扭力扳手0～120格，左右各分60格，每格示值0.5649N·m，满量程分左右各33.90N·m。

6）当仪器压力为3.5MPa以上时，各部位不漏气。减压阀在30～40min内允许压力表指示误差±0.05MPa。扭力扳手指示误差±1格。

（2）粘附系数计算

粘附系数是粘附盘开始滑动时必须具备的力和盘上标准力的比。

滑动力　$$(\text{N}) = M \times 1.5 \tag{7.5-23}$$

标准力　$$(\text{N}) = \text{差动压力} \times \text{盘面积} = 6984\text{N} \tag{7.5-24}$$

$$\text{粘附系数} = \frac{\text{扭矩} \times 1.5}{\text{差动压力} \times \text{盘面积}} = \frac{\text{扭矩} \times 1.5}{6984} = \text{扭矩} \times 2.148 \times 10^{-4}$$

即　$$f = M \times 2.148 \times 10^{-4} \tag{7.5-25}$$

式中　f——粘附系数；

M——扭矩（N·m）。

表7.5-6列出了三种浆液润滑性参数值。

三种浆液润滑性参数值　　表 7.5-6

浆液配方	粘附系数
11%膨润土+5%纯碱+0.007%PAM-3+1%腐植酸钾+0.6%石墨粉	4.89
2%SH+3%NaOH+0.6%PAM-3	无法粘附，粘附力接近 0
11%膨润土+5%纯碱	6.47

4. 泥浆的相对密度

泥浆的相对密度是指泥浆的重量与 4℃时的同体积淡水重量之比，常用符号“Y”表示。相对密度为无量纲。

（1）相对密度的测定方法及仪器

测定泥浆相对密度的仪器很多，采用 1002 型泥浆比重计，它是目前使用较普遍的杠杆式比重计。

测定前，用水（相对密度为 1.0）校正仪器。

测定泥浆相对密度时，将泥浆装满泥浆杯，以校正仪器时的同样方法进行，当水平泡处于中央时，读出游码左侧的刻度值，即为泥浆的相对密度值。仪器的测量范围从 0.96～2.0g/cm^3，刻度分值为 0.01g/cm^3，泥浆杯的容积为 140mL。

（2）泥浆的相对密度的影响因素

泥浆的相对密度大小取决于泥浆中固相含量和固相比重的变化。膨润土聚合物浆液的相对密度主要取决于造浆黏土（膨润土）。加入其他泥浆处理剂后，浆液稳定，放置一个星期后浆液也相当均匀，而且处理剂加量少，不会对浆液的比重有很大的影响。

植物胶浆液的相对密度也取决于植物胶。

5. 泥浆的含砂量

泥浆的含砂量是指泥浆中大于 74μm 非黏土砂粒所占泥浆体积的百分数。

泥浆中含砂量主要来源有以下几方面：

（1）使用质量不好的造浆黏土，黏土自身夹有一定数量的砂子；

（2）顶管过程中孔壁岩屑混入泥浆中；

（3）顶管过程遇流沙层、断层、风化带、破碎带等易塌地段时，大量流沙及破碎物进入泥浆中，增大泥浆的含砂量。

泥浆中的含砂量应控制在最小范围，绝对不含砂是很难做到的。

（1）含砂量测定方法及仪器

含砂量测定杯测定法

测定时，取 50mL 泥浆和 450mL 清水注入量杯内，然后充分摇动混合均匀，垂直静止 1min，大于 74μm 直径的砂子沉淀下来。从量杯下端刻度线上就可以直接读出砂子的体积数。由于是用 50mL 泥浆进行测定的，因此换算成体积含量百分数时，应乘以 2。应当注意，使用这种仪器时，往往有许多为分散的泥团沉淀，将影响其读书的准确性。

（2）泥浆含砂量的影响因素

实验室配制的泥浆的含砂量来源主要是造浆黏土和石墨粉。造浆黏土应选用优质膨润土，其含砂量较少，对浆液的性能也有很大的提高。优质石墨粉价格昂贵，用于配制浆液不够经济，一般选用相关工程使用废弃的石墨粉，其含砂量很大，使用前可过细孔筛子，筛去其中的杂质，其含砂量就会很小。

6. 泥浆的酸碱值（pH值）

（1）泥浆的pH值

泥浆的pH值表示法和水溶液一致，pH的高低是评估泥浆性能和进行化学处理的重要依据。一般情况下，泥浆的pH值以在8～10之间为宜。使用植物胶类浆液时，pH值可以调高到10～12。在水敏性地层中，泥浆的pH值不宜过高。过高或过低都会影响泥浆的使用质量，对钻进和护壁不利。

（2）泥浆pH值的测定方法及影响因素

试纸测定法：

使用pH试纸测定pH值，方法简单，为现场常用的方法，但测量精度不高。pH试纸分为广泛（1～14）和精密（分值为0.2）试纸两种。测定泥浆pH值时，取pH试纸一条，浸入被测液体中（失水仪滤过的水）0.55后取出，与标准比色板对照，既得泥浆的pH值。

泥浆的pH主要取决于浆液组分的化学性质。一般情况下，泥浆pH在8～10之间为宜，植物胶浆液提高到10～12左右。在水敏地层，浆液的pH值不宜过高。使用时应根据地层情况和浆液的实际要求用NaOH水溶液进行调节。

7. 泥浆的胶体率、稳定性

泥浆的胶体率可粗略的表示泥浆中黏土颗粒的分散和水化程度。

泥浆稳定性包括沉降稳定性（动力稳定性）和聚结稳定性（絮凝稳定性）。

本试验所配制的浆液胶体率和稳定率都可达100%，甚至放置一个星期，试管底部几乎没有沉淀或结块沉积物。

（1）胶体率测定方法

胶体率的测定方法比较简单，它是将一带有刻度的100mL玻璃量筒平放在工作台上，注入100mL泥浆，静止14h后，观察量筒上部是否澄清水出现。无清水时，该泥浆的胶体率为100%；若清水为5ml，则胶体率为100%－5%＝95%。

胶体率高的泥浆，说明黏土在水中的分散性好，泥浆性能稳定。

有优质膨润土和添加剂的泥浆，胶体率可达100%。但是，胶体率相同的泥浆，其他性能（失水量、相对密度、黏度等）却有一定的差别。由此可知，泥浆的胶体率只能反映泥浆的某一方面，但它是反映泥浆质量的重要方面。

（2）稳定性测定方法

如果泥浆中的分散体系能够长时间保持其分散状态，个微粒处于均匀悬浮而不被破坏，那么此泥浆的稳定性就为上乘。

泥浆的稳定性包括沉降稳定性（动力稳定性）和聚结稳定性（絮凝稳定性）。

沉降稳定性是指在重力作用下，泥浆中的固体颗粒是否容易下沉的性质。

聚结稳定性是指泥浆中颗粒是否易于降低分散度而黏结变大的性质。由于地球重力场的存在和泥浆物理化学性质的变化，泥浆中黏土颗粒间的凝聚和不稳定是绝对的，分散和稳定则是相对的。

目前，评价泥浆的稳定性，常采用静置泥浆后的上下密度作为依据。

测定泥浆稳定性的方法是：将一定体积的泥浆（800～1000mL），倒入100mL的干净的分液漏斗中，静置24h后，分别测定上下两部分泥浆的密度，上下两部分泥浆的密度差，既是泥浆的稳定性。其值越小越好，越小表示泥浆具有好的稳定性，否则稳定性差。一般情况下，泥浆的稳定性应不大于0.02g/cm^3，加重泥浆不大于0.06g/cm^3。影响泥浆稳定性的因素较复杂，例如黏土的分散度、水质硬度、受钙或盐侵、高分子聚合物使用不当以及添加剂的加量。胶体率和稳定性不好的泥浆，常表现为失水量大和结构力强。

8. 静切力

静切力可用浮筒切力计测定，其测定方法是将约500mL泥浆搅拌均匀后，立即倒入切力计中，将切力筒沿刻度尺垂直向下移至与泥浆接触时，轻轻放下，当它自由下降到静止不动时即静切力与浮筒重力平衡时，读出浮筒上泥浆面所对的刻度，即为泥浆的初切力。取出切力筒，擦净黏着的泥浆，用棒搅动筒内泥浆后，静止10min，用上述方法量测所得为泥浆的终切力。

（1）仪器

1）不锈钢浮筒切力计：长89mm，外径36mm，壁厚0.2mm；

2）用于放砝码的平板；

3）一套砝码（以g为单位）；

4）钢板尺：以英寸为单位，较精确到0.1英寸。

（2）测定步骤

1）小心取得高温静置老化后冷却至室温的钻井液样品，将浮筒及平板小心地放置在钻井液样品表面上并使之平衡。如果高温老化后钻井液表面生成了一层表皮，应先把表皮轻轻弄破。

2）在平板上小心地加上砝码以使浮筒开始向下移动，最好所加砝码能使浮筒沉入钻井液超过浮筒一半的深度。

3）记录包括平板和砝码的总重量W，以g为单位。测量浮筒沉入钻井液的深度L，单位为英寸。

（3）计算

$$S = 3.61 \times (Z + W)/L - 0.256A$$

式中　S——静切力（lb/100ft^2）；

Z——浮筒重量（g）；

W——平板和砝码的总重量（g）；

L——浮筒沉入的深度（英寸）；

A——钻井液的密度（lb/gal）。

7.6　土体改良

7.6.1　土体改良应遵循的规定

（1）土压平衡顶管机在遇到不良地层（中粗砂、砂卵石层等）时，应通过设在顶管机刀盘和胸板上的注浆孔向土舱内注入改良用的黏土等作泥材料制成的浆液，以改善不良土体的流动性、塑性和止水性能，保证开挖舱的水土压力与开挖面平衡。

1）土质的渗透系数较大时，作泥材料所配成的泥浆应具有较大的黏度，C型黏度计值在8000cp～10000cp之间，相对密度在1.30～1.50之间，配比宜为：膨润土98kg、黏土392kg、水892kg；

2）泥浆的注入量宜为15%～30%，应根据螺旋输送机所排渣土的状况确定，改良后的土体应具有良好的塑性、流动性以及止水性；

3）对不同的土质应选用不同的泥浆配比、注入不同的泥浆量；

4）对注入泥浆的科学管理应引起足够的重视；

5）泥浆注入应有专人负责，对注入压力、注入量、泥浆配比等应有详细的记录，应通过初始推进阶段试验以后再决定。

（2）开挖舱土压力应符合下列规定：

1）始发阶段顶管机进入原状土后，为防止机头“磕头”，宜适当提高掘进速度，使正面土压力稍大于理论计算值；

2）在顶管掌子面进入接收井洞口加固区域时，应适当减慢掘进速度，调整出渣量，逐渐减小机头正面土压力，以确保顶管机设备完好和洞口结构稳定；

3）密切关注顶管机的土压力参数，随时掌握顶管机掌子面的压力数值。

（3）土体改良后的效果及作用应满足下列要求：

1）土体改良后的渣土成流塑状或牙膏状，能够平稳控制土压，开挖面不出现大的隆起或沉降。

2）降低土体的内摩擦角，增加土体的流动性，减小土体对刀具、面板、土仓、螺旋机的磨损。

3）将改良剂加注到刀盘前方，切削土体经过刀盘及搅拌棒的搅拌，土仓内的土体通过刀盘充分搅拌后能达到较好的流塑性，能顺利地从螺旋机口排出。

（4）矩形土压平衡顶管机掌子面防结泥饼应采取下列措施：

1）在顶管机刀盘和胸板上加强高压喷嘴注浆；

2）在顶管机掌子面前方注入具有减黏性和强润滑性的改良浆液；

3）在机头前方适当加大土体改良剂的用量，改善顶管机头处土体的流动性；

4）可适当调高刀盘转速。

（5）矩形泥水平衡顶管机排渣应符合下列规定：

1）泥水循环排土时，宜采用泥水分离器分离混合泥浆中的渣土；

2）每段管节正常顶进完成后，在停机前宜对进排浆管内的泥浆进行内循环，以便将管内泥渣全部排出；

3）拆卸泥浆管时，应关闭顶管机泥水循环截止阀；

4）根据进排浆泵的泵送能力设置中继泵；

5）在粉细砂层掘进时，应增加循环泥浆的浓度，过滤掉粒径大于20mm的砂砾。

7.6.2　土压平衡顶管土体改良

1. 土压平衡矩形顶管施工常见问题

土压平衡盾构施工的基本原理是通过螺旋排土器排土来动态调节矩形顶管开挖土量和排出土量之间的平衡，以保持开挖面地层的稳定和防止地面变形。但是由于土质特性和工作压力不同，螺旋排土器排土效率亦不同。很多情况下，天然地层的开挖土很难满足开挖面稳定的条件，从而给施工带来困难。常见施工问题包括：

“闭塞”：当矩形顶管机压力舱内开挖土具有较大的内摩擦角，土体与侧壁的摩擦系数较大，开挖面的压力和压力舱隔板承受的矩形顶管千斤顶的推力较大时，土体在压力舱的侧壁容易发生黏附现象，此时上部的土体不能掉下来，黏附的土体逐渐增加，就容易发生开挖土的拱作用（如下图7.6-1）。由于开挖土体在密封舱成拱，使矩形顶管机不能正常出土，时间一长土体就会压实充满压力舱，经过压实的土体又使密封舱内搅拌翼板的阻力上升，加大了刀盘扭矩，引起施工的困难。

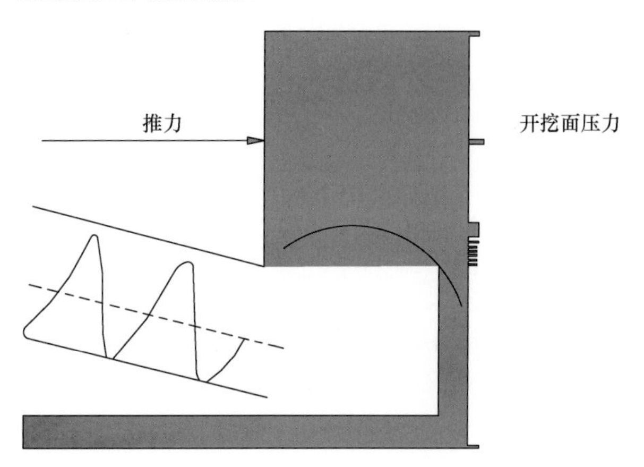

图 7.6-1　压力舱内成拱示意图

“喷涌”：矩形顶管施工中密封舱和螺旋排土器内的土体不能有效抵抗开挖面上的水压力，在螺旋排土器出口处容易发生喷砂、喷泥和喷水的现象。矩形顶管施工中发生喷涌，不仅造成隧道内开挖土难以处理，严重时会导致开挖面失稳。

“结饼”：矩形顶管在黏性土层中施工时，由于黏性土本身具有内摩擦角小，黏聚力大等特点，使得开挖时黏性土体黏附于矩形顶管刀盘上。而那些被刀盘从开挖面上切削下来的黏土，通过刀盘渣槽又进入密封舱，在密封舱上部压力的左右下容易发生压密和固结排水，形成坚硬的“泥饼”（图 7.6-2）。密封舱内发生“结饼”后，如果不进行及时的处理，则密封舱内“泥饼”将不断扩散，最终会使整个密封舱发生堵塞，这时就会导致密封舱内的刀盘扭矩过大，开挖困难，严重时会引发刀盘主轴承温度过高，出现主轴承“烧结”的严重后果，会加速主轴承的损坏。

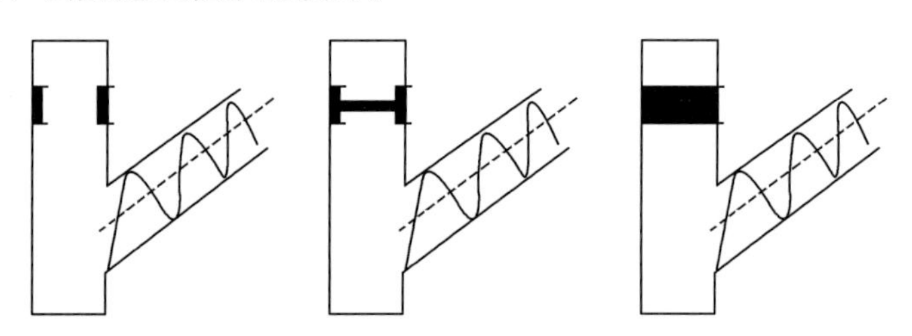

图 7.6-2　压力舱内结饼示意图

为避免矩形土压平衡顶管施工过程中产生上述施工问题，给施工和交通带来安全隐患，这就需要对施工过程中开挖断面的土体进行改良，使之能够满足顶管施工的需要。

2. 土压平衡矩形顶管施工“土体理想状态”

土压平衡施工需要开挖土体充满土舱，通过对舱内土体施加压力来平衡开挖面上的土、水压力，因此要求土压平衡矩形顶管施工土舱内土体应处于“塑性流动状态”。从土体土力学指标分析，这种“塑性流动状态”主要有以下几方面：

（1）土体应具有较低的渗透性：如舱内渣土具有较低的渗透性，开挖面土体中的地下水就很不容易渗出，有利于保持开挖面的稳定，同时也能避免在螺旋出土器出口处发生“喷涌”现象，给施工带来不便。

（2）土体呈塑性流动状态：土舱内的土体应具有较低的抗剪强度，且具有较高的含水率，从而有利于土体充满土舱，形成土压平衡，确保舱内渣土受到挤压时能发生塑性流动，经螺旋出土器顺利排出。

（3）土体具有相对适中的压缩性：当工作面土体压力传到土舱内时，如舱内土体具有较高的压缩性，就可以对压力的变化做出有利的反应，从而可以更好的维持开挖面的稳定。如果土体压缩性过大的话，其渗透性就会相对提高，土体易在土舱内或刀盘表面排水固结，形成“泥饼”，不利于工作面土体开挖及舱内土压平衡的形成和渣土排出，因此土体应该保持相对适中的压缩性。

（4）土体具有较小的内摩擦角：如土体摩擦性较小，能有效地降低刀盘附加扭矩及磨损，减少能源消耗，保证开挖效率。

土体理想状态的物理力学指标主要包括下面四项：

（1）渗透系数 k：渗透系数 k 是影响“喷涌”问题的主要因素，开挖土体的渗透系数越小则对盾构施工中“喷涌”防治效果越好，一般认为开挖土体的渗透系数小于 1.0×10^{-5}m/s 可以避免盾构中“喷涌”问题的发生。

（2）内摩擦角（φ）：内摩擦角是土体的强度参数之一，在避免土压平衡式盾构施工中出现的“闭塞”问题时，压力舱内土体的内摩擦角是一个主要影响参数。一般情况下，土体的内摩擦角越小，对“闭塞”问题的防治效果越好。

（3）坍落度 T（流动度）：一般对于密封舱内土体的流塑性可以用坍落度来衡量，密封舱内土体的流塑性直接决定了螺旋排土器的排土状态。如果土体的流塑性较好，螺旋排土器的排土量就容易控制，这样有利于保持开挖面和密封舱内的压力动态平衡，保持开挖面的稳定。一般土体的坍落度在 10～15cm 的范围内，认为其状态满足塑性流动状态的要求。

（4）压缩系数 a：根据盾构机“结饼”受力模型和发生机理的分析，可以得知压缩系数是导致盾构机“结饼”问题的关键参数。一般来说密封舱内开挖土的压缩系数越大则在盾构施工时越不容易发生“结饼”现象。根据资料对于砂性土，压力在 100kPa～200kPa 时，土体的压缩系数要大于 0.1MPa^{-1}才能达到要求。

综上所述，为避免“喷涌”问题的发生需控制土的渗透系数；为避免“闭塞”问题需控制内摩擦角；为控制开挖面稳定问题，需控制坍落度；为避免“结饼”问题，需控制压缩系数。而要对这些问题进行综合防治，就必须对各物理系数指标优化，就需要对土体进行改良，使开挖土体达到盾构要求的“理想状态”。

3. 土体改良常用改良剂

在土压平衡式矩形顶管施工中遇到不易形成“理想的塑性流动状态”的土层而发生上述施工故障时，通常的办法都是向压力舱内注入一些添加材料来改良土体的状态，使其达到利于施工要求的状态。目前，顶管施工中土体改良常用的外加剂一般可以分为四类：高吸水树脂类、水溶性高分子类、矿物类、界面活性材料类。通过土体改良，可降低开挖土体强度，利于刀盘切削；改善土体的塑流性，利于螺旋机排土；防止土舱内闭塞、泥饼的形成；冷却刀盘刀具，降低机械负荷。改良剂成分及各自的特点如表 7.6-1 所示。

常用改良剂 **表 7.6-1**

类别	典型用料	优点	缺点	适用土质
矿物类	钠基膨润土	改善流动性及渗透性	注入设备；渣土处理	各种土质
高吸水性树脂	环氧树脂	改善流动性及渗透性	在某些土质下吸水效果降低	含水率高
水溶性高分子	聚丙烯酰胺	改善流动性及渗透性	渣土处理	无黏性土
界面活性材料	泡沫剂	防止黏附刀盘，改善渗透性及流动性	无	各种土质

这些材料有时各自单独使用，有时组合使用，其特性归纳如下：

(1) 矿物类

为了使开挖土体成为具有流动性和不透水性的泥土，需要加入一些细颗粒，顶管施工中的经验值是开挖土中的微细颗粒必须达到 30%～35%。

若开挖土体中的微细颗粒不足，此时最常用的是把黏土、蒙脱石等作为添加材料制成泥浆进行补给。

可是，这种土体改良剂需要采用制泥设备和贮泥槽等大规模的设备，有时渣土由于呈泥状，分离比较困难而需要将其作为工业废弃物进行处理。

(2) 高吸水性树脂类

由于高吸水性树脂可以吸收自重几百倍的地下水成为胶凝状态，所以对防止高水压地基的喷涌有很好的效果。可是在盐分浓度高的海水或大量含有铁、铜等金属离子的地基，以及强酸、强碱性地基和化学加固区间等地基中，其吸水能力会大大降低。

(3) 水溶性高分子类

它与树脂一样是高分子化合物构成的材料，并具有可以使开挖土体的黏性增大的效果。在过去矩形顶管施工中，很多情况下都使用了 CMC，但有时由于渣土会成为泥糊状而需要作为工业废弃物来处理。

(4) 界面活性材料类

它是目前比较先进的改善土体性质的方法，主要是注入用特殊发泡剂和压缩空气制作的泡沫。

目前在国内的土压平衡矩形顶管施工中，泡沫和膨润土是使用得最为广泛的两种外加剂。

(1) 膨润土改良土体的机理

1) 膨润土的组成和结构构造

膨润土 (Bentonite) 是以蒙脱石 (Al_2O_3 $4SiO_2$ H_2O) 为主要成分的非金属黏土类矿物，蒙脱石 (Mont morillinite) 含量占到 30%～80%。蒙脱石是含水的层状铝硅酸盐，其晶体结构由两层硅氧四面体晶片中间夹一层铝氢氧八面体晶片组成，属 2∶1 型层状硅酸盐矿物，其微观结构可以参见图 7.6-3～图 7.6-5。

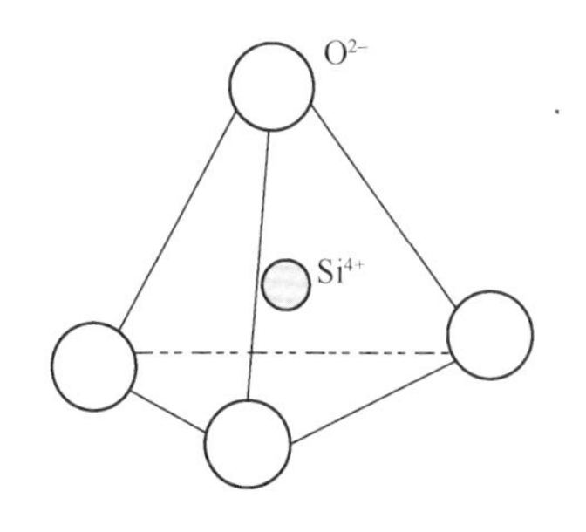

图7.6-3　硅氧四面体结构

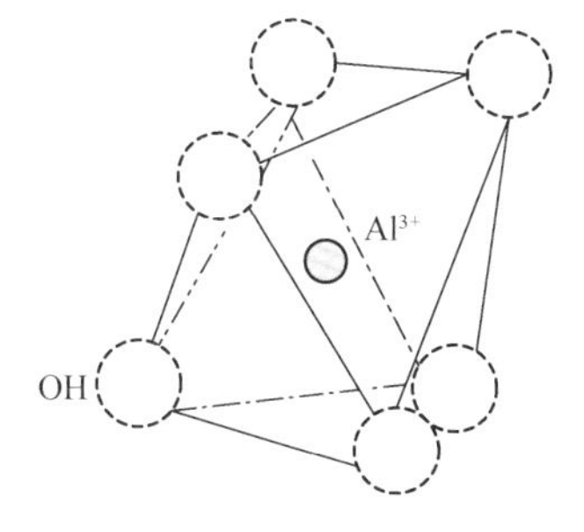

图7.6-4　铝氢氧八面体结构

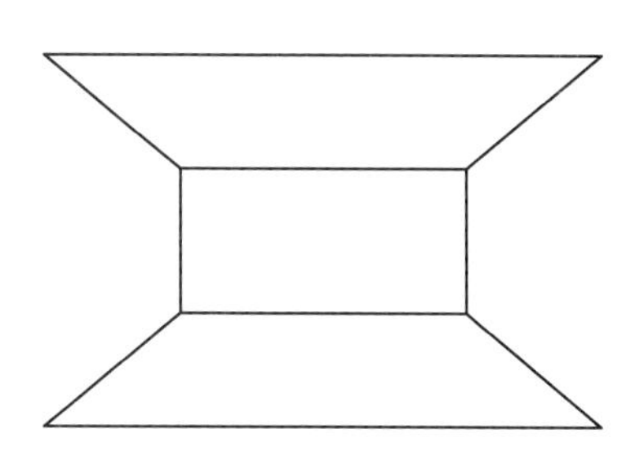
图7.6-5　蒙脱石结晶格架

其理论化学式为 Na_x (H_2O) 4 {Al_2 [Al_xSi_4－xO10] $(OH)_2$}，八面体中存在的阳离子数为2，四面体中存在的阳离子数为4。一般硅氧四面体和铝氢氧八面体中存在如 Fe^{2+}、Fe^{3+}、Mg^{2+}、Al^{3+} 等阳离子的同象置换，当置换阳离子为低价时，使结构增加等当量的负电荷，由层间吸附阳离子补偿。由于矿体产出的地质环境不同，层间吸附的阳离子和四面体、八面体的类质同象置换可有很大不同，因而蒙脱石的化学成分变化也较大。蒙脱石晶层间阳离子与晶体格架间形成电偶极子，加上蒙脱石晶层之间结合力较弱，能吸附极性水分子，根据阳离子种类及相对湿度，层间能吸附一层或两层水分子。另外，在蒙脱石晶粒表面也吸附了一定的水分子，结构水以OH基形式存在于晶格中。

2）膨润土的膨胀及防渗机理

矩形顶管掘进中所使用的膨润土是黏土的一种，其主要成分为蒙脱石，蒙脱石是2∶1型层状铝硅酸盐，其四面体中的硅可被铝随机置换，八面体中的铝可被同价或低价离子如 Ca^{2+}、Na^{+}、Mg^{2+} 等类质同象置换，这种类质同象置换过程使蒙脱石晶层面有过剩的负电荷，在层间产生一静电场，因此蒙脱石层间可吸附 Ca^{2+}、Na^{+}、Mg^{2+} 等阳离子和水（H_3O^+）、氨（NH_4^+）等极性分子。正是蒙脱石这种特有的吸附功能使得膨润土具有很强的膨胀能力。

膨润土一般分为钠基和钙基膨润土，在工程中多使用钠基膨润土，其颗粒的单位晶层中存在极弱的键，钠离子本身半径小，离子价低，水很容易进入单位晶层间，引起晶格膨胀，颗粒的体积膨胀为原来颗粒体积的10～40倍，吸水后形成一道不透水的防渗层。若再经过一段较长时间，则膨润土颗粒会变成膏脂状，渗透系数可以降到 1×10^{-7} m/s以下，几乎不透水。膨润土自身吸水结构发生变化的过程参见图7.6-6。

从微观结构来看，膨润土颗粒是粒径小于 $2\mu m$ 的无机质，主要结构体系为Si—Al—Si，是由云母状薄片堆垒而形成的单个颗粒。这些薄片层的上下表面带负电，因而膨润土的构成单位是互相排斥的。

膨润土在水化时，水分子沿着Si—Al—Si结构单位的硅层表面被吸附，使得相邻的结构单位层之间的距离加大。钠基膨润土单位结构层间能吸附大量的水，层间距离大，膨胀率高，钠离子连接各层薄片。

膨润土水化后，形成不透水的可塑性胶体，同时挤占与之接触的土颗粒之间的孔隙，形成致密的不透水的防水层，从而达到防水的目的。膨润土泥浆和土体相互作用后形成的混合渗透块参见图7.6-6。

膨润土由于具有吸湿膨胀性、低渗性、高吸附性及良好的自封闭性能，国外从20世

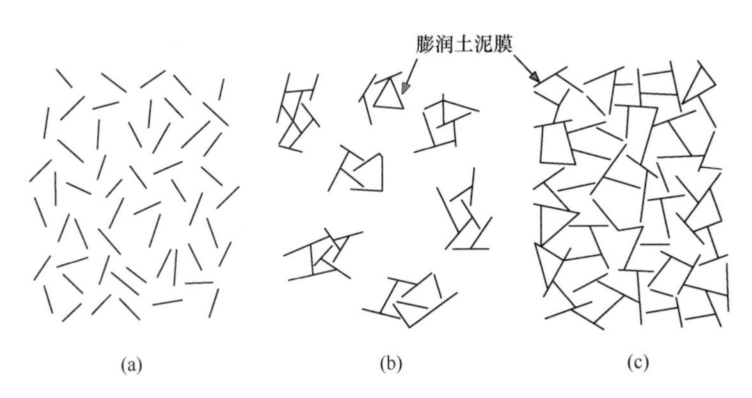

图 7.6-6 膨润土水化后与土体作用形成不透水层的过程
(a) 分散结构；(b) 絮凝结构；(c) 胶结结构

纪 60 年代就已经开始将膨润土用作防渗材料。土压平衡式矩形顶管施工对加入的膨润土泥浆的一个基本要求就是它能够形成“滤饼”，可以形成于土粒内部和土粒之间，由胶结和固结的膨润土组成。这个“滤饼”可以演变为一个低渗透性的薄膜，从而可以将过量的地下水压力中的液体压力转化为土颗粒和土颗粒之间的有效应力，这对稳定地层防止推进中的地面塌陷至关重要。

不同压实密度的膨润土的主要差别在于其土体颗粒间孔隙的大小，当密度大时，单位空间中的土体颗粒及吸附水层所占的体积就大，渗流液体通道就窄。由于膨润土的高吸湿膨胀性和自封闭性，遇水时极度膨胀，其密度越大，膨胀倍数越大，同样的渗流空间留给过流液体的通道就越窄，其渗流系数也就降低了。

3）适合使用膨润土改良的地层

① 细粒含量少的土体

根据国内外众多的施工经验，在土压平衡式矩形顶管施工中，为了使开挖下来的渣土具有一定的流动性和止水性，保证矩形顶管机的正常推进，矩形顶管机压力舱内的土体必须保证一定含量的微细颗粒，有相关资料显示这种微细颗粒的含量应该在 35%以上。所以膨润土泥浆适用于细料含量少的中粗砂土、砂砾土、卵石漂石地层等等，主要原因就在于膨润土泥浆能够补充砂砾土中相对缺乏的微细粒含量，提高和易性、级配性，从而可以提高其止水性。

② 透水性高的土体

膨润土泥浆这种添加材料适用于高透水性的土体，这主要是因为在透水性较低的地层中，膨润土泥浆相对难以渗入土体并填充孔隙，渗入的距离短因此难以和土体广范围结合从而包裹土体颗粒。土体的低透水性最终导致土颗粒周围的低渗透性的膨润土泥膜非常难以形成。

（2）泡沫改良土体的机理研究

1）微观结构

试验中使用的泡沫主要是由自行配置的发泡剂和稳泡剂按照一定比例混合后，和压缩空气在混合装置中形成。典型的泡沫既有非常小的泡沫，也有许多被薄的液膜分隔起来的较大的泡沫。泡沫可以看成一种二维平面结构，在这个二维平面结构中，气相与薄层液膜之间由一个二维界面隔开，薄层液膜及其两侧的界面这个区域被称作“薄片”。泡沫的结构可以参见图7.6-7。

泡沫是由表面活性剂在液体内部或表面受到刺激所产生的一种典型的气—液二相系物质。由于泡沫在矩形顶管施工土体改良过程中和土体混合时置换了土体天然孔隙中的孔隙水而封闭形成防水介质，从而降低土体的透水性及开挖黏附效果，提高渣土的流动性及可压缩性。同时，由于泡沫表面吸附有表面活性分子，从而在土体改良中可以起到减摩的作用，如图7.6-8所示。

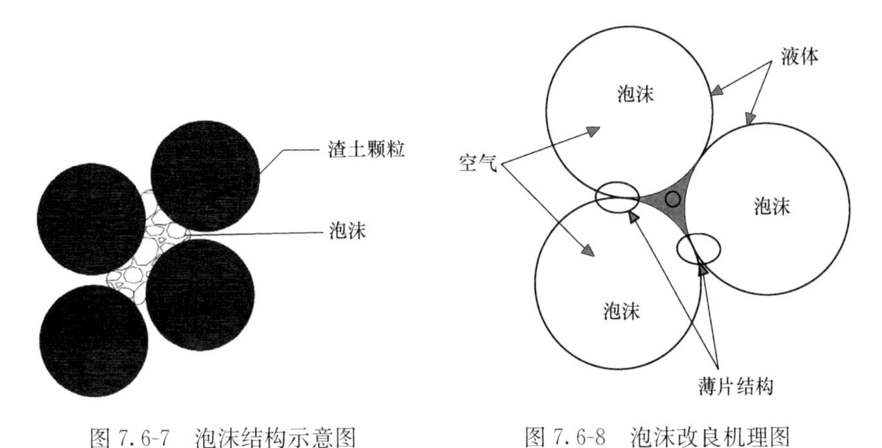

图7.6-7　泡沫结构示意图　　图7.6-8　泡沫改良机理图

泡沫的稳定性与液膜的稀释，以及结合过程密切相关，英国学者Bikerman在1973年曾经撰文指出：液膜的重力排水、毛细管吸力、表面张力、双电层排斥力、分散吸引力等作用都会影响到泡沫的稳定性。

2）破灭和消散机理

泡沫经发泡装置产生后，液膜中的液体在重力的作用下会顺着已经存在的液膜自然下流，在流动点，泡沫将不再呈球形，此时毛细吸力将比重力作用更突出。压力的不均将使得液体朝向稳定区域流动，从而造成液膜的稀释过程，液膜的稀释就会导致液膜的破裂和泡沫整体的坍塌。

另外，如果泡沫掺入的量提高以后，可能有一些多余的泡沫未能进入土体与土体发生均匀的混合，这样，过量的泡沫就会存在于混合土体的表面，这就是为什么当加入的泡沫越来越多的时候，经过充分的搅拌，仍然可以看见混合土体的表面有大量独立的泡沫存在的原因。所以，当泡沫的掺入比提高时，效果并不一定增加得很理想，这主要是因为很多泡沫聚集在一起，消泡的可能性会更大，正如多面体的稳定性不如球体一样，在许多小泡连在一起形成大泡后，形状会由单个泡沫的球形转化为多个泡沫互相连通的多面体，而且大量的泡沫堆积后，单个泡沫和泡沫之间很容易发生彼此之间的互相连通和气体交换，使原本彼此之间互相封闭的空间被打通。大泡形成后，由于自身的不稳定，很容易破灭。

表面张力也是影响泡沫稳定性的重要因素之一。垂直作用于液体表面单位长度上的表面紧缩力被称为液体的表面张力。表面张力是液体的物理属性之一，泡沫表层液膜表面张力的大小影响着泡沫的形成及其稳定性。从能量的观点来看，低的液膜表面张力有利于泡沫的形成，以及增强泡沫的稳定性。也就是说，降低泡沫的表面张力也对提高泡沫的稳定性起着至关重要的作用。

局部的表面张力增加时，泡沫表层的液膜会从较厚的层流向较薄的层（图 7.6-9），此时泡沫也容易破灭。为此通常向泡沫中加入表面活性剂，其实就是为了提高泡沫表面液膜的强度，并降低泡沫的表面张力。

3）泡沫的基本性能及评价方法

① 泡沫的稳定性要求

在矩形顶管顶进施工过程中，土体从进入土舱到由螺旋排土器排出具有一定的时间间隔，因此在泡沫和舱内土体搅拌过程中要确保泡沫必须具备一定的稳定性，不至于在土体排除前过量衰变破坏，从而影响土体的改良效果。

通常采用半衰期来评价泡沫的稳定性。所谓半衰期是指生成的泡沫衰变到初始重量的一半时所用的时间，半衰期越长表明泡沫越稳定，一般半衰期大于 5min 时能满足矩形顶管施工的要求。

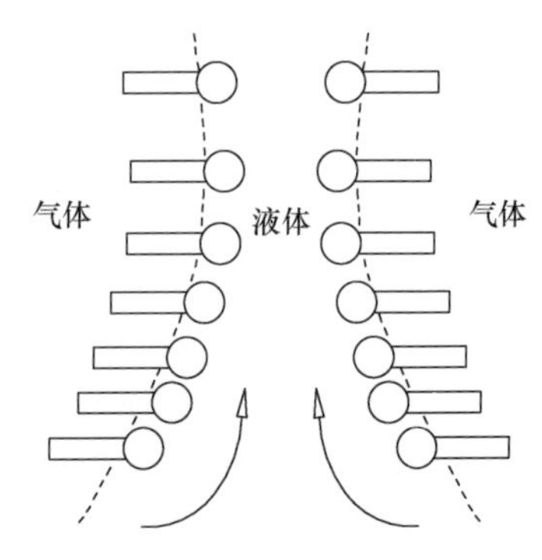

图 7.6-9 表面张力的增加使得液体从液膜厚层流向薄层

② 泡沫的发泡率要求

发泡率是指一定体积的发泡溶液所发出的泡沫体积与原发泡液体积的比值。施工中为了使发泡剂具有良好的发泡效果，就要求发泡液具有一定的发泡率。由于发泡率与半衰期之间相互影响，较高的发泡率会反而会造成泡沫的稳定性降低，因此并不是发泡率越高越好。相关研究表明，发泡液的发泡率介于 5～20 倍之间时能够满足矩形顶管施工时土体改良要求。

③ 泡沫性能评价方法

用来评价泡沫性能的方法一般分为：传统方法和现代方法。其中传统方法包括：气流法、搅拌法、振荡法、倾泻法；现代方法包括：近红外扫描仪法、电导率法。

4）泡沫剂的基本条件

① 对人体及动植物无害且对环境无污染；

② 成本低，对起泡环境适应性强；

③ 具备较好的发泡倍率和半衰期。

5）适合使用泡沫改良的地层

① 泡沫更适合于颗粒级配相对良好的土体

对于颗粒级配良好的土体，其粒径分布范围较广，而泡沫本身的尺寸也不均一，这样更容易落到土粒间的孔隙中，与土颗粒接触更紧密。相关文献指出，泡沫在单纯的两相（水＋气）中消散的速度要远远高于它在三相（土＋水＋气）中消散的速度。这是因为在土体中，泡沫和土颗粒的充分接触可以使液膜的流动受阻，减少液膜脱水泡沫破灭的可能性。

在级配相对良好的土体中，因为泡沫会与土体颗粒结合得更完整和致密，能更充分的置换土体中的孔隙水进而填充原来的孔隙，所以容易形成更多封闭的泡沫。正是由于大量封闭泡沫的存在，才使得土体的渗透系数降低，止水性增强。

② 泡沫更适合平均粒径较大的土体

土体的颗粒越细，越接近于黏性，矿物的亲水性越强，它们的吸力就越大。显然，颗粒细小的粉黏性土会对泡沫表面液膜内所含的自由水分产生吸附，导致液膜脱水后泡沫就会破灭，降低混合土体的止水性能。

③ 泡沫更适合含水量较高的土体

相对干燥的土体具有较大的基质势，它与自由水接触时会将自由水吸引到干土中来。显然，含水量很低的粉砂或黏土也会对泡沫表面液膜所含的自由水分产生吸附，吸附力导致液膜表面压力不均使得液膜表层的水流动，从而造成液膜的稀释，也会导致泡沫的破灭，混合土体的渗透系数增大。

在土体改良技术中，泡沫性能与土质关系密切，不同的土质改良时所需的泡沫性能也不同，泡沫与土质的对应关系见表 7.6-2。

泡沫与土质的对应关系　　　　**表 7.6-2**

穿越地层类型	土质	泡沫	泡沫添加剂
砂砾型	无塑性高透水性	采用发泡率较大、稳定性较好的泡沫剂	采用塑性增强类添加剂
粉质砂土	黏粒含量决定塑性大小	采用较小或中等发泡率的普通泡沫剂	根据含水率选择添加剂
粉质黏土	塑性大，土体黏附性	采用中等或较大发泡率、高分散性的泡沫	采用降低土体黏附性的添加剂
黏土	取决于黏土类型	同上	同上

（3）聚丙烯酰胺改良土体的机理

聚丙烯酰胺，英文名称 PAM，为水溶性高分子聚合物，不溶于大多数有机溶剂，具有良好的絮凝性，分为非离子、阴离子、阳离子、两性型四种类型。PAM 用于土体改良中主要有如下作用。

1）吸附作用：PAM 加到土中，通过吸附剂表面间的氢键力、范德华力、表面金属离子（如 Al^{3+}）与 PAM 分子中的富电子基团间形成配位键及 PAM 中的-COOH 与吸附剂中的 Al^{3+} 间的静电吸力等作用吸附在固体土颗粒表面。

2）絮凝作用：依靠 PAM 良好的吸附作用，加入土体中能在土颗粒之间产生吸附与架桥并最终凝结，生成亲水而不溶于水的凝胶，其机理如图 7.5-7 所示。

3）减摩作用：PAM 与其他水溶性化合物一样能够大幅度的降低土颗粒表面的摩擦性。

4）防塌作用：国内外的实验研究表明 PAM 具有很好的防塌效果。

因此，PAM 用于土体改良中可以起到很好的保土、保水及润滑、防塌作用，提高土体的流动性。

（4）高吸水性树脂改良土体的机理

高吸水性树脂的用料主要为高分子类、不溶性聚合物的高吸水性树脂可吸收为自重几百倍的水的胶状材料。这种材料吸水但不溶于水，所以不会被地下水稀释劣化，故在高水压的地层中使用这种材料可以防止地下水的喷出。

由于树脂填充土体颗粒间隙，减小了颗粒之间的摩擦，故提高了开挖土体的流动性。

但是，对于含盐浓度高的海水以及富含金属离子的地层，或是强碱如化学注浆区和强酸性地层而言，吸水性能大为降低。另外，高分子树脂的自然分解需要很长一段时间，所以有必要讨论盐类扩散的强制脱水和固化处理。

7.6.3 泥水平衡顶管机泥水循环系统

矩形泥水平衡顶管机泥水循环系统工作原理为：在泥浆站新浆池调制新鲜浆液输送到泥浆调整池，进浆泵通过泥浆管路将泥浆输送到盾构机掌子面，然后浆液连同切削下来的渣土一起经由出浆泵通过泥浆管路输送到泥水分离设备，在分离设备中浆液经过预分筛、一级旋流、二级旋流将渣土分离，然后经过一级沉淀池、二级沉淀池回到调整池再次循环使用。泥水循环系统在使用中主要考虑浆液的比重、流量、渣土颗粒大小、管路沿程损失、泥浆泵的输送能力等，这些参数之间有紧密的相互联系，并会对掘进速度产生很大影响。泥水循环系统是泥水盾构机区别于其他形式的盾构机的主要特点。泥水循环系统选型参数如下：

1. 选型常用术语

（1）土粒比重。用 G_S表示，是指同体积的土粒质量与 4℃纯水的质量之比，也称为土粒相对密度。土粒比重大小与浆体的沉降速度、磨损量以及泵的轴功率成正比，与泵的效率成反比。

（2）粒径。指浆体中固体物料的大小，粒径分最小粒径、最大粒径和中值粒径。中值粒径是指试样筛分时累计重量为 50％的颗粒粒径，用 d50 表示，单位为 mm 或 μm。粒径大小对泵的选择和管路影响较大。

（3）体积浓度。用 C_V表示，是指浆体中土颗粒体积与泥浆体积的比值。

（4）质量浓度。用 C_W表示，是指浆体中土颗粒质量与泥浆质量的比值。

（5）当量长度。用 L'表示，是指管路中的一些附件，如阀门、弯头、三通等折合成直管的长度，用于计算管路的压力损失。

（6）汽蚀余量。用 NPSH 表示，是指在泵吸入口处单位重量液体所具有的超过汽化压力的富裕能量。如图 7.6-10 所示，当必须汽蚀余量（NPSHr）大于有效汽蚀余量（NPSHa）时泵将出现汽蚀现象，且从 A 点开始流量扬程曲线发生陡降。

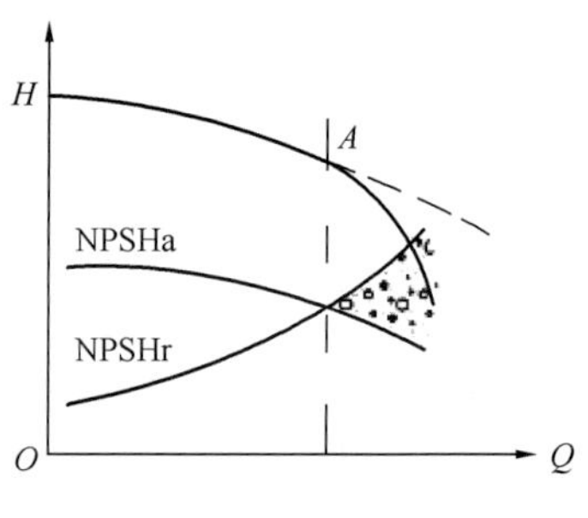

图 7.6-10　汽蚀余量

2. 选型参数确定

（1）泥浆流速的选取

泥水平衡盾构泥浆流速经验取值：2～4m/s。

（2）管径的选取

根据泥浆流量和流速大小，按以下公式计算管路直径：

$$D \geqslant 4.6\sqrt{\frac{Q}{V}} \tag{7.6-1}$$

式中　D——管径（mm）；

　　　Q——流量（L/min）；

V——流速（m/s）。

（3）泥水循环管路压力损失计算

泥水循环系统压力损失是确定泥浆泵型号的重要依据，除了高差造成的损失外，还主要包括管路的沿程损失和局部损失。即：

$$H_t = \rho_c h + H_f + H_l \tag{7.6-2}$$

式中　ρ_c——混合物进浆或排浆密度（kg/m^3）；

H_t——压力总损失（MPa）；

h——管路进口到出口的高度差（m）；

H_f——沿程水头损失（m）；

H_l——管路局部损失（m）。

沿程损失 H_f 是由于沿程阻力引起的水头损失，计算公式如下：

$$H_f = \lambda \times \frac{L}{D} \times \frac{V^2}{2g} \tag{7.6-3}$$

$$\lambda = \frac{98.5}{C^{1.85}} \times \frac{1}{D^{\frac{1}{6}} \times V^{0.15}} \times S \tag{7.6-4}$$

式中　λ——管路摩擦损失系数；

C——管路系数，又称海曾－威廉系数，塑料管取150，钢管、球墨管、水泥管等根据新旧程度可取100～120（管道越新数值越大）；

D——管径（m）；

V——泥浆流速（m/s）；

S——泥浆相对密度；

H_f——管路压力损失（m）；

L——管路当量长度（m）；

g——重力加速度。

局部水头损失 H_l 是由于局部阻力引起的水头损失，泥浆循环系统计算中主要考虑泥浆管弯头及泥浆管路中的球板阀造成的损失。实际计算中可以将这部分局部损失折算成一定长度的管路的沿程损失，相当损失（等效长）计算公式如下：

$$l_e = d \times n \tag{7.6-5}$$

式中　l_e——管路中局部损失的等效长（m）；

d——管路公称直径（m）；

n——局部损失等效长度倍数，其中90°弯头取1、闸阀取12。

（4）临界沉降流量计算

泥水循环系统流量计算主要考虑输送的泥浆的临界沉降速度，只有保证了管路内泥浆的流速高于泥浆的临界沉降速度，才能保证管路不堵塞。

1）临界沉降流速计算公式

为防止固体颗粒沉淀导致管路堵塞，必须使流速超过某个给定的最小值，此速度称为临界沉降流速，以符号 V_L 表示。

当管径 D<200mm 时，通常使用杜拉德公式计算临界沉降流速，公式如下：

$$V_L = F_L \sqrt{2gD\,\frac{(G_s - S)}{S}} \tag{7.6-6}$$

式中　D——管道直径（m）；

　　　S——泥浆相对密度；

　　　F_L——为与粒径、浓度等有关的速度系数，如图 7.6-11 所示。

当管径 $D>200$mm 时，通常使用凯夫公式比较合适，公式如下：

$$V_L = 1.04 \times D^3 (G_S - 1)^{0.75} \times \ln\left(\frac{d_{50}}{16}\right) \times \left[\ln\left(\frac{60}{C_v}\right)\right]^{0.13} \quad (7.6\text{-}7)$$

$$C_v = \frac{S-1}{G_s-1} \quad (7.6\text{-}8)$$

式中　d_{50}——中值粒径（μm）；

　　　C_v——体积浓度（%）。

中值粒径 d_{50} 根据地质参数确定，表示粒径大于和小于此值的颗粒含量一样。体积浓度 C_v 表示泥浆中固体物体积占泥浆体积之比。

算出泥浆临界沉降速度后根据流量计算公式可得到临界沉降流量。

2）临界沉降流量

$$Q_l = \frac{V_L \times \pi D^2}{4} F_L \sqrt{2gD\,\frac{(G_s - S)}{S}} \quad (7.6\text{-}9)$$

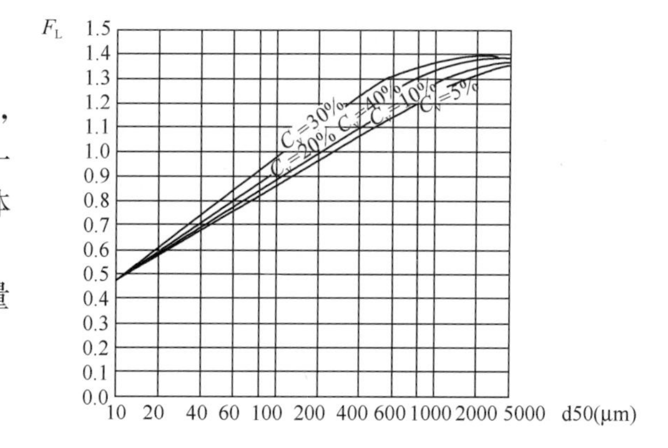

图 7.6-11　速度系数（F_L）曲线

（5）扬程比 H_R

相同流量和转速下泵送泥浆扬程 H_m 和泵送清水扬程 H 的比值，称为扬程比（H_R）。经验取值为 0.7～0.9。

（6）富裕系数

由泥水平衡顶管施工经验可知，扬程富裕系数 α 经验取值为 1.05～1.15；电机功率富裕系数经验 β 取值为 1.1～1.25。

（7）泵传动装置效率 η_t

泵传动装置效率如表 7.6-3 所示。

传动效率　　　　**表 7.6-3**

传动方式	直联传动	平皮带传动	三角皮带传动	齿轮传动	蜗杆传动
η_t	1.0	0.95	0.92	0.90—0.97	0.70—0.90

进浆泵功率：

$$P_I = \frac{\rho gQH}{3600\eta} \quad (7.6\text{-}10)$$

式中　H——泵扬程（m）；

　　　ρ——介质密度（kg/m³）；

　　　g——加速度（m/s²）；

　　　η——泵效率，78%；

Q——泵流量（m^3/h）。

排浆泵功率：

$$P_1=\frac{\rho gQH}{1000\eta\beta} \tag{7.6-11}$$

式中 H——泵扬程（m）；

ρ——介质密度（kg/m^3）；

g——加速度（m/s^2）；

η——泵效率，78%；

β——扬程比，0.75；

Q——泵流量（m^3/h）。

3. 泥浆管路布置原则

铺设泥浆管时，为了能够与顶管机的泥水循环系统顺利配套，泥浆管路的铺设有一定技巧，根据相关泥水顶管施工经验，有以下原则：

（1）尽可能减少泥浆管路沿程阻力。选择的管径能够具有较低的沿程损失，避免管路压力过高和能量损失。

（2）确保管路内流速均匀，并高于沉淀临界流速，循环管路要均匀，尽量避免管路大小不一。

（3）考虑管道正常磨损或集中磨损。泥浆中的硬颗粒包括砂子、石块等，对泥浆管壁有磨损作用，在某些弯道、变径处磨损更为严重，在管路布设时应充分考虑其耐磨性，对某些易磨损部位需要特殊考虑。

（4）避免泥浆循环管路中的冲击现象。管路在泥浆循环时，容易出现因流量变化造成的冲击现象，有时冲击的压力峰值很高，甚至造成爆管。所以管路布设尽量保证平顺，减小管路的局部损失，避免使用小直径弯头，防止管路堵塞。

4. 泥浆循环操作技术

盾构掘进时，泥浆循环操作是泥水盾构司机操作的重点和难点，需要司机力求降低能耗、降低泥浆循环事故，其操作水平主要体现在泥浆流量的选择、管路压力的分布、掘进流量和压力的变化、泥浆循环管路状况的判断以及事故的发生率等方面。

（1）泥浆流量的选择

泥浆流量是影响泥水盾构能耗最主要的因素，所以降低流量对节省能源相当有效。泥浆流量以保证管路不发生沉淀的最低流速为佳。掘进时先尝试以较低的泥浆流速循环，当在管路循环时出现掘进流量逐渐降低的情形时，则说明管路有逐渐淤塞现象，出现了沉淀，则合适的流速应大于临界沉降流量为宜。

（2）管路压力的分布

为避免管路出现高的压力，减小管路泄漏和破损风险，在操作时应尽量避免管路压力分布不均匀现象。如果存在多台泥浆泵接力输送，则需要考虑操作时泵的使用效率的分布。其使用原则为尽量确保接力泵的出口压力相等或相差最小。

（3）掘进流量和压力的变化

盾构泥浆循环时，流量的突变对压力影响很大，是出现泥浆循环事故的主要原因。为避免出现大的流量变化，需要做到以下几点：

1）阀门操作的平稳控制。在泥浆循环时，几个阀门要间隔打开和关闭，避免同时打开和关闭时流量的迅速波动形成压力快速上升现象。

2）泥浆循环回路要畅通。在泥浆循环管路阀门动作前，要确认其新形成的回路是畅通的，比如关闭旁通回路前，要确保气仓回路是畅通的。在实际操作时，有时会出现气仓循环管路的进浆管因为底部有渣土而堵塞，所以一旦旁通回路关闭，气仓管路也不畅通，会导致管道内流动的泥浆迅速停止，从而产生水锤冲击现象。

3）泥浆循环管路平稳运行。泥浆循环是盾构操作安全的重要部分，操作司机必须时刻关注泥浆循环中泵的压力、流量、相对密度的变化，一旦任何参数出现异常，必须立即进行调整。

7.7 测量和姿态控制

7.7.1 测量和姿态控制应遵循下列规定：

（1）顶管施工建立的地面和地下测量控制系统应符合下列规定：

1）控制点应设置在不易扰动、视线清楚、方便校核的位置，并应采取保护措施；

2）测量使用的仪器应检查校正，精度应符合现行国家标准《工程测量标准》GB 50026的有关规定；

3）施工中应对掘进方向的高程偏差、轴线偏差、顶管掘进的姿态与掘进长度等参数进行测量。

（2）顶管定向测量应采用激光指向法，必要时应在管内设置测站，采用导线法转站测量。

（3）顶管高程测量精度应符合下列规定：

1）水准测量，应达到四等水准测量的精度；

2）水准仪配合吊钢尺，每次应独立观测三测回，每测回均应变动仪器高度，三测回测得井上和井下水准点的高差应小于3mm；

3）三角高程测量，应达到四等水准测量的精度。

（4）顶管掘进过程中，应遵循“勤测量、勤纠偏、微纠偏”的原则，控制矩形顶管机前进方向和姿态，并应根据测量结果分析偏差产生的原因和发展趋势，确定纠偏的措施。

（5）顶管掘进姿态控制应符合下列规定：

1）掘进施工过程中应对顶管水平轴线、高程、偏转、顶管机姿态等进行测量，并应及时对测量控制基准点进行复核，发生偏差时应及时纠正；

2）掘进结束后应全线复测、绘制管道掘进轨迹图（含高程、方向、顶力曲线），并由施工技术人员检查复核；

3）长距离矩形顶管，宜采用计算机辅助导线法（自动测量导向系统）进行测量；在矩形顶管内增设中间测站进行常规人工测量时，宜采用少设测站的长导线法，每次测量前均应对中间测站进行复核。

（6）顶管掘进过程中应防止矩形顶管机扭转，并应采取下列措施：

1）应在壳体两侧安装纠扭装置，根据需要将翼板伸出壳体插入土体内，在机头向前推进时，土体在翼板上产生一侧向分力，形成力偶使机头按所需的方向旋转，以达到纠扭目的；

2）应在壳体上安装压浆管注浆，将浆液分隔成四个区域，根据纠转方向的要求，选择适当的压浆点，使压出的浆液在机头形成力偶，使机头按所需的方向旋转，以达到纠扭目的；

3）偏差较大时应调整两个矩形刀盘同向旋转，并应与机头的扭转方向一致，将产生反向力偶，以控制机头的姿态，达到纠转的目的。

（7）进入接收井前应提前进行矩形顶管机位置和姿态测量，并应根据进口位置提前进行调整。

（8）在软土层中掘进混凝土管时，为防止管节漂移，宜将前3～5节管节与矩形顶管机联成一体。

（9）顶管施工的测量应符合下列规定：

1）掘进施工过程中应对顶管水平轴线、高程、偏转、顶管机姿态等进行测量，并应及时对测量控制基准点进行复核，发生偏差时应及时纠正；

2）掘进施工过程中，每次测量前应对井内的测量控制基准点进行复核，发生工作井位移、沉降、变形时应及时对基准点进行调整；

3）掘进测量控制应符合下列规定：

① 矩形顶管机始发前应认真测定顶管机切口的轴线和标高，与洞口数值校核。掘进中原始数据、表格应连续真实填写清楚；

② 交接班时应交清测量记录，将仪器对中，并交清管道轨迹和纠偏措施；

③ 顶程结束后应全线复测、绘制管道掘进轨迹图（含高程、方向、顶力曲线），并由施工技术人员检查复核；

④ 在穿越道路时，应按建设单位的要求在指定地段进行施工监测点的布置，观测掘进过程中地表变形和土体位移情况，以便采取预防措施，避免影响道路正常运行。掘进结束后应绘制施工过程和竣工后的地面变形图。

（10）顶管水平轴线和高程测量应符合下列规定：

1）顶管机始发出洞后进入土层时，每掘进300mm，测量不应少于1次；正常掘进时，每掘进1000mm，测量不应少于1次；

2）顶管机进入接收井前30m应增加测量，每掘进300mm，测量不应少于1次；

3）每节管道掘进结束后，应进行复测；

4）纠偏量较大或频繁纠偏时应增加测量次数。

（11）长距离矩形顶管宜采用计算机辅助导线法（自动测量导向系统）进行测量；在矩形顶管内增设中间测站进行常规人工测量时，宜采用少设测站的长导线法，每次测量前均应对中间测站进行复核。

（12）顶管掘进纠偏应符合下列规定：

1）掘进过程中应及时绘制矩形顶管机水平与高程轨迹图、掘进力变化曲线图、管节编号图，随时掌握掘进方向和趋势；

2）纠偏须在矩形顶管推进和刀盘旋转的过程中进行；

3）应采用小角度纠偏方式，并应反复、多次进行纠偏操作，使矩形顶管姿态逐渐趋近回归；

4）纠偏时开挖面土体应保持稳定；采用挖土纠偏方式时，超挖量应符合地层变形控制和施工设计要求；

5）刀盘式矩形顶管机应有纠正顶管机扭转的功能。

（13）顶进到达和泥浆置换应符合下列规定：

1）顶管机接近到达井洞口止水加固区前，应加强测量管线距离和管道偏差。

2）顶管机进入接收井洞口止水加固区时，应控制顶进速度在2～3mm/min，接近接收井洞口时，应将洞口封口墙拆除并清理洞口障碍物。

3）顶管机和管节进入接收井后，应对管节与洞口间的空隙进行适当塞填，做止水处理。

4）当地下水位高时宜采用水下达到措施。

5）管外触变泥浆的置换应按图纸要求，置换注浆量应是顶管机刀盘切削体积与管道外体积差的1倍。

6）置换浆液不宜过快，压浆压力应保持恒定，宜控制在比地下水的水压力高20～40kPa。

7.7.2 顶管机姿态控制技术

顶管机的姿态包括顶管机轴线空间位置、垂直方向倾角、水平方向偏转角、机身自转的转角。纠偏基本纲领：及时纠偏和小角度纠偏；挖土纠偏和调整合力方向的纠偏；刀盘式矩形顶管机纠偏时，可采用调整挖土方法、调整掘进合力方向、改变切削刀盘的转动方向、在管内相对于机头旋转的方向增加配重等措施。

1. 姿态测量及控制技术

顶管机推进过程中，需要时刻注意机体姿态的变化，及时纠偏。纠偏过程中不能大起大落，尽量避免猛纠造成相邻两段形成很大的夹角。避免顶管机走“蛇”形。管节安装完毕后，需测出相对位置、高程，并做好记录。

在正常推进管节施工过程中，需要随时关注对推进轴线和高程的控制。将每一节顶管管节顶进完成之后，都要进行对机头的姿态测量，要保证能发现偏差及时纠正，而且纠偏量不能太多，否则会引起严重的土体扰动以及管节之间呈现出张角。

因为是大断面矩形顶管，所以一定要保证管节的横向水平位置不出现太大的偏差，所以在推进顶管的时候，要特别注意顶管机机头的转角，如果发现顶管机机头存在微小转角，就需要马上将刀盘反转和加压铁等措施补救。

顶进轴线偏差控制要求为：高程+30mm，－50mm；水平：+50mm。管节后退及防止后退的措施。由于矩形顶管掘进机的断面较大，前端阻力大，实际施工中，即使管节顶进了较长距离，而每次拼装管节或加垫块时，主顶油缸一回缩，机头和管节仍会一起后退20～30cm。当顶管机和管节往后退时，机头和前方土体间的土压平衡受到破坏，掌子面得不到稳定支撑，易引起机头前方的土体坍塌。若不采取一定的措施，路面和管线的沉降量将难以得到控制。为了防止管节后退，在前基座的两侧各安装一套止退装置，当油缸行程推完，需要加垫块或管节时，将销钉插入管节的吊装孔，再在销座和基座的后支柱之间放进钢垫块和钢板。管节的后退力通过销钉、销座、垫块传递到止退装置的后支柱上。止退装置和基座焊接在一起，把管节稳住（根据以往大断面矩形顶管施工的经验，需加工的止退钢结构装置重量为 2t）。为了减少管节的后退力，在管节上插入销钉，在止退前应将正面土压力释放到 0.09MPa 左右。

2. 纠偏技术

轴线控制是矩形顶管掘进的一大难题。在施工过程中，轴线一旦形成较大的偏差，纠偏难度将增大。所以，施工过程中必须严格控制好施工轴线。顶管纠偏就是通过调整顶管机上装置的纠偏铰产生折角来实现的。顶管机的结构形式是二段一铰，顶管机的长径比（也叫纠偏灵敏度）是 $L/D=1.08$。完整的纠偏系统通常由 4 台 50t 双作用的油缸、控制阀件等构成。4 组油缸的布置方式为斜向 45°正交布置。每一个纠偏油缸都是通过方向铰把顶管机前后的壳体连为一体，这样可以使顶管机在一个特定的范围内采取任意的纠偏措施。4 个三位四通类型的电磁换向阀可以控制 4 组纠偏油缸，每一个纠偏油缸的前后腔均装置平衡阀。当纠偏油泵关闭的时候，平衡阀可以把纠偏油缸前、后腔油路关闭，保持纠偏油缸内的高压值，这样可以确保纠偏动作的可靠。

在实际顶进过程当中，顶进轴线以及设计轴线是会偶尔出现偏差的。但是，在采取纠偏措施以后，可以很大程度上使管道顶进轴线与设计顶进轴线之间的偏差值减小，让它们尽可能地在一条直线上。纠偏工作一般是和顶管顶进施工同时进行的。如果顶进轴线出现了偏差，需要及时调整千斤顶的伸缩量，这样可以使顶进轴线与设计顶进轴线之间的偏差值慢慢减小，重新回到预先设计轴线位置。

在顶进施工的过程中，严格遵循“多测量、多纠偏、缓纠偏”的方法，这样才能保障顶管顶进施工的准确、顺利进行。

3. 顶进测量及控制技术

顶进轴线、设计轴线要保持一致，顶管机推进施工过程中，技术人员需要对顶进轴线多次测量。通常情况下，都是通过工作井内部的激光经纬仪根据设计顶进轴线发出激光束，激光束会投射在顶管掘进机的中心区域的光靶处，顶进管节的过程中，是能够在监视器上观测到顶进轴线与设计顶进轴线之间的偏差。顶进施工的时候，一定要做到对测量控制点的多次测量，只要高频率测量才能确保监测的精度和有效性。

除此之外，按照设计轴线的推进过程当中，还需要采取联系三角形法来定时复测，来确保设计轴线和实际顶进轴线的准确一致。

对顶管机前进趋势进行测定，是可以有效地减少测量时间。技术人员可以依照顶管掘进机的行进趋势来指导管道顶进轴线与设计顶进轴线之间的纠偏。

所用的测量仪器主要有：水准仪、全站仪、经纬仪。顶管掘进机内部安装了坡度板，安装坡度板是为了方便读取顶管掘进机的坡度读数以及转角读数所用。

7.8　监测与变形控制

通过运用科学合理的监测方法，获取矩形顶管施工过程中重要的监测数据，为顶管的设计和施工提供依据。通过数据反馈，及时调整施工参数，减小对地面、周边建（构）筑物及重要设施的影响；同时监测资料还可作为检验和评价支护结构稳定性的重要依据。

7.8.1 监测与变形控制应遵循的原则

1. 矩形顶管施工监测应符合的规定

(1) 施工监测的范围应包括地上和地下两部分。地上应监测地面沉降、隆起和邻近建筑物的沉降、倾斜等。地下应监测顶管施工扰动范围内的地下构筑物、地下管线的竖直、水平位移及漏水、漏气等；

(2) 施工监测等级的确定应满足现行行业标准《建筑变形测量规范》JGJ 8 中的有关规定，宜采用二级变形测量级别；

(3) 监测项目应符合下列规定：

1) 顶管管节结构监测应包括管节应力和外观监测，观察并记录裂缝的生成时间、裂缝的长度及宽度发展情况；

2) 工作井支护结构宜采用目测巡视和监测相结合的方式，目测巡视应检查支护结构的成型质量，支护结构有无裂缝出现，施工过程中洞口有无涌土、涌砂等。此外，尚应对围护墙与工作井顶部的水平和竖向位移、支撑内力等项目进行监测，并应符合现行国家标准《建筑基坑工程监测技术标准》GB 50497 的有关规定；

3) 对顶管施工影响范围内的道路路面应进行水平位移、沉降和隆起监测，并应符合现行国家标准《工程测量标准》GB 50026 的有关规定；

4) 对邻近建（构）筑物、堤岸及可能引起严重后果的其他重要设施应进行监测；

5) 对地铁、地下重要管线等的监测应满足现行国家标准《城市轨道交通工程监测技术规范》GB 50911、《工程测量标准》GB 50026 等规范要求。

(4) 测点布设

1) 路面沉降测量点的横向布设应按顶管机刀盘切削面的 45°角切线延伸到地面的范围进行布点，管道中心线正上方布设一点，45°角延伸切线与地平线交叉点布设一点，在两点中间布设一点，共 5 点为一排监测点（图 7.8-1）；

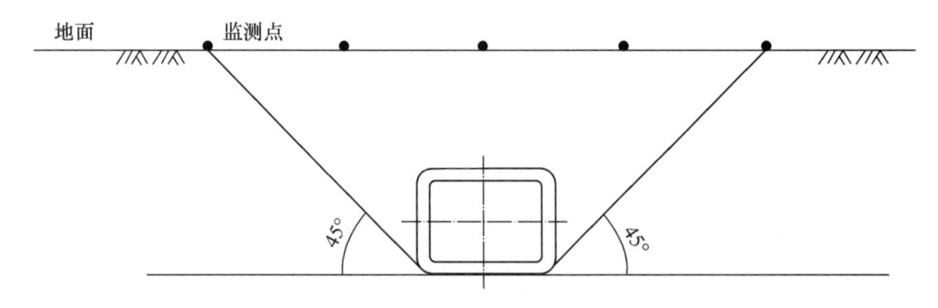

图 7.8-1 监测点横向布置示意图

2) 路面沉降测量点的纵向布设应按掘进方向在距离始发井 1m 布设一排深度为 0.5m 深，且进入原状土的沉降监测点，按 2m 间距依次往接收井方向布设沉降监测点；

3) 掘进施工时，应在顶管机的中部按 45°角往前延伸线与监测点交汇时开始监测。

(5) 监测预警标准和预警等级应根据工程特点、监测项目控制值及当地施工经验等确定，同时应满足设计要求和现行国家标准《城市轨道交通工程监测技术规范》GB 50911 等规范要求。

2. 顶管机掘进中对地层变形的控制应符合的规定

（1）进行实时监测和信息化施工，发生偏差应及时纠偏，优化掘进的控制参数，使地层变形最小；

（2）采用同步注浆和补浆，应及时填充管外壁与土体之间的施工间隙，避免顶管外壁土体扰动；

（3）避免管节接口、中继间、工作井洞口及顶管机尾部等部位的水土流失和泥浆渗漏，并应确保管节接口端面完好；

（4）保持开挖量与出渣量的平衡；

（5）通过控制土压、水压平衡力来控制地面变形。

3. 地面变形应符合的规定

（1）顶管施工造成的地面变形不应造成道路开裂，大堤及地下设施损坏和渗水；

（2）顶管施工造成的地面变形量应符合下列规定：

1）碾压式土石坝、堤坝变形量应控制在＋10～－30mm；

2）公路的地面变形量应控制在＋10～－20mm；

3）当顶管穿越铁路、地铁或其他对变形敏感的地下设施时，累计变形量应符合现行国家标准《城市轨道交通工程监测技术规范》GB 50911 的规定和工程设计要求。

（3）当监测数据达到变形限值70%时，应及时报警并适时启动应急事故处理方案。

4. 地面变形控制应符合的规定

（1）应根据监测数据及时调整注浆量与注浆压力；

（2）应严格遵守操作规程，及时进行测量，避免大幅度纠偏；

（3）应严格控制出渣量，不可超出设计出渣量范围；

（4）在掘进时，应加强地面变形观测并做好记录；

（5）顶管结束后应采用水泥浆置换减阻泥浆。

7.8.2　监测与变形控制关键技术

1. 顶管施工引起的地面沉降原因分析

由于顶管施工不可避免地对周围土体产生扰动，引起地层移动，而且影响因素也相当复杂，通过研究分析，表明顶管施工引起地面沉降的最主要原因可归结为施工引起的各种地层损失和顶管管道周围受扰动土体的再固结。

（1）地层损失

地层损失导致土体向着开挖面及管道方向移动，从而引起地面沉降。其中，地层损失主要由以下原因产生：

1）管道外围环状空隙引起的地层损失

管道外围环状空隙引起的地层损失主要包括：其一，因工具管外包尺寸与管道外包尺寸的差异，在工具管顶过后管道外围产生环状空隙，当注浆不能充分充填时，周围土体便挤入环状空隙，导致地层损失；其二，当工具管通过一定距离以后，如环状空隙中的触变泥浆发生失水现象而又未及时适当补浆，则这种管道外围空隙引起的地层损失量就会增大。

2）开挖面引起的地层损失

因为顶管施工是全断面切削土体，保持开挖面土体的绝对平衡状态是相当困难的，即便是采用了措施来维持开挖面的稳定。在开挖过程中，当支护压力大于开挖面水土压力时，则正面土体就会自开挖面向外移动，引起负地层损失，导致地面隆起；反之，正面土体就会向开挖面移动，导致地面沉降。

3）工具管背土造成的地层损失

在顶管掘进过程中，由于触变泥浆是从第一节管道开始施加的，所以工具管与周围土体直接接触。在重力的作用下，工具管上方将不可避免地粘上一层不规则的土，这就相当于变相增大了工具管与后续管道的断面面积之差，与此同时虽然采用了同步注浆，但触变泥浆往往不能完全填充这个缝隙，使得上层土体下沉填充，造成地层损失。

4）工具管纠偏引起的地层损失

顶管纠偏时，工具管会对拟偏转方向一侧土体产生挤压，当应力超过等效屈服应力时就产生粘塑性变形，导致土体的位移；同时，在另一侧则产生间隙，从而引起地层损失。该项地层损失主要取决于顶管工具管外围尺寸和长度，以及纠偏幅度。

5）工具管及管节与周围地层摩擦所引起的地层损失

顶进工具管在顶进中对外围土体发生剪切扰动，因此也产生地层损失。在工具管后的管道，因其外周有触变泥浆减摩，对土体的剪切扰动可相对减少。

6）顶进过程中工作井后靠背土体变形引起的地层损失

顶管工作井承压壁承受顶力后会产生较大变形，尤其是钢板桩围护的工作井是比较严重。工作井后靠土体因产生滑动而隆起，使工作井出洞一侧相应产生地层损失，从而产生破坏性地面沉陷。

7）工具管进出工作井引起的地层损失

工具管在进出工作井洞口时，因洞口空隙封堵不及时产生水土流失和正面土体倒塌，会产生较大的地层损失和地面沉降。

8）顶管后退引起的土层移动

在顶进过程中，由于中途更换管节时主千斤顶系统卸载而使管节回弹，使得开挖面容易塌落或松动，从而产生地层移动。这部分地层损失与顶进长度有关，当顶进长度达到一定数值时，由于管壁摩阻力存在，管节回弹量将会减小，因而地层损失也会小。

9）管道及中继环接头密封性不好引起的地层损失

管道接头及中继环与管道的接头密封性不好时，极易发生水土流失，这在饱和含水砂性土中表现较为突出，该接头处因泥水渗透往往引起较大的地层损失，未强化接头密封性，管节接头一般采用三道止水（图 7.8-2），一是承插口处的止水在施工时易发生撕裂

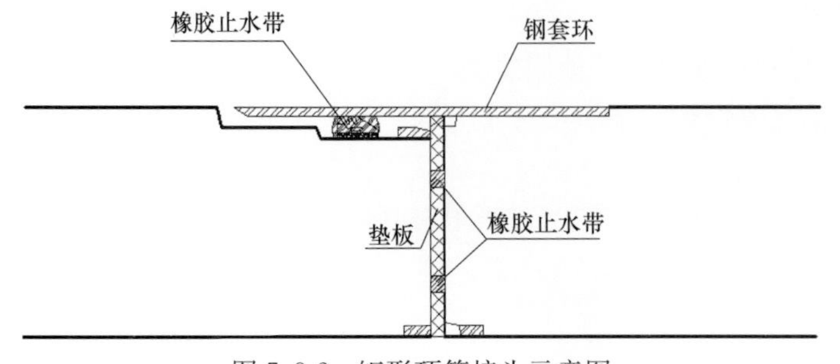

图 7.8-2　矩形顶管接头示意图

或扭曲变形起不到防水作用，另在接缝端面设置两道止水带，既可防止承插口处的止水条发生变形影响止水效果，又能形成多道止水线，从而能确保管节防水要求；二是也可在两道止水带间通过注浆封堵，进一步保证管节接缝防水效果及增加结构防水耐久性。

其中，前三种是属正常地层损失，较难避免，后六种则可以通过提高顶管施工技术来尽量避免。

（2）受扰动土体再固结

顶管施工导致管道周围土体扰动后的再固结过程，主要是以下两种因素作用的结果：

1）因受到顶管掘进施工的扰动，管道周围土体中便形成超孔隙水压力区。当顶管机头离开该处地层时，由于管道四周土体表面的应力释放，土体中孔隙水排出，该孔隙压力下降，引起土层固结，从而形成地层移动和地面沉降。

2）由于顶管顶进过程中的挤压作用和压浆作用等因素，使周围地层形成正值的超孔隙水压力区，该超孔隙水压力在顶管施工后的一段时间内会消散。在此过程中，地层也会发生排水固结变形，从而引起地面沉降。

2. 矩形顶管施工扰动区域划分

魏纲等在文献的研究基础上，给出更为精确的土体扰动分区图（图7.8-3）。认为顶管施工对周围土体的扰动可分为7个主要区域，即：挤压扰动区，端面剪切扰动区，后续剪切扰动区，上部卸荷扰动区，下部卸荷扰动区，注浆剪切扰动区和固结区。并由土体受力特点认为顶管机前端的倾角与被动土压力角一致，两侧卸荷区与固结区分界线倾角与主动土压力一致。

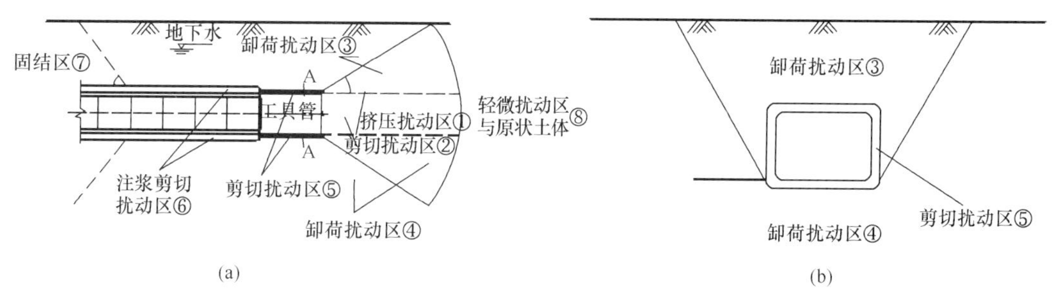

图7.8-3　矩形顶管土体扰动分区

（a）纵向土体扰动分区；（b）横向土体扰动区域

3. 变形控制关键技术

土质条件、施工技术和现场控制程度等因素对土体扰动有影响。其中现场控制包括顶力、土压力、管线纠偏、注浆压力和顶进速度等，更是与土体扰动有直接关系；顶进速度过快、土压力设置过高会造成顶力上升，地面产生隆起现象，土体受到的扰动即加剧。

为控制地表变形，矩形顶管掘进主要由四个参数控制，即开挖面土压力、推进速度、同步注浆、纠偏方向等。

（1）控制开挖面土压力

控制开挖面土压力可以控制地表沉降。实际施工中可根据地层情况首先确定目标土压力，然后在顶管推进过程中，用压力传感器来监测土压力的变化情况。控制开挖面土压力的另一个目的是保持开挖面的稳定。现场实测研究表明开挖面土压力决定了前方土体受挤压扰动的程度与范围，如果正面支护力与自然土压力相等，则土体不移动也无地层损失与土体位移，理论地面沉降为零。这说明建立有效的土压平衡，保持开挖面的稳定可减小前方土体的挤压与扰动，是控制地层损失、减小地层变形的有效手段。

根据实际施工经验，顶管机切口前方 $1.5D+H$（D 为项管机外径，H 为顶管中心至地面高度）范围内地面的沉降情况与土压力设定值密切相关，所以顶管前方地面沉降监测结果可直接反映土压力设定值与自然土压力的吻合程度。在实际的施工中，可控制顶管机前的地面沉降量在隆起 0～2mm，如隆起过大则应适当调低压力设定值，如发生沉降则应适当调高土压力设定值。

（2）控制推进速度

矩形顶管施工时应使土体尽量地切削而不是挤压。过量的挤压，势必产生前仓内外压差，增加对地层的扰动。正常推进，速度可控制在 20～30mm/min 之间。同样，不同的地质条件，推进速度亦应不同。因土压平衡是依赖排土来控制的，所以前仓的入土量必须与排土量匹配。合理设定土压力控制值的同时应限制推进速度，如推进速度过快，螺旋输送机转速相应值达到极限，密封仓内土体来不及排出，会造成土压力设定失控，所以应根据螺旋输送机转速控制最高掘进速度，一般控制在 50mm/min 以内。由于推进速度和排土量的变化，前仓压力也会在地层压力值附近波动，施工中应特别注意调整推进速度和排土量，使压力波动控制在最小幅度。

（3）同步注浆

注浆对改良地层性状，有效降低地面沉降可起到积极的控制作用。顶管掘进中，以适当的压力，必要的数量和合理配比的压浆材料，在管道背面环形建筑空隙中进行同步注浆，这样能够减小摩擦阻力，有效控制或减小地面沉降。

注浆压力在理论上只须使浆液压入口的压力大于该处水土压力之和，即能使建筑空隙得以充盈。但压浆压力不能太大，否则会使周围土层产生劈裂，土层受到扰动而造成较大的后期沉降。

（4）及时纠偏

顶管在层中向前推进，由于受地层土质、千斤顶顶力分布管道的制作误差、测量的误差等因素的影响，不可避免地会使顶管姿态发生变化，产生偏移、偏转和俯仰。影响顶管方向的因素有：出土量、覆土厚度、推进时顶管周围的注浆情况、开挖面土层的分布情况和千斤顶作用力的分布情况等。比如顶管在砂性土层或覆土层比较薄的地层推进就比较容易上抛。解决顶管偏向的办法主要是依靠调整千斤顶以改变顶管姿态的三个参数：推进坡度、平面方向和自身的转角。推进坡度采用，上下两组对称千斤顶的伸出长度（俗称上下行程差）来控制；平面方向采用左右两侧千斤顶伸出长度（俗称左右行程差）来控制。需要注意的是一次纠偏量不能太大，过大的纠偏量会造成过多的超挖，影响周围土体的稳定，所以要做到“勤测勤纠”。

由上面分析可知，矩形顶管施工对环境影响是一个综合性课题，因此对矩形顶管工程施工扰动的环境影响控制也应采取综合治理的方法，既要重视理论计算分析，做到合理设计，又要重视施工组织措施，还要采用现场监测，实行信息化施工。根据具体工程还可对地基土体进行土质改良以减小施工扰动影响，还可对周边建筑物地基基础进行加固。

7.9 顶管机拆解与吊出

顶管机拆解与吊出（图7.9-1）应遵循下列规定：

图7.9-1 顶管机拆解与吊出

(1) 矩形顶管机拆机吊装作业前，应当编制详细拆机方案，并与所有参与拆机、吊装的作业人员做技术交底。

(2) 顶管机拆卸场地准备应符合下列规定：

1) 对于井下作业面，应保证具有足够的作业空间，接收导轨应按要求准确定位并牢靠固定，导轨不得出现错台、错缝、弯曲等现象，并确保接收导轨整体轴线与矩形顶管机轴线对齐；

2) 对于井上作业面，应保证有足够的地基承载力，同时起吊设备和输送车辆等辅助设备的组装、作业空间应当充裕。

(3) 顶管机拆机应符合下列规定：

1) 顶管机拆机前应进行清洁，并对各机械部件及电气、流体、液压管路做好标识；

2) 顶管机拆机应遵循由前向后、先上后下、先机械后液压电气的原则；

3) 拆除刀盘、螺旋输送机等系统后，顶管机各连接部位应清洁干净并涂抹防锈油；

4) 对液压系统（阀、软管、油缸等）拆卸前应确定液压系统处于无压状态，拆除过程中应保持液压元器件周边的清洁；

5) 拆除电气系统前，应确认电源已关闭，并应安排专人防护。

(4) 各部件起吊前，应对起吊装置检查、安装，临时焊接的吊耳应按设计要求对焊缝进行探伤。

（5）矩形顶管机拆解与吊出应符合下列规定：

① 矩形顶管机到达接收井后进行顶管机拆解、吊出的顺序依次为刀盘、螺旋输送机、动力系统、前壳体上分体、前壳体下分体、中后壳体及其他部件；

② 拆解完成后应立即装车，采用大型液压平板拖车转运，运输前应对运输线路进行实地考察。运输过程中，应确保每个部件固定可靠，并应做充分的防护措施；

③ 顶管机在拆解过程中应做好零部件的保护性措施，拆除完成后应做好防腐防潮措施。

7.10 质量控制

主 控 项 目

（1）管节及附件等工程材料的产品质量应符合设计和《规程》第 6 章以及现行国家标准的有关规定。

检查方法：检查产品质量合格证明书、各项性能检验报告，检查产品制造原材料质量保证资料；检查产品进场验收记录。

检查数量：全数检查

（2）接口橡胶圈安装位置正确，无位移、脱落现象；

检查方法：逐个接口观察。

检查数量：全数检查

（3）管节及接口应无破损、无裂缝；

检查方法：逐节观察。

检查数量：全数检查

（4）矩形顶管的隧道应无水珠、滴漏、线流。

检查方法：逐节观察。

检查数量：全数检查

一 般 项 目

（5）矩形顶管的隧道应无明显渗水现象。

检查方法：逐节观察。

检查数量：全数检查

（6）管节接口允许偏差应符合表 7.10-1 的规定。

检查数量：全数检查

检查方法：量测。

（7）管节接口嵌缝的质量除应符合现行国家标准《地下防水工程质量验收规范》GB 50208 的有关规定外，管节接口嵌缝的厚度、表面粘结力的允许偏差尚应符合表 7.10-2 的规定。

检查数量：全数检查

检查方法：量测。

顶管贯通后管道接口允许偏差（mm）　　**表7.10-1**

序号	项目		允许偏差
1	相邻管间错口	上下错口	0.5%H，且≤10
		左右错口	0.5%B，且≤20

注：H为管节高度（mm），B为管节宽度（mm）。

管道接口嵌缝密封胶施工的允许偏差　　**表7.10-2**

序号	项目	允许偏差
1	厚度	+3mm
2	与混凝土表面黏结力	将嵌缝密封胶在缝中切断，用手以90°从一端拉起，胶条断裂或黏结剥离有效面积比≥60%为合格

注：粘结剥离有效面积比是指密封胶从槽中拉起时，两侧胶面扯裂面积加混凝土剥离附着面积之和与两侧总面积之比。

（8）矩形顶管的隧道轴线允许偏差应符合表7.10-3的规定。

检查数量：全数检查，每节1点。

检查方法：量测。

顶管管节允许偏差（mm）　　**表7.10-3**

序号	顶进长度L（m）	顶管底面高程	平面	管节旋转
1	<100	±50	±80	±80
2	100≤L≤200	±80	±100	±80
3	>200	±80	±150	±80

注：管节旋转指截面底板顶面中线高程与单侧角点底板顶面高程差。

矩形管节和接口应符合下列规定：

（1）矩形管节混凝土等级应不低于C50，抗渗指标应不低于P8。接口宜采用F形钢承插接口，接口止水宜设置3道，宜在F型钢承插接口处设置一道橡胶止水带，并在接缝端面设置两道矩形或O形橡胶止水带。

（2）木垫板的厚度，应按设计顶力大小确定，并应不小于12mm。粘贴时，凹凸口对中，环向间隙符合要求。

（3）管节对装前滑动部位可均匀涂薄层硅油等润滑材料，减少摩阻。

（4）管节承插时外力应均匀，止水橡胶圈不移位、不反转、不损坏、不露出管外。

第8章　矩形顶管工程实例

8.1　概述

20世纪70年代初，日本在地下联络通道工程中首次成功运用了矩形顶管技术。1999年，在上海地铁2号线陆家嘴车站5号出入口建设中完成了国内首条矩形顶管通道（断面尺寸2.5m（宽）×2.5m（高））。21世纪初，顶管技术得到了较大发展，矩形顶管技术化得到了越来越广泛的运用，特别是在上海地区，多个地铁车站出入口地下通道的施工均采用了矩形顶管，断面尺寸均在6m×4m左右。2014年，在郑州中州大道下穿隧道工程中，韩四路隧道、沈庄北路隧道采用了大断面小间距矩形顶管工法，4孔顶管中最大横断面尺寸10.4m×7.5m。天津下穿黑牛城通道工程采用矩形顶管法施工，顶管段长92.6m，横断面尺寸10.42m×7.57m。国内工程案例不断增多，本章提供了矩形土压平衡顶管工程和矩形泥水平衡顶管工程详细典型实例，供读者借鉴。

8.2　苏州城北路综合管廊元和塘矩形土压平衡顶管工程

8.2.1　工程概况

1. 工程概况

苏州市城北路综合管廊工程五标元和塘段顶管工程，位于苏州市城北东路与齐门北大街相交处附近，设计里程为GCB2＋180至GCB2＋420段。该段地面沿线分布有元和塘河道，建（构）筑物有中国石化加油站、苏州军分区、交警二中队、民房房屋及齐门立交等，地下管线有天然气、供水、雨水、污水管道等。

经现场踏勘，综合管廊按原线路沿线下穿元和塘河道（宽约39m），走向南端10m范围为苏州军分区军产（院内为2～4层简易房屋，中间存在20m宽开阔空地），设计终点位置为齐门立交，附近有苏建集团二分公司，沿线下穿各种给水、雨水、电信、光纤等地下管线（图8.2-1）。采用明挖法施工会影响元和塘河道正常通航和齐门立交的交通，占用南侧军分区军产用地，需拆迁地下管线，对周边已建结构物带来一定的破坏和影响。

因此，为不影响元和塘河道及齐门立交的正常通航/行，避免苏州军分区用地征地和拆迁管线的困难，减少大面积开挖土方，经参建各方多次开会研究论证确定采用“绿色、环保、安全”的非开挖矩形顶管技术。

2. 设计概况

苏州市城北路（金政街—江宇路）（图8.2-2）综合管廊工程GCB2＋180～GCB2＋420段管廊采用顶管法施工，在GCB2＋420设置始发井，在GCB2＋180处设置接收井，直线顶进，顶进长度 233.6m，设计纵坡度－3‰。平均管顶覆土厚度约为 9m。

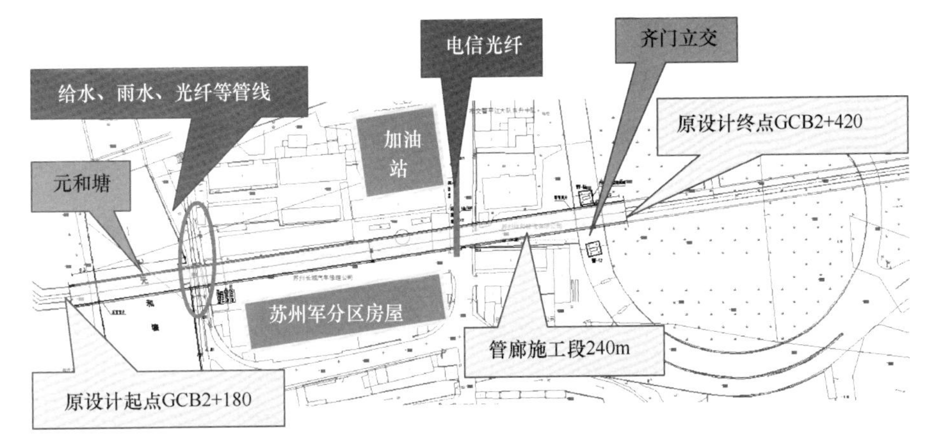

图 8.2-1　管廊工程原设计平面布置

图 8.2-2　管廊顶管工程平面卫星图

顶管始发井位于场地东侧，场地地面标高 3.50m，基底标高－12.326m，管廊通道内底标高－9.627m；始发井尺寸为 14m×15.1m（长×宽），净空尺寸为 12m×13.1m（长×宽），内衬墙厚 1m，开挖深度为 15.626m。

顶管接收井位于场地西侧，场地地面标高 3.50m，基底标高－13.021m，管廊通道内底标高－10.322m；接收井尺寸为 10m×14.1m（长×宽），净空尺寸为 8m×12.1m（长×宽），内衬墙厚 1m，开挖深度为 16.520m。

根据地质资料，顶管穿越地层主要为粉砂夹粉土、粉土，下穿元和塘河道处局部存在淤泥，地下水丰富。为控制地面沉降，确保顶管段地表及既有结构物安全，管廊通道拟采用组合式刀盘土压平衡式矩形顶管机进行掘进施工。

综合管廊断面尺寸为 5.5m×9.1m，壁厚 650mm，内径为 4.2m×7.8m。管节长度为 1.5m/节，单节重约 66.8t；管节混凝土强度为 C50，抗渗等级为 P8。顶管结构全部采用预制钢筋混凝土管节，管节接口采用“F”形承插式连接（图 8.2-3～图 8.2-6）。

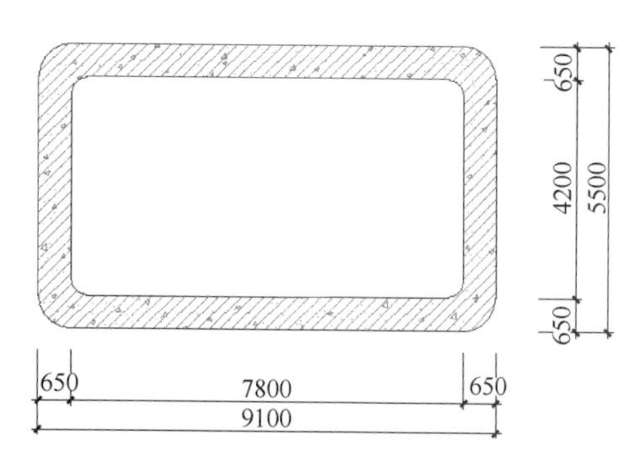

图 8.2-3 管廊顶管标准断面图

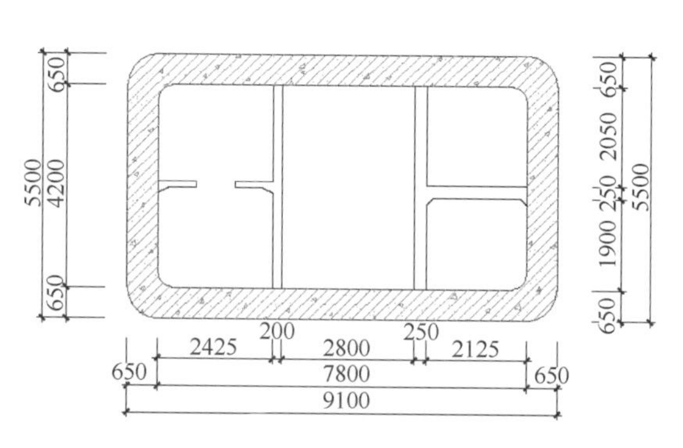

图 8.2-4 顶管施工完成后断面图

图 8.2-5 管廊顶管通道内景图

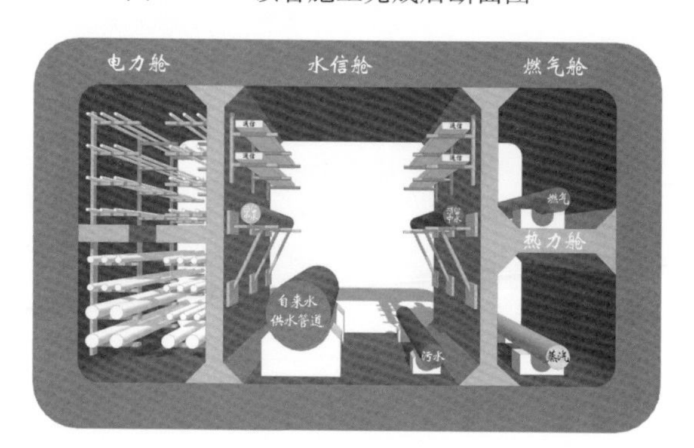

图 8.2-6 综合管廊顶管断面模型图

8.2.2 顶管沿线建（构）筑物概况

1. 交通情况

根据本工程现场施工条件，本标段管廊始发井位于齐门立交与城北路相交处附近，既有道路可以直接利用。顶管接收井位于城北东路南侧 50m 范围内，综合管廊施工场外运输道路主要利用现有城北东路，其中部分修建临时施工便道。整体交通便利。

2. 地表建（构）筑物

顶管工程地面沿线分布有元和塘河道河堤，建（构）筑物有齐门立交高架桥、中国石化加油站、军分区房屋及民房等。

（1）齐门立交高架桥墩

桥墩：地面为长方形柱，柱规格为 3.0m×1.2m，详见表 8.2-1。

桥墩参数 **表 8.2-1**

承台号	承台顶标高（m）	承台底标高（m）	承台规格（m）（长×宽×高）	桩底标高（m）	桩长（m）	桩数（根）	桩径（m）
WT—16	1.9	−0.5	5.4×5.4×2.4	−36.5	36	4	1.2
WT—17	1.9	−0.5	5.4×5.4×2.4	−36.5	36	4	1.2

根据《城北路管廊元和塘顶管物探报告》，顶管通道距离承台水平距离为 0.8m，位于承台以下 5.0m，距离最近桩基础水平距离为 1.1m（图 8.2-7～图 8.2-9）。

（2）苏州姑苏区域北路加油站

该加油站地下油库的平面范围约为 15m×10m，油库内放置四只容积分别为 20～30t

的储油罐。油库储油罐距离管廊顶管较远，约 27.5m，顶管施工对油库及储油罐无影响（图 8.2-10、图 8.2-11）。

图 8.2-7　顶管工程附近的齐门立交桥

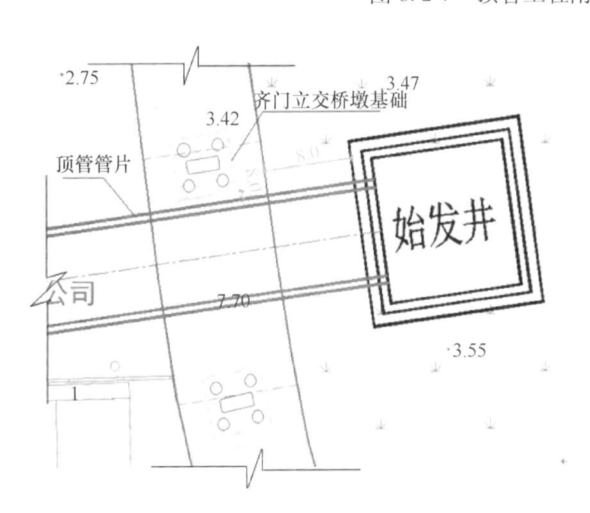

图 8.2-8　桥墩与顶管相对位置平面图

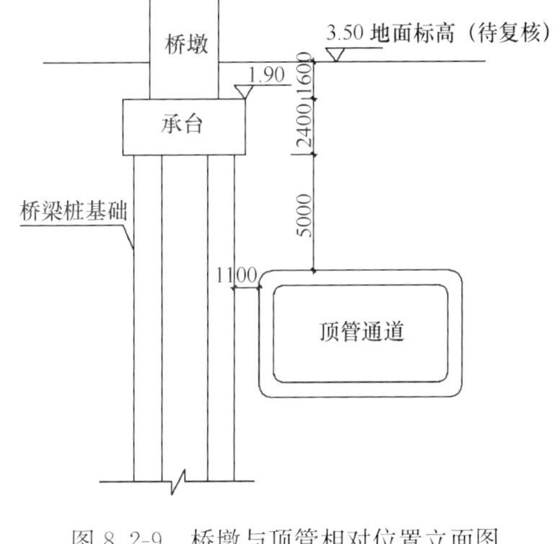

图 8.2-9　桥墩与顶管相对位置立面图（图中标高为相对标高）

图 8.2-10　顶管线路北侧的加油站

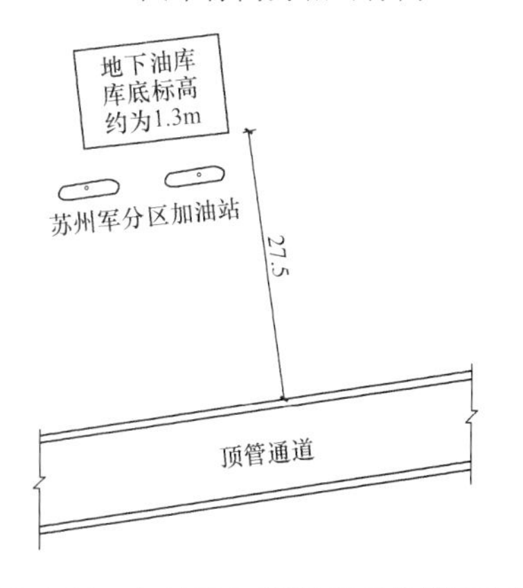

图 8.2-11　加油站与顶管相对位置平面图

（3）苏州姑苏区域北路齐门外大街房屋

该段线路范围内建筑有2～4层简易房屋，中间存在约20m宽开阔空地，用地红线与顶管线路净距约为10m。沿线其他现有建筑物主要为1～3层办公用房及仓库，房屋为条形浅基础，无地下室，基础埋深0.5～1.5m，采用石块水泥砌成。顶管管廊覆土厚度9.0m，顶管施工时控制好顶进速度及出土量以减少对土体扰动引起地面沉降，从而减小对房屋的影响（图8.2-12、图8.2-13）。

图8.2-12　顶管线路南侧的民房

图8.2-13　顶管线路南侧的民房

（4）元和塘河堤

元和塘河道两侧河堤为浆砌块石重力式挡土墙，无桩基。顶管管廊在河道正下方穿越，覆土厚度9.0m，河床段覆土厚度约3.5m，顶管施工需控制好顶进速度减小对河堤基础的影响（图8.2-14、图8.2-15）。

图8.2-14　元和塘河堤

图8.2-15　元和塘河道

3. 地下障碍物

齐门外大街道路下方存在*DN*300和*DN*200的给水管道，该处管道覆土较浅，与顶管管顶竖向距离约8.0m，顶管施工对其影响较小。但是在顶进施工过程中仍需要控制地面沉降从而引起管线变形，确保管线安全。

穿越河道的中国移动通信电缆管道埋深大，管道尺寸为500mm×400mm，电缆管道顶高程－3.64m，通道顶管顶高程－8.15m，竖向距离约为4.11m，顶管施工对通信电缆有一定影响。由于该管线可能会拆除。为确保管线安全，顶管施工前应再次确定管线是否拆除，如未拆除需通过勘测确定该通信电缆管道的准确位置（图8.2-16、图8.2-17）。

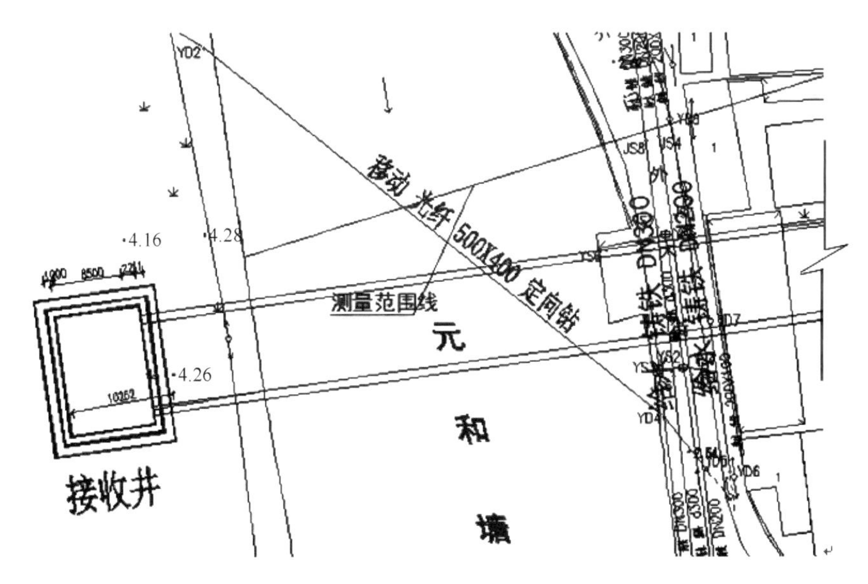

图 8.2-16　元和塘地下管线与顶管工程平面示意图

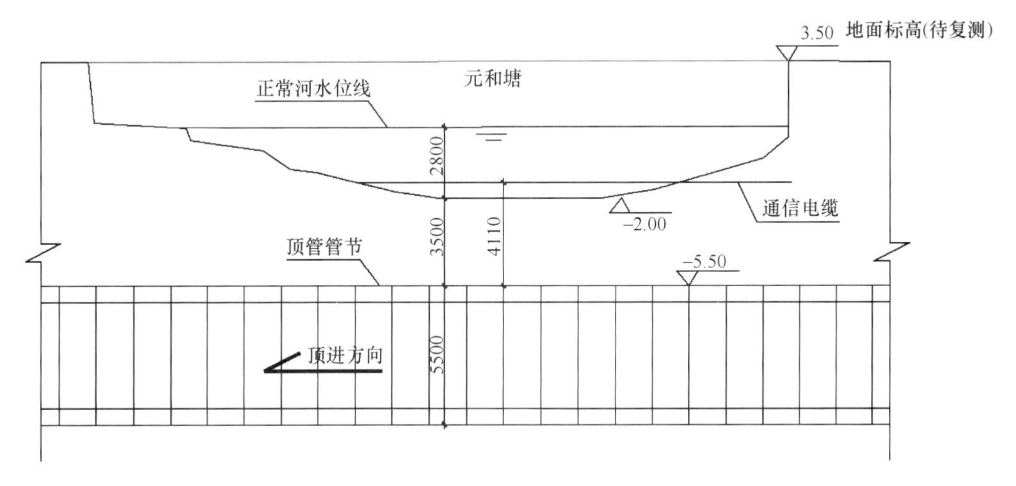

图 8.2-17　河道下方地下管线与顶管工程立面示意图

8.2.3　工程地质与水文地质

1. 工程地质

根据地质勘察资料可知，管廊顶管工程场地地层从上至下依次为素填土、黏土、粉质黏土夹粉土、粉砂夹粉土、粉砂、粉质黏土、黏土（图 8.2-18）。管廊顶管施工穿越地层主要为⑥-1 粉砂夹粉土、⑥-2 粉砂层。

（1）地层岩性

1）①-6 素填土：褐黄色、灰黄色，稍密，局部松散，主要成分为黏性土，局部含少量植物根系及碎石。该层土均匀性差，场地内局部分布，一般为近期回填而成。该层土场地内局部地段分布，钻孔揭露层层厚 0.00～3.60m，主要位于标高段 3.50～−0.56m。

2）④黏土：灰～灰黑色，饱和，流塑状态。高压缩性土。富含有机质，局部混生活垃圾，具流变性，有腐臭味，局部夹薄层粉土。无摇振反应，切面光滑，干强度中等，韧性中等。该层土场地内局部地段分布，钻孔揭露层厚 0.50～5.70m，主要位于标高段 1.43～－3.65m。

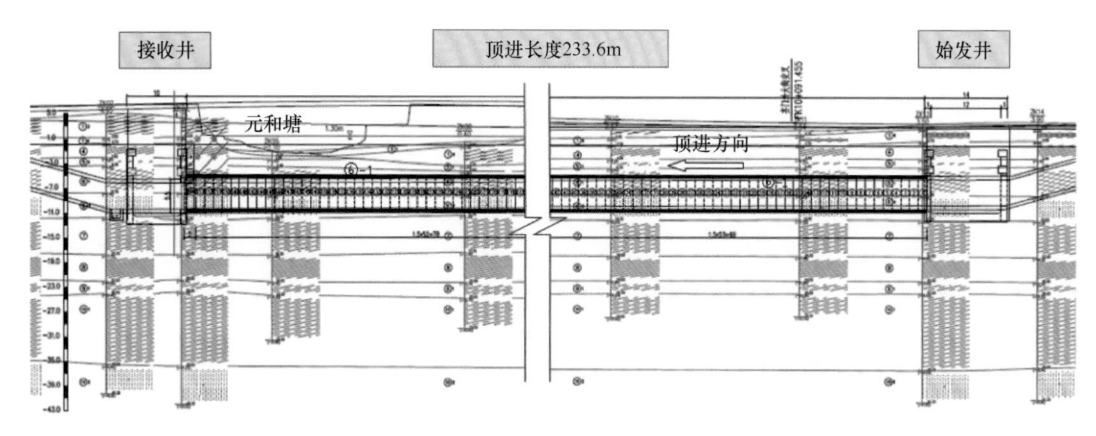

图 8.2-18　顶管施工地质纵断面图

3）⑤-1 粉质黏土夹粉土：灰黄色，饱和。粉质黏土以软塑为主，局部夹流塑状淤泥质黏土。粉土呈稍密～中密状态。高压缩性土。该层土场地内普遍分布，勘探孔揭露层厚 1.23～2.50m，主要位于标高段－2.00～－4.25m。

4）⑥-1 粉砂夹粉土：灰褐色，饱和。粉质黏土以软塑状态为主。粉土、粉砂呈稍密～中密状态。中等偏高压缩性土。该层土场地内普遍分布，勘探孔揭露层厚 1.30～3.40m，主要位于标高段－3.90～－6.9m。

5）⑥-2 粉砂：青灰色，饱和，稍密～中密状态。中等压缩性土。该层土场地内普遍分布，勘探孔揭露层厚 5.20～6.80m，层顶埋深－4.87～－12.39m。

6）⑦粉质黏土：灰黄色，饱和。粉质黏土以软塑为主。粉土呈稍密～中密状态。高压缩性土。该层土场地内普遍分布，勘探孔揭露层厚 5.00～17.60m，层顶埋深－11.37～－28.05m。

7）⑧黏土：灰褐色，饱和，可塑状态。局部夹薄层稍密状粉土。无摇振反应，切面光滑，干强度高，韧性高。中等偏高压缩性土。

其中粉砂夹粉土、粉砂层地质性质较差，施工时易发生涌砂涌水、坍塌，从而造成地表沉降。施工时应采取对土体进行加固、改良等措施。

各地层参数统计见表 8.2-2。

各地层参数一览表　　**表 8.2-2**

地层编号	岩土名称	状态	埋深（m）	土层厚度（m）	内摩擦角（°）	黏聚力（kPa）
①-6	素填土	稍密，局部松散	3.50～－0.56	0.00～3.60	17.4	32.4
④	黏土	饱和，流塑状态	1.43～－3.65	0.50～5.70	15.4	48.8
⑤-1	粉质黏土夹粉土	粉土呈稍密～中密状态	－2.00～－4.25	1.23～2.50	19.3	28
⑥-1	粉砂夹粉土	粉土、粉砂呈稍密～中密状态	－3.90～－6.9	1.30～3.40	29.3	6.2

续表

地层编号	岩土名称	状态	埋深(m)	土层厚度(m)	内摩擦角(°)	黏聚力(kPa)
⑥-2	粉砂	稍密～中密状态	−4.87～−12.39	5.20～6.80	33	3.9
⑦	粉质黏土	粉土呈稍密～中密状态	−11.37～−28.05	5.00～17.60	17.6	30.7
⑧	黏土	饱和，可塑状态	—	—	15.1	50.9

(2) 不良地质情况

1) 素填土

拟建场地均有填土分布，厚度一般0.00～3.60m。该层土物理力学性质相差悬殊，成分复杂，结构疏密不均。该层土分布于拟建场地表层，工程性能差，其间赋存上层滞水，对基坑支护不利。

2) 粉砂夹粉土、粉砂层

顶管施工主要穿越层，施工时引起地下水位变化及土体扰动，进而易引起周边地面沉降，对周边建筑物及道路、管线安全造成威胁。

2. 水文地质

(1) 区域水文

苏州市地表水系十分发育，河网密布，河湖水位的变化与降水年际、年内的变化基本一致，稍有滞后。根据大运河苏州站水文资料（黄海高程）：年平均水位0.88m，最高年平均水位1.39m（1954年），最低年平均水位0.4m（1934年），历史最高水位2.69m（1999年），历史最低水位0.01m（1934年8月27日）。

(2) 区域水文地质

据苏州市区域水文地质资料《1∶5万水文地质、工程地质、环境地质综合报告》，苏州地区浅层地下水主要接受大气降水补给，其水位随季节、气候变化而上下波动，属典型蒸发入渗型动态特征。

潜水最高水位为2.63m（85国家高程基准，下同），近3～5年最高潜水位为2.50m，最低水位为−0.21m。地下水年变幅为1～2m。据长期观测资料：潜水位常年高出地表水位，表现单向性排于河、湖的特点。

浅部微承压水赋存于粉土和粉砂层中，其动态亦受大气降水、地形地貌及地表水体等因素的制约，表现为降水型特征，苏州市历史最高微承压水位为1.74m，最低微承压水位为0.62m，年变幅0.80m左右，微承压水位历时曲线与潜水动态特征相似，地下水年变幅为0.8m左右，动态类型属缓变型。

据苏州地区区域水文地质资料，第Ⅰ承压含水层历史最高水位为−2.70m，最低水位为−3.02m，年变幅为0.38m。

(3) 场地地下水

地表水：工程拟建场地地下水主要为元和塘河道，河流宽约39.0m，正常河水位约1.30m。

地下水：拟建场地浅层孔隙潜水赋存于表层填土层中，分布不均匀，水量小。主要接受大气降水补给，以侧向排泄于河湖为主要排泄途径，水位随季节变化明显。

勘察期间测得初见水位埋深0.20～2.30m，24h后测定浅层潜水稳定水位埋深0.50～2.50m。相应稳定水位标高为1.32～1.98m（85国家高程基准）。

下伏⑦粉质黏土、⑧黏土层透水性差，是潜水含水层与微承压含水层之间较好的隔水层。

8.2.4 顶管掘进机选型

1. 顶管设备选型的依据

顶管穿越地层地质情况、工程要求、环境保护要求、经济比较、地面施工场地大小等因素是顶管设备选型的基本依据。根据国内外矩形顶管施工经验与实例可以看出，顶管机的选型必须满足以下几个要求：

（1）确保开挖空间的安全和稳定支护；

（2）保证顶管上方土体变形符合设计要求；

（3）保证顶管机开挖碴土的清除；

（4）确保顶管机械的作业可靠性和作业效率；

（5）确保顶管机械施工质量和施工安全；

（6）满足施工场地及环保要求。

2. 顶管设备选型分析

本工程综合管廊顶管工程由东向西顶进，断面尺寸9.1m×5.5m，一次顶进长度为233.6m，覆土厚度为9m。顶管施工穿越地层主要为⑥-1粉砂夹粉土、⑥-2粉砂层，局部穿越淤泥，地质条件复杂，稳定水位埋深0.50～2.50m，地下水丰富。施工场地周边建（构）筑物较多（如齐门立交、城北路、军分区民房、加油站等），人流、车流较大，且下穿元和塘通航河道，地面沉降控制要求严格及环境保护要求高。

泥水平衡式顶管机是在顶管机的前部设置隔板，装备刀盘面板、输送泥浆的送排泥管和刀盘动力系统。在地面上还配有分离排出泥浆的泥浆处理设备。开挖面的稳定是将泥浆送入泥浆室内，在开挖面上用泥浆形成不透水的泥膜，通过该泥膜保持水压力，以对抗作用于开挖面的土压力和水压力。开挖的碴土以泥浆形式输送到地面，通过处理设备分离为土粒和泥水，分离后的泥水进行质量调整，再输送到开挖面。泥浆处理设备设在地面，需占用较大的施工场地，其配套系统价格较高。

土压平衡式顶管施工技术是根据土压平衡的基本原理，利用顶管机的刀盘切削和支承机内土压舱的正面土体，抵抗开挖面的水、土压力以达到土体稳定的目的（图8.2-19）。以顶管机的顶速即切削量为常量，螺旋输送机转速即排土量为变量进行控制，待到土压舱内的水、土压力与切削面的水、土压力保持平衡，由此则可减少对正面土体的扰动及减小地面的沉降与隆起。

土压平衡式矩形顶管机特点是：适用地层比较广，从软黏土到砂砾土都能适用，能保持挖掘面稳定，地面变形极小。

根据工程地质资料显示，本矩形顶管工程穿越地层主要为粉砂夹粉土、粉砂层，顶进区域富含承压水。本工程如采用泥水式平衡顶管机掘进施工，在顶进过程中因超排造成道路塌陷及周边建筑物不均匀沉降的风险较大。而土压式平衡顶管机掘进施工，能有效防止掌子面土体超挖，结合国内目前设备制造情况，本工程适宜采用可以有效控制地面沉降的

图 8.2-19 土压平衡顶管原理示意图

土压平衡式顶管机掘进施工，其施工环境适用性好，安全性更好。

为满足对矩形断面进行全断面切削以及平衡顶管转动力矩的作用，本次设计采用中央大刀盘加偏心刀盘相结合的组合刀盘形式。大刀盘能够平衡顶管机顶进时产生的偏转扭矩，当顶进机受偏转扭矩时，可以通过大刀盘的正转或反转来提供相反力矩，保证顶进机不会侧向翻转。同时，两侧的偏心刀盘各由三个同步运行的偏心驱动带动，使偏心刀盘的转动轨迹与两侧壳体边缘拟合，以达到全断面切削的目的。

综上，本顶管工程顶管机拟采用组合式多刀盘土压平衡式矩形顶管机，结合管廊结构尺寸，顶管机断面尺寸选为 9.1m×5.5m。

3. 土压平衡工艺原理

土压平衡顶管施工是 20 世纪 70 年代发展起来的一种最新的顶管施工工艺，它的工作原理可参见图 8.2-20。

当图 8.2-20 中土压平衡顶管机接通刀盘驱动电动机的电源后，顶管机刀盘就开始转动，每根刀盘前面的刀片则开始切削土砂，同时刀盘后的搅拌棒对泥土仓内的土砂进行搅拌。如果土砂中的黏粒含量在 20%以上时，可以不必添加作泥材料。如果顶管机处在砂或砂砾层中且黏粒含量在 15%以下时，则必须向泥土仓内注入以作泥材料为主的浆液，同时把它与被切削下来的土砂一起搅拌。只有当泥土仓内的泥土被改良成具有较好的塑性、流动性和止水性这“三性”时，搅拌才算成功，作泥材料的添加也才算合理。

在顶进过程中，假设顶管机顶部前面土层内的静止土压力和地下水压力之和为 A，顶管机泥土仓内的压力为 B；假设顶管机底部前面土层内的静止土压力和地下水压力之和为 C，顶管机泥土仓内的压力为 D，那么要达到土压平衡的必要条件是必须使 $A=B$，$C=D$，如图 8.2-20 所示。

上述这个假设，只是施工过程中的理论控制值。然而，在不同的土质条件和不同的施

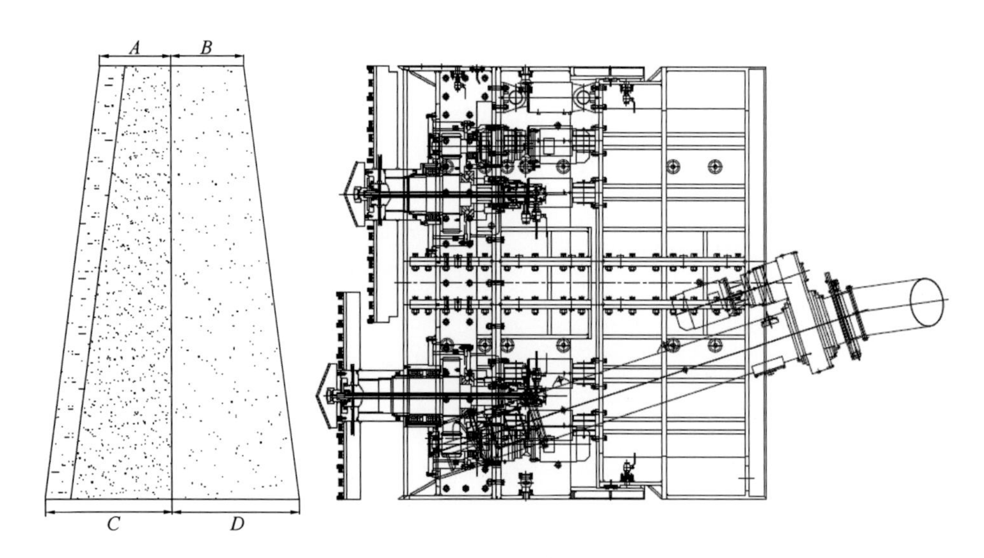

图 8.2-20　土压平衡顶管的工作原理图

A—顶管机顶部掌子面土层的水土压力；*B*—顶管机顶部泥土仓内的压力；
C—顶管机底部掌子面土层的水土压力；*D*—顶管机底部泥土仓内的压力

工条件下，我们所采用的实际控制土压力 P 会有所不同，并且会允许在一定的范围内的波动。为此，我们规定了实际控制土压力 P，还规定了实际控制土压力 P 的上下波动范围在 20kPa 以内。这在实际施工中，是能较容易地做到的。下面，我们来详细阐述这个问题。

顶管机在顶进过程中，其土仓中始终有一个压力，我们称之为控制土压为 P。当控制土压力 P 小于顶管机所处土层的地下水压力 P_w 与主动土压力 P_A 之和时，土就涌向顶管机土仓，结果就会造成地面沉降。其原因往往是由于推进速度过慢，螺旋输送机的实际排土量大于顶管机推进过程中的理论排土量所造成的。

反之，如果当控制土压力 P 大于顶管机所处土层的地下水压力 P_w 与被动土压力 P_P 之和时，结果就会造成地面隆起。其原因往往是由于推进速度过快，螺旋输送机的实际排土量大大小于顶管机推进过程中的理论排土量所造成的。螺旋输送机的正常排土量应该为顶管机推进过程中的理论排土量的 95%～100%。

所谓土压平衡顶管，实际上就是把顶管机土仓内的土压力控制在顶管机所处土层的主动土压力与被动土压力之间，也即：

$$P_A < P < P_p$$

式中　P_A——主动土压力（kPa）；

　　P——控制土压力（kPa）；

　　P_p——被动土压力（kPa）。

这样，在整个顶管施工过程中，顶管机土仓内的压力与顶管机所处土层中的土压力终是处于一种平衡的状态，这就是土压平衡顶管机的基本工作原理。

在实际施工过程中，每一项的控制土压力除了计算以外还需在顶进时实测，然后用实测数据与理论计算值做比较，修正计算值。实测的方法是在初始顶进过程中，当机头已完全进入土中以后，需停下来，待 4h 以后，观察机头内土压力表的实际读数，此读数即可视为主动土压力，每一顶顶进之前的计算数据均需交监理工程师备案。

由于主动土压力和被动土压力之间的压力值范围较广，同时又由于土压力的变化是一个非常复杂的过程，并且，在计算主动土压力和被动土压力时会因为选取的各种参数不准确就很容易造成误差。所以必须在主动土压力和被土压力之间的这个较大范围中取处于中间的那一段，以减少土压力值的波动所带来的影响。因此，常用的控制土压力的取值方法是在顶管机所处土层的静止土压力的基础上，规定一个上限和下限，具体的计算公式为：

$$P = K_0 \cdot P_0 \tag{8.2-1}$$

式中 K_0——静止土压系数；

P_0——静止土压力（kPa）。

上述静止土压力系数 K_0 在砂性土中可取 0.25～0.33 之间，在黏土中可取 0.33～0.7 之间。而静止土压力则为：

$$P_0 = \gamma \cdot h \tag{8.2-2}$$

式中 γ——土的密度（kN/m^3）；

h——覆土深度（m）。

主动土压力 P_A 为：

$$P_A = \gamma \cdot h \cdot tg^2(45° - \varphi/2) - 2C \cdot tg(45° - \varphi/2) \tag{8.2-3}$$

式中 φ——土的摩擦角（°）；

C——土的内聚力（kPa）。

被动土压力 P_P 为：

$$P_p = \gamma \cdot h \cdot tg^2(45° + \varphi/2) + 2C \cdot tg(45° + \varphi/2) \tag{8.2-4}$$

如果 h 计算出来大于 5m，则取 5m。

控制土仓内土压力的方法有三种：

第一种是用主顶油缸或第一个中继间的推进速度来调节，在排土量不变的条件下，推进速度快，则土压力上升，反之则下降。用这种方法调节时，曲线变化的斜率较陡，特性较硬。

第二种方法是利用调节螺旋输送机转速的快慢来调节土压力。在推进速度保持不变的条件下，螺旋输送机的转速越快，排土量则越大，土仓内的压力就下降，反之则上升。用这种方法调节时，曲线变化的斜率较平缓，其特性比较软。

第三种方法是利用顶管机后的主推装置和调速螺旋输送机共同来控制土仓内土压力，用这种调节方法最好，但施工成本高。

4. 矩形顶管机构造

本工程采用土压平衡式 9100mm×5500mm 矩形顶管机掘进施工，顶管机机头共布置 7 个刀盘，其中大刀盘直径 4200mm，采用 8 台 30kW 电机，1470r/min；2 个中等刀盘直径为 2980mm，采用 4 台 30kW 电机，1470r/min；2 个中等刀盘直径 2520mm，采用 3 台 30kW 电机，1470r/min；2 个小刀盘直径 1450mm，采用 1 台 37kW 电机，1480r/min。全断面总面积 49.968m^2，总切削面积 41.082m^2，整个刀盘切削率为 82.2%，总搅拌面积 37.208m^2，搅拌率为 74.4%。矩形顶管机刀盘布置总图，详见图 8.2-21～图 8.2-28。

图 8.2-21 矩形顶管机刀盘布置图

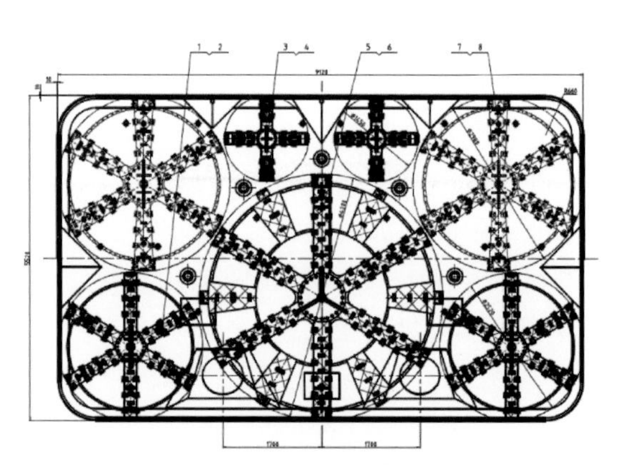

图 8.2-22 矩形顶管机刀盘布置图

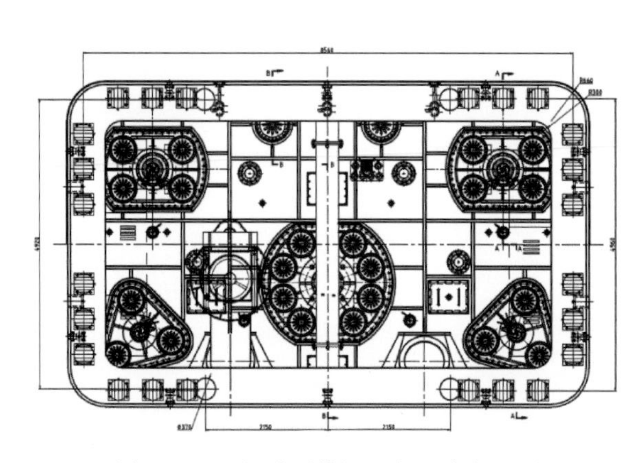

图 8.2-23 矩形顶管机刀盘驱动布置图

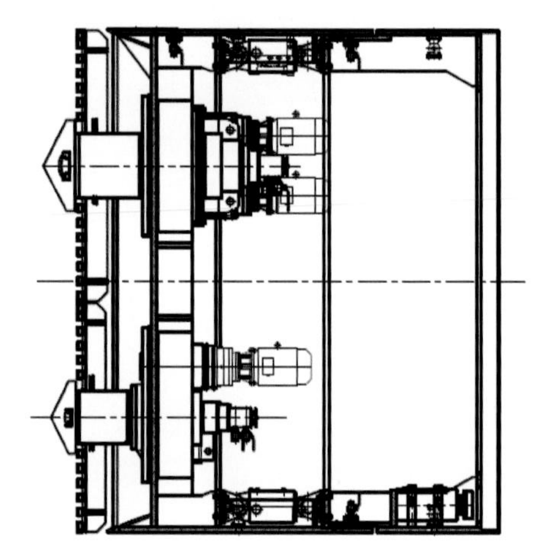

图 8.2-24 矩形顶管机壳体侧面图

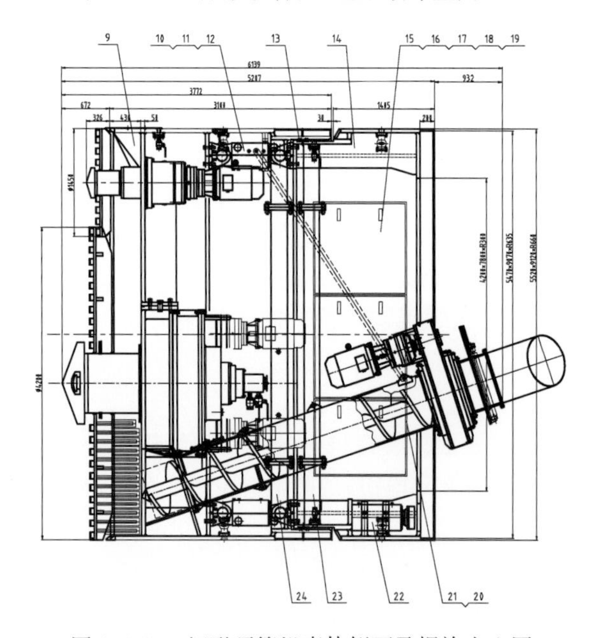

图 8.2-25 矩形顶管机壳体侧面及螺旋出土图

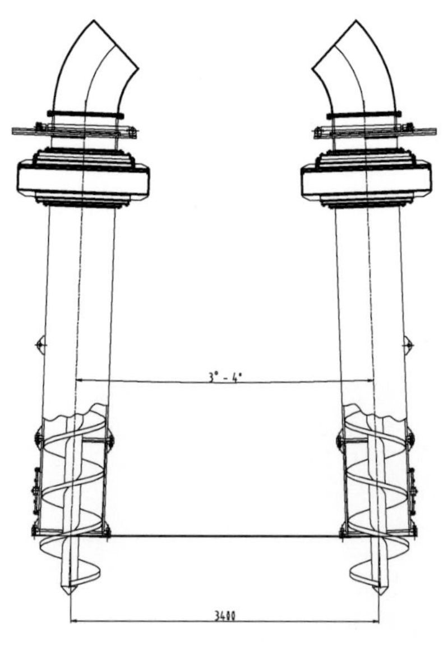

图 8.2-26 矩形顶管螺旋出土器图

图 8.2-27　矩形顶管内部图

图 8.2-28　矩形顶管机壳体后段

5. 顶管设备技术参数

（1）顶管机功能参数表（表 8.2-3）

（2）顶管机主要技术参数（表 8.2-4）

顶管机功能参数一览表　　表 8.2-3

	功能	数量	项目	性能参数
切削性能	1 号刀盘	1 套	切削直径	4200mm
			截割功率	30×8=240kW
			输出转速	1～1.0r/min
			截割转矩	2290kN·m
			截割系数	3.09
	2 号刀盘	2 套	切削直径	2980mm
			截割功率	30×4=120kW
			输出转速	0～1.4r/min
			截割转矩	810kN·m
			截割系数	3.06
	3 号刀盘	2 套	切削直径	2520mm
			截割功率	30×3=90kW
			输出转速	0～1.58r/min
			截割转矩	540kN·m
			截割系数	3.37
	4 号刀盘	2 套	切削直径	1450mm
			截割功率	37×1=37kW
			输出转速	4.6r/min
			截割转矩	70kN·m
			截割系数	2.3
螺旋出土装置		2 个	电机功率	37×2=74kW
			输出转速	0～6r/min
			最大理论出土量	60m³/h

续表

功能	数量	项目	性能参数
纠偏装置	1套	布置方式	24台
		单根最大推力	2000kN
		纠偏行程	200mm
		纠偏角度	水平1.3°，上下2.3°
		电机功率	22kW
总功率	—	—	840kW

注：总功率包含照明设施用电功率。

顶管机主要技术参数一览表 **表8.2-4**

序号	内容	参数
1	适应土层	黏土、砂土、粉质黏土
2	平衡形式	土压平衡
3	顶进机及外形	5520mm×9120mm
4	刀盘形式	7个刀盘；全断面切削
5	纠偏角度	水平：±1.3°，垂直：±2.3°
6	刀盘转速	大刀盘0～1.0r/min；中等刀盘0～1.4（1.58）r/min
7	螺旋机转速	0～6r/min
8	螺旋机出土量	$60m^3/h×2$

8.2.5 顶力计算

1. 顶进阻力计算

管廊通道顶管段顶力计算，断面尺寸为9.1m×5.5m，顶管段长度233.6m，管顶覆土厚度取9.0m。顶推力计算如下：

$$F = F_0 + f_0 L \tag{8.2-5}$$

式中 F——总推力（kN）；

F_0——初始推力（kN）；

f_0——每米管节与土层之间的综合摩擦阻力（kN/m）。

① 始推力：

$$F_0 = S \times (P_0 + P_w) \tag{8.2-6}$$

式中 S——机头截面积（m^2）；

P_0——机头底部以上1/3高度处的静止土压力（kN/m^2）；

P_w——地下水压力。

$$P_0 = K_0 \gamma (H + 2H_1/3) \tag{8.2-7}$$

式中 γ——土的密度，取$20kN/m^3$；

H——管顶土层厚度，取9.0m；

H_1——掘进机高度，取5.5m；

φ——土的内摩擦角，取29.3°；

K_0——砂性土中取0.25～0.33之间，在黏土中可取0.33～0.7之间。

地下水压力计算水头高度起算点为地面。

$$F_0 = S \times (P_0 + P_w)$$
$$= 9.1 \times 5.5 \times [0.33 \times 20 \times (9.0 + 2 \times 5.5/3) + 1 \times 10 \times (9.0 + 2 \times 5.5/3)]$$
$$= 10523\text{kN}$$

② 外摩阻系数：

$$f_0 = RS + Wf \tag{8.2-8}$$

式中　R——综合摩擦阻力（kPa），取8kPa；

S——管外周长(m)，得 $S=(a+b)\times2=(5.5+9.1)\times2=29.2$m；

W——每米管节的重力，取432kN/m；

f——管节重力在土中的摩擦系数，取0.2。

得：$f_0=8\times29.2+432\times0.2=320$kN/m。

③ 总推力 $F=10523+320\times233.6=85275$ kN。

说明：以上的管壁摩擦力计算未充分考虑触变泥浆减阻效果，施工是采用触变泥浆减阻，可以有效折减管壁摩擦阻力。

2. 管材受力分析（图8.2-29、图8.2-30）

（1）管节壁厚650mm，管节外尺寸9100mm×5500mm；

（2）钢筋混凝土管综合系数 $k_{dc}=0.391$；

（3）C50钢筋混凝土抗压强度设计值23.1N/mm ^{2}；

（4）管节受力面积为：受力面积 $S=9.1\times5.5-7.8\times4.2=17.29\text{m}^2$；

（5）管节轴向允许推力 $F=23.1\text{N/mm}^2\times17.29\times10^6\text{mm}^2\times0.391=156169$kN。

图8.2-29　管节卸管

图8.2-30　管节吊装

3. 后靠背计算

后座反力计算过程中忽略钢制后座的影响，假定主顶千斤顶施加的顶进力是通过后座墙均匀地作用在工作坑后的土体上，后座反力一般是主顶推力的1.2～1.6倍，反力 R 采用下式计算：

$$R = \alpha \cdot B \cdot (\gamma \cdot H^2 \cdot \frac{K_p}{2} + 2C \cdot H \cdot \sqrt{K_p} + \gamma \cdot h \cdot H \cdot K_p) \tag{8.2-9}$$

式中　R——总推力之反力（kN）；

α——系数，取 $\alpha=2.5$；

B——后座墙的宽度，取 13.1m；

γ——土的密度，取 20kN/m³；

H——后座墙的高度，取 6.0m；

K_p——被动土压系数，$K_p=\tan^2(45+\varphi/2)$；

C——土的内聚力，取 6.2kPa；

h——地面到后座墙顶部土体的高度，平均取 3.0m；

φ——土内摩擦角，取 29.3°。

将以上数据代入公式：

$$K_p = \tan^2(45+\varphi/2) = \tan^2(45+29.3/2) = 2.89$$

$R = 2.5\times13.1\times20\times6.0\times6.0\times(2.89/2)+2\times6.2\times6.0\times\sqrt{2.89}+20\times3.0\times6.0\times2.89) = 72288\text{kN}$。

4. 中继间配置计算

本工程综合管廊断面尺寸为 5.5m×9.1m，壁厚 650mm，因此中继间外包尺寸为 5.5m×9.1m。中继间主要构成有：壳体、油缸、密封件、中继间前段、后段等组成。中继间布置 80 台 50t 千斤顶，有效顶程 30cm。中继间设计图如图 8.2-31 所示，中继间相关图如图 8.2-32～图 8.2-35 所示。

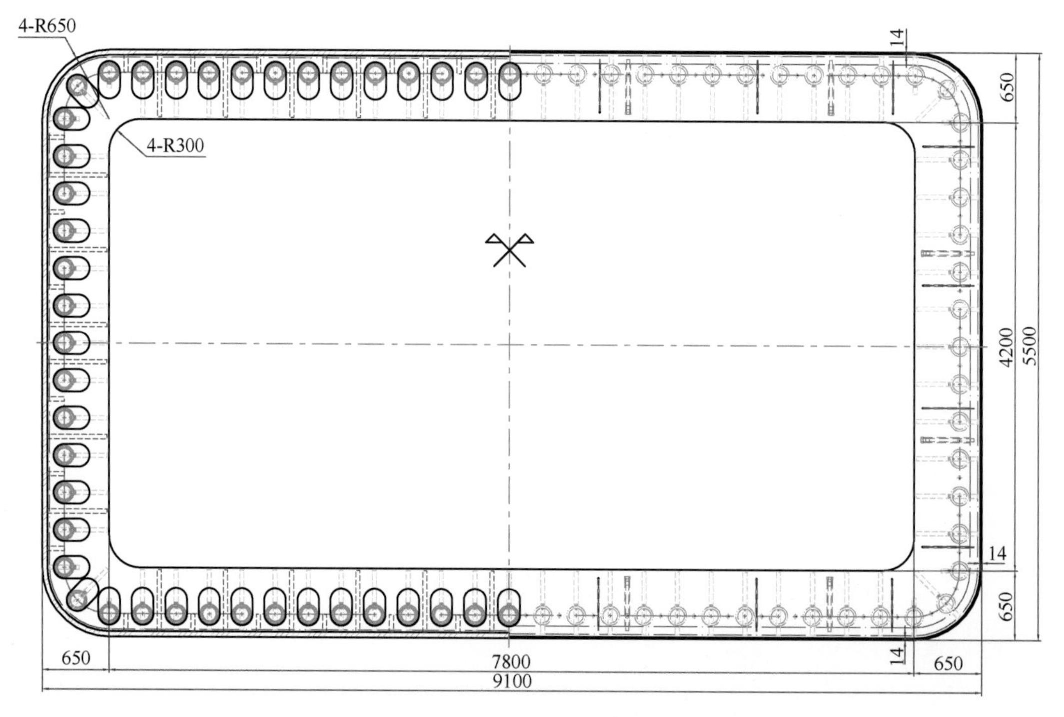

图 8.2-31　中继间设计图

中继间计算：

(1) 总推力 $F=85275\text{kN}$。

(2) 管节轴向允许推力 $F=156169\text{kN}$。

图 8.2-32　中继间外部

图 8.2-33　中继间内部

图 8.2-34　中继间吊装

图 8.2-35　中继间安装图

（3）后座反力 R=72288kN。

总推力大于后座反力，则需设中继间。始发井主顶千斤顶布置 30 台 200t 千斤顶，总推力为 60000kN，即 6000t。

始发井千斤顶提供的有效顶力：30×200×0.8=4800t

中继间由 80 台 50t 千斤顶构成，每个千斤顶长度为 50cm，有效行程 30cm，中继间总顶推力 $P_c=n\times p\times \eta=80\times 50\times 0.80=3200\text{t}=32000\text{kN}$，$\eta$ 为液压效率（0.8～0.95）；

（1）第一道中继间距离第一节管节距离 L_1：

根据施工经验设置在顶管机后 30m 即可。

（2）第二道中继间距离第一道中继间长度 L_2：

$$L_2 = P_c / f_0 = 32000/320 = 100\text{m}$$

每节管节长度为 1.5m，为保证中继间提供顶力有效，第二道中继间设在距离第一道中继间 L'_2=70m 处，中间间隔 47 节管节。

剩余顶管长度为 233.6m－(30＋70)m＝133.6m，则剩余段需要顶推力 F=133.6m×320kN/m＝42752kN＜始发井千斤顶推力 48000kN，能满足顶力需求。

8.2.6 顶进系统

1. 顶进系统布设

后顶进系统位于顶管始发井中，为顶管机的顶进切削提供顶力，它由多个部分组成，从前向后依次为底座、顶环、U 形铁、油缸支座、顶进油缸和钢后靠（图 8.2-26）。

图 8.2-36 后顶进系统示意图

（1）底座

底座是后顶进的基础结构，其他部件均以底座进行定位装配。底座两侧布置有水平伸缩撑脚，伸出量可通过螺纹调节。待底座安放到位后，用其撑住始发井内壁进行水平固定，保证整体结构的稳定性。

（2）顶环与 U 形铁

顶环与 U 形铁（图 8.2-37）是一个传递顶力的过渡结构，顶进油缸直接作用在 U 形铁上，通过 U 形铁将集中力分散到近似管节平面的环面上，将点应力转换成面应力，可以使顶力分布均匀，避免应力集中。由于 U 形铁平面与管节尾部结构不匹配，因此在其与管节之间增加一个过渡的传力结构顶环，两者相结合，起到改善顶进应力分布、保持顶进平稳的作用。

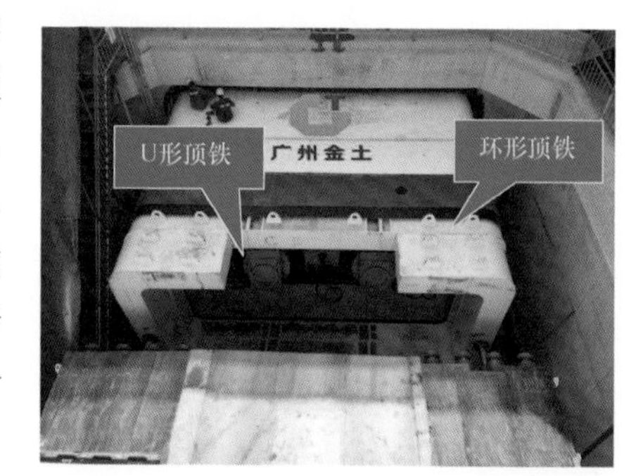

图 8.2-37 顶铁

（3）油缸支座与顶进油缸

油缸支座用于定位安装顶进油缸，分前后两个方形框架，中间以交叉的槽钢连接固定。顶进油缸按管节形状分布，顶力作用于管节中心线上，以保证受力均匀。在油缸支架的前后结构之间安装有三层工作平台，便于作业人员在平台上对不同高度的油缸进行维护和保养。

（4）钢后靠

钢后靠位于后顶进的最末端，作用与 U 形铁类似。其由两侧的大型扁箱体结构经交叉槽钢固定而成。一面背靠始发井井壁，另一面与顶进油缸底座相连，当油缸顶伸时，顶进反力直接作用在钢后靠上，再经后靠将集中力分散后传递至始发井井壁，两侧的箱体结构即为顶进油缸的分布区域，在内部与顶进油缸分布位置的对应处布置有传力筋板。

钢后靠的作用就是减小顶进反力的应力集中，保护始发井井壁不被顶进反力挤压破坏，是一个分散应力的过渡结构。

2. 主顶千斤顶选用

主顶千斤顶的选用根据顶管设备和顶管段总推力综合确定。主顶油缸一般采用200t和300t两种规格。本工程顶管断面尺寸为9.1m×5.5m，顶进长度233.6m，经计算总顶推力为8527.5t，根据千斤顶油缸直径与布置的位置以及结合工程断面和顶距，选用30台200t主顶千斤顶可满足顶进施工要求（图8.2-38）。

图8.2-38　千斤顶

3. 顶进系统施工要求

（1）底座及顶进后靠、机架的安装

底座定位后必须稳固、正确，在顶进中承受各种负载不位移、不变形、不沉降。底座上的两根轨道必须平行、等高。轨道与顶进轴线平行，导轨高程偏差不超过3mm，导轨中心水平位移不超过3mm，导轨的规格采用10.4m×9.9m的钢轨（图8.2-39）。轨道安装完成后，顶管机机头并不是直接放置在轨道上，而是放置在机架上，机架和后靠钢盒连接在轨道上，后靠钢盒两件，规格6.0m×3.0m，总重量19.045t，同样在接收井内也需安装一个机架，下铺钢轨。随着顶进的进行，轨道沿顶进方向延伸，机架及后靠便滞留在工作井内。

后靠钢盒自身的垂直度、与轴线的垂直度对顶进工作也至关重要。为保证力的均匀传递，后靠钢盒根据实际顶进轴线放样安装时，将钢后靠背作为钢模板与后背墙混凝土模板一起安装，浇筑混凝土后背墙（图8.2-40）。其目的是保证后靠钢盒与混凝土后背墙及工作井墙壁充分接触。这样，顶管顶进中产生的反顶力能均匀分部在内衬墙上。后靠钢盒的安装高程偏差不超过5mm，水平偏差不超过7mm。

（2）顶管机吊装下井及设备组装

顶管始发井采用一台跨度22.5m的90+10t龙门吊吊装机头，矩形顶管机头设计重量约180t，顶管机头采用分段吊装，最重的前端约为78.5t。

吊装前对吊装设备器具进行详细检查，确保吊装设备器具安全可靠，配备专业施工人员进行指挥、操作。吊装前对有关人员进行详细的技术及安全交底教育。

顶管机头的吊装（图8.2-41）：顶管机从平板车上被吊起后，要作片刻的停顿，确定顶管机头的实际重量是否在吊车的起重范围内。在确定是安全的情况下，先后将顶管机前段、后段、螺旋出土器、刀盘等缓慢吊入工作井内并顺序安装好。

图 8.2-39　顶管始发井导轨安装

图 8.2-40　后靠钢盒安装

(a)

(b)

(c)

(d)

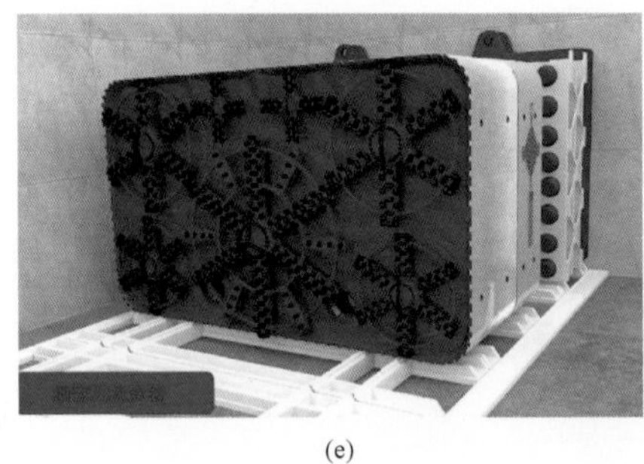

(e)

(f)

图 8.2-41　顶管机头安装

(a) 顶管前段下壳体安装；(b) 顶管前段上壳体安装；(c) 顶管后段下壳体安装；(d) 顶管后段上壳体安装；(e) 顶管刀盘安装；(f) 螺旋出土器安装

(3) 主顶油缸的定位及调试验收(图 8.2-42)

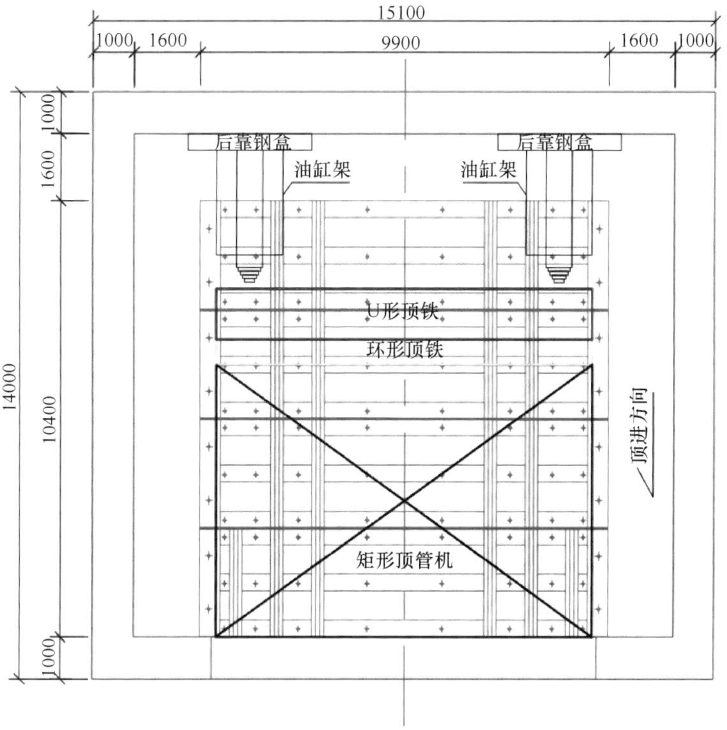

图 8.2-42　9100mm×5500mm 矩形顶管设备井内平面布置图

主顶的定位将关系到顶进轴线控制的难易程度，故在定位时要力求与管节中心轴线成对称分布，以保证管节的均匀受力。主顶定位后，需进行调试验收，保证 30 支千斤顶的性能完好。

(4) 顶管机就位、调试验收

为保证顶管始发端的轴线控制，顶管机安装好后，需对顶管机进行精确定位，尽量使顶管机轴线与设计轴线相符(图 8.2-43、图 8.2-44)。然后，必须进行反复调试，在确定顶管机运转正常后，方可进行顶管始发和正常顶进工作。

8.2.7　洞口止水装置

顶管始发前，先在洞口处安装止水带，其作用是防止顶管机始发时正面的水土涌入工作井内，其另一个作用是防止顶进施工时压入的减阻泥浆从此处流失，保证能够形成完整有效的泥浆套。本工程始发段为粉砂、粉土等不良土层，必须在顶管顶进方向距离工作井边一定范围，对整个土体进行改良或加固，采用三轴搅拌桩加固洞门前方土体，以达到洞门止水和提高洞门前方土体强度的目的，防止顶管掘进机始发时塌方。

洞口止水装置主要由预埋钢环、压板、橡胶圈和安装钢环组成(图 8.2-45)。为了使预埋钢环能牢固地预埋在洞口井壁上，在它与混凝土接触的一面焊接数根开叉的锚杆，预埋钢环的内径同预留洞口一样大小，安装钢环是布置顶管始发井时焊在预埋钢环上的。在安装钢环上焊数根安装橡胶圈和压板用的螺栓，在安装钢环焊好后就进行橡胶圈和压板的

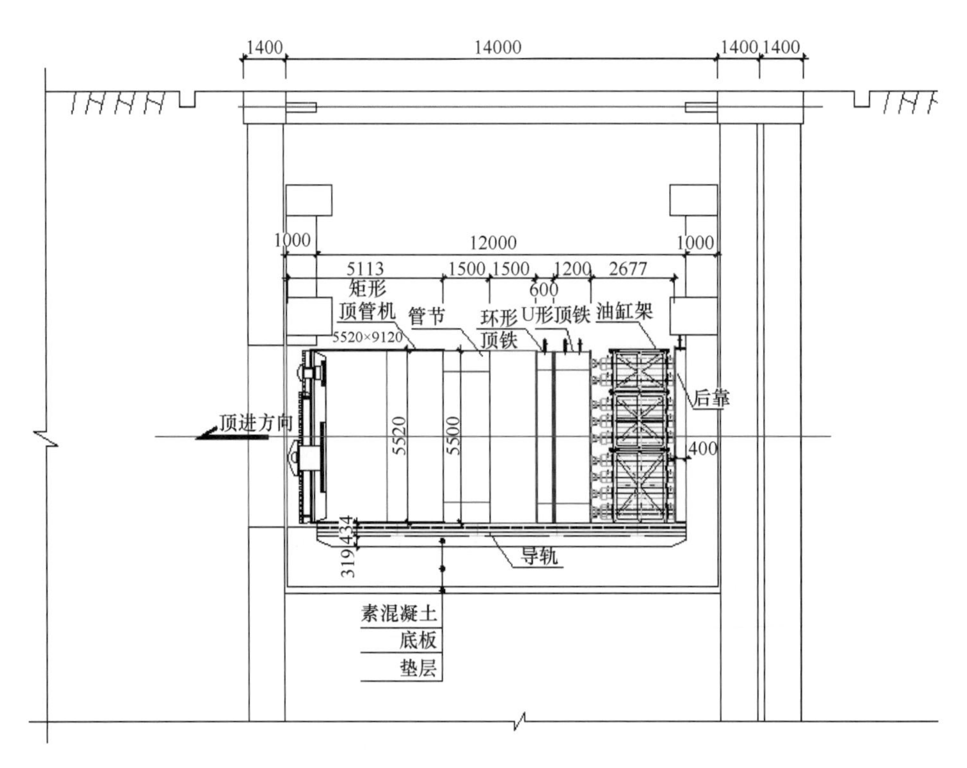

图 8.2-43　始发井内顶管设备安装就位布置图

图 8.2-44　顶管始发

安装。安装位置要根据始发轴心位置进行调整，由于顶管始发时不可避免有一定偏离始发轴线位置，止水圈允许机头有 2cm 轴线位置，若机头偏差超过 2cm，止水圈的安装位置必须根据实际偏差进行调整（图 8.2-47）。

由于本顶管工程场地地下水丰富，地下水位较高，为确保顶管机始发时不发生涌水涌沙，施工时采用双层止水装置。双层止水装置示意图如图 8.2-46 所示：

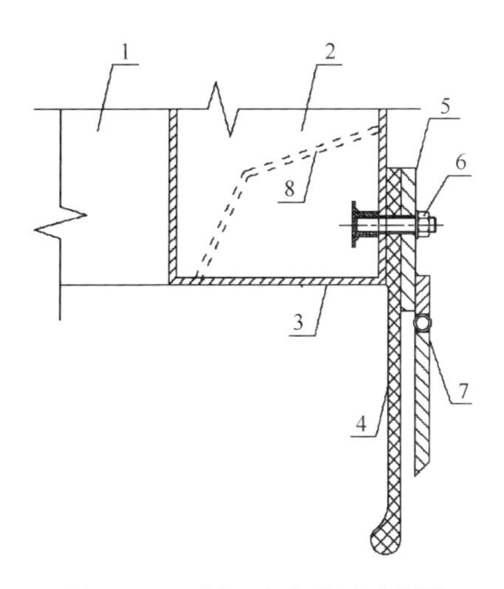

图 8.2-45　洞口止水装置示意图
1—围护结构；2—井内衬墙；
3—预埋洞口钢环；4—止水橡胶帘布；
5—压板；6—固定螺栓；7—翻板；
8—*DN*50 管（有压土需要时选用）

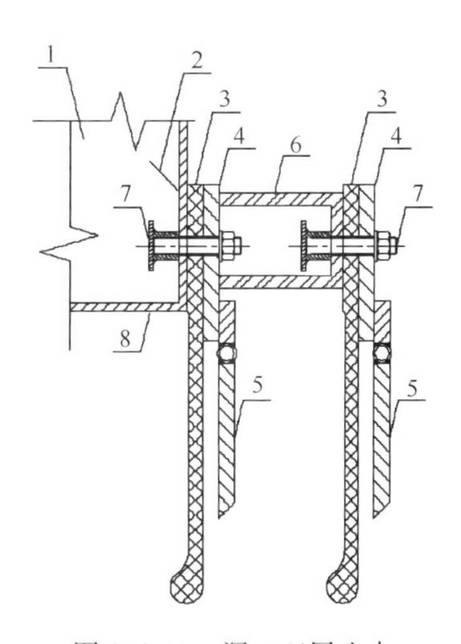

图 8.2-46　洞口双层止水橡胶装置示意图
1—井壁侧墙；2—锚固钢筋；
3—止水橡胶帘布；4—压板；
5—翻板；6—中间止水钢环；
7—固定螺栓；8—预埋洞口钢环

图 8.2-47　洞口止水圈安装

8.2.8　土体加固

管廊顶管施工穿越地层主要为⑥-1 粉砂夹粉土、⑥-2 粉砂层，土质较差，稳定性较差，且场地地下水位较高。为防止顶管机始发及接收时发生涌水涌砂，甚至发生前方土体塌方引起地面沉降等问题，需对始发和接收洞门处进行土体加固，提高土体强度和自稳性，确保顶管机顺利始发及接收。同时，加固后的土体具有一定的承载力，能防止因顶管机机头自重较大而发生栽头现象。

始发洞口土体采用 ϕ850@600mm 三轴搅拌桩加固，平面形状为矩形，加固范围为宽度 19.2m，厚度 7.0m，深度 15.50m（图 8.2-48～图 8.2-50）。

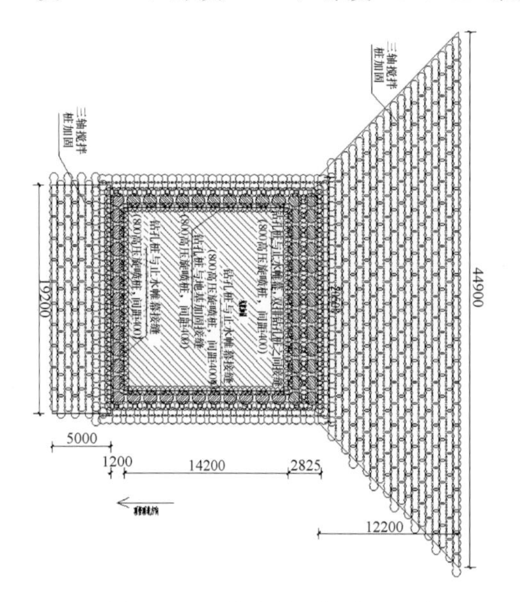

图 8.2-48 始发洞口加固平面图

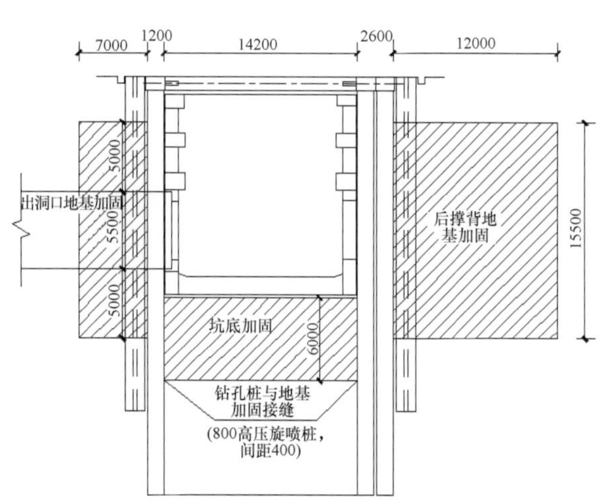

图 8.2-49 始发洞口加固剖面图

图 8.2-50 三轴搅拌桩加固施工

顶管工程单次顶进长度达 233.6m，顶进长度较长，所需顶推力较大，为确保顶管施工过程中后靠背能有效提供反力，需对后靠土体进行加固，提高土体强度。后靠背土体采用 ϕ850@600mm 三轴搅拌桩加固，平面形状为梯形，加固范围为宽度 20.50～44.50m，厚度 12.00m，深度 15.50m。

接收端洞口土体采用 ϕ850@600mm 三轴搅拌桩加固，加固范围为宽度 18.0m，厚度 5.0m，深度 15.50m（图 8.2-51、图 8.2-52）。

8.2.9 搅拌系统

切削搅拌系统由 7 只刀盘共同来完成。整个刀盘切削率为 82.2%，总搅拌面积 37.208m^2，搅拌率为 74.4%。刀盘由放射状的刀排在轴套上构成。刀排的前方焊有刀座及刀片，刀排的后方焊有搅拌棒。刀盘切削下来的土体充满整个土仓，并经过附带的搅拌棒充分搅拌均匀后，由底部螺旋机出土孔进行出土。

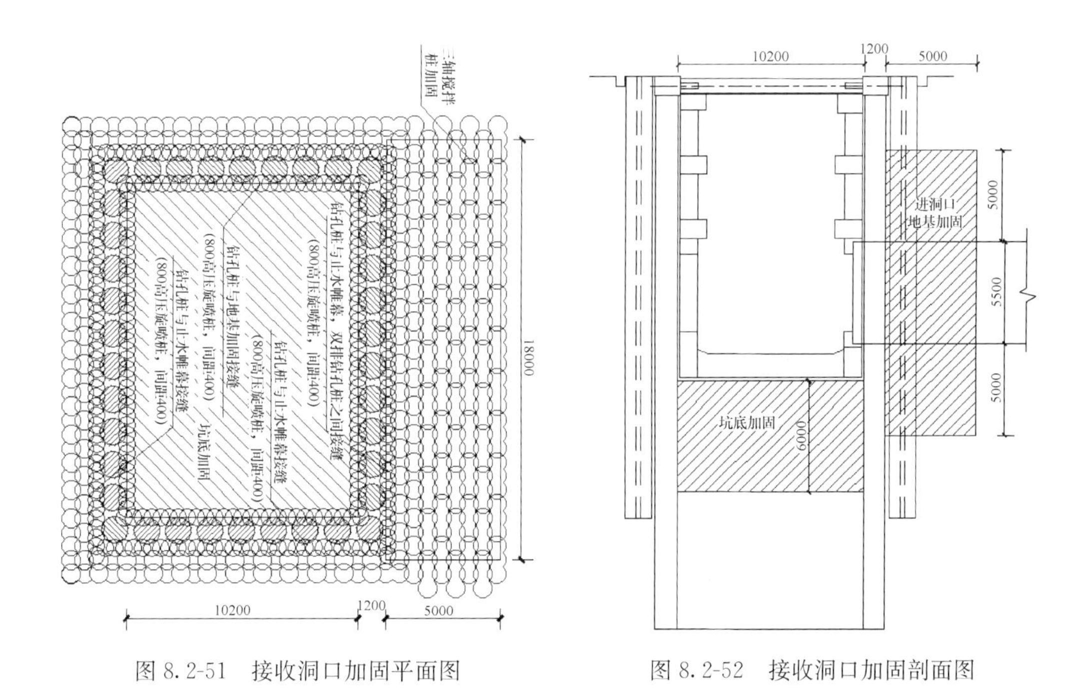

图 8.2-51　接收洞口加固平面图　　　　图 8.2-52　接收洞口加固剖面图

8.2.10　注浆系统

注浆系统主要由顶管机正面的加水和泡沫的土体改良系统、机身四周以及管节外部的触变泥浆加注系统和注浆纠偏系统组成。

1. 土体改良系统

机头正面为保证被刀盘切削的泥土能顺利的搅拌均匀并由螺旋机排出，必须在刀盘切削搅拌过程中不断加注泡沫和水，加水能使干燥的粉砂、粉土中和为湿润软土，加泡沫能改善土体间的黏着力与摩擦力，增加土的流塑性，使螺旋机更易出土。在机头正面，共有61个加注孔（图 8.2-53），一半用来注水一半注泡沫，上密下疏分布，用于改良土仓的切

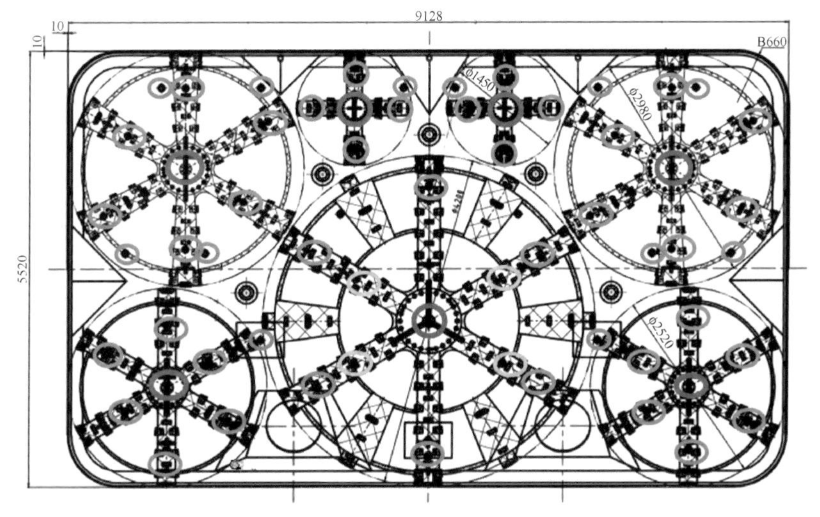

图 8.2-53　刀盘土体改良注入口布置图

削土，同时，胸板上还有10根前伸至土仓前端的注水孔（图8.2-54），用于冲洗小刀盘，防止其结泥饼，并起到以水冲击来软化泥土的作用。正面注水注泡沫系统由数台注水泵及发泡机进行供给，并安装有流量计，可以实时监测管路出口是否堵塞，以便采取清堵措施，保证土体改良的顺利进行。

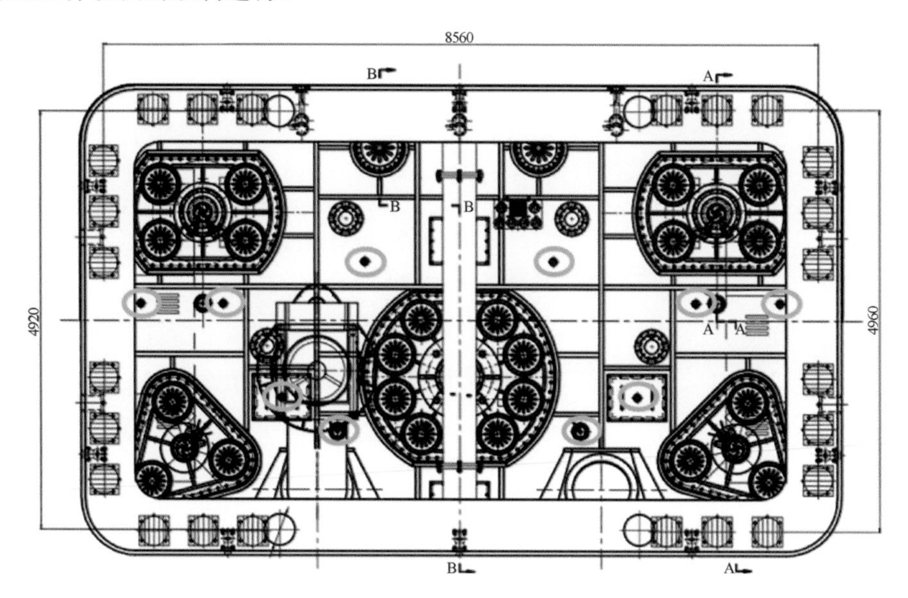

图8.2-54　胸板上注浆孔位置图

注：红色为中心注入口（7个），蓝色为外圈注入口（38个），黄色为内圈注入口（4个），绿色为土仓内注入口（12个）。

本工程顶管施工穿越⑥-1粉砂夹粉土、⑥-2粉砂层，顶管机在顶进过程中必须通过设在顶管机主轴中间的注浆孔向土仓内注入改良土体用的黏土等作泥材料制成的浆液。加入这种作泥材料浆液以后的粉土、砂土，不仅流动性和塑性变好了，而且止水性能也好。有这样良好的止水性的土充满螺旋输送机的壳体内时，地下水就不会产生喷发，因而，辐条式土压平衡顶管掘进机又可在地下水位高的土质条件下施工，如在河道底下施工，而且十分安全。

在加泥过程中应做到：

（1）对于不同的土质应选用不同的泥浆配比；

（2）对于不同的土质应注入不同的泥浆量；

（3）对于注入泥浆的管理必须引起足够的重视；

（4）对于注入泥浆的管理必须讲科学。

目前常用的作泥的材料有三种：一种是化学型的高分子材料，其中有聚丙烯酰胺，它的主要原料为丙烯腈。将它与水以一定的比例混合，经水合、提纯、聚合、干燥等工序即可制成。它是一种高分子聚合物，易溶于水。它具有絮凝性、黏合性、减阻性和增稠性等特性。

另一种是膨润土，它的主要化学成分为SiO_2、Al_2O_3、CaO、MgO、Na_2O+K_2O等。它的矿物成分主要是蒙脱石、云母、石英和少量高岭土等。

还有一种作泥材料就是黏土。必须指出的是无论是膨润土还是黏土，都必须经过球磨成颗粒很细的粉粒。

由于土质的渗透系数较大，作泥材料所配成的泥浆应具有较大的稠度，其C型黏度计值在8000～10000之间，相对密度在1.30～1.50之间，具体的配合比可以如下：

膨润土98kg、黏土392kg、水812kg，泥浆的注入量在15%～30%之间，必须根据螺旋输送机所排出的土的状况而定，只有当泥土仓内的泥土被搅拌成具有较好的塑性、流动性和止水性这“三性”时，才能使土仓内的压力始终处于一种平衡的状态。

图8.2-55　土体改良后效果图

此外，加泥以后的塑性和流动性都很好的土充满泥土仓时，泥土仓内的土压力是比较均匀的，这就使检测到的土压力较准确，而且使泥土仓内的土压力能较好地平衡掘进机所处土层的静止土压力和地下水压力，才能做到真正的土压平衡（图8.2-55）。

2. 触变泥浆系统

机身四周的触变泥浆注浆孔从前壳体的后部分开始布置，排至壳体外围的泥浆能在机身四周形成均匀的泥浆套，避免机身与土体的直接接触，减小摩擦阻力，使顶进更加顺利。前壳体前端的大尺寸钢套环因尺寸等于切削轮廓，可以很好地堵住刀盘的切削平面，防止泥浆流入土仓造成损耗。形成泥浆套的泥浆均进行过特别配置，保证在长时间状态下不会沉淀硬结，始终保持稳定的润滑性能。所有泥浆加注孔均由电气系统进行自动控制，保持24h不间断的均匀补浆，及时补充浆液向土体逸散的损耗（图8.2-56）。

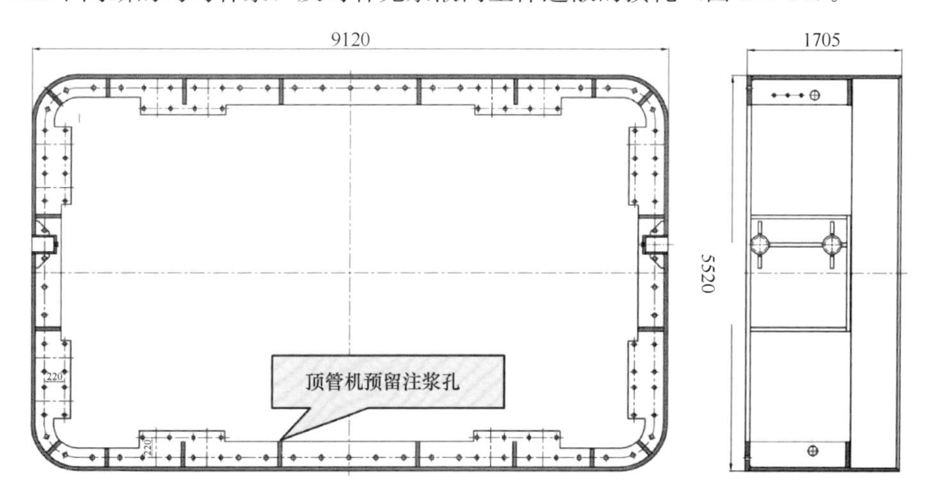

图8.2-56　顶管机注浆孔位置图

为了达到理想减摩注浆效果，在每节管节上均匀布置压浆孔14个（图8.2-57）。每节管应按从底部往上部的顺序开始压浆。因该地层为粉砂及粉土层，砂性较重，压注后的泥浆容易流失，顶进时压浆孔需要及时补浆，补压浆的次数和压浆量应根据施工时的具体情况来确定。如在管节顶部压浆孔打开球阀，发现泥浆有流失或者离析现象，则应在管节底部压浆孔进行补浆。补浆的施工方法同压入注浆。

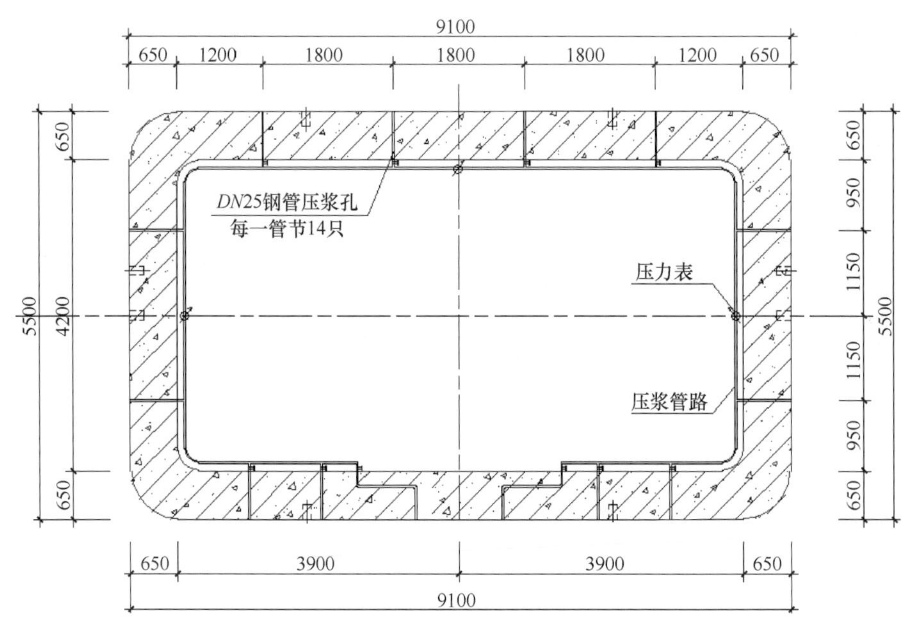

图 8.2-57　管节压浆孔布置图

顶进施工中，运用触变泥浆就是为了减少掘进机、管节与土体的摩阻力，使顶管机体外壳及管节外壁形成完整的减摩浆液薄膜，有效地减少顶进阻力，确保施工正常进行（图 8.2-58）。

触变泥浆常用的注浆材料主要有膨润土、聚合物、泡沫等。泥浆由膨润土、CMC（粉末化学浆糊）、纯碱和水按一定比例配方组成，膨润土浓度占 5%左右（表 8.2-5）。膨润土是以钾、钙、钠蒙脱石为主要成分（含量一般大于 65%）的黏土矿物，具有膨胀性和触变性。具有这种触变性的泥浆，有助于顶进管节在地层间运动时成为减摩剂，以黏性液体减小摩阻力；静止时，成为凝胶体支撑地层。

图 8.2-58　压注触变泥浆管路

注浆减摩的作用机理：触变泥浆可以起到润滑作用，将顶进管节与土体之间的干摩擦变为湿摩擦，减小顶进摩阻力；此外触变泥浆还有填补和支撑作用，浆液填补施工时管节与土体之间产生的空隙，同时在注浆压力下，减小土体变形，使隧道结构变得稳定。

触变泥浆的用量：主要取决于管节周围空隙的大小及周围土质的特性，由于泥浆的流失及地下水等作用，泥浆的实际用量要比理论大得多。实际压浆量一般为可达理论值的 3～5

倍。本工程顶管机壳体与管节之间的空隙为15mm，穿越地层为粉砂夹粉土，稍密～中密状态，具有一定的渗透性、流变性，且砂性较重，浆液易流失、损耗，注浆量拟定理论值5倍。但在顶进施工中还要根据实际土质的情况、顶进状况、地面沉降的要求等作适当调整（表8.2-6）。

泥浆配比（单位：kg/m³）　　表8.2-5

膨润土	水	纯碱	CMC
400	850	6	2.5

触变泥浆指标　　表8.2-6

序号	项目	性能指标	检验方法
1	相对密度	1.1～1.15g/cm³	泥浆比重剂
2	动力黏度	＞30Pa·s	500mL 漏斗法
3	pH值	7	pH剂
4	滤失量	＜25cm³/30mim	滤失量测定仪测量

压浆量计算：

每节管节触变泥浆理论量：（9.1＋5.5）×2×0.02×1.5＝0.876m³/环，未算补浆量，根据顶管实际情况补浆。

顶管全程减阻注浆泥浆方量为：5（总损耗）×1.58×233.6/1.5＝1230m³。

注浆压力的大小和稳定性会对土体的移动有影响。正常顶进过程中，如果注浆压力过大，会对管节周围的土体形成劈裂效应，导致浆液流失、冒浆，从而发生地面隆起现象；如果注浆压力过小，则浆液无法顺利地填补管道与周围土体之间的空隙，无法形成泥浆套，不能达到注浆的预期效果。同时，注浆压力不稳定，则会对土体产生扰动，破坏土体的结构，从而引起沉降，尤其是后期的固结沉降。

合理的注浆压力应既能使浆液顺利注入管节外壁，又能不严重地扰动地层。采用土压平衡式掘进机，实际施工中的注浆压力应略大于该标高位置处地下水压力。压力控制应通过计算确定。顶力计算公式中地下水压力计算值 P_{w}＝120kN/m³＝0.12MPa。因此本工程顶管施工注浆减阻时合理的注浆压力为0.12＋0.06＝0.18MPa，并在每节管节上安装压力表。

控制方式：为使顶进时润滑泥浆能及时填补壳体与管节之间形成的间隙，形成有效泥浆套，达到减少摩阻力及地面沉降的目的。压浆时必须坚持“随顶随压、逐孔压浆、全线补浆、浆量均匀”的原则，注浆压力尽量控制在0.3MPa左右。

3. 注浆纠偏系统

当顶管机发生轴线偏差或扭转时，铰接纠偏能力不足时，可借助于顶管机壳体及管节上预留的触变泥浆孔及纠偏泥浆注入系统，在需要的位置向地层注入纠偏泥浆。

8.2.11 通风系统

在长距离顶管施工中应在顶管通道内装瓦斯检测仪，特别在顶管过河段施工前需检测是否有沼气，做好通风措施。

目前，在长距离顶管施工中常用的通风技术措施为鼓风式通风，将鼓风机置于工作井的地面上，且在进风口附近的环境要好一些，通过鼓风机和风筒鼓把地面上的新鲜空气送到顶管通道内。

本顶管工程施工过程中，采用离心箱式风机，型号为 ISQ-750HPD4-11，风量 $5300m^3/h$，全压 1575Pa，功率 11kW。

8.2.12 供电系统

电气系统包括两部分：设备工作电路系统和低压电气控制系统。工作电路系统包括油脂泵、电动机、照明电器等设备供电，是顶管机各设备的动力来源。电气控制系统是顶管机的控制中枢，它负责着包括阀组、泵站、电机等所有设备部件的启闭控制，并具备将设备的工作状况相互连锁、故障时报警和自动关闭等作用，通过电气控制系统，可以实现在中控室内对各组设备的操作和自动控制，并实时监控设备的运行情况，以此实现对顶管机施工的自动控制。

工作电路系统主要由一根由外部接至隧道主机区域的高压线路供电，线路的通行路线周围都有安全防护，根据相应标准布置，来保障人身和设备安全。电气控制则是通过对每个系统或一套设备都定制相应的电气控制柜，每个控制柜就近放置在对应的控制设备附近，通过控制室的电脑操作，可以实现电脑—控制柜—设备的控制流程（图 8.2-59）。

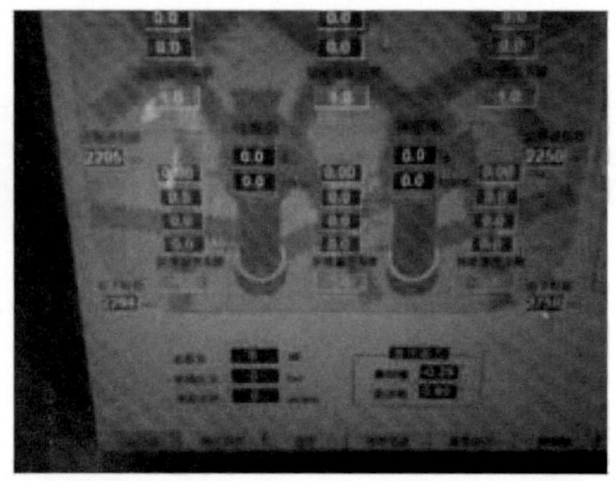

图 8.2-59 矩形顶管机控制系统

无线传输的优点是简单安全，可以避免控制线路受施工影响被破坏的不利情况发生，摄像头用于视频监测本地设备状况，可以直观反应现场工况。

所有控制信号汇总后，在控制室的操作屏幕上会有一个系统控制界面，显示屏幕为触摸屏，能直接在屏幕上进行操作控制。

8.2.13 测量纠偏系统

1. 测量导向系统

测量系统由两大部分组成，其一是安装在前壳体上的测量靶，其二是安装在前壳体内的倾斜仪、土压力表（图 8.2-60）。固定在基坑内的激光经纬仪的激光束照在测量靶上，可用它来判断顶管掘进机的方向，高低偏差及纠偏的效果（图 8.2-61）。倾斜仪也是用来判断前壳体的水平姿态、仰俯状态及偏转的。倾斜仪的数值显示在操纵台上，有两排数值，上面一排表示上仰、下俯，下面一排表示左、右偏转，如果成正值，则表示前机壳处于上仰状态及向右偏转状态，如果是0，则表示前机壳处于水平状态。如果是负值，则表示前机壳处于俯冲状态及向左偏转状态。需要加以说明的是，有时因运输或其他原因会造成它的显示误差，所以，每当顶管掘进机放在基坑导轨上时，其倾斜仪的读数是个很重要的原始读数，必须把它记录在案，以便在今后顶进过程中进行分析、比较（图8.2-62）。

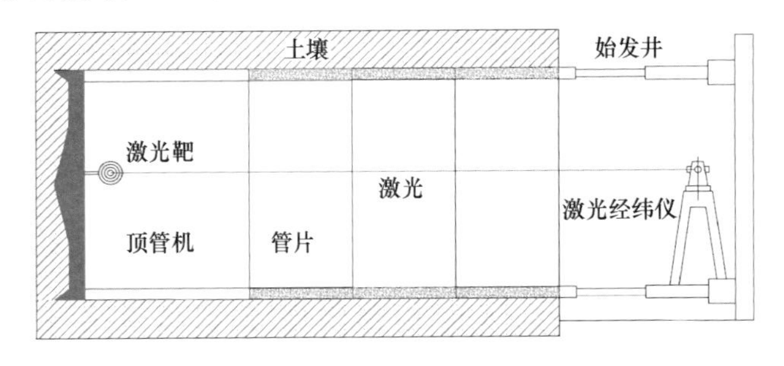

图8.2-60　顶管机导向系统图

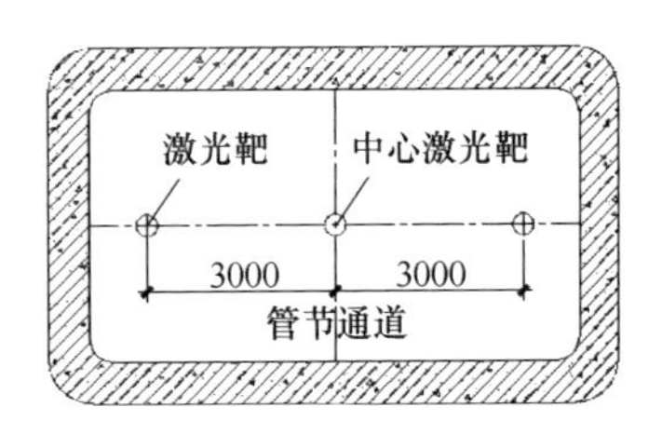

图8.2-61　顶管通道激光靶测量横断面图

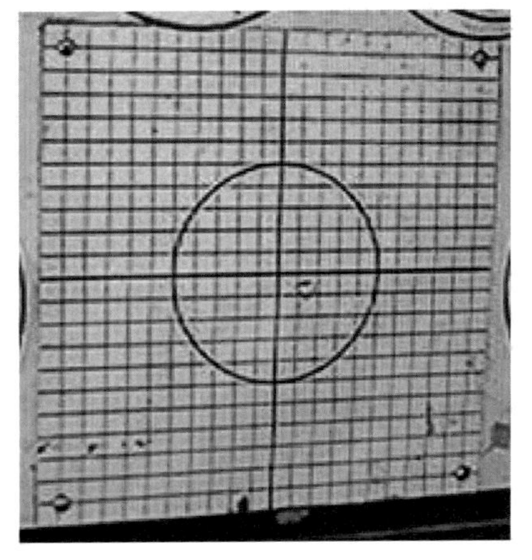

图8.2-62　测量数据及光靶

指示轴线在顶进过程中，必须利用联系三角形法定期进行复测，要求测量人员每天复测一次，以保证整个顶进轴线的一致性。

机长及施工人员应及时了解顶管机走势，施工测量员应将测量数据及时整理后反馈到机长，机长根据数据确定是否需要纠偏及如何纠偏，如果轴线偏差较小，且走势较好（沿设计方位），有时就可省去不必要的轴线偏差测量，提供更多的顶进时间，如轴线偏差较小，但顶管机前进趋势背离设计轴线方向，施工人员也能够及时进行调整，使顶管机不致偏离较大。通过观察顶管机的行进趋势来指导顶进施工。

本工程测量所用的仪器有全站仪、经纬仪和水准仪。顶管机内设有坡度板，坡度板用于读取顶管机的坡度和转角。

2. 纠偏系统

纠偏系统由液压动力源、控制阀、纠偏油缸及管路等组成。液压动力源所采用的油泵为柱塞泵，它的工作压力一般调定在25～28MPa。安装在阀板上的溢流阀为叠加阀是用以调定系统压力，其中二组阀是控制螺旋输送机的排土口闸门，还有四组是控制纠偏油缸的。为了确保在纠偏以后使纠偏油缸的行程不变，在每组纠偏油缸中均安装了液压锁。同时，又为了防止受到较大推力及纠偏时24台油缸能正常工作，本液压回路中还设有保护性的阀，可确保动作可靠。另外，在纠偏油路中增加了4路手动换向阀去控制4只脱卸油缸（脱管时用，阀块间的高压球阀在脱卸油缸使用时才允许打开）。

纠偏是通过顶管机上的纠偏铰产生折角而进行的，顶管机为二段一铰结构，顶管机长径比（即纠偏灵敏度）为 $L/D=1.08$。纠偏系统由24台200t双作用油缸及控制阀件组成，油缸呈斜向45°正交布置，每个纠偏油缸都通过万向铰将顶管掘进机前后壳体连接在一起，使顶管机能在一定范围内任意做出纠偏动作。纠偏油缸由电磁换向阀控制，每个油缸的前后腔均安装有平衡阀，当纠偏油泵关闭时，平衡阀能将油缸前后腔油路关闭，使油缸内始终保持高压，确保纠偏动作的可靠。

纠偏油缸位置分布从顶管机后方筒往前看。

（1）纠偏油缸动作时2个为一组，即十字开关搬到上位置，按下伸按钮：即上、左、右同伸；按下缩按钮：即上、左、右同缩。同理，下、左、右或左、上、下及右、上、下均可以实现同伸、同缩（表8.2-7）。

顶管纠偏油缸动作表　　表8.2-7

序号	动作/方向	纠偏动作
1	上仰	下方、左方、右方油缸同伸
		上方、左方、右方油缸同缩
2	下俯	上方、左方、右方油缸同伸
		下方、左方、右方油缸同缩
3	向左	右方、上方、下方油缸同伸
		左方、上方、下方油缸同缩
4	向右	左方、上方、下方油缸同伸
		右方、上方、下方油缸同缩

（2）顶管机纠偏油缸行程与纠偏角度的对应关系见表8.2-8。

顶管纠偏油缸动作表　　表8.2-8

纠偏行程	200mm
纠偏角度	水平1.3°，上下2.3°

正常顶进中可以纠偏，但要勤纠、微纠和根据趋势进行纠偏。在纠偏过程中，如果高程和左右同时产生偏差，这时先纠高程偏差，后纠左右偏差。因为高程比左右偏差难纠。

8.2.14 工作井设计

工作井设计包括井尺寸设计和基坑围护设计，工作井尺寸需满足顶管施工吊装要求，基坑围护形式应考虑基坑周边环境、地质条件、开挖深度等因素综合确定。本工程综合管廊顶管断面尺寸为9.1m×5.5m，管廊平均覆土厚度约9m，采用非开挖矩形顶管法施工，为保证顶管施工的安全、顺利，顶管始发井和顶管接收井设置如下。

1. 始发井设计

始发井净空 15.1m×14.0m（长×宽），内衬墙厚 1m，深度 15.626m，始发井净空尺寸满足顶管施工吊装要求。

始发井场地为空旷绿地，基坑开挖深度 15.626m，场地基坑开挖范围内地层从上至下依次为素填土、黏土、粉质黏土夹粉土、粉砂夹粉土、粉砂、粉质黏土、黏土，地下水位埋深约 2.5m，综上，基坑围护结构采用 ϕ1200@1400mm 钻孔灌注桩支护，外侧设双排 ϕ850@600 三轴搅拌桩作止水帷幕，内设一道混凝土支撑＋三道钢支撑。钻孔桩与止水帷幕、双排钻孔桩之间接缝采用 ϕ800@400mm 高压旋喷桩进行止水及接缝处理。钻孔灌注桩有效长度 30.8m，采用 C30 水下混凝土；搅拌桩有效长度 22.8m（图 8.2-63、图 8.2-64）。

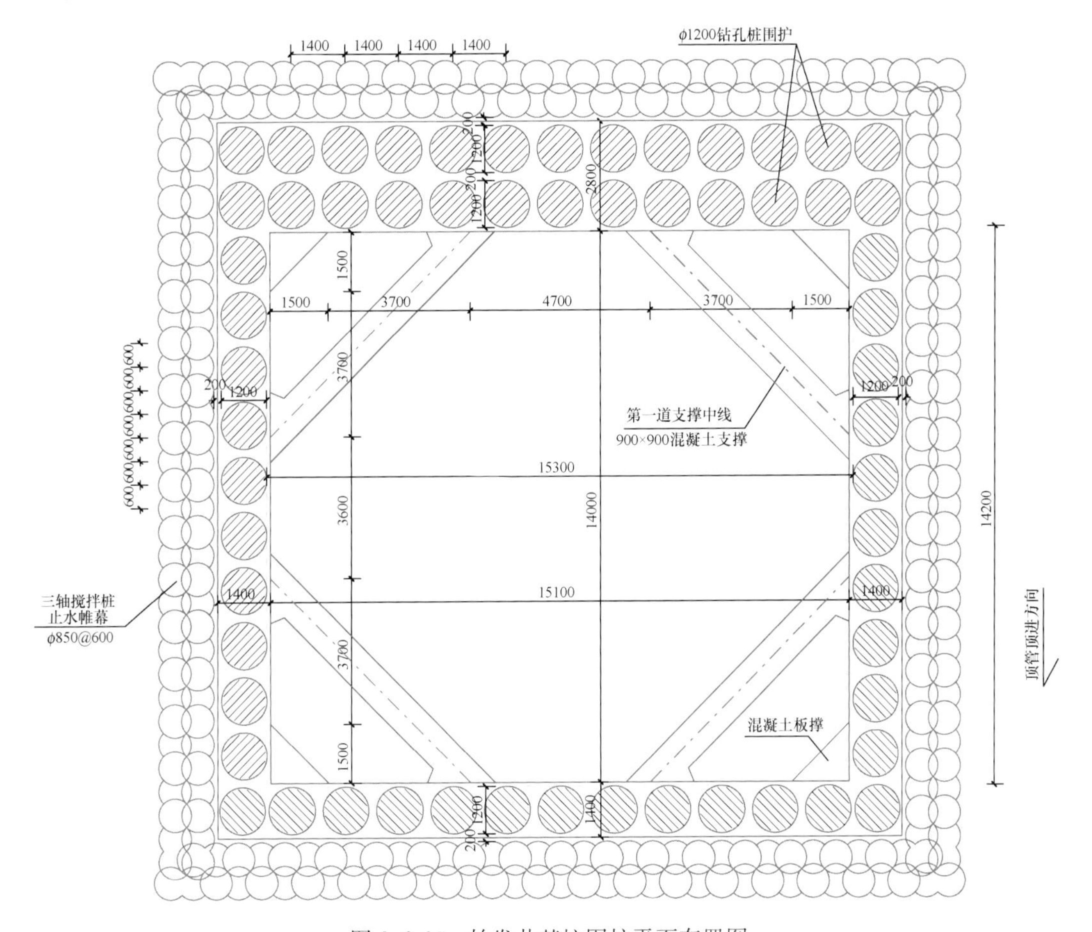

图 8.2-63　始发井基坑围护平面布置图

此外，由于基坑底位于⑦粉质黏土层，软塑状，地基承载力较低，基坑底部土体需进行加固提高土体强度，以确保顶管施工安全顺利进行。

2. 接收井设计

接收井净空 10m×14.1m（长×宽），内衬墙厚 1m，深度 16.22m，接收井净空尺寸满足顶管施工吊装要求。

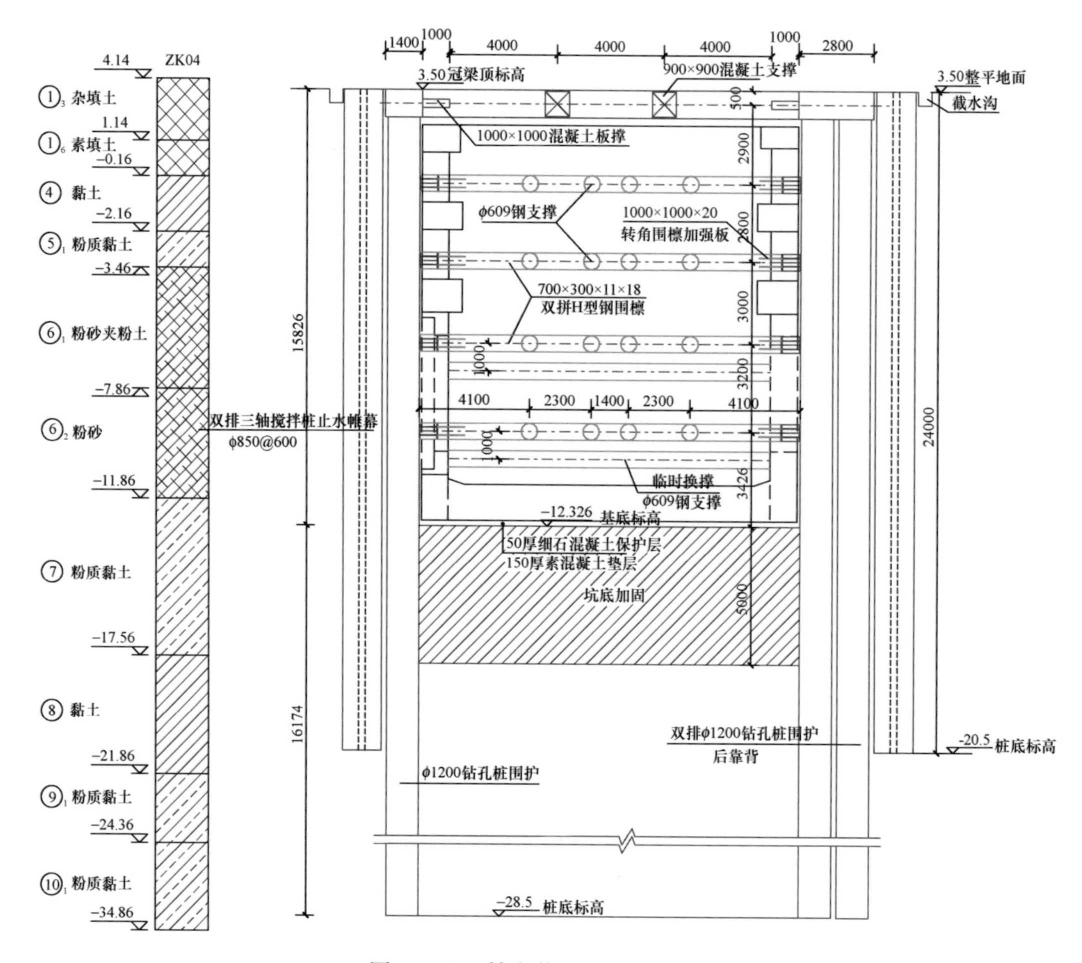

图 8.2-64　始发井基坑围护剖面图

接收井靠近元和塘河道，基坑开挖深度 16.22m，基坑开挖范围内地层从上至下依次为素填土、黏土、粉质黏土夹粉土、粉砂夹粉土、粉砂、粉质黏土、黏土，地下水位埋深约 2.5m，综上，基坑围护结构采用 ϕ1200@1400mm 钻孔灌注桩支护，外侧设双排 ϕ850@600 三轴搅拌桩作止水帷幕，内设一道混凝土支撑＋三道钢支撑。钻孔桩与止水帷幕、双排钻孔桩之间接缝采用 ϕ800@400mm 高压旋喷桩进行止水及接缝处理（图 8.2-65）。

钻孔灌注桩有效长度 32.0m，采用 C30 水下混凝土。搅拌桩有效长度 23m。基坑底进行土体加固（图 8.2-66）。

8.2.15　工作井施工

顶管始发井位于场地东侧的空旷绿地，尺寸为 14m×15.1m（长×宽），内衬墙厚 1.0m，开挖深度为 15.626m。顶管接收井位于场地西侧，靠近元和塘河道边，尺寸为 10m×14.1m（长×宽），内衬墙厚 1.0m，开挖深度为 16.520m。基坑围护结构均采用 ϕ1 200@1400mm钻孔灌注桩支护，外侧设双排ϕ850@600三轴搅拌桩作止水帷幕，内设

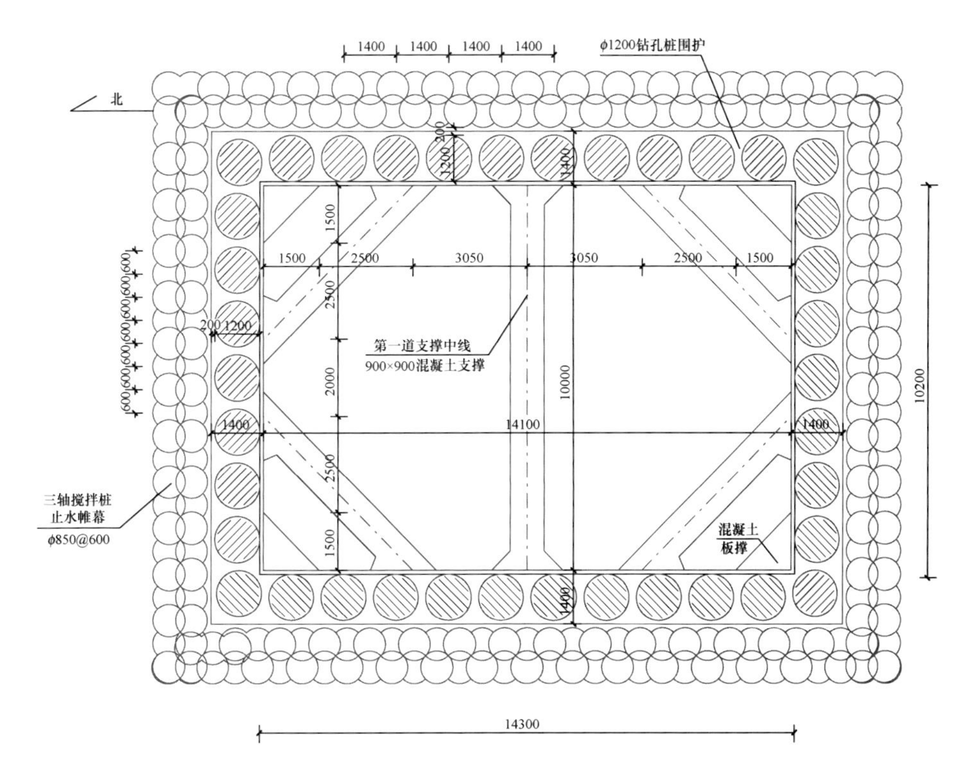

图 8.2-65　接收井基坑围护平面布置图

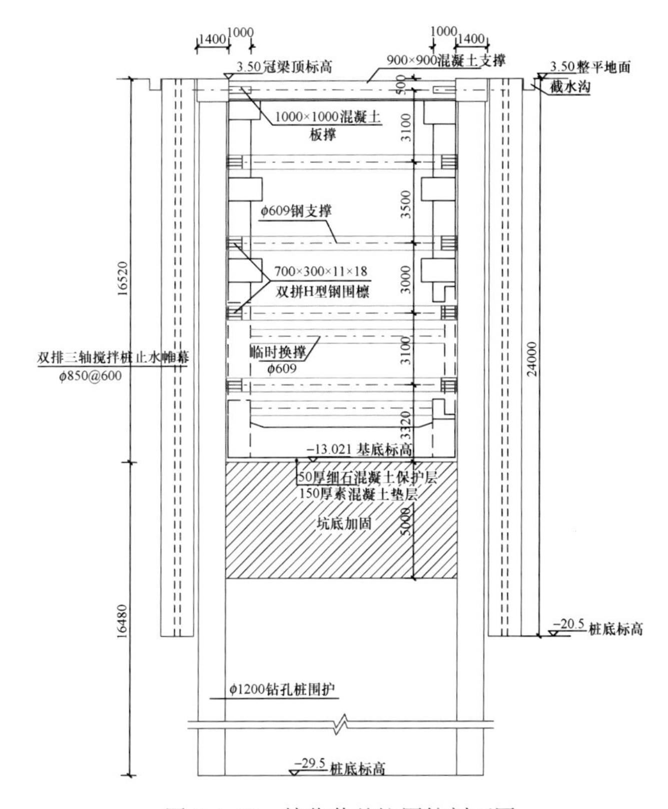

图 8.2-66　接收井基坑围护剖面图

一道混凝土支撑+三道钢支撑。工作井基坑深度范围内地质条件较差，存在4m厚的粉土粉砂层，且砂层颗粒较细，若三轴搅拌桩成桩质量较差，容易造成止水帷幕产生局部缺陷，基坑开挖时易造成水土流失，引起周边地面沉降，施工时应注意。

钻孔灌注桩和三轴搅拌桩严格按设计及规范要求施工，测量放线后先施工钻孔桩后搅拌桩。基坑开挖施工前，根据现场水文地质条件及含水层的渗透系数，结合以往同类成功的降水经验，先降水后基坑开挖，地下水位降至基坑底标高不少于0.5m。基坑开挖时遵循边开挖边支护，禁止超挖的原则。基坑开挖到设计标高后依次施工底板、内衬墙。内衬墙施工时需预留洞口待安装洞口止水钢环。施工过程中及施工完成后均应按要求进行监测（图8.2-67～图8.2-72）。

图8.2-67　工作井冠梁施工

图8.2-68　工作井基坑开挖

图8.2-69　工作井底板施工

图8.2-70　工作井施工完成

图8.2-71　顶管始发井

图8.2-72　顶管接收井

8.2.16　工程实施效果

苏州城北路综合管廊元和塘矩形顶管穿越工程，该工程是2017年全国最长，综合管廊断面、施工风险和难度最大的矩形顶管工程。该项目在富含水、高水压的粉细砂地层中，先后下穿立交桥、加油站、民房、营房、通航河道及众多地下管线，技术难度大。

采用“绿色、安全、环保”非开挖矩形顶管技术，成功解决了管线迁改和征地问题；保证了河道正常通航及立交桥正常通行；有效减少了大量土方开挖对城市地面环境造成的影响，施工过程噪声低，无粉尘排放；结构采用全预制管节顶进，工期可控；为建设单位节省费用3827.59万元，达到了较好的经济效益。该工程顺利贯通，受到国内各大媒体的广泛关注，中央人民广播电台、中央电视台、新华网、苏州电视台等10多家媒体分别对此进行了相关报道，产生了很好的社会影响效应（图8.2-73）。

图8.2-73 综合管廊顶管贯通

依托本工程形成的科研成果《大断面长距离综合管廊矩形顶管建造关键技术》受到中国工程院周丰峻院士等行业内专家高度评价，达到国际先进水平。并先后获得全国十大创新技术、江苏省地下空间科学技术奖三等奖，形成的论文获得第九届深基础发展论坛交流会优秀论文二等奖。

8.3 上海市长风公园站2号出入口过街通道矩形土压平衡顶管工程

8.3.1 工程概况

上海市轨道交通15号线土建15标（天山路站、长风公园站）项目长风公园车站位于大渡河路下，车站附属包含3组风亭和9个出入口。本工程为15号线长风公园站2号出入口过街通道工程，工程采用顶管法施工。这条顶管通道下穿大渡河路，始发井位于大渡河路东侧2号出入口处，接收位于车站主体结构内（图8.3-1）。

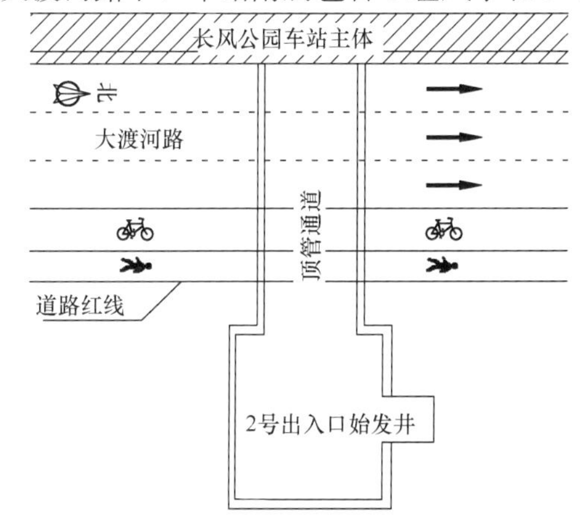

图8.3-1 工程总平面图

顶管通道长度约为16.4m，从2号出入口以1%的坡度下坡顶进至车站主体结构内，通道顶覆土深度约为6.3～6.5m（图8.3-2）。

顶管通道管节均为预制钢筋混凝土结构，外形尺寸为6.9m×4.2m，管节壁厚0.45m，管节长度为1.5m（图8.3-3）。管节混凝土强度等级C50，抗渗等级为P8。管节接口采用“F”形承插式，接缝防水装置采用锯齿型氯

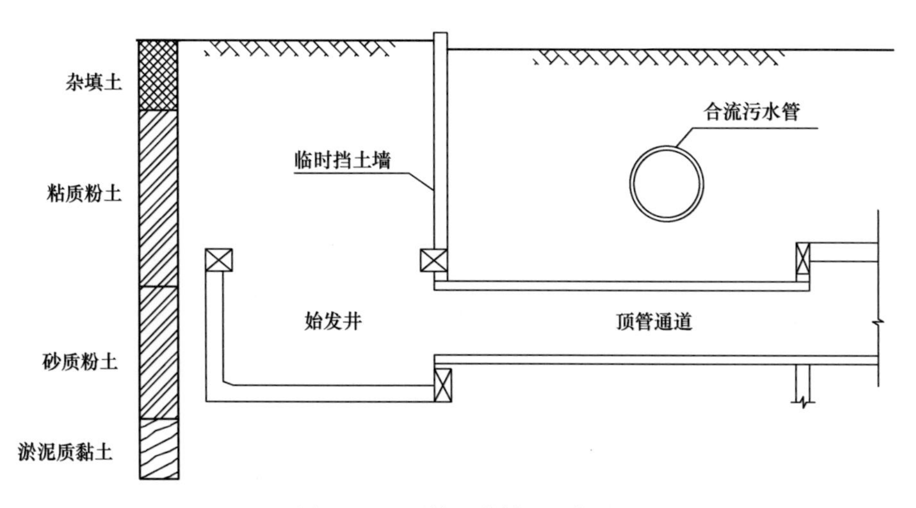

图 8.3-2　顶管通道剖面示意图

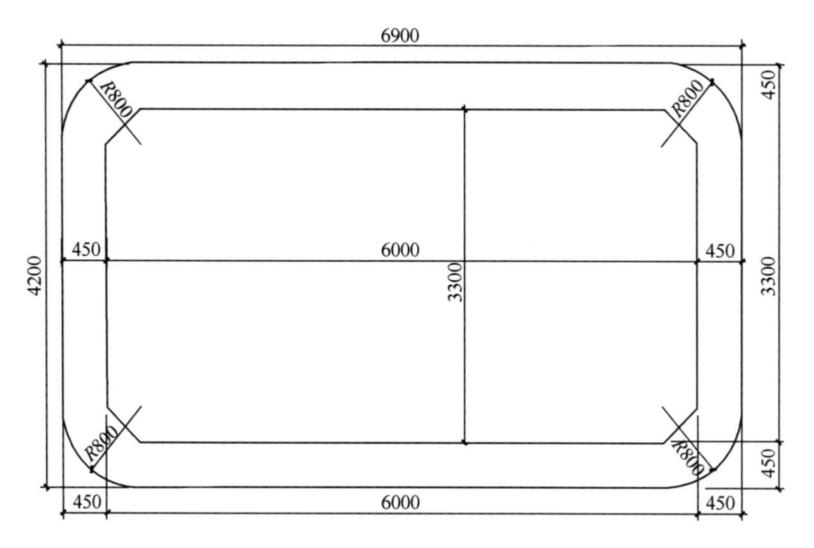

图 8.3-3　顶管通道管节断面图

丁橡胶止水圈和双组分聚硫密封膏，充分防止管节结合部的渗漏水。

8.3.2　顶管沿线建（构）筑物概况

（1）周边建（构）筑物情况

2 号出入口位于大渡河路西侧、长风公园绿化内（图 8.3-4）；顶管始发井位于 2 号出入口；顶管通道位于大渡河路下方；顶管接收于车站内部接收。

（2）顶管穿越管线情况

长风公园站 2 号出入口顶管通道下穿大渡河路，该段道路下方管线较多，主要都是南北走向，与拟建顶管通道垂直。该道路下方管线（由 2 号出入口至车站主体）有联通管线，电力管线、上水管线、燃气管线、合流污水管线、信息管线、电力管线、雨水管线（图 8.3-5、图 8.3-6 和表 8.3-1）。

图 8.3-4　大渡河路交通现状图

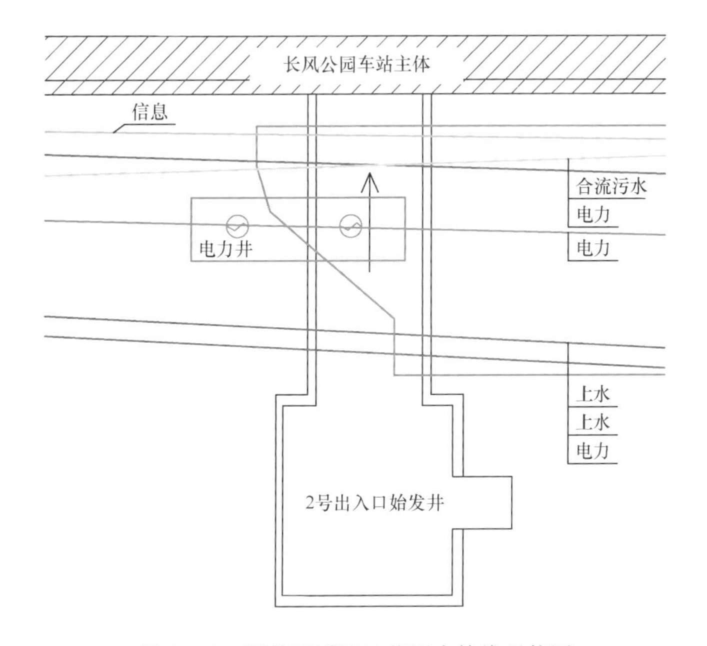

图 8.3-5　顶管通道施工范围内管线现状图

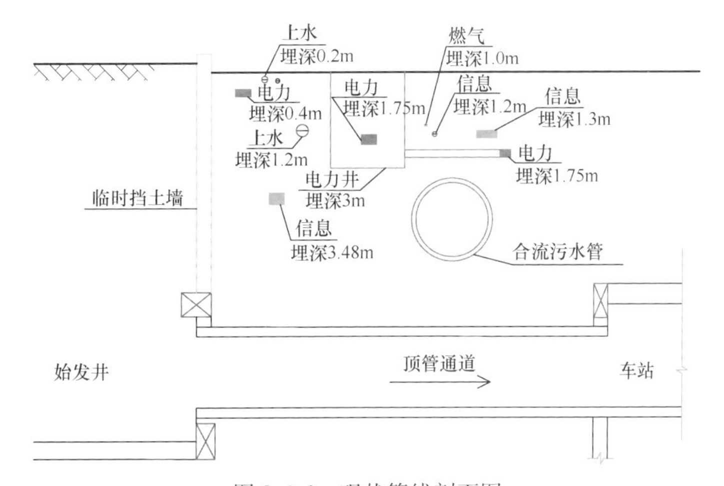

图 8.3-6　现状管线剖面图

顶管通道穿越管线一览表（由2号出入口至车站主体方向） 表 8.3-1

序号	管线种类	管径	埋深（m）	材质	垂直顶管通道位置距离（m）
1	电力		0.40	铜	5.76
2	上水管	*DN*200 *DN*100	0.20	铸铁	6.06
3	信息	20孔	3.48	光纤	2.58
4	上水	*DN*300	1.20	铸铁	4.78
5	电力/电力井		1.75/3.00	铜	4.33/3.46
6	燃气	*DN*300	1.00		5.31
7	上水	*DN*300	1.20	铸铁	4.78
8	合流污水	*DN*2460	2.80	混凝土	1.30
9	信息	12孔	1.30	光纤	4.71
10	电力		1.75	铜	4.33

8.3.3 工程地质与水文地质

（1）工程地质

地质土层是影响顶管推进的主要因素之一，地质资料土层分布见表8.3-2，土层物理力学性质见表8.5-3。

地层特征表 表 8.3-2

层号	土层名称	层厚（m）	层底标高（m）	颜色	土层描述
①1-1	杂填土	1.50～6.20	1.81～−2.71	杂色	道路范围为柏油路面，厚约20～50cm，其他区域填土上部夹较多碎石、碎砖等杂物，下部以黏性土为主，含碎石、煤渣及植物根茎
②3-1	黏质粉土	1.50～11.20	−1.19～−9.69	灰黄～灰	含云母，夹薄层黏性土，北侧厚度较大区域局部层中夹砂质粉土、粉砂，土质不均匀。摇振反应中等，无光泽，干强度低等，韧性低等
②3-2	砂质粉土	1.80～9.90	−6.11～−11.58	灰	含云母，夹粉砂、黏质粉土，局部底部夹较多黏性土。摇振反应迅速，无光泽，干强度低等，韧性低等
④1	淤泥质黏土	1.20～5.30	−10.18～−12.74	灰	含云母、有机质，夹极少量薄层粉性土，局部夹贝壳碎屑，土质均匀。无摇振反应，有光泽，干强度高等，韧性高等
⑤1-1	黏土	3.30～9.60	−16.04～−20.28	灰	含云母、有机质、腐殖物及泥钙质结核，局部为粉质黏土。无摇振反应，有光泽，干强度高等，韧性高等
⑤1-2	粉质黏土	3.70～8.50	−22.56～−26.99	灰	含云母、有机质、腐殖物及泥钙质结核，局部夹少量薄层或团块状粉性土。摇振反应无，稍有光泽，干强度中等，韧性中等
⑤2	砂质粉土	0.80～2.10	−24.36～−25.99	灰	含云母，夹薄层黏性土。摇振反应迅速，无光泽，干强度低等，韧性低等

续表

层号	土层名称	层厚（m）	层底标高（m）	颜色	土层描述
⑤3-1	粉质黏土	0.90～8.90	−25.70～−33.24	灰	含云母、有机质、腐殖物及泥钙质结核，夹薄层粉性土。摇振反应无，稍有光泽，干强度中等，韧性中等
⑤4	粉质黏土	0.60～1.80	−29.99～−31.66	灰绿	含氧化铁斑点、铁锰质结核，夹薄层粉性土。无摇振反应，稍有光泽，干强度中等，韧性中等
⑥	粉质黏土	1.00～4.20	−26.55～−29.39	暗绿	含氧化铁斑点、铁锰质结核，土质致密。无摇振反应，稍有光泽，干强度中等，韧性中等
⑦1-1	粉质黏土夹黏质粉土	1.30～5.10	−29.08～−32.31	草黄	含云母，局部夹砂质粉土，土质不均匀。摇振反应无，稍有光泽，干强度中等，韧性中等

土层物理力学性质表　　　　**表 8.3-3**

层 序	地层名称	重力密度	饱和度	孔隙比	固结快剪		静止侧压力系数
		γ（kN/m^3）	Sr（%）	e	K_v（cm/s）	K_H（cm/s）	K_o
②3-1	黏质粉土	18.2	97	0.96	8	29.5	0.39
②3-2	砂质粉土	18.4	95	0.895	6	32.5	0.38
④1	淤泥质黏土	16.9	97	1.351	14	13.5	0.57
⑤1-1	黏土	17.5	95	1.16	17	13.5	0.53
⑤1-2	粉质黏土	17.9	93	1.012	16	20.5	0.47

2号出入口顶管通道穿越地层为②3-1黏质粉土②3-2砂质粉土（图8.3-7）。

（2）水文条件

1）地下水类型、水位

拟建场地地下水类型主要为松散岩类孔隙水，孔隙水按形成时代、成因和水理特征可划分为潜水含水层、（微）承压含水层。本工程勘探深度范围内地下水主要为赋存于浅部土层中的潜水和第⑤2、⑦、⑧1j层粉性土及砂土中的（微）承压水。

① 潜水

潜水分布于浅部土层中，补给来源主要有大气降水入渗及地表水迳流侧向补给，其排泄方式以蒸发消耗为主。上海地区浅部土层中的潜水位埋深，一般离地表面0.3～1.5m，年平均地下水水位埋深离地表面0.5～0.7m。由于潜水与大气降水和地表水的关系十分密切，故水位呈季节性波动。勘察期间测得的地下水静止水位埋深一般为0.50～2.00m，绝对标高为2.82～1.16m，平均静止水位标高为2.04m。

②（微）承压水

据本次勘探揭露，本站点西南角局部有第⑤2层砂质粉土分布，该层富含微承压水，根据工程经验和临近工点的观测成果，该类呈透镜体状分布的微承压水位埋深一般在3m左右，低于潜水水位，并呈周期性变化。

承压水分布于第⑦、⑧1j层粉性土、砂土层中。根据上海地区的区域资料，承压水

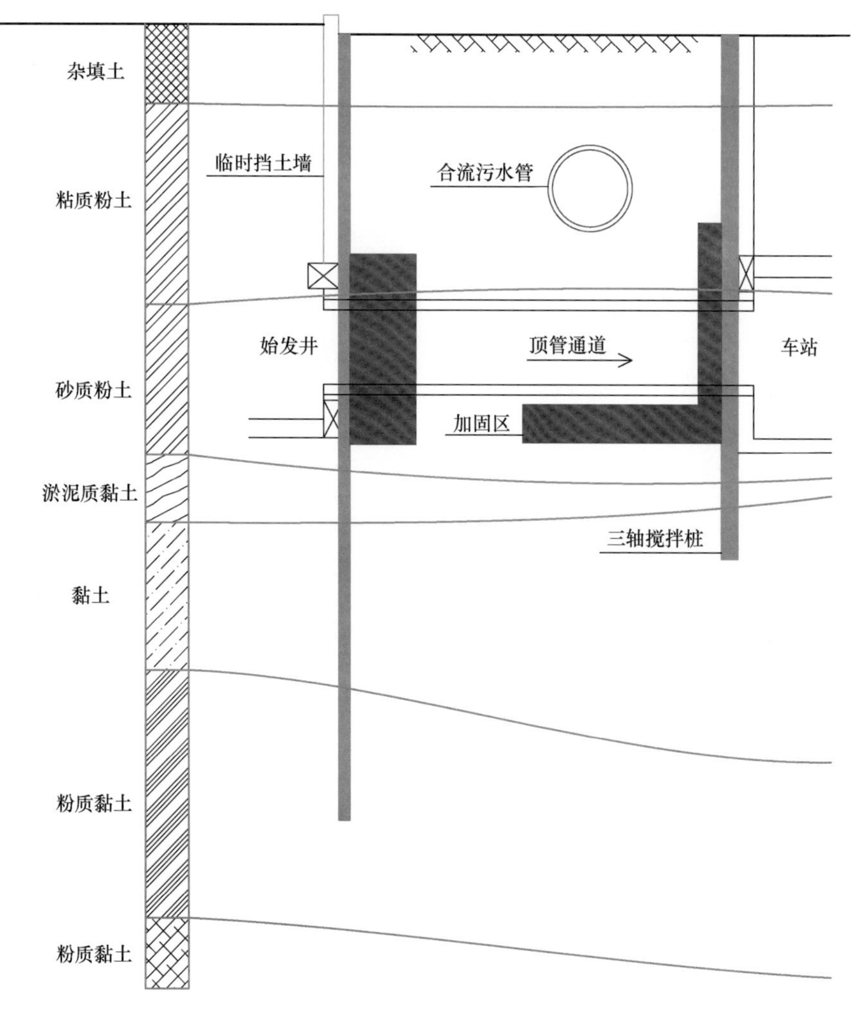

图 8.3-7　顶管纵剖面

埋深一般在 3～12m，低于潜水水位，并呈周期性变化。

2）地下水参数

工程详勘期间进行了现场钻孔降水头注水试验，同时布置了一定数量的室内渗透试验，测得土层的渗透系数见表 8.3-4。

土层渗透系数成果表　　　　**表 8.3-4**

层序	土层名称	现场注水试验测得渗透系数 k（cm/s）	室内渗透试验测得渗透系数	
			K_v（cm/s）	K_H（cm/s）
②3-1	黏质粉土	1.43×10^{-5}～3.34×10^{-4}	3.65×10^{-5}	6.44×10^{-5}
②3－2	砂质粉土	3.01×10^{-4}～3.27×10^{-4}	2.15×10^{-4}	3.10×10^{-4}
④1	淤泥质黏土	1.36×10^{-5}～1.43×10^{-5}	1.85×10^{-7}	2.82×10^{-7}
⑤1-1	黏土	1.34×10^{-5}～1.52×10^{-5}	1.53×10^{-7}	1.98×10^{-7}
⑤1-2	粉质黏土	1.55×10^{-5}～5.79×10^{-5}	1.08×10^{-6}	1.73×10^{-6}
⑥	粉质黏土	1.07×10^{-5}～1.41×10^{-5}	1.46×10^{-7}	1.77×10^{-7}
⑦1-1	粉质黏土夹黏质粉土	—	1.32×10^{-6}	2.08×10^{-6}

从表8.3-4中可以看到，现场注水试验得出的渗透系数和室内渗透试验得出的渗透系数有一定差异。对于黏性土，一般现场注水试验得出的渗透系数比室内渗透试验得出的渗透系数大，这是由于土层一般呈水平层理，均夹有薄层粉砂或粉性土，增加了透水能力，而室内渗透试验则受取土质量、试验边界条件的限制，所得渗透系数一般偏小。

8.3.4 顶管掘进机选型

本工程采用一台4.2m×6.9m大刀盘+4个小刀盘多刀盘式矩形隧道掘进机。掘进机采用5个单独的刀盘切割土体，并挡住开挖面土体，有效防止正面土体倒坍，大刀盘采用6台30kW电动机驱动，4个小刀盘分别由一台60kW电动机驱动；利用调整螺旋机的转速及掘进速度来控制土仓的土压力，以保持开挖面的稳定；排出的渣土不需要二次处理，运输堆放都比较方便；它由主掘进推动机头向前掘进。机头分成前后两段，中间由纠偏油缸联接，有利于机头的姿态控制，保证通道轴线的偏差在设计范围内。

其圆形大刀盘具有适应地质条件广，对开挖面支护稳定性强，切削效率高等特点。四个小刀盘位于大刀盘后边位置，能够有效切削四个角落位置的土体，具有全断面切削能力及对开挖面具有良好的支护稳定能力，是一种高效、稳定的地下掘进机装备。机头主要技术参数见表8.3-5。

4.2m×6.9m矩形顶管机的主要技术参数　　表8.3-5

项目		参数
尺寸	内尺寸（mm）	6848×4148
	外尺寸（mm）	6928×4228
	总长（mm）	4380
刀盘驱动部	电机功率（kW）	30×6+60×4
	刀盘输出转矩（kN·m）	920+440
	刀盘转速（r/min）	0～1.12
	调速方式	无级调速
纠偏油缸	数量（根）	12
	推力（kN）	23520
	行程（mm）	120
	纠偏角度（°）	上下1.7°，左右1°
螺旋出土系统	螺旋机转速（r/min）	0～16
	螺旋机直径（mm）	440
	排土量（m^3/h）	42×2
	出土口形式	1道液压闸门+1道手动闸门
	调速方式	无级调速
机内液压系统	电机功率（kW）	7.5
	工作压力（MPa）	25

续表

项目		参数
机内注浆系统	减摩注浆管内径（英寸）	2
	减摩注浆口数量（个）	4
	改良注浆口数量（个）	4
机内传感器及仪表系统	双轴倾斜仪数量（个）	1
	土压力传感器（个）	3
	油缸行程传感器（个）	4
	油压力传感器（个）	1
	机内摄像头（个）	2
遥控操作系统	操作形式	地面遥控操作

顶管机组装过程见图 8.3-8～图 8.3-11。

图 8.3-8　顶管机前壳体

图 8.3-9　顶管机中间部分

图 8.3-10　顶管机后壳体

图 8.3-11　顶管机组装完成

大刀盘主驱动系统是顶管机最核心的部件之一，它与大刀盘连接，在提供大刀盘回转扭矩的同时还承受推进系统的全部推力，负载大、使用维护条件恶劣、工作寿命长，其可靠性要求很高，其中主驱动密封是保证大轴承正常工作的关键，行星 2 号顶管驱动密封采用6道唇口密封（聚氨酯）结构形式，其中内外圈唇口密封各由1平面密封和2道轴向密封组成，其最大承压能力为1MPa。主轴承为三排圆柱滚子组合转盘轴承（图8.3-12）。

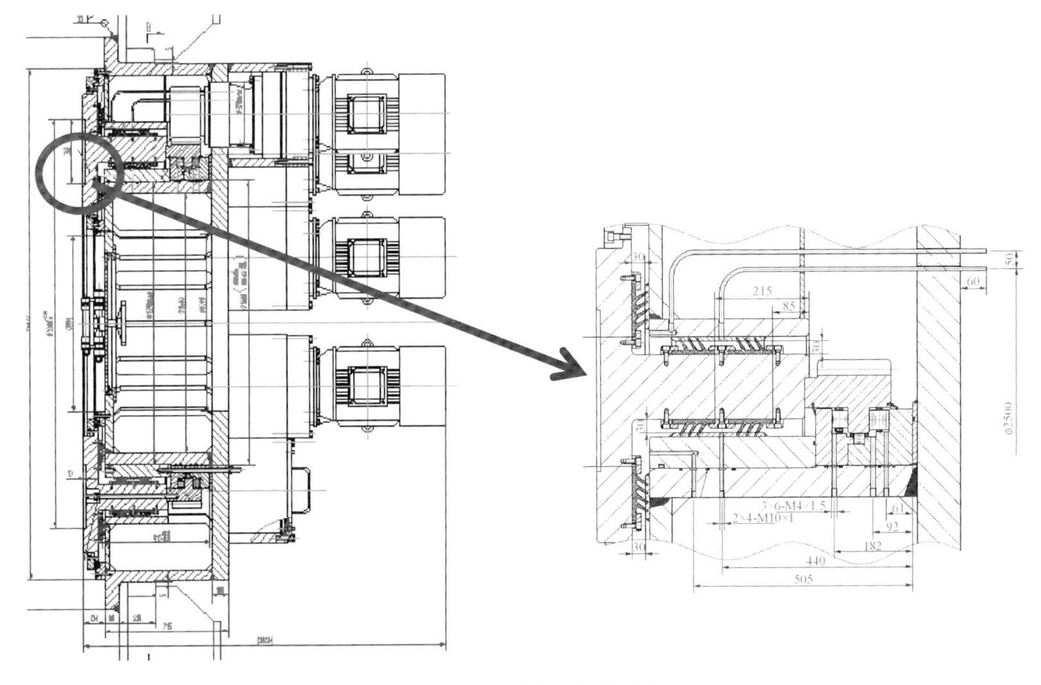

图8.3-12 主驱动示意图

纠偏系统（图8.3-13）：

1）机头分成前后两段，中间由纠偏油缸联接，有利于机头的姿态控制，保证通道轴线的偏差在设计范围内。

2）纠偏铰接由3道唇形密封圈组合结构，内外壳体的间隙为30mm，有效满足纠偏时的密封要求。上下1.7°，左右1°。

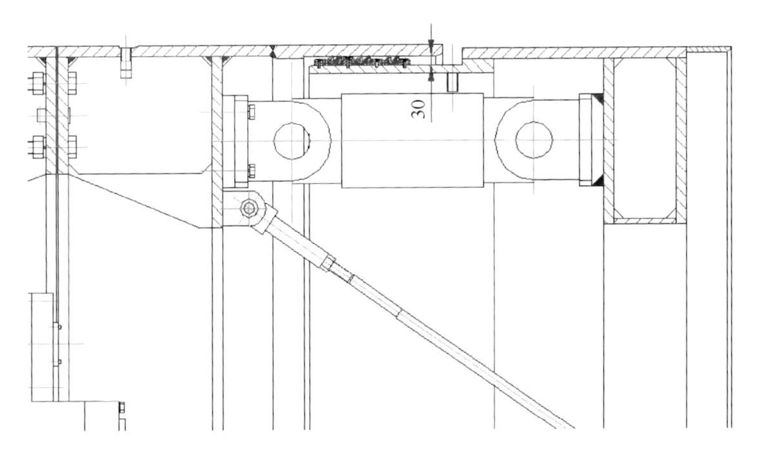

图8.3-13 纠偏系统示意图

泥水系统主要由顶管机正面的加水和泡沫的土体改良系统和机身四周以及关节外部的触壁泥浆加注系统组成。在机头正面，大刀盘上共有4个加注孔（图8.3-14），土仓胸板上共有12个加注孔（图8.3-15），正面注水注由两台注水泵进行供给，注水泵型号为G50—20327。

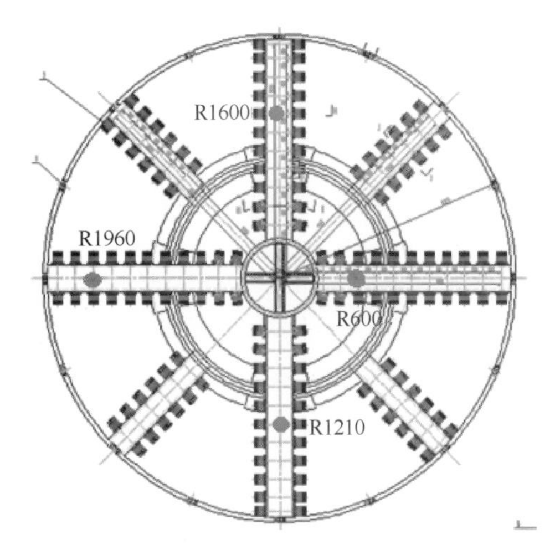

图8.3-14　刀盘注水（浆）孔示意图

图8.3-15　胸板注水（浆）孔示意图

为了更好地适应复杂地质条件的需要，本机采用螺旋出土系统（图8.3-16），采用土压平衡方式施工。螺旋机内径为440mm，转速1～15r/min，扭矩17.9kN·m，排土量42m³/h×2。左右螺旋机均布置3个注水孔。

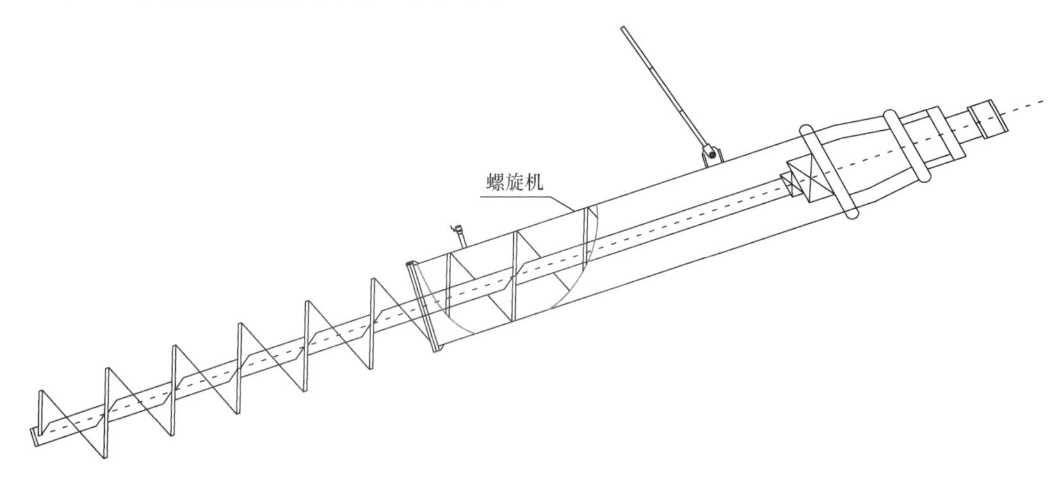

图8.3-16　螺旋机示意图

8.3.5　顶力计算（顶管段计算）

（1）顶管通道正面土压力的设定

本工程采用土压平衡式顶管机，是利用土压力平衡开挖面土体，达到支护开挖面土体和控制地表沉降的目的，平衡土压力的设定是顶进施工的关键。

土压力采用Rankine压力理论进行计算：

$$P_{上}=K_0\gamma Z_{上}=0.8\times18.2\times6.46=0.094\text{MPa}\tag{8.3-1}$$

$$P_{下}=K_0\gamma Z_{下}=0.8\times18.4\times10.66=0.157\text{MPa} \tag{8.3-2}$$

式中　$P_{上}$——管道顶部的侧向土压力；

$P_{下}$——管道下部的侧向土压力；

K_0——经验侧向系数，取 0.8；

γ——土的密度，取加权平均值；

Z——覆土深度。

根据土压传感器位置（图 8.3-17）进行计算，土压传感器 A 于土压传感器 B 所处同一水平面；土压传感器 C 于土压传感器 D 所处同一水平面。

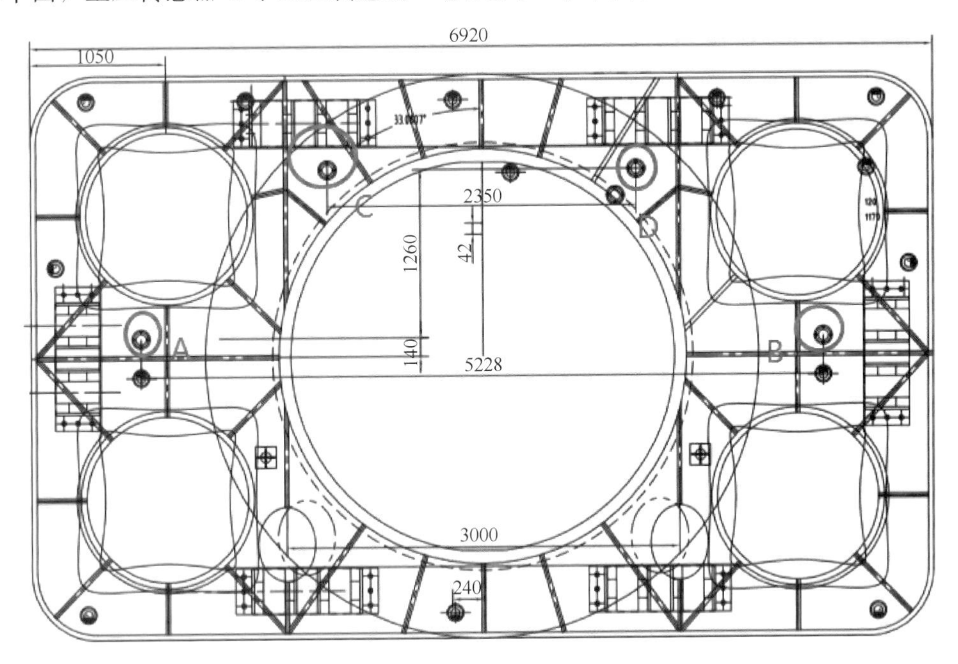

图 8.3-17　土压传感器位置

$P_1=K_0\gamma Z_1=0.8\times18.4\times8.43=0.124\text{MPa}$——A、B 土压传感器位置理论土压力值

$P_2P=K_0\gamma Z_2=0.8\times18.2\times8.43=0.104\text{MPa}$——C、D 土压传感器位置理论土压力值

以上数据为理论计算值，只能作为土压力的最初设定值，随着顶进施工，土压力值应根据实际顶进参数、地面沉降监测数据作相应的调整。

（2）主顶力的计算

封闭式顶管的顶力 R 估算由掘进机前端的迎面阻力 N 和注入触变泥浆后的管壁外周摩阻力 F 组成，其公式表示如下：

$$R=N+F=S\times P_t+f\times L\times l(\text{经验公式}) \tag{8.3-3}$$

$$P_t=\gamma(H+2D/3)\text{tg}^2(45^\circ+\varphi/2) \tag{8.3-4}$$

式中　S——机头截面积（m^2）；

P_t——机头底部以上 1/3 高度处的被动土压力，kN/m^2；

γ——土的密度（kN/m^3）；

H——管顶土层厚度（m）；

D——掘进机高度（m）；

φ——土的内摩擦角（°）；

f——采用注浆工艺的摩阻系数，可通过实际试验确定，一般取 $f=8\sim12kN/m^2$；

L——机头或管节周长（m）；

l——顶进长度（m）。

主顶力随顶进距离的增加而增大。顶管掘进机头出洞，在进入原状土且正面土压力没有建立之前，要控制主顶力不能过大。在正常推进中，要注意主顶力的增大应该是缓慢的，而不允许有突变。经计算，本工程顶管通道施工过程中会产生最大主推力，理论计算值为 19436kN，远小于顶管机额定主顶力 24000kN。

图 8.3-18　管材吊装

（3）中继间配置计算

鉴于本工程总顶程为 16m，且主顶力小于后靠背承载力，因此不考虑设置中继间。

（4）管材受力分析

顶管通道管节均为预制钢筋混凝土结构，外形尺寸为 6.9m × 4.2m，管节壁厚 0.45m，管节长度为 1.5m。管节混凝土强度等级 C50，抗渗等级为 P8。

主顶的定位将关系到顶进轴线控制的难易程度，故在定位时要力求与管节中心轴线成对称分布，以保证管节的均匀受力。主顶定位后，需进行调试验收，保证千斤顶的性能完好（图 8.3-18）。

本工程后靠采用两块 4.9m×2.5m×0.4m 路基箱板（图 8.3-19），千斤顶布置 12 支 200t 千斤顶（图 8.3-20），总顶力配置 2400t，两侧呈线性布置，具体情况如下：

图 8.3-19　主顶后靠安装

图 8.3-20　主顶油缸架及油缸安装

1）洞门外挂箱体及双袜套密封圈安装

出洞洞门密封装置的安装是顶管施工的重要工序之一。本次顶管工程穿越②3-1 砂质粉土，该地层富含地下水，为液化层，在顶管出洞过程中极易出现水土涌入始发井事故，为防止出洞过程事故发生，我们采用“外挂箱体双重保险形式”：在洞圈周围安装帘布橡胶带、环板、铰链板等组成的密封装置，并设置注浆孔，同时在洞圈外焊接一道外挂箱体，箱体上安装帘布橡胶带、环板、铰链板等组成的密封装置，并设置注浆孔，作为洞口防水堵漏的预防措施，如图 8.3-21 所示。

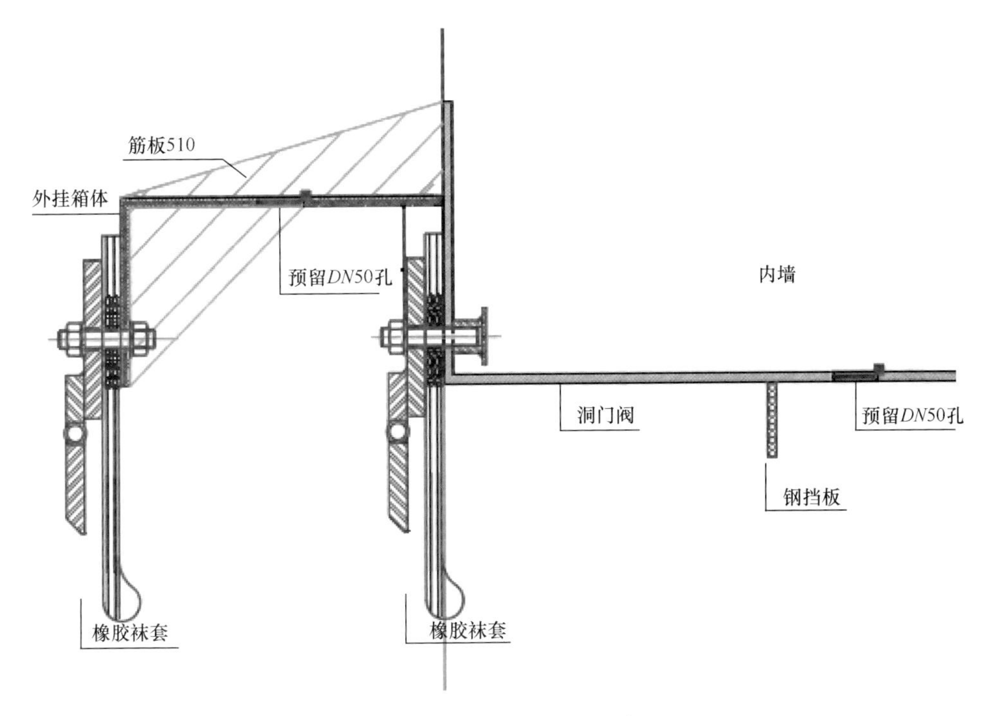

图 8.3-21　始发止水装置示意图

2）基座安装

基座定位必须正确、稳固，在顶进中承受各种负载不位移、不变形、不沉降。基座上的两根轨道必须平行、等高。

钢垫箱后靠自身的垂直度、与轴线的垂直度对顶管顶进至关重要。钢后靠根据实际顶进轴线放样安装时，与始发井内衬墙预留一定的空隙，定位固定后在空隙内填充 C30 素混凝土，使钢后靠与墙壁充分接触，保证顶管顶进中产生的反顶力能均匀分部在内衬墙上。

在安装反力架的过程中，应保证两侧架体与顶管轴线相垂直。反力架与前机架用螺栓连接固定时，必须拧到位，并在顶管始发前进行复紧。

反力架及基座均非新制设备，此前由本公司机械厂根据常规顶管工程工况进行结构设计及受力验算，确保该套设备满足顶管通道的实际施工要求。

8.3.6 穿墙止水装置

本次顶管工程穿越②3-1 砂质粉土，该地层富含地下水，为液化层，在顶管出洞过程中极易出现水土涌入始发井事故，为防止出洞过程事故发生，我们采用"外挂箱体双重保险形式"：在洞圈周围安装帘布橡胶带、环板、铰链板等组成的密封装置，并设置注浆孔，同时在洞圈外焊接一道外挂箱体，箱体上安装帘布橡胶带、环板、铰链板等组成的密封装置，并设置注浆孔，作为洞口防水堵漏的预防措施。如图 8.3-22 所示。

图 8.3-22 始发止水装置图

8.3.7 进出洞土体加固

顶管始发出洞加固采用一排 ϕ3600@2700 全圆 MJS 工法桩加固，有效加固区域沿顶进方向长 1.6m，加固深度为顶管顶以上 3m 至顶管底以下 3m。后靠加固采用 4 排 ϕ850@600 三轴搅拌桩，桩长 17.41m（图 8.3-23、图 8.3-24）。

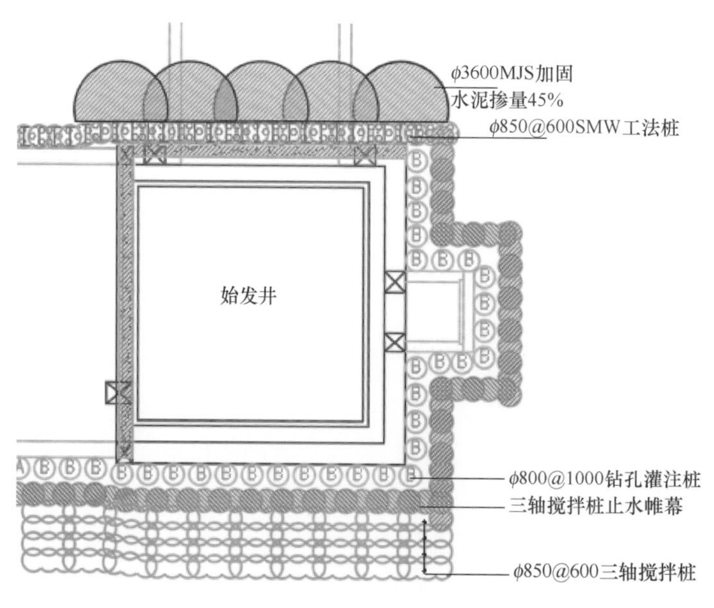

图 8.3-23 始发加固平面图

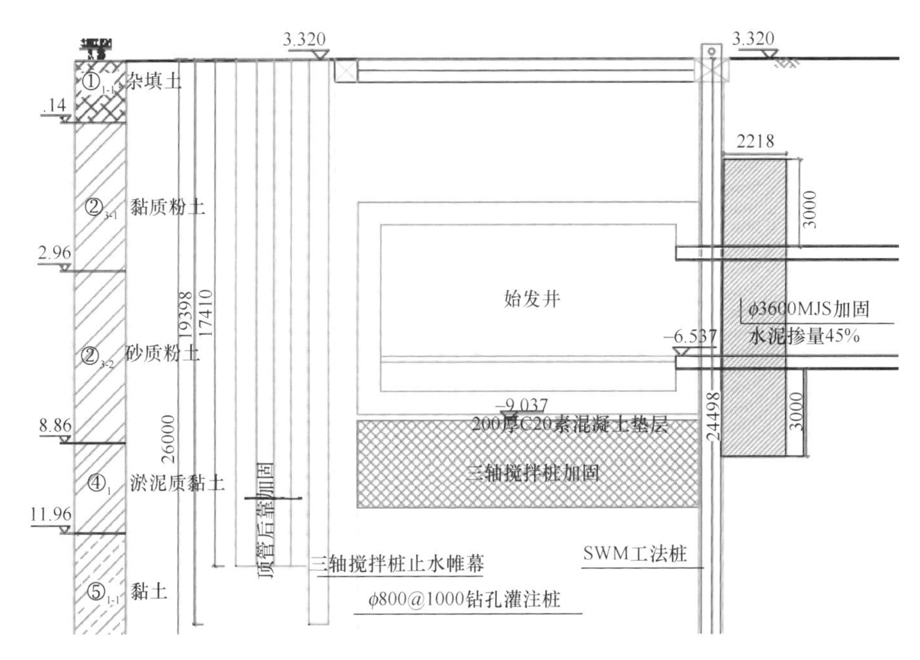

图 8.3-24 始发加固剖面图

接收进洞加固采用二排 ϕ2400@1800MJS 半圆 MJS 工法桩加固，有效加固区域沿顶进方向长 2.2m，加固深度为顶管顶以上 3.5m 至顶管底以下 3.5m（图 8.3-25、图 8.3-26）。

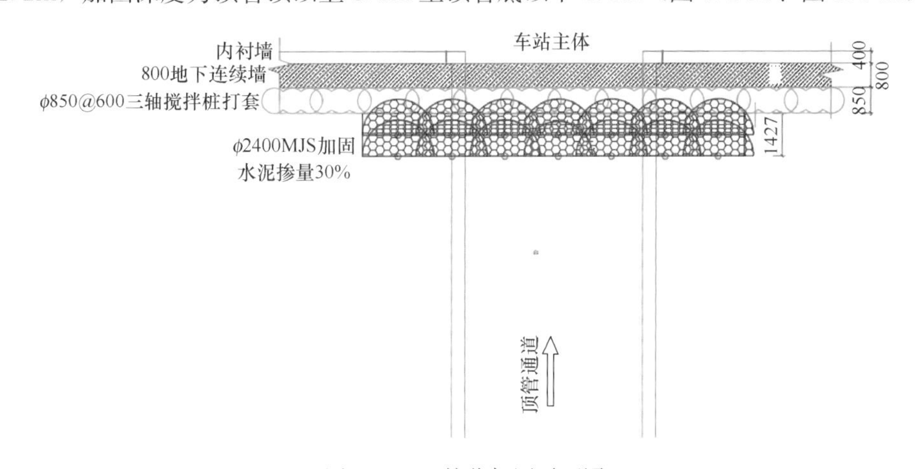

图 8.3-25 接收加固平面图

为确保其强度，需对始发及接收加固区进行取芯检测，同时根据现场取芯情况，判定 MJS 加固质量，水泥土桩是否连续。

8.3.8 触变泥浆系统

为减少土体与管道间摩阻力，同时防止在顶管顶进过程中，管道上部出现“背土效应”，需在管道外壁压注触变泥浆，在管道四周形成一圈泥浆套以达到减摩效果，在施工期间要求泥浆不失水、不沉淀、不固结。

减摩泥浆配比（按 kg/m^3 计）见表 8.3-6。

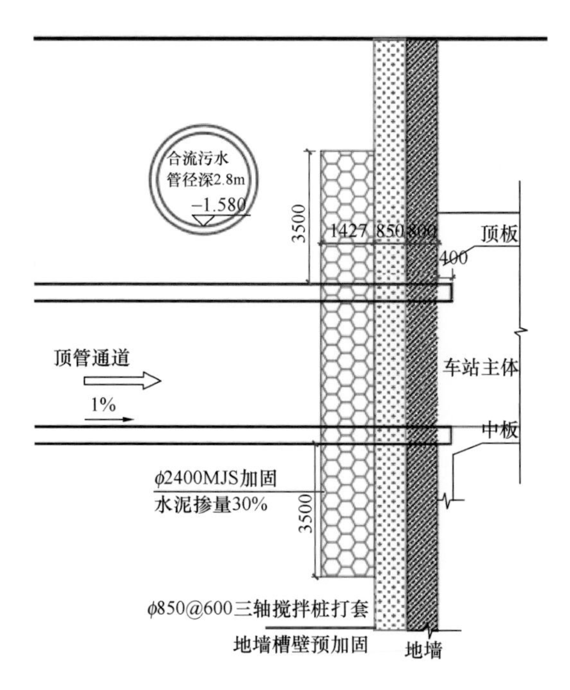

图 8.3-26 接收加固剖面图

减摩泥浆配比表（单位：kg/m³） **表 8.3-6**

膨润土	水	纯碱	CMC	稠度
400	850	6	2.5	12～14

备注：此表中配比为重量比。

（1）压浆孔及压浆管路布置

压浆系统分为二个独立的子系统。一路为了改良土体的流塑性，对机头土舱内及螺旋机内的渣土进行注浆改良。另一路则是为了形成减摩泥浆套，而对顶管机壳体外部及管节外部进行周圈注浆。

（2）压浆设备及压浆工艺

采用泥浆搅拌机进行制浆，按配比表配制减摩泥浆，泥浆要充分搅拌均匀。压浆泵采用 HENY 泵，将其固定在始发井口，拌浆机出料后先注入储浆桶，储浆桶中的浆液拌制后需经过一定时间放置发酵后，方可通过 HENY 泵送至井下。

（3）压浆施工要点：

1）压浆应专人负责，提前拌制，保证触变泥浆的稳定，在施工期间不失水、不固结、不沉淀。

2）严格按压浆操作规程施工，在顶进时应及时压注触变泥浆，充填顶进时所形成的建筑空隙，在管节四周形成一泥浆套，减少顶进阻力和地表沉降。

3）压浆时必须遵循“先压后顶、随顶随压、及时补浆”的原则。

4）压浆顺序

地面拌浆→启动压浆泵→总管阀门打开→第一节管节阀门打开→送浆（顶进开始）→依次打开后续管节阀门→从始发侧开始关闭管节阀门（顶进停止）→总管阀门关闭→井内

快速接头拆开→下管节→接 $DN50$ 总管→循环复始。

（4）压浆量的计算

为了保证注浆效果，取理论值的2～3倍。由于本次顶管通道穿越的地层中含有砂性土，在实际施工时应适当提高注浆量。

$$V_{单节}=(6.928\times4.228-6.9\times4.2)\times1.5\times(200\%\sim300\%)=0.94\sim1.5\text{m}^3$$

8.3.9　搅拌系统

为了更好地适应复杂地质条件的需要，本机采用螺旋出土系统，采用土压平衡方式施工。螺旋机内径为440mm，转速1～15r/min，扭矩17.9kN·m，排土量42m³/h×2。左右螺旋机均布置3个注水孔（图8.3-16）。

针对②3-2砂质粉土透水性高的复杂地层，在螺旋机出泥口处增设一道手动应急闸门（图8.3-27、图8.3-28）。

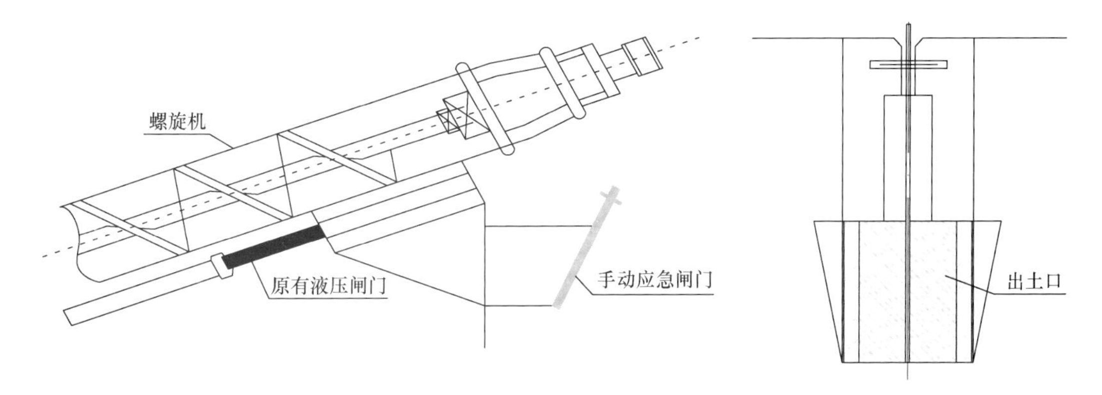

图8.3-27　螺旋机手动应急闸门示意图

图8.3-28　出土螺旋机

8.3.10　注塑系统

本工程土体改良就是通过顶管机配置的泥水系统通过刀盘和胸板上预留的注浆孔向刀盘面及土仓内注入膨润土或泡沫，利用刀盘的旋转搅拌和土仓搅拌装置搅拌使添加剂与土渣混合的方法。在本工程中，通过土体改良，可以更好地建立正面平衡压力，减小透水性，同时能维持机器顶进或者停止期间的土仓压力；减少土体的压力变化；对于多孔性土质，能防止地下水侵入过多；减少因为磨损、堵塞、黏附而对顶进工作产生的影响，降低刀盘扭矩，提高顶进速度。另外机头切削下来的土体也具有更好的流塑性和稠度。

（1）膨润土土体改良

由于本工程处于砂质地层中，含水量高，为确保有效的土体改良及防止喷涌情况，本次工程采用膨润土改良材料。

土体改良的改良材料，即为聚合物泥浆，一般采用普通膨润土加入高分子链聚合物材料复配而成。

其所使用的膨润土是黏土的一种，膨润土是以蒙脱石为主要成分的非金属黏土类矿物，蒙脱石含量占到30%～80%，蒙脱石特有的吸附功能使得膨润土具有很强的膨胀能力，膨润土一般分为钠基和钙基膨润土，在工程中多使用钠基膨润土，其颗粒的单位晶层中存在极弱的键，钠离子本身半径小，离子价低，水很容易进入单位晶层间，引起晶格膨胀，颗粒的体积膨胀为原来颗粒体积的10～40倍，吸水后形成一道不透水的防渗层。

从微观结构来看，各种聚合物泥浆颗粒是粒径小于2μm的无机质，主要结构体系是由云母状薄片堆垒而形成的单个颗粒，这些薄片层的上下表面带负电，因而聚合物泥浆的构成单位是互相排斥的。聚合物泥浆在水化时，水分子沿着结构单位的硅层表面被吸附，使得相邻的结构单位层之间的距离加大，泥浆单位结构层间能吸附大量的水，层间距离大，膨胀率高，各层薄片结构水化后，形成不透水的可塑性胶体（图8.3-29），同时挤占与之接触的土颗粒之间的孔隙，形成致密的不透水的防水层，从而达到防水的目的。

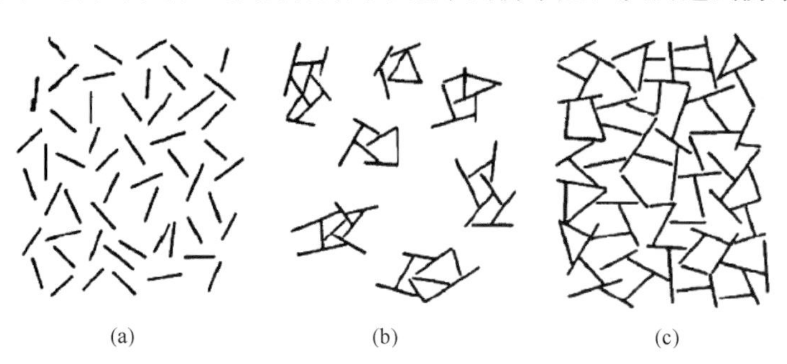

图8.3-29　不同聚合物泥浆作用于土体的微观示意图

（a）分散结构；（b）絮凝结构；（c）胶结结构

超大异形断面顶管土体改良施工对加入聚合物泥浆的一个基本要求就是它能够渗透入土粒内部和土粒之间，由胶结和固结的膨润土可以演变为一个低渗透性的薄膜，从而可以将过量地下水压力中的液体压力转化为土颗粒和土颗粒之间的有效应力，这对稳定地层、土体塑流性改善、土压力稳定以及刀具保护等起到十分重要的作用。

表8.3-7是膨润土聚合物泥浆材料的初步设定值，后根据试推进情况进行调整。

膨润土聚合物泥浆配合比及指标　　**表8.3-7**

项目	高分子材料	膨润土	水	密度	黏度	滤失量
重量	10	40	990	$1.04g/cm^3$	>40S	<20mL

（2）土体改良主要技术措施

本工程隧道穿越黏质粉土及砂质粉土，因此根据本工程的地质条件和施工经验，采取如下主要技术措施：

1）在砂质粉土顶进中，拟采取分别向刀盘面和土仓内注入膨润土的方法进行土体改良。在施工中根据刀盘扭矩及螺旋机出土的情况进行调整。

2）螺旋机放喷措施：由于顶管穿越土层含水量高，在压力作用下，螺旋机有喷涌的可能，在推进过程中首先应做好开挖面的渣土改良，降低其透水率，杜绝喷涌隐患；再者可以将螺旋机闸门开口度设置在 50%以内，防止大规模的喷涌；如发生喷涌，则立即关闭螺旋机闸门，通过土仓胸板及螺旋机内注入口注入聚合物树脂（TFA34）材料，进行紧急止水，切断水流通道，使螺旋机恢复土塞效应。

8.3.11　通风系统

因本工程截面积较大，顶程较短，暂未考虑通风。

8.3.12　供电系统

本工程在始发井布置施工临时用电，施工前完成施工现场用电布置。具体布置情况如下：

（1）顶管内照明

管节照明，电源引自机头电源箱漏电开关，采用双线圈隔离变压器 380V/220V 供电。灯具采用 220V、40W 节能灯、从第三节管节起每隔 3m 设一盏 40W 灯、从第一节管节起每隔 9m 设一盏自充电应急灯，导线沿管壁敷设，灯具离地高度 2.5m。

（2）场地照明

在工作井井口处，管节堆放场地及其他需要照明处设置场地照明。场地照明采用投光灯立杆架设，每杆装设投光灯二个和相应电缆配线。井口照明采用 TG-3500 镝灯，在井口安置 2 个。

（3）施工用电负荷统计（表 8.3-8）

顶管施工用电负荷统计表　　　　**表 8.3-8**

设备名称	功率(kW)	需用系数	计算视在功率(kVA)
顶管动力设备	471.2	0.9	587.3
照明	3.6	0.85	
拌浆箱	20	0.8	
潜水泵	2.2	0.85	
电焊机	3.6	0.35	
其他	14.4	0.8	
合计	515		

8.3.13　测量纠偏系统

1. 施工测量的主要内容

施工测量按服务性质分类可分为施工控制测量、细部放样测量、竣工测量和其他测量等作业。

2. 测量准备工作

(1) 全面了解设计意图，认真熟悉与审核图纸。施测人员通过对总平面图和设计说明的学习，了解工程总体布局，工程特点，周围环境，建筑物的位置及坐标。

(2) 根据精度分析并结合施工的特点，测距边只能进行温度、气压等气象改正和倾斜改正，不进行高斯投影和大地基面投影改正。

(3) 平面测量标志尽可能采用强制对中标志，可以有效地消除对中误差。因受施工条件的限制，有时会有短边出现，此时对中误差对角度影响特别明显，如采用强制对中标志，可有效消除对中误差。

(4) 在隧道贯通前应至少独立进行 3 次。即在顶进前、顶进过半、顶进贯通后分别进行一次，并保证成果满足相关规定要求，取三次测量成果的加权平均值指导隧道贯通。

(5) 测量数据记录。测量记录必须原始真实、数据准确、图示明确、内容完整、字体工整；测量精度要满足工程精度要求。

3. 洞门圈复核及顶管机机架放样

利用在井口的控制点用导线直传的方法，在井底设临时点位，以此点设站测洞门圈的横径和平面坐标，并求出洞门圈的平面中心坐标，计算洞门圈的平面偏差值。

利用高程传递至井底的临时水准点，测量洞门圈的圈底高程，圈顶高程，求出洞门圈直径和高程偏差值。

另外，顶管机架的放样也很重要，这关系到顶管出洞后轴线的控制，因此，在放样前应根据轴线的要求，与项目工程师商讨放样的具体要求并征得其认可。在放样过程中，采用经洞门圈的中心和顶管机的中心在同一竖直面上的方法安装机架，同时根据设计坡度和出洞后的顶管坡度，适当对顶管机架放坡。安放时，机架平面位置根据事先计算的洞门圈中心，顶管机中心这两点的坐标，用仪器实测他们的值，计算这两点实测坐标值与理论值的偏差，逐步调整偏差值直至满足设计轴线要求。高程位置，根据事先计算好的机架各主要点的高程，利用水准仪对其进行高程放样。

4. 顶管机初始姿态测量及顶管机姿态测量

在出洞前，必须用人工测量方法仔细测量顶管的初始姿态，了解顶管在始发时的空间位置，为顶管出洞姿态控制提供测量依据。测量顶管初始姿态时，采用垂线法，即在顶管切口和顶管机尾两侧分别挂四根垂线，测定这四根垂线的平面坐标，切口两侧的坐标值的平均值即为切口中心坐标，同理，顶管机尾部两侧的坐标值的平均值即为顶管尾部中心坐标，通过切口和顶管机尾的中心坐标计算得到顶管中轴线的方位。顶管切口和盾尾中心高程，通过分别测量切口盾尾上端点和下端点的高程，取平均得到。进而得到顶管机的初始坡度，顶管初始转角取 0°。

根据工程的实际情况在顶管机内部安装顶管测量标志。并在顶管机内部布设相应的测量标志点，测量标志要求牢固的设置在顶管机内部，保证整个施工阶段不易破坏。坡度板安装在方便观测及不容易破坏的位置，垂球线长度大于等于 1m。

针对矩形顶管施工特点，通过顶管机内部的靶尺测量顶管机的姿态。标识安装示意见图 8.3-30。

5. 平面联系测量

在施工中有一项很重要的工作就是以井上井下联系三角形几何定向及两井定向的方法

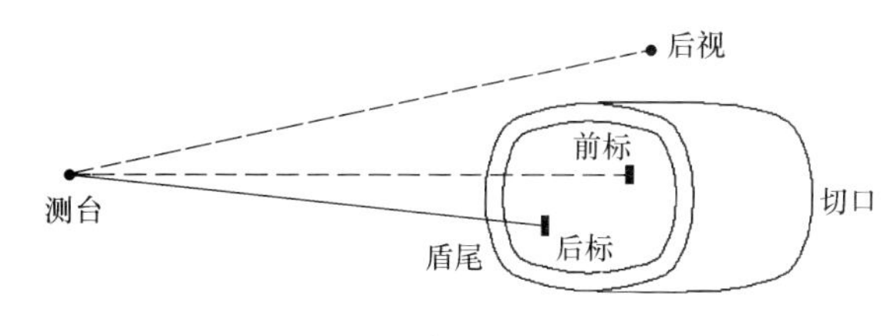

图 8.3-30　标识安装示意图

控制平面，修正顶管推进的轴线。根据工程实际情况，本工程顶管隧道因工作井的限制拟定进行平面联系三角形几何定向测量工作。联系三角形定向是用三根钢丝来传递坐标和方位的，在具体实施时悬挂三根钢丝，在平面上钢丝绳与井上、井下的观测台组成两个直伸三角形。示意图如图 8.3-31 所示。

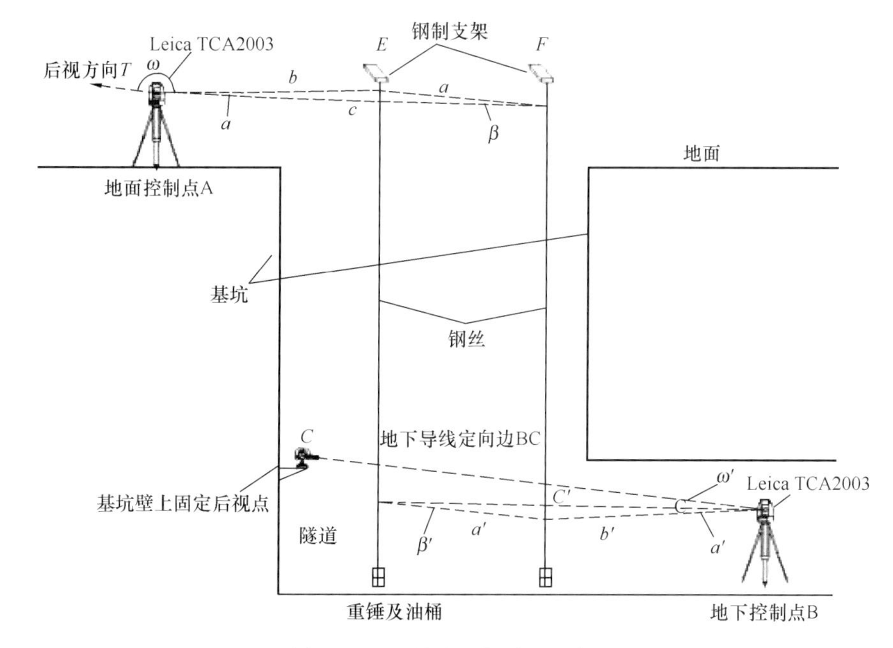

图 8.3-31　联系三角测量示意图

在布设时使三角形短边之比值应至少大于 2.5 倍，而 $a:b$ 则不应大于 1.5 倍，同时 O_2、O_3点也不宜离仪器过近。三角形中 α 角应小于 2°，同时，钢丝绳末端悬挂垂球，为防止钢丝绳晃动影响观测，将垂球浸在盛满油的油桶内，并且垂球不得与油桶接触。观测时井上、井下连接角及联系三角形观测要求以 2″级仪器同时进行测角，要求 9 测回，归零观测、测回差小于等于 9″（最大角与最小角差值），2C 差小于等于 13″（正镜与倒镜差），归零差小于等于 6″，侧边要求正倒镜各四次，观测平均值比较差应小于 3mm。联系三角形边长采用全站仪加反射片测得，往返测边，每次独立测量三次，这三个数据间比较差小于等于 3mm，并记录井上与井下的温度，进行温度改正。以上测量数据分为两组，每组数据包括一个井上方位、四个连接角、五条边长。计算时将角度与边长进行平差计算，求得井下方位与井下控制点坐标。然后，再对另一组数据进行如上计算，求得的方位与坐标与第一组进行检核，以确保不出现差错。每次独立定向测量的成果应满足方位角较差小于等于 12″，点位较差小于等于 20mm。

6. 高程导入测量

竖井高程导入的目的是把地面高程传入竖井底。进行高程传递时，用挂 49N（检验时采用的拉力）的钢尺，两台水准仪在井上和井下同步观测（图 8.3-32），将高程传至井下固定点。共测量三次，每次应变动仪器高度。三次测得地上、地下水准点的高差较差应小于 3mm。

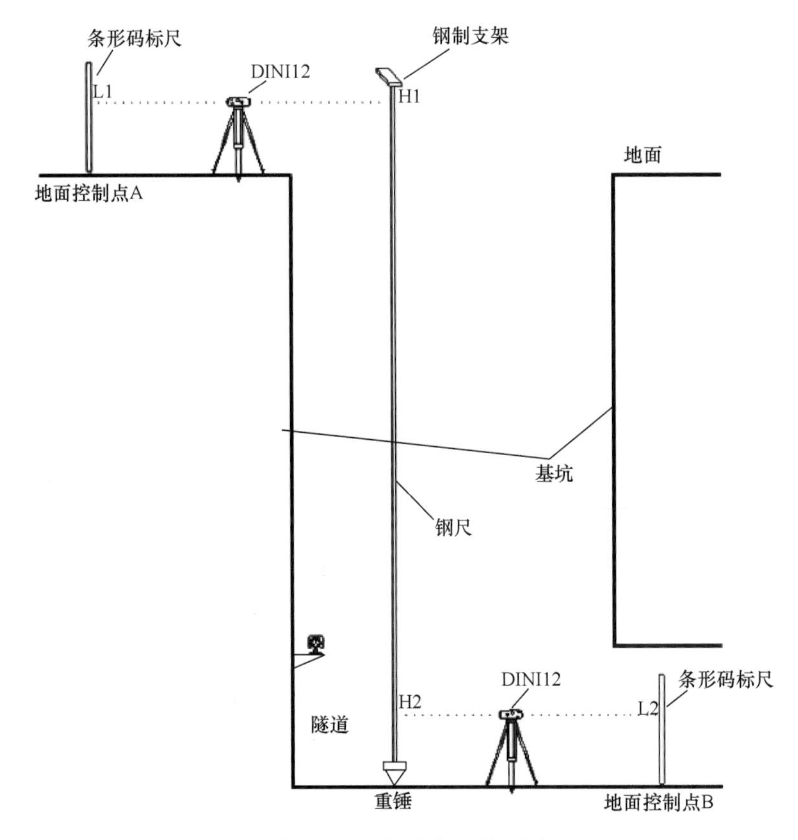

图 8.3-32　竖井高程导入图

实际操作时，从严要求，井上、井下水准仪和水准尺互换位置，再独立测量三次。必须高度注意两水准尺的零点差是否相同，否则应加入此项改正。传入井底的高程，应与井底已有的高程进行检核。

7. 地下水准测量

地下水准测量包括地下施工水准测量和地下控制水准测量，起算于竖井传递的井下固定点，地下水准点可利用地下导线点测量标志。

下水准点一般以 100m 左右埋设固定水准点一个，水准尺用装气泡的水准尺，以便减少水准尺的倾斜而造成系统误差。

井下水准测量按城市Ⅲ等水准操作及《工程测量标准》GB 50026—2020 执行。应采用往返测，往返固定点之间高差小于等于 3mm，全线往返小于等于 3mm×n_1/2（n_1 为测站数）。

8. 顶管姿态测量

顶管姿态测量直接指导顶进纠偏，所以顶管姿态测量尤为重要，针对本项目顶管机尺寸大，控制精度要求高，矩形顶管贯通精度要求高，顶管每节推进后都会断电等特点，因此导向系统数据稳定性要求高，导向系统精度要求高，同时必须设计可靠的系统断开和中继装置，以及数据防丢失功能。在后台架设J2型经纬仪一台，在井壁上设置后视控制点（顶进轴线）测顶管机的前标和后标的水平角和竖直角的全测回，采用FX4500P计算器编排程序计算顶管的头尾的平面和高程偏离值，正确指导顶管施工。

9. 人工复核

在出洞前，必须用人工测量方法仔细测量顶管的初始姿态，了解顶管在始发时的空间位置，为顶管出洞姿态控制提供测量依据。

测量顶管初始姿态时，采用垂线法，即在顶管切口和尾巴两侧分别挂四根垂线，测定这四根垂线的平面坐标，切口两侧的坐标值的平均值即为切口中心坐标，同理，盾尾处两侧的坐标值的平均值即为尾巴中心坐标，通过切口和尾巴的中心坐标计算得到顶管中轴线的方位。顶管切口和尾巴中心高程，通过分别测量切口盾尾上端点和下端点的高程，取平均得到。进而得到顶管的初始坡度，顶管初始转角取0°。

为了确保测量的准确性，在自动化测量的基础上，阶段性进行人工复测，并根据测量复核结果修正自动导向系统中的参数设定。主要的方法如下：

（1）顶管仪安装

由井下控制点出发先进行顶管姿态观测再安装前、后两个观测标志及坡度板。

观测台采用强制对中4测回，顶管2测回。

（2）顶管日常观测方法

对顶管标志直接测角，读取转角及坡度，推算坐标及标高与设计轴线比较计算偏值（图8.3-33）。

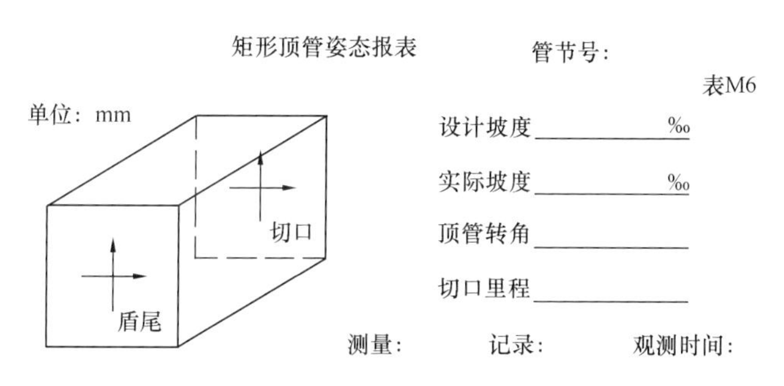

图8.3-33 顶管机姿态报表

具体采用：莱卡TS1800（精度1″）进行顶管每环1测回观测，转角坡度改正，CASIO FX-5800P程序计算，报出顶管切口、盾尾二处平面及高程偏值。

10. 顶管贯通测量

在顶管推进了2/3距离时，为确保顶管顺利贯通，应进行顶管贯通测量，该项工作包括控制网测量、联系测量、顶管姿态测量等工作，确保顶管姿态准确。

11. 顶管竣工测量

（1）顶管隧道贯通后进行贯通误差测量，贯通误差测量是在接收井的贯通面设置贯通相遇点，利用接收井传递下来的地下控制点和指导贯通的地下控制点分别测定贯通相遇点三维坐标，贯通误差归化到线路纵向、横向和高程的方向上。

（2）隧道贯通后进行贯通隧道内导线的附合路线测量，并重新平差作为以后测量依据。

（3）竣工测量内容包括隧道横向偏差值、高程偏差值、水平直径和竖直直径等。

（4）竣工测量完成后，按监理工程师要求填写测量成果数据。

（5）对竣工测量数据妥善保存，最后作为竣工资料归档。

8.3.14 工作井设计

（1）始发井设计

顶管通道始发井围护结构部分采用 ϕ800@1000 钻孔灌注桩，桩长 24m 和 26m 不等，外加 ϕ850@600 三轴搅拌桩止水帷幕；其中顶管出洞段采用 ϕ850SMW 工法桩，密插型钢。

（2）接收井设计

顶管在车站内部进行接收，接收处车站围护为 800mm 厚地下连续墙，地下连续墙之前施工三轴搅拌桩套打，地下连续墙施工于三轴搅拌桩外侧 7cm。

8.3.15 工作井施工

围护结构：采用 ϕ800@1000 钻孔灌注桩＋ϕ850@600 三轴搅拌桩止水帷幕，顶管出洞位置局采用 ϕ850@600SMW 工法桩，型钢规格为 HN700×300×13×24，排序采用隔一插二方式；其中钻孔灌注桩 A 桩桩长 24m，B 桩桩长 26m，C 桩桩长 27m，D 桩桩长 10m；SMW 工法桩桩长分别 25m 和 27m。止水帷幕：ϕ850@600 三轴搅拌桩。

支撑体系：钻孔灌注桩桩顶冠梁采用 800mm×800mm、三轴搅拌桩桩顶冠梁采用 1200mm×800mm、冠梁采用 C30 钢筋混凝土。

第一道支撑采用 800mm×800mm、C30 钢筋混凝土支撑。

第二、三道支撑采用 ϕ609，t=16mm 钢管撑。

SMW 工法桩采用 P. O 42. 5 级普通水泥，水泥掺量≥20%，开挖以前，对围护桩必须钻孔取芯，要求 28d 无侧限抗压强度 q_u≥0. 80MPa，顶管出洞时型钢拔出。

8.3.16 工程实施效果

由于本次顶管通道工程条件比较复杂，在顶管进洞段施工中极易出现涌水涌砂的施工风险，并且顶管接收位于大渡河路（主干道）正下方车站内接收，常规顶管进洞接收无法满足施工。为此本次顶管机进洞段施工采用弃壳体（图 8. 3-34）＋冻结止水帷幕接收。

图 8. 3-34 顶管机弃壳

本工程共有2井接头。其中接收处井接头与机壳段现浇时一起制作；始发井井接头构造为混凝土保护圈，采用外凸井接头。为保证安全性，外凸井接头将始发的外挂箱体包络在其中。洞门接头构造（图8.3-35、图8.3-36）为环形钢筋混凝土，井接头混凝土强度等级为C40，钢筋为ϕ16-HPB300级钢、ϕ20-HRB400级钢，钢筋焊接成型，混凝土保护层35mm，抗渗等级为P8。井接头施工工艺流程如下：

洞口土体注浆→填充脚手架搭设→洞圈清理→设置膨胀止水胶→收口胶安装→钢筋焊接→注浆嘴预埋→立模浇捣混凝土→养护→拆模。

图8.3-35　洞门接头构造图

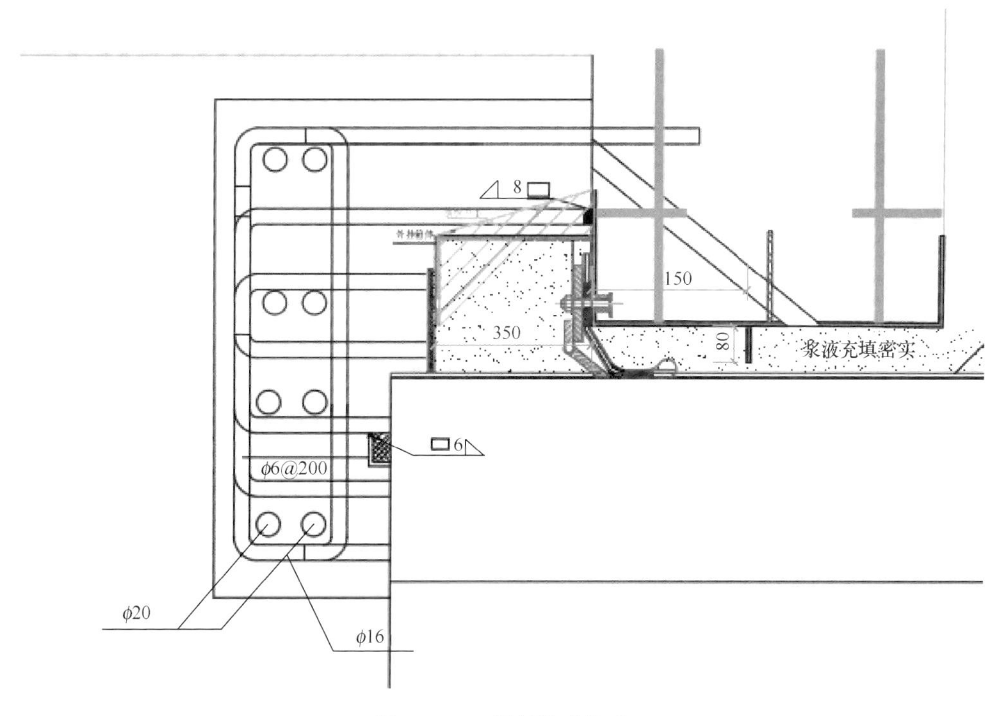

图8.3-36　洞门接头构造

工程施工过程现场照片（图 8.3-37～图 8.3-50）：

图 8.3-37　后靠安装

图 8.3-38　油缸架及油缸安装

图 8.3-39　发射架安装

图 8.3-40　导轨及止退装置安装

图 8.3-41　上下通道安装

图 8.3-42　顶管机拼装

图 8.3-43　洞门封堵形式

图 8.3-44　凿除部分洞门

图 8.3-45　安装止水橡胶圈

图 8.3-46　止水装置安装完成

图 8.3-47　顶管机出洞

图 8.3-48　管材吊装

图 8.3-49　正常顶进

图 8.3-50　顶管贯通

8.4　广花一级公路地下综合管廊矩形泥水平衡顶管工程

8.4.1　工程概况

广花一级公路地下综合管廊与道路快捷化改造配套工程施工(K0＋000～K5＋900)项目位于广东省广州市白云区广花一路，设计里程为 K0＋000～K5＋900，包括地下综合管廊和道路快捷化改造两部分。其中过机场高速平沙立交段(K3＋745～K4＋090)管廊采用矩形顶管法施工(图 8.4-1)，分两段进行顶进，顶进长度分别为 225m(1 号顶管段)、

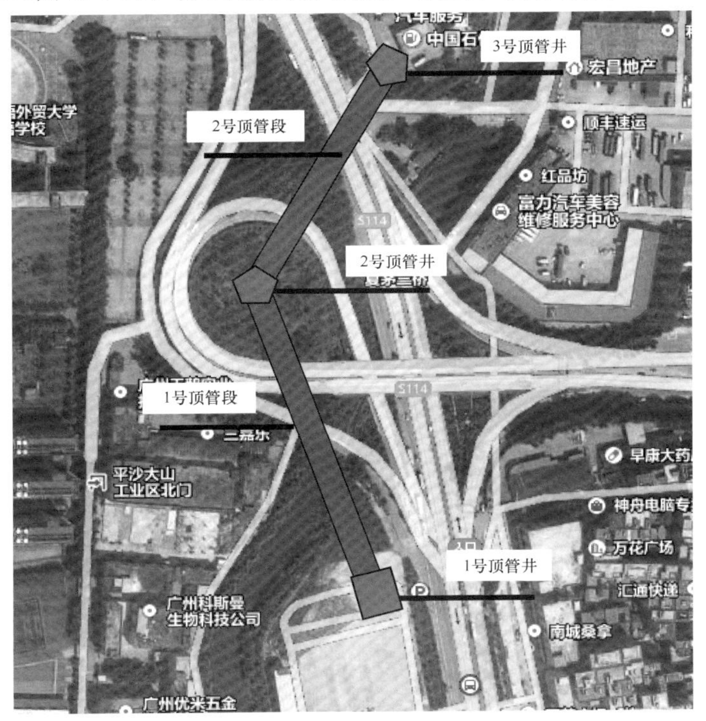

图 8.4-1　过机场高速平沙立交段顶管线路平面位置图

168m（2 号顶管段）；下穿 *DN*2400 西江引水管及华南快速高架桥段（K3＋143～K3＋372）管廊采用矩形顶管法施工，顶进长度 206m（3 号顶管段）。

矩形顶管管廊为双舱管廊，外包尺寸：宽×高为 7700mm×4500mm，管壁厚度为 600mm。管片采用工厂化预制，每节管长 1.5m，待顶管完成后再进行管廊隔墙施工。

1 号顶管段始发井（1 号顶管井）位于 K3＋745 西侧平沙空港水产世界北侧空地上，接收井（2 号顶管井）位于 K4＋000 西侧平沙立交匝道中间绿地上，由南往北顶进，下穿均禾涌和机场高速平沙出口匝道。

2 号顶管段始发井利用 2 号顶管井，接收井（3 号顶管井）位于 K4＋090 东侧中石化城建加油站入口南侧绿地，由西南向东北方向顶进，下穿机场高速平沙出口匝道和广花路道路。

3 号顶管段始发井（4 号顶管井）位于 K3＋143 东侧汇莱石材城前方，与综合管廊十字井共建，接收井（5 号顶管井）位于 K3＋372 东侧，现状为大排档，由南向北顶进，下穿 *DN*2400 西江引水钢管和华南快速高架桥（图 8.4-2）。

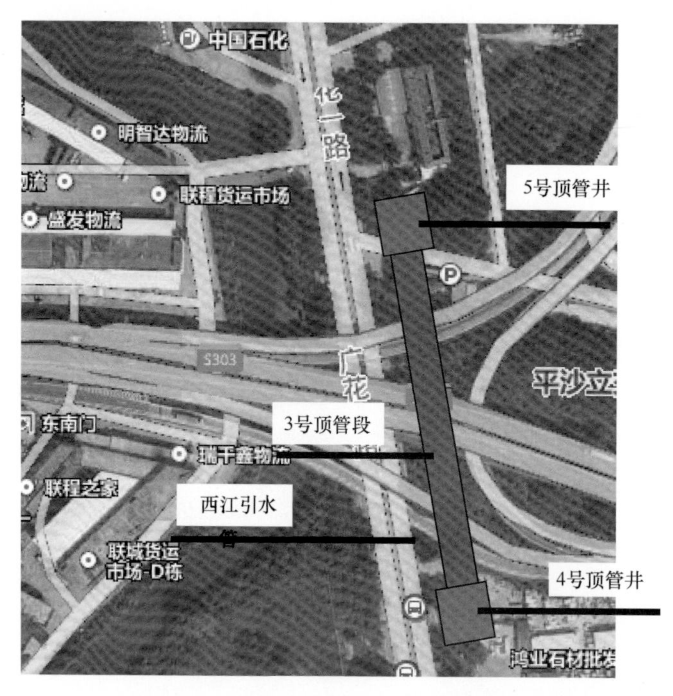

图 8.4-2　下穿西江引水管及华南快速高架段顶管线路平面位置图

8.4.2　顶管沿线建（构）筑物概况

1 号顶管段下穿均禾涌和机场高速平沙出口匝道，顶管沿线距离最近的建筑物为三嘉乐工厂 4 层宿舍楼。顶管边线与机场高速双车道 7m 宽匝道基础桥台之间的最小距离约为 3.2m，与三嘉乐宿舍楼之间的最小距离约为 6.9m。

2 号顶管段下穿机场高速平沙出口匝道和现状广花路道路，下穿一条新建 *D*2256×28 钢管污水管，顶管段顶板与污水管之间的最小净距约为 0.8m。

3 号顶管段下穿 *DN*2400 西江引水钢管和华南快速高架桥，与西江引水管道之间的净距约为 1.0m，与华南快速高架桥的桥墩最小净距约为 3.1m。

8.4.3 工程地质与水文地质

1. 工程地质

据野外钻探资料，场区主要出露第四系人工填土层（Q_4^{ml}）、第四系全新统冲积层（Q_4^{al}）、第四系上更新统冲积层（Q_3^{al}）及残积层（Q^{el}）。基岩为第三系（E）、二叠系（P）、三叠系（T）和石炭系（C）等沉积岩。第三系（E）主要为古新统莘庄组粉砂岩、砾岩和泥岩（E_1^x）、二叠系（P）主要为下统栖霞组石灰岩和炭质页岩（P_1^q）、三叠系（T）主要为上统小坪组石英砂岩、粉、细砂岩和页岩（T_3^x）、石炭系（C）沉积岩包括石炭系中上统壶天群石灰岩（C_{2+3}^{h+}）、测水组炭质页岩、粉砂岩（C_1^{dc}）、下统石磴子组炭质灰岩（C_1^{ds}）。各岩土层的性质自上而下分述如下：

（1）第四系人工填土层（Q_4^{ml}）

1）①1 杂填土：分布于场区部分地段，呈似层状或透镜状分布。杂色、褐灰色、灰色等，稍湿，松散～稍压实，主要由黏性土、砂土、碎石、建筑垃圾等组成，硬质物含量约为20%～50%，公路地段顶部 20～30cm 为混凝土路面。此层均出露于地表，层厚 0.50～6.50m，平均 3.09m。统计标准贯入试验 7 次，锤击数 N=5.0～29.0 击，平均 10.4 击。

2）①2 素填土：分布于场区大部分地段。杂色、褐灰色、褐红色、褐黄色等，稍湿，松散～稍压实，主要由黏性土和砂土组成，含少量碎石，公路地段顶部 20～30cm 为混凝土路面。顶界埋深 0.00～5.00m，层厚 0.50～6.70m，平均 2.68m。统计标准贯入试验 18 次，锤击数 N=5.0～13.0 击，平均 8.7 击。

3）①3 耕土：分布于场区大部分地段。褐灰色、褐红色、褐黄色，稍湿，结构疏松，主要由黏性土和少量植物根系组成。此层均出露于地表，层厚 0.50～0.75m，平均 0.64m。

（2）第四系全新统冲积层（Q_4^{al}）

1）②1 粉质黏土：分布于场区部分地段，呈似层状或透镜状分布。灰黄色、褐红色、灰色、花斑色等，软塑～可塑，土质一般较均匀，具砂感。层顶埋深 0.00～9.60m，层厚 0.50～6.00m，平均 2.16m。统计标准贯入试验 26 次，锤击数 N=3.0～13.0 击，平均 8.3 击。

2）②2 淤泥：分布范围小，呈透镜状分布。灰黑色、浅灰色，饱和，流塑，含有机质，具臭味，局部含少量粉砂。层顶埋深 2.10～11.50m，层厚 0.70～5.80m，平均 2.71m。统计标准贯入试验 25 次，锤击数 N=2.0～5.0 击，平均 3.9 击。

3）②3 粉、细砂：分布范围较小，呈透镜状分布。灰黄色、灰黑色，饱和，松散，粒径较均匀。层顶埋深 2.20～11.10m，层厚 0.60～4.30m，平均 1.60m。统计标准贯入试验 10 次，锤击数 N=3.0～9.0 击，平均 5.9 击。

4）②4 粗、砾砂：分布范围较小，呈透镜状或似层状分布。灰色、灰白色、灰黄色等，饱和，松散，粒径不均匀，含少量黏性土。该层主要为粗砂，局部相变为中砂和砾砂，含少量石英砾，粒径约 2～4mm。层顶埋深 1.60～14.50m，层厚 0.50～6.40m，平均 2.56m。统计标准贯入试验 55 次，锤击数 N=6.0～10.0 击，平均 8.6 击。

（3）第四系上更新统冲积层（Q_3^{al}）

1）③1 粉质黏土：分布于整个场区，呈层状连续分布为主，局部呈透镜状分布于砂层中。灰黄色、花斑色、褐红色、灰白色等，可塑，土质不均匀，具砂感。层顶埋深

0.00～22.80m，层厚 0.50～16.50m，平均 3.72m。统计标准贯入试验 1175 次，锤击数 N=5.0～15.0 击，平均 10.2 击。

2）③2 粗、砾砂：分布于整个场区，呈层状连续分布。灰黄色、灰白色、褐黄色等，饱和，稍密，粒径不均匀，含少量黏性土及石英砾。该层主要为粗、砾砂，局部相变为中砂。层顶埋深 1.60～19.00m，层厚 0.50～16.50m，平均 3.97m。统计标准贯入试验 920 次，锤击数 N=9.0～16.0 击，平均 12.7 击。

3）③3 粉、细砂：分布于场区大部分地段，呈似层状或透镜状分布。灰黄色、灰白色、灰色、黄色，饱和，稍密，粒径较均匀，局部含少量黏性土。该层主要为粉细砂，局部相变为淤泥质粉砂和淤泥质细砂，灰黑色，松散，含少量淤泥质。层顶埋深 2.15～26.20m，层厚 0.50～10.00m，平均 2.14m。统计标准贯入试验 151 次，锤击数 N=9.0～15.0 击，平均 12.4 击。

4）③4 淤泥质粉质黏土：分布范围较小，呈透镜状分布。灰黑色、深灰色，饱和，流塑，含有机质，具臭味。部分地段相变为泥炭质黏土，含大量有机质，质轻，污手。层顶埋深 5.40～28.10m，层厚 0.40～9.40m，平均 2.11m。统计标准贯入试验 79 次，锤击数 N=3.0～5.0 击，平均 4.0 击。

5）③5 粗、砾砂：分布于场区部分地段，呈似层状或透镜状分布。灰黄色、灰白色等，饱和，中密，粒径不均匀，含少量黏性土及石英砾。该层主要为粗、砾砂，局部相变为中砂。层顶埋深 6.00～33.00m，层厚 0.50～17.40m，平均 4.81m。统计标准贯入试验 481 次，锤击数 N=14.0～28.0 击，平均 18.2 击。

6）③6 卵石：分布范围小，呈透镜状分布。灰黄色、褐黄色，饱和，中密，主要由卵石和中、粗砂组成，卵石含量约为 50%～60%，粒径一般 2～4cm，最大者 5cm，次圆状，卵石成分主要为石英岩和砂岩，微风化状，质硬。层顶埋深 9.00～29.10m，层厚 0.60～10.40m，平均 2.71m。统计标准贯入试验 3 次，锤击数 N=25.0～34.0 击，平均 29.3 击。

7）③7 粉质黏土、角砾质粉质黏土：分布于场区部分地段，呈层状、似层状或透镜状分布。灰黄色、灰白色、褐红色、褐灰色等，可塑～硬塑，土质不均匀，其中角砾质粉质黏土主要由粉质黏土和角砾组成，碎石含量约为 25%～35%，粒径 2～5mm，次棱角状，成分为石灰岩和砂岩，中～微风化，质较坚硬。层顶埋深 2.50～35.00m，层厚 0.50～16.30m，平均 3.80m。统计标准贯入试验 292 次，锤击数 N=10.0～25.0 击，平均 16.6 击。

（4）残积层（Q^{el}）

场区揭露第三系（E）碎屑岩和石炭系（C）沉积岩风化残积土，呈粉质黏土状，原岩为粉砂质泥岩、粉砂岩、页岩和炭质页岩等。根据其稠度状态可划分为：

1）④1 粉质黏土：灰黄色、灰黑色、褐红色，可塑，遇水易软化。层顶埋深 2.30～32.60m，层厚 0.50～12.60m，平均 3.83m。统计标准贯入试验 102 次，锤击数 N=7.0～15.0 击，平均 10.9 击。

2）④2 粉质黏土：灰黑色、褐红色、褐黄色等，硬塑，土质不均匀，遇水易软化。层顶埋深 2.00～29.40m，层厚 0.50～10.00m，平均 3.61m。统计标准贯入试验 88 次，锤击数 N=15.0～28.0 击，平均 21.2 击。

3）④3 粉质黏土：灰黑色、褐红色、褐黄色等，流塑～软塑，土质不均匀，遇水易软化。层顶埋深 12.00～22.50m，层厚 0.50～11.90m，平均 3.70m。统计标准贯入试验

8次，锤击数N=4.0～9.0击，平均6.5击。

（5）第三系古新统莘庄组（E_1^x）碎屑岩

主要揭露于广花路里程k13+880～k14+360，岩性为粉砂质泥岩、泥质粉砂岩、粉砂岩、粗砂岩、页岩等，碎屑状结构，中厚—厚层状构造，根据其岩性及风化程度可划分为：

1）⑤1全风化带：暗紫红色、褐红色，岩石风化剧烈，岩芯呈坚硬土柱状，手捏易散，遇水易软化。层顶埋深8.30～24.10m，层厚1.35～7.00m，平均3.37m。统计标准贯入试验12次，锤击数N=32.0～50.0击，平均38.8击。

2）⑤2强风化带：暗紫红色、褐红色，岩石风化强烈，岩芯呈半岩半土状或碎块状，手折可断，岩芯遇水易软化。层顶埋深3.40～24.20m，层厚0.50～9.10m，平均3.17m。统计标准贯入试验11次，锤击数N=51.0～100.0击，平均63.2击。

3）⑤3中风化带：暗紫红色、褐红色，岩石裂隙较发育，岩芯多呈3～6cm扁柱状或10～30cm短柱状，岩块较新鲜，坚硬，锤击声较脆。层顶埋深15.50～20.55m，层厚0.80～0.85m，平均0.83m。

（6）二叠系下统栖霞组（P_1^q）石灰岩和炭质页岩

主要揭露于广花路里程k0+000～k6+290，岩性为石灰岩和炭质页岩等，隐晶质或泥质结构，中厚—厚层状构造，根据其岩性及风化程度可划分为：

1）⑥1全风化带：深灰色、灰黑色，岩石风化剧烈，岩芯呈坚硬土柱状，手捏易散，遇水易软化。层顶埋深3.50～18.70m，层厚1.90～7.50m，平均4.21m。统计标准贯入试验7次，锤击数N=31.0～46.0击，平均37.3击。

2）⑥2强风化带：深灰色、灰黑色，岩石风化强烈，岩芯呈半岩半土状或碎块状，手折可断，岩芯遇水易软化。层顶埋深5.90～32.30m，层厚1.20～9.60m，平均3.84m。统计标准贯入试验8次，锤击数N=50.0～100.0击，平均59.1击。

3）⑥3中风化带：深灰色、灰黑色，岩石裂隙较发育，岩芯多呈3～6cm扁柱状或10～30cm短柱状，岩块较新鲜，坚硬，锤击声较脆。层顶埋深8.60～34.50m，层厚1.50～21.90m，平均6.80m。统计岩石饱和单轴抗压强度5组，饱和单轴抗压强度9.05～25.30MPa，平均16.02MPa。

（7）三叠系上统小坪组（T_3^x）石英砂岩、粉细砂岩和页岩

主要揭露于广花路里程k6+650～k7+820，岩性为石英砂岩、粉细砂岩和页岩等，碎屑状结构，中厚—厚层状构造，根据其岩性及风化程度可划分为：

1）⑦1全风化带：褐黄色、浅灰色、青灰色，岩石风化剧烈，岩芯呈坚硬土柱状，手捏易散，遇水易软化。层顶埋深11.60～26.00m，层厚0.80～3.90m，平均2.16m。统计标准贯入试验3次，锤击数N=33.0～47.0击，平均39.3击。

2）⑦2强风化带：褐黄色、浅灰色、青灰色，岩石风化强烈，岩芯呈半岩半土状或碎块状，手折可断，岩芯遇水易软化。层顶埋深2.00～28.00m，层厚0.50～17.30m，平均4.64m。统计标准贯入试验15次，锤击数N=50.0～100.0击，平均65.8击。

3）⑦3中风化带：褐黄色、浅灰色、青灰色，岩石裂隙较发育，岩芯多呈3～6cm扁柱状或10～30cm短柱状，岩块较新鲜，坚硬，锤击声较脆。层顶埋深2.70～25.30m，揭露厚度0.40～8.40m，平均2.42m。

4）⑦4微风化带：褐黄色、浅灰色、青灰色，岩石裂隙较发育，岩芯多呈10～25cm

短柱状，岩块新鲜，致密坚硬，锤击声脆。层顶埋深 13.00～28.60m，揭露厚度 0.90～7.10m，平均 3.75m。统计岩石饱和单轴抗压强度 22 组，饱和单轴抗压强度 40.40～94.70MPa，平均 62.80MPa。

(8) 石炭系中上统壶天群石灰岩（C_{2+3}^{h+}）

主要揭露于广花路里程 k6＋290～k6＋650、k10＋230～k10＋440，岩性为石灰岩，隐晶质结构，厚层状构造。

⑧微风化石灰岩：浅灰色、灰白色，岩石裂隙稍发育，多为方解石脉充填，岩芯较完整，多呈柱状，节长一般为 10～35cm，最大可达 40～100cm，岩质新鲜，致密坚硬，锤击声脆。该层主要为微风化，其中局部破碎呈中风化，岩溶发育。层顶埋深 14.70～28.20m，揭露厚度 0.20～6.30m，平均 2.71m。统计岩石饱和单轴抗压强度 13 组，饱和单轴抗压强度 34.35～115.70MPa，平均 62.80MPa。

(9) 石炭系下统测水组炭质页岩、粉砂岩及钙质泥岩（C_1^{dc}）

主要揭露于广花路里程 k9＋370～k10＋230、k10＋440～k12＋380，岩性为炭质页岩、页岩、钙质泥岩等，泥质结构，页理发育，根据其岩性及风化程度可划分为：

1) ⑨1 全风化带：灰黑色、深灰色、褐黄色，岩石风化剧烈，岩芯呈坚硬土柱状，手捏易散，遇水易软化。层顶埋深 5.20～27.50m，揭露厚度 0.70～13.75m，平均 4.20m。统计标准贯入试验 31 次，锤击数 N=30.0～46.0 击，平均 36.7 击。

2) ⑨2 强风化带：灰黑色、深灰色、褐黄色，岩石风化强烈，岩芯呈半岩半土状或2～7cm 碎块状，手折可断，岩芯遇水易软化。层顶埋深 3.00～30.00m，揭露厚度0.60～17.30m，平均 4.94m。统计标准贯入试验 39 次，锤击数 N=50.0～103.0 击，平均 61.0 击。

3) ⑨3 中风化带：灰黑色、深灰色、褐黄色，岩石裂隙较发育，岩芯多呈 3～8cm 扁柱状或块状，局部呈 10～35cm 柱状，岩质较坚硬。层顶埋深 5.00～24.30m，揭露厚度 0.60～10.00m，平均 3.37m。

4) ⑨4 微风化带：灰黑色、深灰色、褐黄色，岩石裂隙较发育，岩芯多呈 10～35cm 柱状，岩质新鲜，致密坚硬，锤击声脆。层顶埋深 7.90～15.00m，揭露厚度 5.20～10.250m，平均 7.66m。

(10) 石炭系下统石磴子组炭质灰岩、石灰岩（C_1^{ds}）

主要揭露于广花路里程 k7＋820～k9＋370、k12＋380～k13＋870、k14＋360～k18＋320，岩性为炭质灰岩、石灰岩，隐晶质结构，厚层状构造，局部岩溶发育，根据其岩性及风化程度可划分为：

1) ⑩1 中风化带：灰黑色，岩石裂隙较发育，为方解石脉和炭质充填，岩芯较完整，多呈 3～6cm 扁柱状或 10～35cm 柱状，岩质较坚硬，锤击声较脆。层顶埋深 10.00～29.90m，揭露厚度 0.50～7.750m，平均 2.36m。

2) ⑩2 微风化带：灰黑色，岩石裂隙稍发育，为方解石脉和炭质充填，岩芯较完整，多呈 10～35cm 柱状，岩质新鲜，致密坚硬，锤击声脆。层顶埋深 8.70～31.90m，揭露厚度 0.30～12.50m，平均 3.20m。统计岩石饱和单轴抗压强度 50 组，饱和单轴抗压强度 30.00～103.00MPa，平均 54.70MPa。

2. 水文地质

场地地下水类型主要有上层滞水、孔隙承压水、基岩孔隙裂隙承压水和碳酸盐岩类岩溶裂隙水。

（1）上层滞水：主要赋存于人工填土层，为第四系孔隙性潜水。填土层结构疏松，含上层滞水，但含水量有限，其动态受季节影响较大。上层滞水主要接受大气降水及少量生活用水的渗入补给。

（2）孔隙承压水：赋存于第四系全新统和上更新统冲积砂层中。砂层透水性较好，含一定的孔隙承压水，分布较广泛，具有一定的厚度，含水量较大。主要接受大气降水的渗入补给和上游地下水迳流的侧向补给。

（3）基岩孔隙裂隙承压水：基岩裂隙承压水主要赋存在强风化带、中风化带、微风化带裂隙中，含水量一般不大，地下水的赋存条件不均一，主要与岩性、岩石风化程度、裂隙发育程度有关。主要靠大气降水和地表水补给以及砂层的越流补给。

（4）碳酸盐岩类岩溶裂隙水

碳酸盐类岩溶裂隙水主要赋存在石炭系的石灰岩和炭质页岩溶蚀裂隙和溶洞中，水量中等～丰富。

根据钻孔终孔24小时后观测，初步勘察期间测得地下水位埋深一般介于0.50～4.80m之间，水位高程为5.54～12.67m。由于本次勘察周期较短，勘察所揭露的地下水水位埋藏变化较小，地下水位普遍较浅。每年5～10月为雨季，大气降雨充沛，水位会稍有上升，而在冬季因降水减少，地下水位会随之稍有下降，地下水位变化幅度为0.50～3.00m。

8.4.4　顶管隧道地质情况

（1）1号顶管段覆土厚度8.7～10.1m，顶进范围地层主要为粉质黏土和粗、砾砂，局部存在淤泥质粉质黏土和粉、细砂（图8.4-3）。

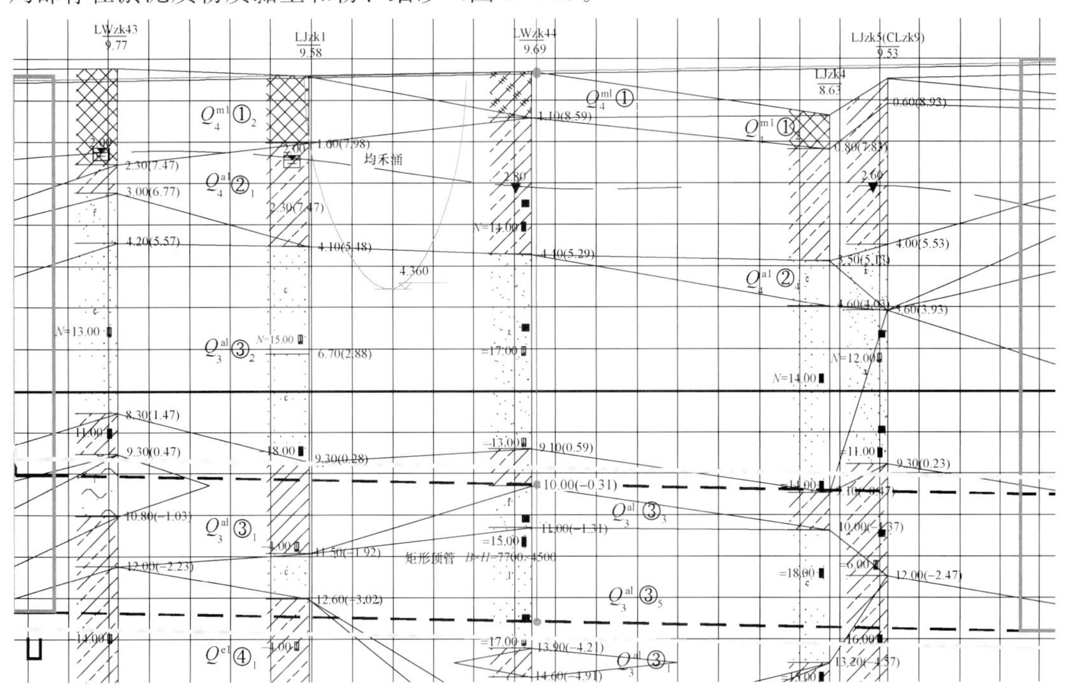

图8.4-3　1号顶管段地质纵断面图

（2）2 号顶管段覆土厚度 4.3～7.5m，顶进范围地层主要为粗、砾砂，局部存在粉质黏土和粉、细砂（图 8.4-4）。

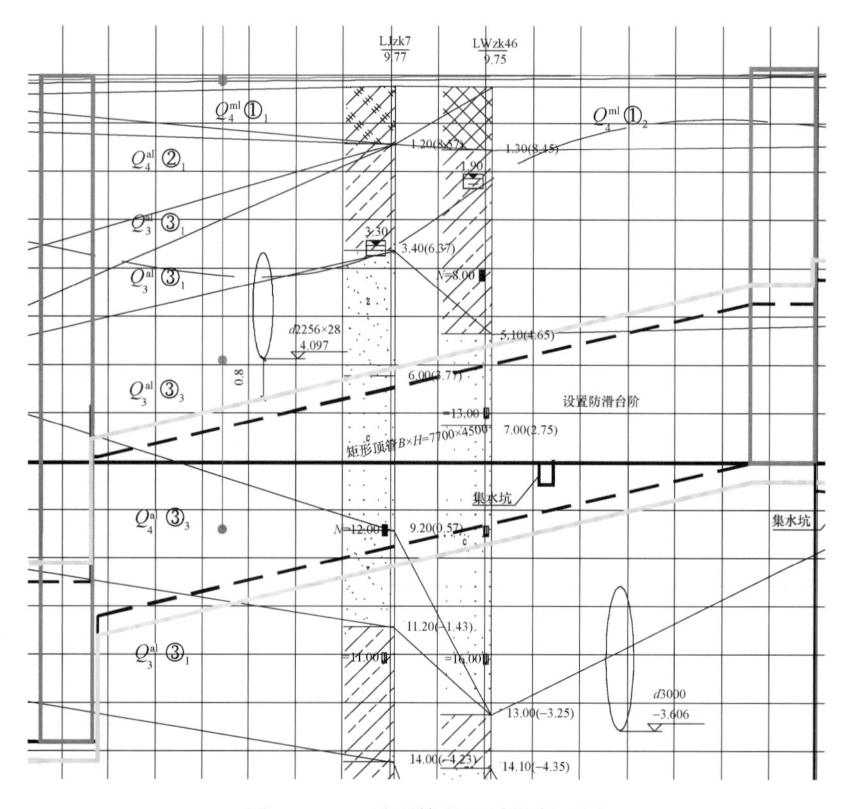

图 8.4-4　2 号顶管段地质纵断面图

（3）3 号顶管段覆土厚度 3.5～8.9m，顶进范围主要地层为粉质黏土和粗、砾砂，局部存在淤泥。

8.4.5　顶管掘进机选型

根据本工程的地质资料显示，顶管管道通过的地层主要处于粗、砾砂层，局部存在粉细砂、粉质黏土、淤泥等，根据以上地质情况：

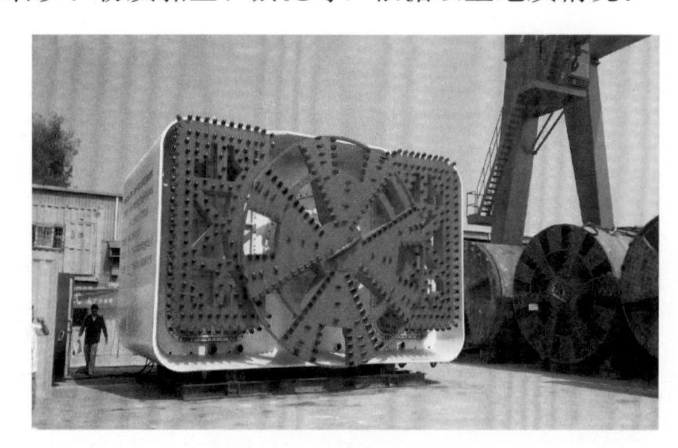

图 8.4-5　顶管机工具头

（1）本工程选用的是泥水平衡的顶管机（图 8.4-5），切削下来的泥土在泥土仓内形成塑性体，以平衡土压力，而在泥水仓内建立高于地下水压力 10～20kPa 的泥水、泥浆，以平衡地下水压力。通过把进水添加黏土等成分的比重调整到一定范围内，即使挖掘面是砂的土质，也可形成一层结实的不透水泥膜，同时平衡地下水压力和土压力。

（2）顶管机的刀盘前面切割面安装固定刮刀，刀座和刀盘焊接采用耐磨焊条。刀盘刮刀对前面土体是全段面的刮动。刮刀对破裂的土体进行切割，掏空前方土体，顶管机向前推进。

（3）顶管机的刀盘和泥土仓是个多棱体，且刀盘是围绕主轴作偏心转动，经过刀盘对前方土体切割，当有大块土体或块石进入顶管机泥土仓，经刀盘转动时就会被轧碎，碎块泥土小于顶管机的隔栅孔就进入泥水仓被泥水循环管输送走。

8.4.6　顶力计算

1. 1号顶管段计算

（1）顶进阻力计算

1号顶管段长225m，管顶覆土取9.5m，顶进阶段地下水位埋深取为2m。

$$F = F_1 + F_2 \tag{8.4-1}$$

式中　F——顶进阻力（kN）；

F_1——顶管机前端正面阻力（kN）；

F_2——管道的侧壁摩擦阻力（kN）。

1）顶管机前端正面阻力：

$$F_1 = (p_w + \Delta p)ab \tag{8.4-2}$$

式中　a、b——顶管机外围尺寸，a=7.7m，b=4.5m；

P_w——地下水压力（kPa）；

ΔP——附加压力（一般取20kPa）。

$$p_w = \rho gh \tag{8.4-3}$$

式中　ρ——水的密度（kg/m^3）；

g——重力加速度（m/s^2）；

h——地下水位到挖掘机中心深度，取9.75m。

$$p_w = 1000 \times 10 \times 9.75 = 97500Pa = 97.5kPa$$

得：$F_1 = (97.5 + 20) \times 7.7 \times 4.5 = 4071kN$

2）管道的侧壁摩擦阻力：

$$F_2 = f_0 L \tag{8.4-4}$$

式中　f_0——综合摩擦阻力（kN/m）；

L——顶管段长度，L=225m。

$$f_0 = f_k S + Wf \tag{8.4-5}$$

式中　f_k——管道外壁与土的单位面积平均摩擦阻力（kPa），取6kPa；

S——管外周长（m），得 $S = (a+b) \times 2 = (7.7 + 4.5) \times 2 = 24.4m$；

W——每米管子的重力（kN/m），查表得该管每米重量为35600kg，$W = 35600 \times 9.8/1000 = 348.88kN/m$；

f——管子重力在土中的摩擦系数，取0.2。

$f_0 = 6 \times 24.4 + 348.88 \times 0.2 = 216.2kN/m$

得：$F_2 = 216.2 \times 225 = 48645kN$

3）最后得出：顶进阻力 F＝4071＋48645＝52716kN

顶进动力选用 200t 千斤顶 14 个，其能提供的最大顶力为 28000kN，小于顶进阻力，需加中继间。

（2）中继间配置计算

中继间在安放时，第一只中继间应放在比较前面一些。因为掘进机在推进过程中推力的变化会因土质条件的变化而有较大的变化。所以，当总推力达到中继间总推力 40%～60%时，就应安放第一只中继间，以后，每当达到中继间总推力的 70%～80%时，安放一只中继间。而当主顶油缸达到中继间总推力的 90%时，就必须启用中继间。中继间设计允许转角 1°，每道中继间安装一套行程传感器及限位开关。中继间在管道上的分段安放位置，可通过顶进阻力计算确定。

1）根据主顶油缸总顶力为 28000kN 计算，顶管长度小于 $L=(N-F_1)/f_0$，即 $L=(28000-4071)/216.2=110(\text{m})$ 的管段可以直接由总顶力完成顶进，不需要增加中继间。

2）当顶进长度大于 110m 时，中继间布置方法如下：

① 第一道中继间布置

$$L=(K_1\cdot P-F_1)/f_0 \tag{8.4-6}$$

式中　P——中继间设计顶力（kN），拟设计采用 40 个 500kN 的油缸，则其总推力为 20000kN＜28000kN，取 20000kN；

F_1——机头迎面阻力（kN），为 4071kN；

f_0——每米管壁综合摩阻力（kN/m），为 216.2kN/m；

K_1——总推力达到中继间总推力的百分比，取 60%。

得：$L=(60\%\times20000-4071)/216.2=36.7\text{m}$，取 36m。

因此，第一道中继间布置于距头部 36m 处。

② 第二道中继间布置

a. 若余下顶管长度小于 $L=N/f_0=28000/216.2=129$（m），则管段可以直接由总顶力完成顶进，不需要继续增加中继间。

b. 若余下顶管段大于 129m 时，则增加中继间布置如下：

$$L=(K_2\cdot P)/f_0 \tag{8.4-7}$$

式中　K_2——总推力达到中继间总推力的百分比，取 80%。

得：$L=(80\%\times20000)/216.2=74\text{m}$，取 73.5m。

因此，若需要增加第二道或更多中继间时，每隔 73.5m 布置一道。1 号顶管段共设置 2 个中继间。

（3）管材受力分析

1）管节壁厚 600mm，管节外围尺寸 7700mm×4500mm。

2）C50 钢筋混凝土抗压强度设计值 23.1kN/mm^2。

3）管节受力面积为圆环受力面积，管节圆环受力面积 $S=(7700-600+4500-600)\times2\times600=13.2\times106\text{mm}^2$。

4）管节轴向允许推力＝23.1N/mm^2×13.2×10^{6}mm^2×80%＝243936kN。

管材轴向允许推力远远大于管节总推力，管身强度满足要求。

（4）后靠背计算

1 号顶管段以顶管井连续墙作为顶管后靠墙，后靠连续墙深度 21.41m，宽度 16.7m，后靠连续墙外侧土体静止土压力估算为：

$E_p = 0.5 \times 18 \times 21.41 \times 21.41 \times 16.7 = 68896(\text{kN}) > 2N = 2 \times 28000 = 56000\text{kN}$

后靠背土体的静止土压力大于最大顶推力的2倍，故后靠背满足顶进要求。

2. 2号顶管段计算

（1）顶进阻力计算

2号顶管段长168m，管顶覆土取6m，顶进阶段地下水位埋深取为2m。

$$F = F_1 + F_2 \tag{8.4-8}$$

式中 F——顶进阻力（kN）；

F_1——顶管机前端正面阻力（kN）；

F_2——管道的侧壁摩擦阻力（kN）。

1）
$$F_1 = (p_w + \Delta p)ab \tag{8.4-9}$$

式中 a、b——顶管机外围尺寸，a=7.7m，b=4.5m；

p_w——地下水压力（kPa）；

ΔP——附加压力（一般取20kPa）。

$$p_w = \rho g h \tag{8.4-10}$$

式中 ρ——水的密度（kg/m^3）；

g——重力加速度（m/s^2）；

h——地下水位到挖掘机中心深度，取6.25m。

p_w=1000×10×6.25=62500Pa=62.5kPa

得：$F_1 = (62.5 + 20) \times 7.7 \times 4.5 = 2859\text{kN}$

2）
$$F_2 = f_0 L \tag{8.4-11}$$

式中 f_0——综合摩擦阻力（kN/m）；

L——顶管段长度，L=168m。

$$f_0 = f_k S + W f \tag{8.4-12}$$

式中 f_k——管道外壁与土的单位面积平均摩擦阻力（kPa），取6kPa；

S——管外周长（m），得 $S = (a + b) \times 2 = (7.7 + 4.5) \times 2 = 24.4\text{m}$；

W——每米管子的重力（kN/m），查表得该管每米重量为35600kg，W=35600×9.8/1000=348.88kN/m；

f——管子重力在土中的摩擦系数，取0.2。

f_0=6×24.4+348.88×0.2=216.2kN/m

得：F_2=216.2×168=36322（kN）

3）最后得出：顶进阻力 F=2859+36322=39181kN

顶进动力选用200t千斤顶14个，其能提供的最大顶力为28000kN，小于顶进阻力，需加中继间。

（2）中继间配置计算

中继间在安放时，第一只中继间应放在比较前面一些。因为掘进机在推进过程中推力的变化会因土质条件的变化而有较大的变化。所以，当总推力达到中继间总推力40%～60%时，就应安放第一只中继间，以后，每当达到中继间总推力的70%～80%时，安放一只中继间。而当主顶油缸达到中继间总推力的90%时，就必须启用中继间。中继间设计允许转角1°，每道中继间安装一套行程传感器及限位开关。中继间在管道上的分段安放位置，可通过顶进阻力计算确定。

1）根据主顶油缸总顶力为28000kN计算，顶管长度小于$L=(N-F_1)/f_0$，即$L=(28000-2859)/216.2=116(\text{m})$的管段可以直接由总顶力完成顶进，不需要增加中继间。

2）当顶进长度大于116m时，中继间布置方法如下：

① 第一道中继间布置

$$L=(K_1\cdot P-F_1)/f_0 \tag{8.4-13}$$

式中 P——中继间设计顶力（kN），拟设计采用40个500kN的油缸，则其总推力为20000kN<28000kN，取20000kN；

F_1——机头迎面阻力（kN），为2859kN；

f_0——每米管壁综合摩阻力（kN/m），为216.2kN/m；

K_1——总推力达到中继间总推力的百分比，取60%。

得：$L=(60\%\times20000-2859)/216.2=42\text{m}$，取42m。

因此，第一道中继间布置于距头部42m处。

②第二道中继间开始，若余下顶管长度小于$L=N/f_0=28000/216.2=129(\text{m})$，则管段可以直接由总顶力完成顶进，不需要继续增加中继间。

因此，2号顶管段共设置1个中继间。

（3）管材受力分析

1）管节壁厚600mm，管节外围尺寸7700mm×4500mm。

2）C50钢筋混凝土抗压强度设计值23.1kN/mm^2。

3）管节受力面积为圆环受力面积，管节圆环受力面积$S=(7700-600+4500-600)\times2\times600=13.2\times10^6\text{mm}^2$，

4）管节轴向允许推力$=23.1\text{N/mm}^2\times13.2\times10^6\text{mm}^2\times80\%=243936\text{kN}$。

管材轴向允许推力远远大于管节总推力，管身强度满足要求。

（4）后靠背计算

2号顶管段以2号顶管井连续墙及井内附加后背混凝土墙作为顶管后靠墙，其平面形式如图8.4-6所示，后靠连续墙深度24.72m，计算宽度18.45m，由于计算宽度内存在1号顶管段的顶管接收洞口，如图8.4-7所示，在进行2号顶管顶进施工时，需对1号顶管段接收洞口进行临时封堵处理，且在计算墙外土体静止土压力时（图8.4-8），扣除接收洞口范围内的土压力。

后靠连续墙外侧土体静止土压力估算为：

$$\begin{aligned}E_\text{p}&=0.5\times18\times24.72\times24.72\times18.45-18\times12\times7.7\times4.5\\&=93985(\text{kN})>2N=2\times28000=56000(\text{kN})\end{aligned}$$

后靠背土体的静止土压力大于最大顶推力的2倍，故后靠背满足顶进要求。

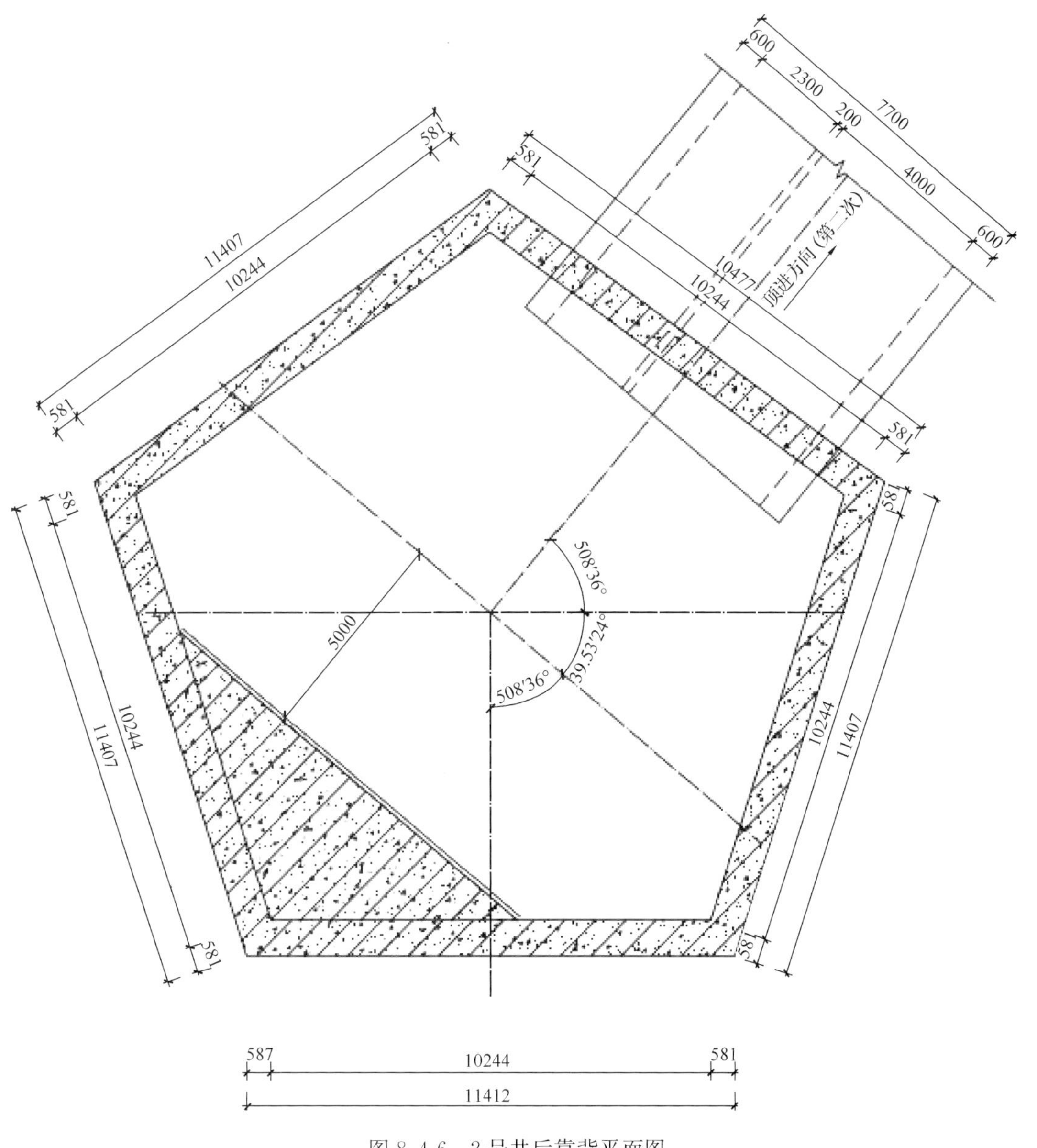

图 8.4-6　2 号井后靠背平面图

3. 3 号顶管段计算

(1) 顶进阻力计算

3 号顶管段长 206m，管顶覆土取 6.5m，顶进阶段地下水位埋深取为 2m。

$$F = F_1 + F_2 \tag{8.4-14}$$

式中　F——顶进阻力（kN）；

F_1——顶管机前端正面阻力（kN）；

F_2——管道的侧壁摩擦阻力（kN）。

1) 顶管机前端正面阻力：

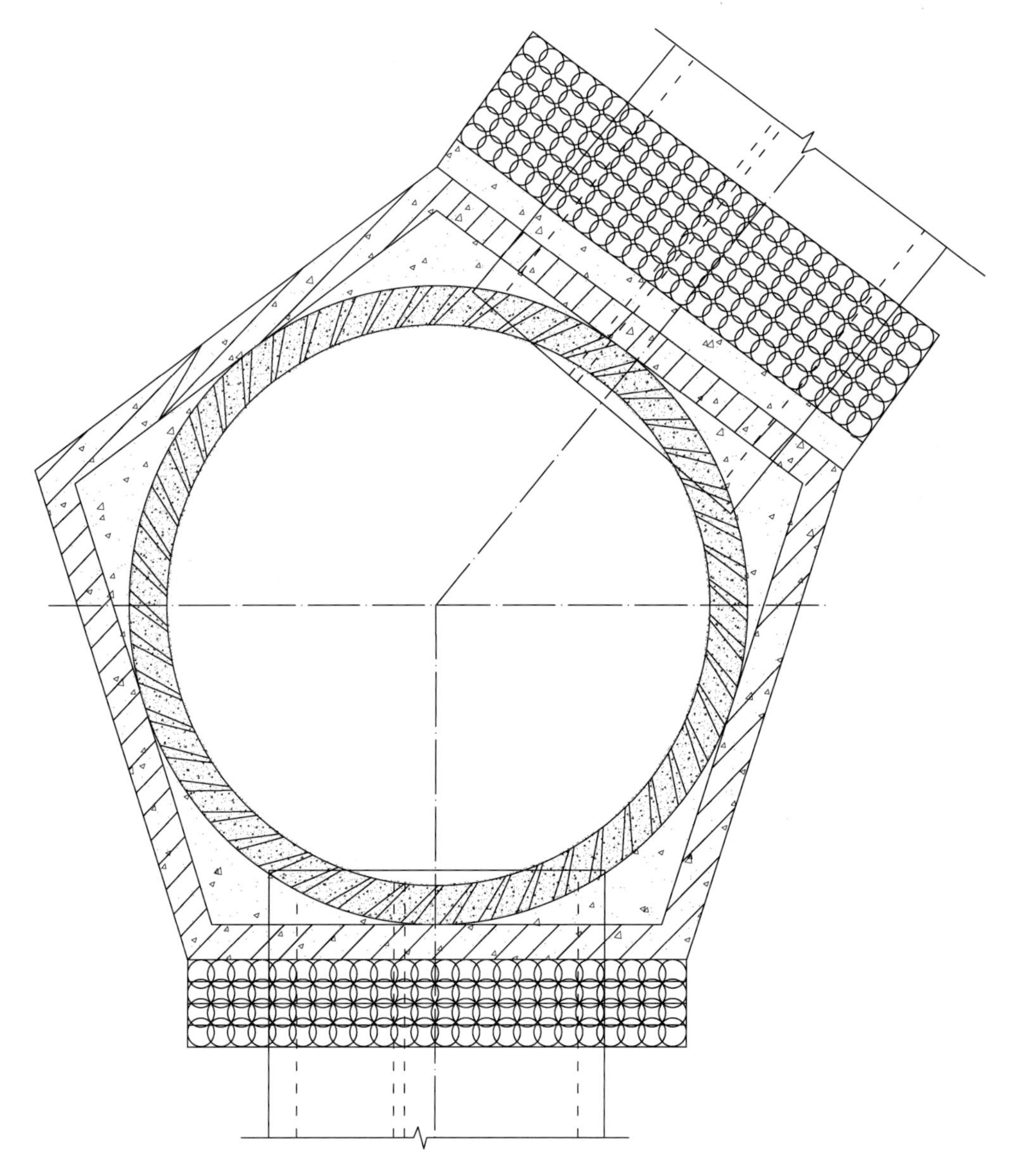

图 8.4-7　2 号井顶管接收洞口加固

$$F_1 = (p_w + \Delta p)ab \tag{8.4-15}$$

式中　a、b——顶管机外围尺寸，a=7.7m，b=4.5m；

P_w——地下水压力（kPa）；

ΔP——附加压力，一般取 20kPa。

$$p_w = \rho g h \tag{8.4-16}$$

式中　ρ——水的密度（kg/m^3）；

g——重力加速度（m/s^2）；

h——地下水位到挖掘机中心深度，取 6.75m。

p_w=1000×10×6.75=67500Pa=67.5kPa。

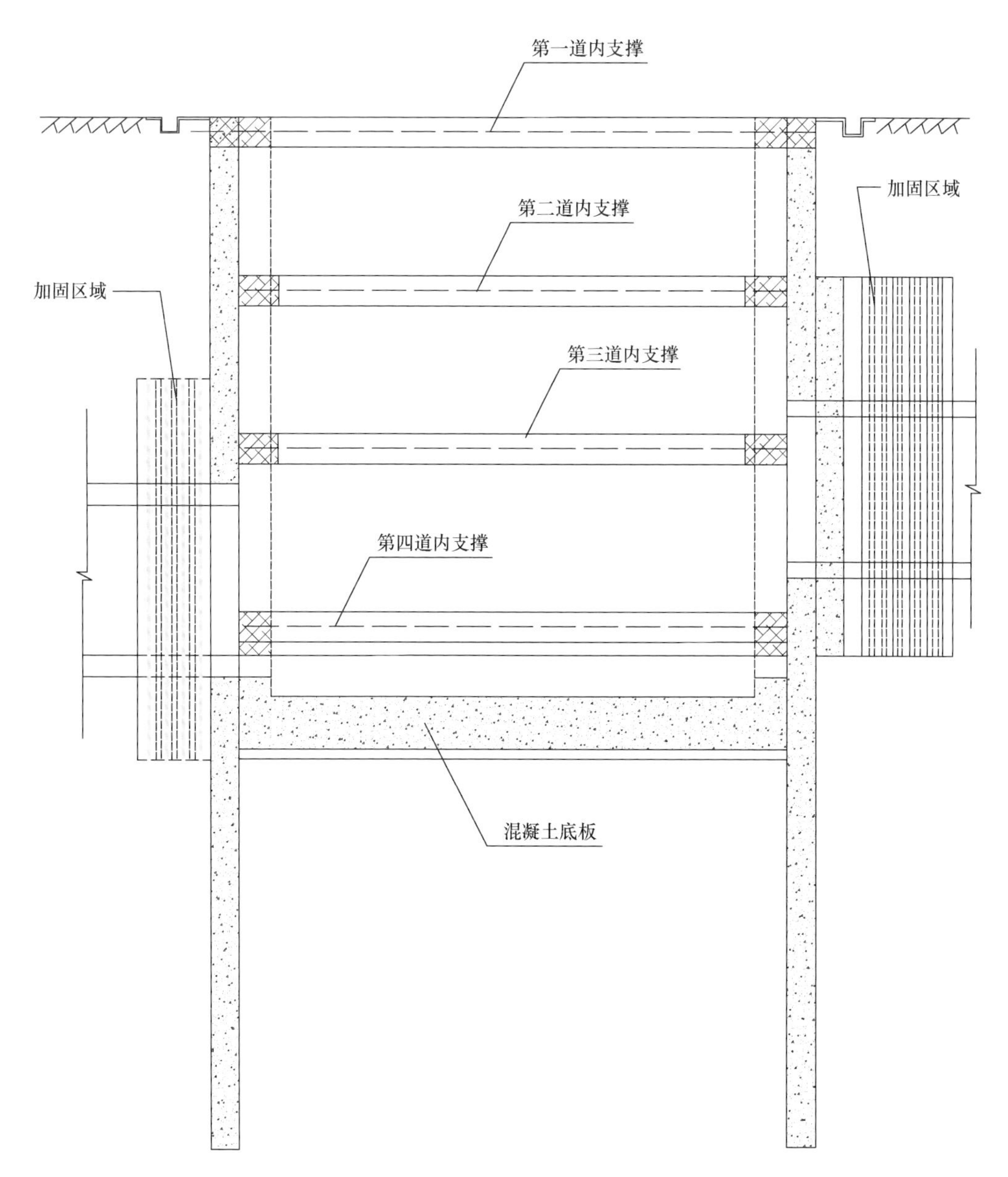

图8.4-8　2号井后靠背范围内1号顶管段接收洞口设计剖面图

得：$F_1=(67.5+20)\times7.7\times4.5=3032$kN。

2）管道的侧壁摩擦阻力：

$$F_2=f_0L \tag{8.4-17}$$

式中　f_0——综合摩擦阻力（kN/m）；

L——顶管段长度，即206m。

$$f_0=f_kS+Wf \tag{8.4-18}$$

式中　f_k——管道外壁与土的单位面积平均摩擦阻力（kPa），取6kPa；

S——管外周长（m），得$S=(a+b)\times2=(7.7+4.5)\times2=24.4$m；

W——每米管子的重力（kN/m），查表得该管每米重量为35600kg，$W=35600\times$

9.8/1000=348.88kN/m；

f——管子重力在土中的摩擦系数，取0.2。

$f_0=6\times24.4+348.88\times0.2=216.2$kN/m。

得：$F_2=216.2\times206=44537$（kN）。

3）最后得出：顶进阻力F=3032+44537=47569kN。

顶进动力选用200t千斤顶14个，其能提供的最大顶力为28000kN，小于顶进阻力，需加中继间。

（2）中继间配置计算

中继间在安放时，第一只中继间应放在比较前面一些。因为掘进机在推进过程中推力的变化会因土质条件的变化而有较大的变化。所以，当总推力达到中继间总推力40%～60%时，就应安放第一只中继间，以后，每当达到中继间总推力的70%～80%时，安放一只中继间。而当主顶油缸达到中继间总推力的90%时，就必须启用中继间。中继间设计允许转角1°，每道中继间安装一套行程传感器及限位开关。中继间在管道上的分段安放位置，可通过顶进阻力计算确定。

1）根据主顶油缸总顶力为28000kN计算，顶管长度小于$L=(N-F_1)/f_0$，即$L=(28000-3032)/216.2=115$m的管段可以直接由总顶力完成顶进，不需要增加中继间。

2）当顶进长度大于115m时，中继间布置方法如下：

① 第一道中继间布置

$$L=(K_1\cdot P-F_1)/f_0 \tag{8.4-19}$$

式中　P——中继间设计顶力（kN），拟设计采用40个500kN的油缸，则其总推力为20000kN<28000kN，取20000kN；

F_1——机头迎面阻力（kN），为3032kN；

f_0——每米管壁综合摩阻力（kN/m），为216.2kN/m；

K_1——总推力达到中继间总推力的百分比，取60%。

得：$L=(60\%\times20000-3032)/216.2=41.5$m，取40.5m。

因此，第一道中继间布置于距头部40.5m处。

② 第二道中继间布置

a　若余下顶管长度小于$L=N/f_0=28000/216.2=129$m，则管段可以直接由总顶力完成顶进，不需要继续增加中继间。

b　若余下顶管段大于129m时，则增加中继间布置如下：

$$L=(K_2\cdot P)/f_0 \tag{8.4-20}$$

式中　K_2——总推力达到中继间总推力的百分比，取80%。

得：$L=(80\%\times20000)/216.2=74$m，取73.5m。

因此，若需要增加第二道或更多中继间时，每隔73.5m布置一道。3号顶管段共设置2个中继间。

（3）管材受力分析

1）管节壁厚600mm，管节外围尺寸7700mm×4500mm。

2）C50钢筋混凝土抗压强度设计值23.1kN/mm^2。

3）管节受力面积为圆环受力面积，管节圆环受力面积$S=(7700-600+4500-600)$

$\times 2\times 600=13.2\times 10^{6}\mathrm{mm}^{2}$。

4）管节轴向允许推力$=23.1\mathrm{N/mm}^{2}\times 13.2\times 10^{6}\mathrm{mm}^{2}\times 80\%=243936\mathrm{kN}$。

管材轴向允许推力远远大于管节总推力，管身强度满足要求。

（4）后靠背计算

3 号顶管段以顶管井连续墙作为顶管后靠墙，后靠连续墙深度 25.31m，宽度 20.9m，后靠连续墙外侧土体静止土压力估算为：

$$E_{\mathrm{p}}=0.5\times 18\times 25.31\times 25.31\times 20.9=120496(\mathrm{kN})>2N=2\times 28000=56000\mathrm{kN}$$

后靠背土体的静止土压力大于最大顶推力的 2 倍，故后靠背满足顶进要求。

8.4.7　顶进系统

1. 顶进系统布设见示意图（图 8.4-9、图 8.4-10）

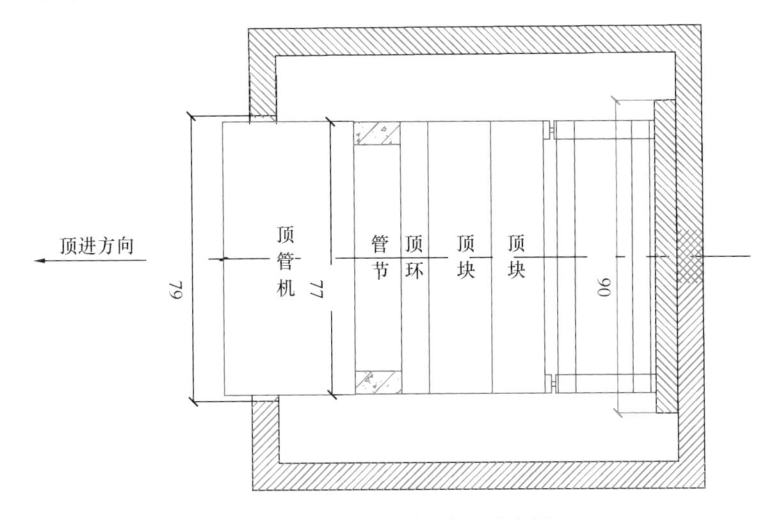

图 8.4-9　顶进系统平面示意图

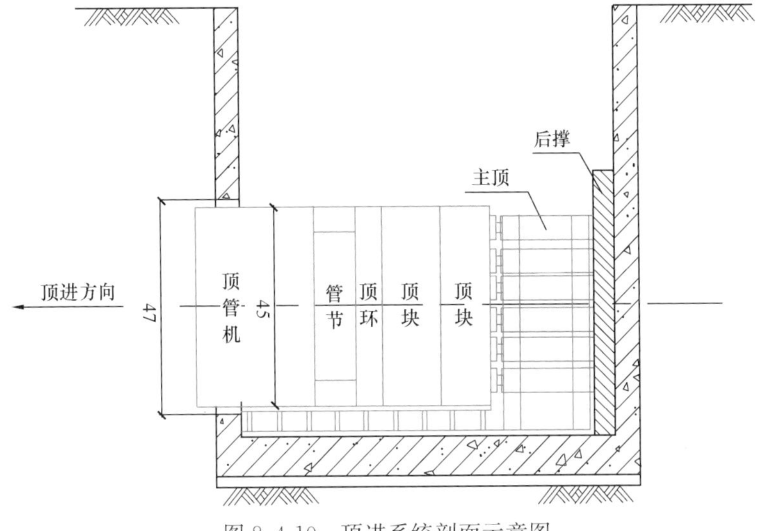

图 8.4-10　顶进系统剖面示意图

2. 后座千斤顶选用

后座主推系统选用 14 个 200t 级千斤顶，各油缸有其独立的油路控制系统，可根据施工需要通过调整主顶装置的合力中心来进行辅助纠偏。每只油缸顶力控制在 1800kN 以下，这可以通过油泵压力来控制。

3. 顶进系统施工要求

（1）导轨

1）导轨应选用钢质材料制作，安装后的导轨应牢固，不得在使用中产生位移，并应经常检查。

2）两导轨应顺直、平行、等高，其纵坡应与管道设计坡度一致。

3）导轨安装的允许偏差为：轴线位置：3mm；顶面高程：0～＋3mm；两轨内距：±2mm。

（2）千斤顶（图 8.4-11）

1）千斤顶安装应固定在支架上，并与管道中心的垂线对称，其合力的作用点应在管道中心的垂直线上。

2）千斤顶最大顶力不大于 1800kN。

（3）油泵（图 8.4-12）安装和运转应符合下列规定：

1）油泵宜设置在千斤顶附近，油管应顺直、转角少。

图 8.4-11　导轨和顶推系统

图 8.4-12　主顶油泵

2）泵应与千斤顶相匹配，并应有备用油泵；油泵安装完毕，应进行试运转。

3）顶进开始时，应缓慢进行，待各接触部位密合后，再按正常顶进速度顶进。

4）顶进中若发现油压突然增高，应立即停止顶进，检查原因并经处理后方可继续顶进。

（4）顶铁

1）顶铁应有足够的刚度。

2）顶铁宜采用铸钢整体浇铸或采用型钢焊接成型；当采用焊接成型时，焊缝不得高于表面，且不得脱焊。

3）顶铁的相邻面应互相垂直。

4）同种规格的顶铁尺寸应相同。

5）顶铁上应有锁定装置。

6）顶铁单块放置时应能保持稳定。

（5）主顶设备安装就位（图8.4-13），开始顶进前要检查下列内容，确认条件具备时方可开始顶进：

1）全部设备经过检查并经过试运转。

2）工具管在导轨上的中心线、坡度和高程应符合规范规定。

3）防止流动性土或地下水由洞口进入工作坑的措施。

4）开启封门的措施。

图8.4-13　主顶设备安装图

8.4.8　穿墙止水装置

穿墙止水环安装在始发井预留洞口，具有防止地下水、泥砂和触变泥浆从管节与止水环之间的间隙流到始发井。

穿墙止水圈的组成部分为：①预埋钢板环；②橡胶圈；③钢压板；④钢压环；⑤螺栓；⑥盾尾刷。

止水环结构采用钢法兰加压板，中间夹装20mm厚的橡胶止水环，该橡胶环具有较高的拉伸率（大于300）和耐磨性，硬度为45～55度（邵尔A），永久性变形不大于10%。借助管道顶进带动安装好的橡胶板形成逆向止水装置。安装固定好后，预埋钢环板与混凝土墙接触面处采用水泥砂浆堵缝止水。

8.4.9　进出洞土体加固

顶管进出洞口采用ϕ600@450×450双管旋喷桩进行土体加固兼作洞口止水。

8.4.10　触变泥浆系统

1. 泥浆配制

目前，常用的注浆材料主要有膨润土、聚合物、泡沫等。在顶管工程中应用最广泛的是膨润土泥浆。膨润土泥浆又称触变泥浆，是由膨润土、粉末化学浆糊（CMC）、纯碱和水按一定比例配方组成。泥浆配制时，在货源上应优选颗粒细、胶质价高的膨润土。在制作过程中，为了使膨润土充分分散，搅拌应充分均匀，泥浆拌和后的停滞时间应在12h以上。常用的膨润土泥浆配比（重量比）见表8.4-1。

常用的膨润土泥浆配比（重量比）表　　表8.4-1

膨润土胶质率(%)	膨润土(kg)	水(kg)	Na_2CO_3(kg)
60～70	100	524	2～3
70～80	100	524	1.5～2
80～90	100	614	2～3
90～100	100	614	1.5～2

2. 注浆设备及管路（图 8.4-14）

选择适宜的注浆设备是注浆减阻成功的根本保障。现在使用的顶管注浆设备有往复活塞式注浆泵、螺杆泵及胶管泵等；使用最多的则是螺杆泵。它无脉动、自吸能力强、压力均匀平稳，缺点是不能通过较大颗粒及尖锐杂质，且不能在无浆液的情况下干转。

注浆孔一般按 90°或 120°设计成 4 个或 3 个，采取点式注浆。注浆管路分为总管和支管：总管采用 $\phi40$ 钢管，以减小浆在管中的阻力，距离短时可用胶管；支管用 $\phi25$ 胶管。在每根支管与总管连接处应设置 1 个球阀。

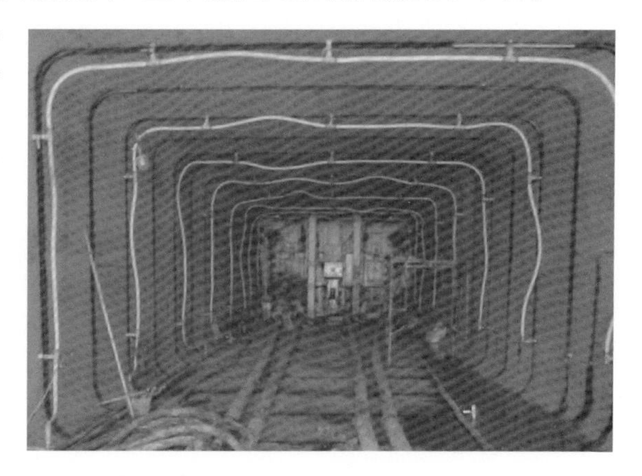

图 8.4-14　注浆管布置图

3. 注浆控制

注浆原则：先压后顶，随顶随压，及时补浆。注浆控制包括：注浆量、注浆压力和注浆速度。

（1）注浆量是注浆减摩中重要的技术指标，它反映的是顶管的长度和浆膜厚度的量化关系。它和顶管的管材、顶管长度、土体结构及含水率等因素有关。从顶管注浆开始，就要对注浆量、顶进长度、顶进推力、注浆压力及时间作综合的对比记录，并可根据注浆量及顶进长度、浆膜厚度，对减阻效果进行动态分析。在顶管过程中注意观察浆池内浆面是否下降，下降多少并统计注浆量。

（2）注浆压力应平稳均匀。一般通过观察贮浆池内浆液减少量、顶进长度、顶进推力及估算的浆膜厚度，来综合分析注浆压力是否过大或过少。开始注浆时压力不宜过高，过高不仅不易形成浆套，还会产生冒浆现象，影响减摩效果。另外，还要观察注浆泵上的压力表和注浆管前端的压力表。压力是否正常（注浆管前端的正常压力应为地下水压力再加上 20～50kPa），出洞后可调试。

（3）注浆速度受很多因素影响和制约，如注浆孔的设置、浆套形成快慢及效果、顶进速度等。可根据实际工程中减摩效果及注浆压力对注浆速度进行调节，以适应工程需要。

4. 泥浆置换

顶进结束，对已形成的泥浆套的浆液进行置换，置换浆液为水泥砂浆并掺入适量的粉煤灰，在管内用单螺杆泵压住。压浆体凝结后（一般为 24h）拆除管路换上封盖，将孔口用环氧水泥封堵抹平。

8.4.11　泥水循环系统

1. 泥水加压平衡顶管工法的基本原理

泥水加压平衡顶管工法的基本原理是，经过合理调整比重、压力和流量的泥浆被送入顶管机的压力仓，与切削后的泥土混合后被排出，经流体输送设备输送至泥水处理站，分离出泥土，并调整泥水比重后再次循环使用。

2. 工作面稳定原理

（1）泥浆的压力与作用于工作面的土压力、水压力相抗衡，以稳定工作面；

（2）刀盘的平面紧贴着工作面，起到挡土作用；

（3）泥浆使工作面形成一层抗渗性泥膜，以有效发挥泥浆压力的作用；

（4）泥浆渗透至工作面一定深度后，可起到稳定工作面及防止泥浆向地层泄漏作用。

工作面对泥浆的过滤作用，因土的颗粒直径、渗透系数等而异，但总的来说，以上相互作用可让工作面达到稳定。因此，施工中应加强对泥浆压力和泥浆品质的控制。泥浆的浓度越高，对稳定工作面的效果越大，但流体输送设备和泥水处理设备的负担也随之增大，因此，应根据切削土体的实际情况进行适当控制。通常采用的泥浆比重值为 1.05～1.3，黏度不小于 25s。

3. 接力泵的布置

送浆管的输送对象是经过比重调整的泥水，即使延长输送距离送浆压力也不会明显降低，相比之下，排泥管需要把切削后的泥土输送至泥水处理站，随着管道的延长，泥土密度增大，输送压力损失较大，因此，排泥管路中必须合理设置接力泵，以防止排泥压力（流量）降低。

4. 排砾装置

当排泥管内混入了砾石或其他固结物体，可利用砾石破碎装置将其破碎。破碎机的最大破碎尺寸为 50±10mm。

5. 旁通管的布置

当遇到以软弱土层和砾石层为主的地层时，切削后的泥土有可能造成排泥管口及阀的堵塞，从而引起工作面泥水过多、流量不稳等。这些现象很有可能对掘进效率和工作面稳定造成不良影响。应利用旁通循环消除排泥管的堵塞。

6. 送排泥管路

送排泥管路的作用是在顶管机与泥水处理设备之间输送泥浆，在掘进施工中发挥着重要的作用。必须考虑流体输送的安全、降低管路输送损失以及加强耐磨性能等。

8.4.12　泥水处理系统

这里的泥水处理是指泥水平衡顶管过程中排放出来的泥水的二次处理，即泥水分离。本工程计划采用黑旋风泥沙处理器来进行泥水分离工作（图 8.4-15）。

图 8.4-15　黑旋风泥沙处理器

8.4.13　通风系统

在长距离顶管中，通风是一个不容忽视的问题，它直接影响至管内工作人员的健康。为获得理想的通风效果，本工程采用长鼓短抽组合式通风，通风系统安装在距掘进机12～15m 处，抽风风筒与鼓风风筒分别安装于管内左右两侧，两风筒必须重叠 5～10m，抽风机的吸入口在前，鼓风机的排风口在后，并在管道中间配置若干外轴流风扇，向井内排出浑浊空气。

8.4.14 通信与工业电视监视系统

（1）管内通信与工作面现场通信采用HE系列自动电话总机，用机械拨盘式电话机互相联系。电话设置在空压机房、压浆棚；各工种间、中控室、办公室、掘进机、每道中继环、始发井内。

（2）配备两只低照度摄像头，一只安装于掘进机操作台处，监测操作台各项数据；一只安装于始发井内，监测主千斤顶的动作，监视器安装中央控制室，以利技术人员正确指挥。

8.4.15 供电系统

始发井现场输出端电缆分三路，分别供始发井上供电系统、井下顶管机头，及井内主千斤顶。

第一路：泥浆间：2×10kW=20kW

各工种间：10kW

现场照明：20kW

第二路：后座油泵：2×22kW=44kW

电焊机：2×5.5kW=11kW

第三路：顶进系统：泥水切削平衡15×30kW+4×22kW+4×2.5kW+80kW=628kW

管内照明：10kW

管内用三相五芯式300mm^{2}电缆供电。管内供电系统配备可靠的触电、漏电保护措施。井上井下与管内照明用电采用36V的低压行灯。现场配电间为适应上述要求，安装600A主受电柜一只，分别输入3只配电屏，经3路分送至各用电部门。

8.4.16 测量纠偏系统

1. 测量系统

施工管道轴向测量采用高精度激光经纬仪进行测量，测量主要用导线测量法，测量平台设在顶管后座处。测量光靶安装在掘进机尾部，测量时激光经纬仪直接测量机头尾部的测量光靶的位置，并根据机头内的倾斜仪计算机头实际状态。

由于顶管掘进机头附有光电接受靶和自控装置，激光经纬仪安置在观测台上，在准备工作中，已使它发出的激光束既为管道中心线，又符合设计坡度要求，实为顶管导向的基准线。施工开始时使光电接受靶中心与激光光斑中心重合，这时指示器给出零信号，当掘进机头出现偏差，相应光电接受靶中心将偏离光斑中心，从而给出偏离信号，通过自控装置操纵校正千斤顶油路，进行掘进方向的自动纠正，使工具头始终沿激光束方向前进（图8.4-16）。

2. 纠偏系统

（1）纠偏系统主要设备：纠偏千斤顶、油泵站、位移传感器和倾斜仪组成。

（2）纠偏系统的作用：控制顶管施工中的顶管机推进方向。

纠偏系统的动作控制是在地面操作室的操作台远程控制的，纠偏量的控制是通过安放在纠偏千斤顶上的位移传感器来实现纠偏量的控制，纠偏动作是一个纠偏千斤顶的组合式动作来实现。顶进过程中，根据测量反馈的结果，调整纠偏千斤顶，使工具头改变方向，

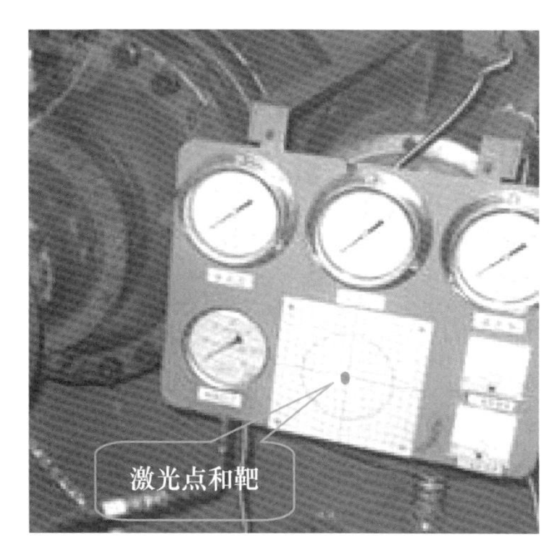

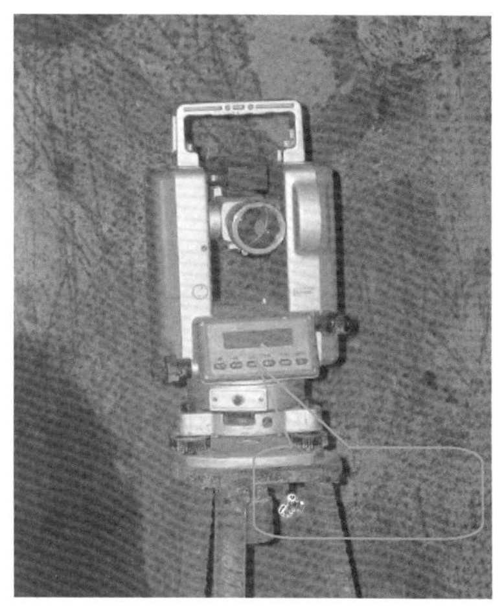

图 8.4-16　测量系统

从而实现顶进方向的控制。

8.4.17　顶管顶进施工

1. 顶管准备

（1）顶进前准备所有机械设备交班检查

顶进前，机械工需要进行交接班手续，将记录的设备运转情况表交给下一个班组的机械工，并进行口头的设备运转状况交班，刚上班的机械工需要对控制台、各个泥浆泵、管道、测量系统、工具头等例行检查。

（2）工具头刀盘转动、开进出渣浆泵

交班和例行检查完毕后，接通电源，将工具头的刀盘转动，当设备的参数稳定后，开进出渣浆泵，开始泥浆循环。

2. 顶管始发

（1）初始穿墙顶进

本工程拟在始发井出洞口安装可拆式止水钢圈，再在钢圈上上安装止水胶圈，达到止水效果。洞口安装好止水圈后，吊住工具头，顶出推进千斤顶，将环形顶铁对准工具头尾部，将工具头缓缓推进到井壁洞内。安装好所有管线（电力电缆、信号线、油管、触变泥浆管），转动刀盘，向工作仓注入一些泥浆，开始顶进，进入正常顶进工序。

顶管穿墙时要防止工具管下跌，在穿墙的初期，因入土较小，工具管的自重仅由两点支承其中一点是导轨，另一点是入土较浅的土体。这时作用于土体支撑面上的应力很可能超过允许承载力，使工具头下跌。因此，工具头穿墙时，一方面要带一个向上的初始角（约 5′）另一方面穿墙管下部要有支托，并且加强管段与工具管，管段与管段之间的联结。此外，工具管的推进一定要迅速，不使穿墙管内的土体暴露时间太长。暴露时间越长，危险性越大。顶管穿墙位置必须作好止水，防止孔口因为流失减阻泥浆，造成孔口塌陷，发生安全事故，或者减阻失效。

（2）调整舱内舱外达到泥水平衡

工具头的操作全部采用在管道外（始发井上）控制台控制，只需 1 个机手操作，可实现对工具头刀具的转动、纠偏控制、压力显示、实时监控（工具头安装了摄像头、控制台上安装电视机）。顶进千斤顶，观察工作仓的泥水力表，控制顶进速度和出土量保证舱内、舱外压力平衡；舱内压力过大，地面隆起；舱内压力过小，地面沉陷，所以控制顶进与出土的速度相当关键。

3. 正常顶进

（1）顶进过程中，要求边注入触变泥浆边顶进，不注浆不顶进的原则。

（2）停止顶进或拼接管段、排除故障等原因造成短期或长期停顶时，要求工具头中留有足够土塞或注泥浆平衡土压力。

（3）重新开始顶进时，应对整个管路进行补浆。

（4）顶进一节管后，回缩千斤顶，拆开水、电、气、通风、泥浆管路，吊入下一节管段，调直对中，安装好接头止水材料，安装回各顶铁，接通各管线，开动油泵顶进一个千斤顶行程，测量，纠偏，安放顶铁顶进，直至放一节管，又重复上述流程。

（5）测量工具头的偏位、做好记录、纠偏。

4. 顶管接收

顶管机顶入接收井是一项关键的施工环节。在顶管未顶入接收井前，先将接收井施工好等待顶管机的接收。当顶管管道接近接收井时，必须先复测本段管道的长度与设计长度相符，然后通过测量得知顶管机出口的具体位置，将接收井工具头出洞位置的混凝土护壁凿除。顶管机快速顶进，顶管机出洞。如遇地下水丰富时，用棉纱堵塞住管和洞口间的空隙，等顶管机完全出洞后即用水玻璃或水泥浆压住止水。

进洞措施：

（1）作好进洞前的准备工作，包括人员设备；

（2）机头进洞后，及时将与机头连接的管子分离，机头及时吊出井外；并抓紧处理井内泥浆和进行洞口封门止水。

（3）机头进洞后止水工作抓紧作好，洞口处土体流失、管子沉降等现象就不会发生，也是保证顶管质量的关键。

5. 顶管测量纠偏

顶管施工中测量工作的主要任务是掌握好管线的中线方向、高程和坡度。

（1）顶管工程中平面控制

由于顶管施工是在两个顶管井之间进行贯通，测量工作中总体控制所要求的只是满足线路布置、始发井的位置选择等，对控制测量精度要求不高，但作为2个顶管井之间的控制，则要保证贯通技术要求。顶管的平面控制，利用市区统一坐标系统控制点，布设光电测距导线，其技术要求可参见表8.4-2。

测量允许误差表 **表8.4-2**

导线类别	导线等级	二井间距（m）	导线边长（m）	测角中误差(″)	测距中误差（mm/km）	DJ2型仪器测回数	方位角闭合差(″)	相对闭合差
二井间	二级	<1000	≤200	5	5	3	$10\sqrt{n}$	1/15000
全线路	三级	—	≤200	8	5	2	$16\sqrt{n}$	1/10000

注：n为测站数。

测距中误差按外插定线法（正倒镜定线法）确定。

（2）高程控制

1）根据设计坡度要求，沿线路布设四等水准路线，并在各井口处埋设临时水准点以供顶管高程放样。

2）顶管施工中的测量准备工作。

3）顶管的顶进施工，每一进程均依赖于测量的定位与定向工作，测量工作如有失误，将会给工程带来损失，必须做好充分的准备工作。

4）根据顶管线路所布设的导线点及水准点，标定出井的平面位置及测定其深度，以指导始发井的开挖施工；定出始发井与接收井的管道中心点，并将其投设于地面（以下简称投点），作好标记，由于投点处于井的边缘，事先做好投点的支架搭设与焊接标志工作。

5）以布设的线路导线点中的一个导线点及一条边的方位角，重新精密测定二井间的导线，即贯通导线，并联测二井投点，在有条件的地方，最好将投点作为导线点，以便获得投点的精确坐标，所有导线点应埋设牢固标志，以备复测。根据贯通导线及井口投点，在始发井边缘放样出顶进方向的坐标点，而后与井口投点一起向井下投设方向线，并将高程从井上传至井下，埋设临时水准标点，如图 8.4-17 所示。

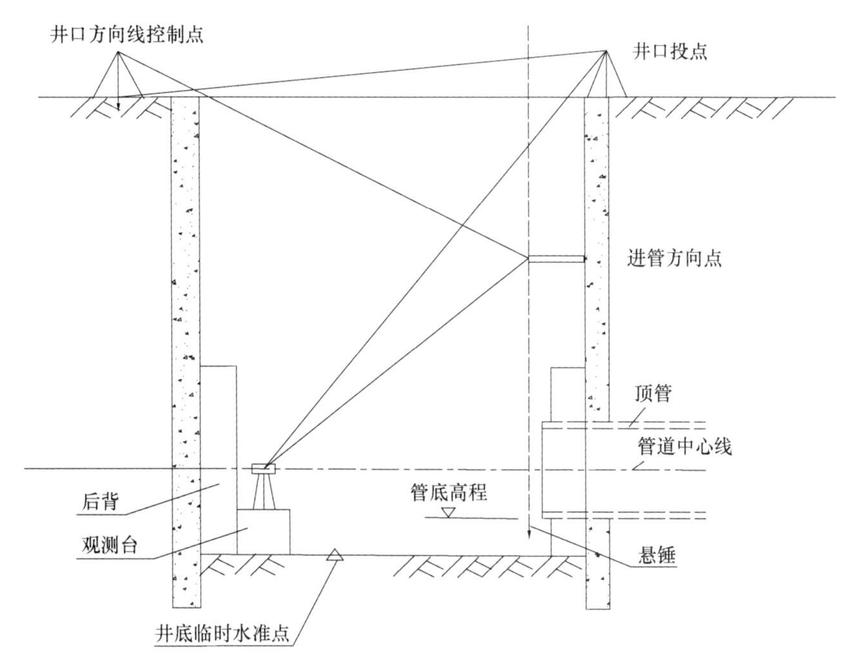

图 8.4-17　井口投点示意图

6）在始发井下建立控制观测台，在其上配置有强制对中的仪器基座，并设有上下左右可调节的装置，能使架设于其上的仪器调整到中线（或与中线偏离一定距离）的位置，并使仪器横轴调整到中线（或与中线偏离一定距离）的高度上。

（3）顶管顶进中的测量工作

1）具有自控导向机械的情况

由于顶管掘进机头附有光电接受靶和自控装置，激光经纬仪安置在观测台上，在准备工作中，已使它发出的激光束既为管道中心线，又符合设计坡度要求，实为顶管导向的基准线。施工开始时使光电接受靶中心与激光光斑中心重合，这时指示器给出零信号，当掘进机头出现偏差，相应光电接受靶中心将偏离光斑中心，从而给出偏离信号，通过自控装置操纵校正千斤顶油路，进行掘进方向的自动纠正，使工具头始终沿激光束方向前进（图8.4-18）。

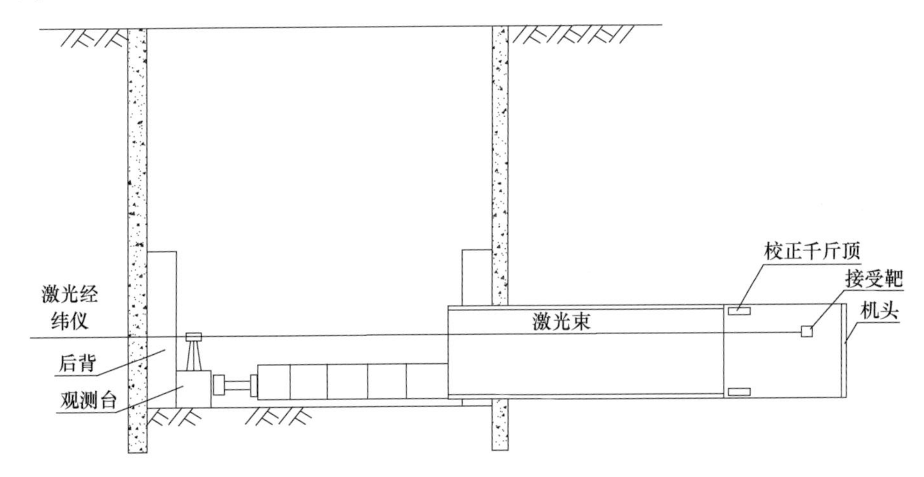

图 8.4-18　顶进施工中的测量示意图

2）无自控导向设备的情况

往往会遇到这种情况，当观测台的激光经纬仪安置在正中心的设计位置时，由于现场安置的管道会阻挡激光视线，这时应将仪器安设在偏中心一定距离的位置上。简易的定向方法是在机头偏中心一侧横置一个标尺，标记出正确顶进方向的刻划与高度，而在以后每次定向中，标尺上的光斑会指着不同的刻划，即会知道偏移的方向大小，指导施工纠偏。在进行顶管测量控制工作时，应注意以下两点：

① 由于在顶进中，千斤顶作用力与地基或井壁间所发生的反作用力，往往会使观测台发生变位，使其上安置准确的激光经纬仪也跟着移动，导致照准方向偏离设计值。因此，在顶进过程中，要经常对仪器的位置进行复测，发现有误时，应及时予以纠正。

② 在顶进中，应组织专人对顶管沿线地面上的建筑物以及地下管线等重要设施进行监测，并及时提出监测报告，以保安全。

（4）测量纠偏

测量要求：仪器经校正，固定牢固，做好记录，及时联系，指导纠偏，控制点须严格校核。纠偏是顶管施工的关键环节，纠偏方法如下：

工具头开始顶进 5～10m 的范围内，允许偏差应为：轴线位置 3mm，高程 0～+3mm，当超过允许偏差时，应采取措施纠正。纠正偏差应缓慢进行，使管节逐渐复位，不得猛纠硬调。

工具头前方有纠偏节，纠偏节中安装有纠偏千斤顶，顶进过程中，根据测量反馈的结果，调整纠偏千斤顶，使工具头改变方向，从而实现顶进方向的控制。如果工具头的方向偏差超过 3mm，即应采用纠偏千斤顶进行纠偏。

混凝土管顶出穿墙管及在长度 30～40m 范围内的偏差是影响全段偏差的关键，特别是出墙洞时，由于管段长度短、工具头重量大，近出洞口土质易受扰动等因素的影响，往往会导致向下偏，此时，应该综合运用工具头自身纠偏和调整千斤顶的作用力合力中心来控制顶管方向。

校正方法采用顶管机自身纠偏法：控制顶管机的状态（向下、向上、向左、向右），这种方法纠偏方法良好，每次纠偏的幅度以 5mm 为一个单元，再顶进 1m 时，如果根据顶管机的测斜仪及激光经纬仪测量偏位趋势没有减少，增大纠偏力度（以 5mm 为一个单元），如果根据顶管机的测斜仪及激光经纬仪测量偏位趋势稳定或减少时，保持该纠偏力度，继续顶进，当偏位趋势相反时，则需要将纠偏力度逐渐减少。

纠偏应贯穿在顶进施工的全过程，必须做到严密监测顶管的偏位情况，并及时纠偏，尽量做到纠偏在偏位发生的萌芽阶段（表 8.4-3）。

顶进管道允许偏差表　　**表 8.4-3**

<table>
<tr><th colspan="3">检查项目</th><th>允许偏差(mm)</th></tr>
<tr><td colspan="2" rowspan="3">直线顶管水平轴线</td><td>顶进长度<300m</td><td>50</td></tr>
<tr><td>300m≤顶进长度<1000m</td><td>100</td></tr>
<tr><td>顶进长度≥1000m</td><td>$L/10$</td></tr>
<tr><td rowspan="4">管道内底高程</td><td rowspan="2">顶管<300m</td><td>D_i<1500</td><td>+30～−40</td></tr>
<tr><td>D_i>1500</td><td>+40～−50</td></tr>
<tr><td colspan="2">300m≤顶进长度<1000m</td><td>+60～−80</td></tr>
<tr><td colspan="2">顶进长度≥1000m</td><td>+80～−100</td></tr>
<tr><td rowspan="2">相邻管间错口</td><td colspan="2">管节、玻璃管节</td><td>15%壁厚，且≤20</td></tr>
<tr><td colspan="2">钢筋混凝土管道</td><td>15%壁厚，且≤20</td></tr>
<tr><td colspan="2">对顶时两端错口</td><td></td><td>50</td></tr>
</table>

注：D_i 为管道内径（mm），L 为顶进长度（mm）。

6. 顶管施工技术质量措施

（1）顶管出洞口的技术措施

在顶管施工中，把顶管机从顶进井中经过洞口渐渐顶到土中的这一过程称之为出洞。顶管施工中进出洞工作十分重要，在施工中考虑到它的安全性和可靠性，尤其是从顶进井中出洞开始顶管，如果出洞安全，止水效果很好，可以说顶管施工已经成功了一半。

1）安装止水圈

洞口止水圈主要由预埋钢环、压板、橡胶圈和安装钢环组成。为了使预埋钢环能牢固地预埋在洞口井壁上，在它与混凝土接触的一面焊接数根开叉的锚杆，预埋钢环的内径同预留洞口一样大小，安装钢环是布置始发井顶管始发井时焊在预埋钢环上的。在安装钢环上焊数根安装橡胶圈和压板用的螺栓，在安装钢环焊好后就进行橡胶圈和压板的安装。

安装位置要根据出洞轴心位置进行调整，由于顶管出洞时不可避免有一定偏离出洞轴线位置，止水圈允许机头有 2cm 轴线位置，若机头偏差超过 2cm，止水圈的安装位置必须根据实际偏差进行调整。

机头的直径一般比混凝土管外径大 2cm，使的管与洞之间有 2cm 的空隙，容易形成泥浆套，便于减少管壁与土之间的摩擦阻力。

2）顶管机头出洞口

若出洞处管下部为砂性土，施工时在洞口采用门式加固，所谓门式加固，就是穿墙时为防止工具头流水流泥导致地面塌陷，发生安全事故，或者顶进方向失去控制，对所顶管道外径的两侧和顶部的一定宽度和长度的范围内进行加固，对穿墙管前方土体采用素混凝土墙、旋喷桩加固，以提高这部分土的强度，从而使工具管在出洞或进洞时土体不发生坍塌现象。

（2）掘进机出洞防磕头措施

掘进机出洞时由于周围土体被破坏或在出洞时洞外泥水流失过多，造成出洞时掘进机因自重太重而下磕，为防止这一现场产生，采取以下措施：

1）掘进机就位后，将机头垫高 5mm，保持出洞时掘进机有向上的趋势。

2）调整后座主推千斤顶的合力中心，出洞时观察掘进机的状态，一旦发现下磕趋势，立即用后座千斤顶进行纠偏。由于距离较短，这一方法效果会非常明显。

3）由于洞中外侧进行了加固措施，也进一步防止了磕头现象的产生。

4）机头尚未完全出洞不得纠偏，出洞后纠偏不得大起大落。

5）在软土层中顶进混凝土管时，为防止管节漂移，可将前 3～5 节管与工具管联成一体。

（3）初始顶进防止管道后退措施

当出洞口深度较深时，在初始顶进阶段正面水土压力可能大于管周围的摩擦阻力。拼接管子时主推千斤顶在缩回前必须对已顶进的部分与井壁进行固定，否则管道发生后退会导致洞口止水装置受损危险，因此在主推千斤顶退回前将混凝土管与始发井壁相连，直至混凝土管外壁摩阻力大于掘进机正面水土压力为止。

（4）施工参数控制措施

1）初始顶进

（a）顶进速度：初始顶进速度不宜过快，一般控制在 1～2mm/min，根据偏差和旋转情况进行调整。

（b）出土量：加固区一般控制在 105％左右，非加固区一般控制在 95％左右。

2）正常顶进

（a）正面土压力设定：结合施工经验，设定值应介于进浆压力与排浆压力之间。

（b）顶进速度：一般情况下，顶进速度控制在 0～20mm/min，如遇正面障碍物，应控制在 10mm/min 以内。

（c）出土量：严格控制出土量，防止超挖及欠挖，正常情况下出土量控制在理论出土量的 98％～100％。

（5）管道抗扭转措施

顶进过程中由于周围土质的变化，纠偏的影响及管内设备的不均匀性会造成推进时管道发生不同程度的扭转，直接影响到施工质量。因此主要采用以下措施：

1）在管内设备及管道安装时，根据重量平衡原理，在安装设备及管材的另一侧配以相同重量的配重，使管道顶进时左右重量保持平衡。消除人为造成管道扭转的因素。

2）顶进时在掘进机及每个中继环处设有管道扭转指示针。一旦发现微小的扭转即用单侧加压配重的方法进行纠扭。压铁单块重量为 25kg。

3）掘进机若发生扭转，则将左右两只抗扭转翼板向外推出。推出越长，抗扭力矩就越大，当掘进机平衡时则缩回翼板即可。

（6）顶管轴线控制措施

顶管要按设计要求的轴线、坡度进行。主要是掘进机头部测量与纠偏的相互配合。纠偏是完成管道线型的主要手段。纠偏原则如下：

1）勤测勤纠：即每顶进一段距离，测量一次工具头轴线及标高偏差情况。通知工具头纠偏人员，纠偏人员再将工具头现在纠偏角度、各方向上千斤顶的油压值、轴线的偏差等报给中控室，输入微机。微机将显示出纠偏方法、数据，再按此进行纠偏。

2）小角度纠偏：每次纠偏角度要小，微机每次指出的纠偏角度变化值一般的都不大于0.5°，当累计纠偏角度过大时应与值班工程师联系，决定如何纠偏。

3）纠偏操作不能大起大落，如果在某处已经出现了较大的偏差，这时也要保持管道轴线以适当的曲率半径逐步地返回到轴线上来，避免相邻两段间形成过大夹角。

（7）地下管线及地下障碍物的探测

探测范围为工作井外边线外围3m及管道沿线的范围，探测深度至管底或井底以下2m的范围。

探测要求：探明现有地下管线的分布情况，包括管线的中线位置、管线类型、埋深、管外径、现场所有管线及检查井的位置。提供相关管线变形的警戒值，探明有无孤石等障碍物和邻近建筑物的基础形式及其标高。

对于沿线地下管线，在施工前应熟悉其具体位置及里程，虽然图纸所示管线并未与地下管道线路相交，但实际施工时可能会发生地表沉降现象，所以施工到该位置时，应放慢顶进速度，出现涌水流砂等会导致地表沉降的现象时，及时处理，以妥善保护沿线地下管线。

一旦施工时遇到这些地下障碍物，将影响到顶管施工进度；施工前应先查明孤石、旧基础情况，是否发生冲突，以便根据实际情况提前制定出相应的处理措施。

在顶管施工前，采用地质雷达扫描，查明顶管管道沿线地下障碍物的情况，并结合小型钻孔抽芯取样，以便及时清除地下障碍物、迁移地下的路线。

1）地质雷达扫描探测

① 工作原理

地质雷达是通过发射天线向地下传送一高频带短脉冲电磁波，然后通过接收天线采集地下反射回来的电磁波信号，通过对电磁波信号处理分析，可了解下伏岩土的信息，从而达到检测地下障碍物的目的。由于地下障碍物的存在，障碍物及其附近区域土层的密实度发生变化，这将导致介质间的电磁性出现差异。因此，通过分析反射电磁波信号可以判断地下障碍物存在的平面位置、埋深和大小，以及可能所属的类型。

② 实际应用

在顶管施工前，沿着顶管管道中心线用地质雷达分段进行扫描探测，根据扫描结果分析判断在顶管管径埋深附近是否存在地下障碍物，以及障碍物大小、埋深和可能所属的类型，以便制定相应的处理措施。

2）钻孔抽芯取样

以扫描结果为依据，对沿线地下密实度变化异常的部位用小型钻机进行钻孔抽芯取样，钻孔深度设定在管底高程以下，以具体查清地下障碍物的情况。

(8) 地面及建筑物沉降控制措施

1) 进行地面沉降控制监测

地表监控采用地表和深层观测相结合的方法。沿顶进轴线的管线保护和重要区段应增加每天监测次数以致进行24h跟踪监测。正常情况下地面的观测点每天进行1～2次沉降跟踪观测，经数据处理分析后作为及时调整掘进机参数的依据，减小地面沉降量。

顶进过程中地面沉降控制为：地面隆起的最大极限为+10mm；地面沉降的最大极限为-30mm。

2) 引发沉降因素

① 掘进工作面的塌方是造成地面较大沉降的主要原因。塌方造成超量出土，覆盖层土体松动，以致地面沉降。

② 开挖端面的取土量过多或过少，使工具管推进压力与开挖土体压力不平衡，造成地面沉降或隆起。

③ 管道外壁空隙（工具管外径与管外径之差）引起的地层土体损失。

④ 纠偏造成沉降，工具管纠偏后，刃脚后形成一个空隙，纠偏角越大，空隙越大，管道顶进时周围的土体便会坍入空隙造成地面沉降。

⑤ 触变泥浆造成沉降，顶管施工为了降低阻力，在管道周围注触变泥浆，一旦施工结束，触变泥浆就会泥水分离，因触变泥浆含泥率仅为百分之几，四周的土体就会向管壁坍落，造成地面微小沉降。

3) 处理措施

施工前应对工程地质条件和环境情况进行周密细致的调查，制定切实可行的施工方案，并对距离管道近的建筑物和其他设施采取相应的加固保护措施。

根据工具头前方设置的测力装置，掌握顶进压力，保持顶进压力与前端土体压力的平衡。

压注泥浆不使管壁与土体之间形成空隙：顶管设计时，为了减少摩擦阻力，降低主千斤顶的顶力，工具头的外径比顶入的钢筋混凝土管的外径大10～20mm。因此，顶管时在顶入管与土体之间就存在一定的空隙，导致土体可能的沉落。为此，必须及时压注泥浆于空隙中，并且边顶进边压浆，更需要在中间补浆，使在项管中形成完整的泥浆套，既消除了空隙，又能平衡其上土体之自重，防止沉落。施工结束及时注入水泥浆置换润滑泥浆。可利用混凝土管上预设的注浆孔对土层进行填充物压注，以提高土层的密实度，减少土层的地面沉降量。

顶管顶进时，要严格遵守操作规程，及时进行测量，避免大角度纠偏。

严格控制管道接口的密封质量，防止渗漏。避免因渗漏引起的土层流失，并最终导致地面沉降。

出土顶进时注意保持等体积置换：即在管内挖掘土方的体积$Q_{土}$完全等于顶入管子的体积$Q_{管}$（$Q_{土}=Q_{管}$），所以每次顶进都经过一定的计算，尽可能相等。当$Q_{土}>Q_{管}$，地面易于沉降；$Q_{土}<Q_{管}$，地面易于隆起。

使土体中不产生附加应力：土的变形，归根到底是土体内有了附加应力，顶管时，还要考虑以下几种外力：

① 泥浆压力的影响。为此，在压浆时要控制好压力。恰好能平衡“泥浆套”以上土

体的压力，所以事先要根据估计上压力确定泥浆的压力，并非泥浆压力越大越好。

② 邻近建筑物的荷载；

③ 邻近施工影响及堆载影响等等。

（9）管壁外的触变泥浆减阻措施

在长距离顶管中，随着距离的增长，管道经过不同的土质时，推力上升的很快，一旦摩擦阻力过大导致管道所受顶力不均匀，当顶力超过混凝土管所承受的极限时，混凝土管就有可能破坏，因此管壁外的减阻是工程顺利完成的必要措施。

通常我们采用在混凝土管周围注触变泥浆，将混凝土管与土之间的干摩擦变为湿摩擦，达到减阻的目的。一般混凝土管壁与砂层土体的摩擦力达 2～3t/m²，而采用触变泥浆减阻后，摩阻力可以减少到 0.1～0.5t/m²。在长距离混凝土管顶进中，必须采取连续触变泥浆减阻措施，以增加一次顶进长度。

触变泥浆通过制造、储存、压浆系统，从工具头处压入触变泥浆，形成一定厚度（25mm 左右）的泥浆套，间距 6m 设一道补浆孔，使顶管在泥浆套中向前滑行，减少摩阻力，根据压力表和流量表，计量桶控制用浆量，压力控制在自然地下水压的 1.1～1.2 倍。

制备泥浆的材料及其配比严格按要求选用，经现场试验，以确保泥浆性能良好，必要时可加其他外加剂。

为使泥浆能及时将管壁空隙灌满，灌浆速度要与顶进速度相适应，注意观察，防止跑浆和冒浆，并保证泥浆的达到量。

造浆后应静置 24h 后方可使用。为达到良好的减阻目的，在施工操作上必须“先压浆后顶进、边压浆边顶进、停顶进勤补浆”的办法维持泥浆套的性能。

在顶管施工时，可以结合泥浆水分的渗透损失情况，考虑工具头后的 20m 以内的混凝土管的注浆孔均连接注浆管补充浆液，之后的混凝土管中每 6m（即 4 节）的注浆孔连接一道注浆管进行补浆，其他管节的注浆孔在需要时再接上注浆管注浆。

（10）通过不稳定流砂层的处理

管道的顶进如果遇到不稳定流砂层，采取如下措施：

1）不抽水，保持流砂层的稳定。

2）少出土、多顶进。

3）在顶进过程中，应该随时注意工具头前端的土压情况，保证使工具头前端土体不发生流沙和坍塌。

4）在含砂量过大的地层需要加注泥浆，以增加土体和易性和平衡土体的压力。

（11）管道整体不均匀沉降的预防措施

每段通道顶进完成后，利用触变泥浆注入口改注入填充料，增加管外壁土体的密实度，防止管道出现不均匀沉降的现象。

8.5 昆明轨道交通 4 号线矩形土压平衡顶管施工

8.5.1 工程概况

昆明轨道交通 4 号线菊华站 A 号出入口位于金马路、彩云北路路口，由于该路口交通繁忙且地下管线众多，不具备开挖施工条件，综合考虑环境及人流疏散的需要以及管线搬迁难度、工期等因素，采用6.9m×4.9m矩形顶管法施工，本节以A口为例详细介绍施工工艺。

顶管管节内净尺寸6.0m×4.0m，外尺寸6.9m×4.9m，厚度450mm，C50P10钢筋混凝土结构。采用6.9m×4.9m多刀盘土压平衡式矩形顶管机掘进施工。顶进长度53m，覆土深度约4.5～5.0m，由东北向西南推进，顶管纵坡0.5%，如图8.5-1所示。

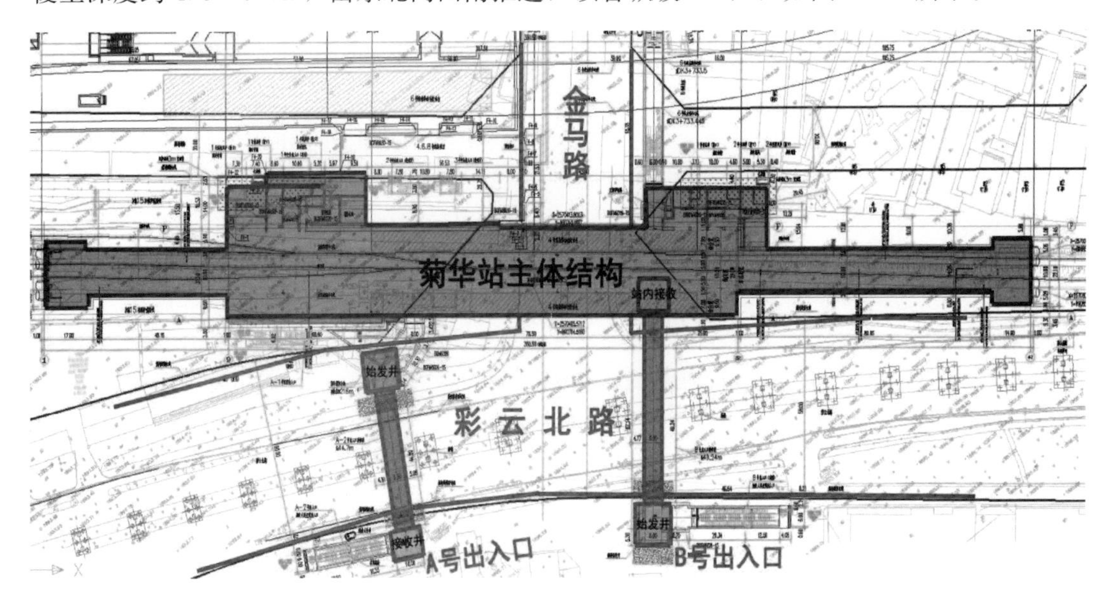

图8.5-1　工程总平面图

8.5.2　顶管沿线建构筑物概况

1. 周边环境

顶管位于彩云北路与金马路交叉路口（彩云北路道路红线宽度为60m，金马路道路红线宽32m），彩云北路、金马路属于城市主干道，人流、车流量均较大，交通繁忙（图8.5-2）。

图8.5-2　顶管穿越彩云北路及高架桥概貌

出入口始发井北侧为车站主体，东侧为金马路路口，西侧靠近沿街民宅。地下管线类型多样，集中在道路两旁靠近始发井和接收井。顶管横穿彩云北路（双向4车道+辅道），道路上方为高架桥（双向8车道）。高架桥基础为承台桩基。

2. 管线情况

穿越顶管段地下管线主要分布在彩云北路和金马路道路两侧：ϕ100、ϕ300给水管；*DN*600×400、*DN*600×200电信管；*DN*100照明；ϕ800排水管；ϕ400给水管；ϕ1400给水管；*DN*800污水管等（图8.5-3、图8.5-4和表8.5-1）。

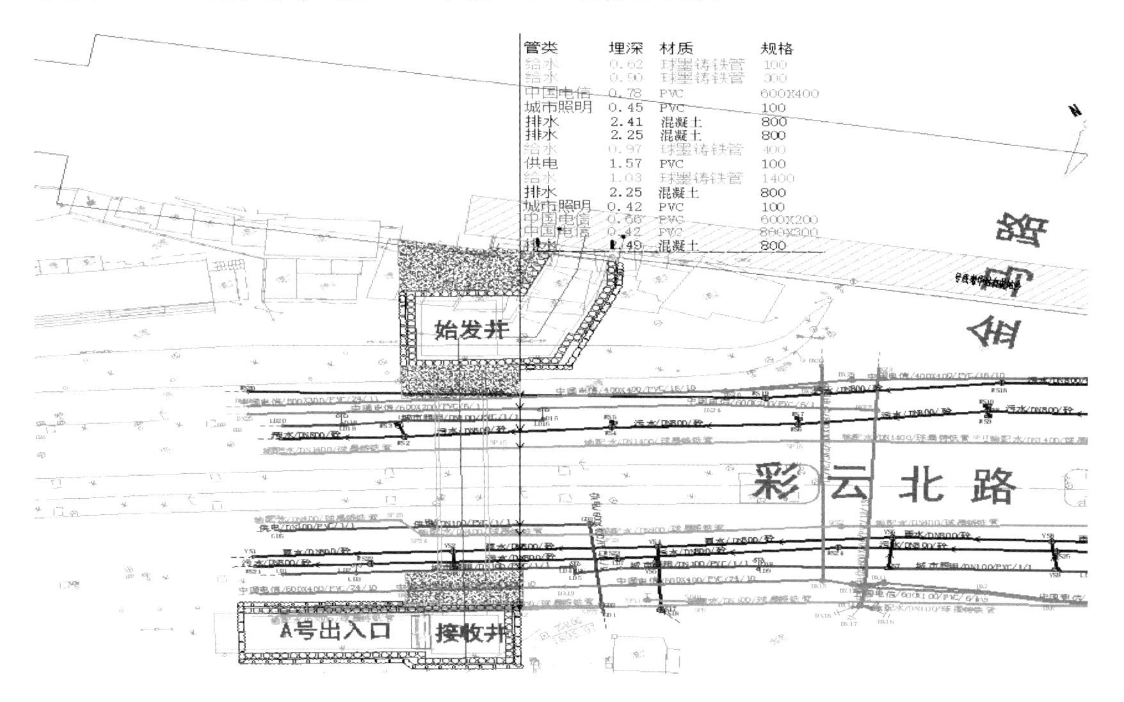

图8.5-3　管线平面位置图

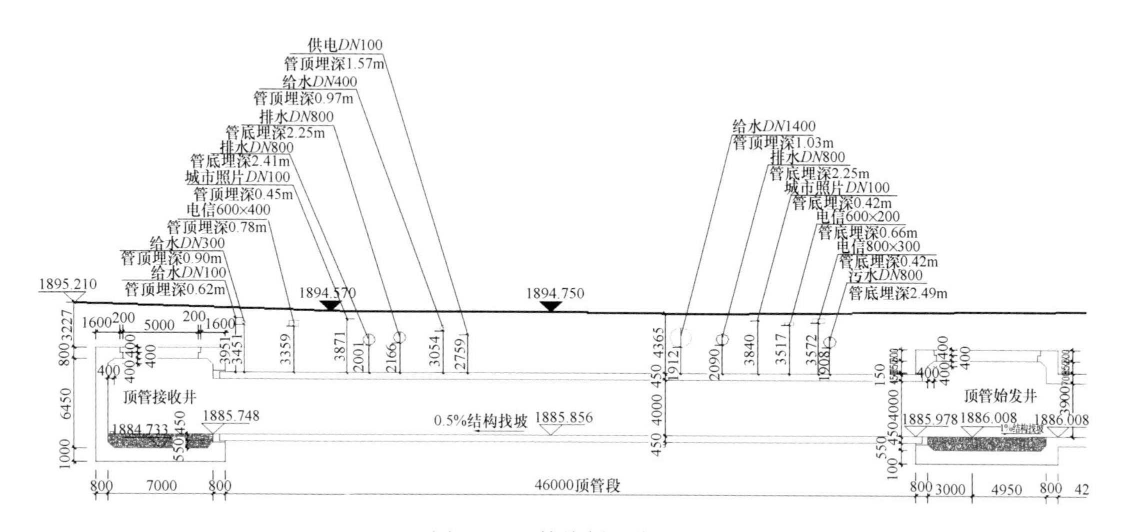

图8.5-4　管线剖面位置图

管线信息一览表　　　　表 8.5-1

管线类型	管径(mm)	埋深(m)	与顶管间距(m)
给水	*DN*100	0.62	3.951
给水	*DN*300	0.90	3.451
电信	*DN*600×400	0.78	3.395
排水	*DN*800	2.41	2.001
排水	*DN*800	2.25	2.166
给水	*DN*400	0.97	3.054
供电	*DN*100	1.57	2.759
给水	*DN*1400	1.03	1.912
排水	*DN*800	2.25	2.09
电信	*DN*600×200	0.66	3.517
电信	*DN*800×300	0.42	3.672
污水	*DN*800	2.49	1.908

8.5.3　工程地质与水文地质

1. 工程地质

本场地较为平坦，地面标高在 1894.00m 左右。顶管顶部覆土约为 4.5～5.0m，顶管穿越土层主要为：〈2-2〉粉质黏土、〈2-4〉泥炭质土、〈2-5〉粉土、〈2-6〉粉砂、〈2-7〉细砂。详见地层剖面图(图 8.5-5)。土层特性如下：

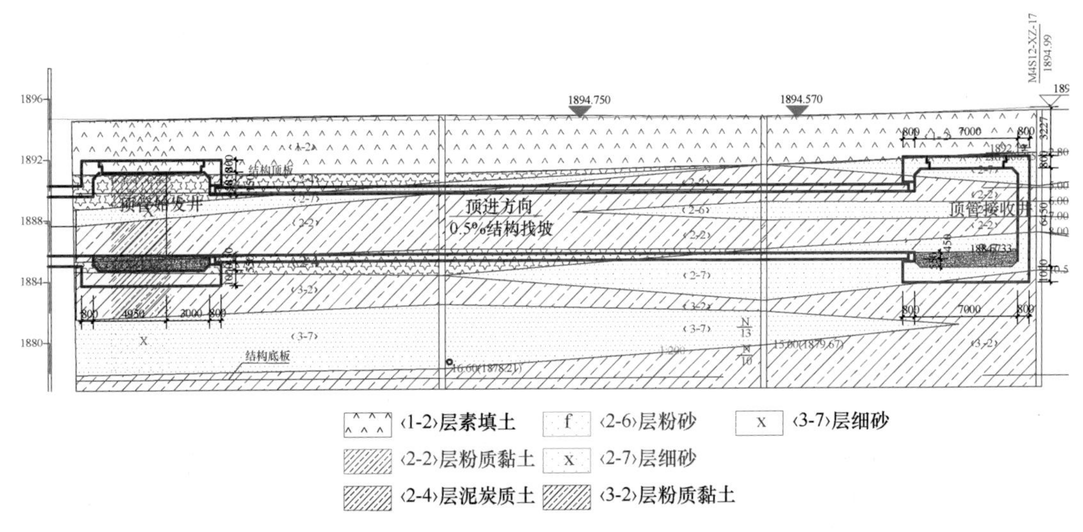

图 8.5-5　顶管段地层剖面图

第 1 单元层，第四系全新统人工堆积层（Q_4^{ml}）：

〈1-2〉素填土：褐红、灰白色为主，松散～稍密状，稍湿。主要组成物质为混凝土块、黏性土、粉土、砂土、碎石、圆砾或块石，局部夹少许建筑垃圾。为城市道路以及建筑物场坪填土，处于稍固结状态。厚度为 1.2～5.6m，平均厚度 3.2m。属Ⅱ级普通土。

第2单元层，第四系全新统冲洪积层(Q_4^{al+pl})：

〈2-2〉粉质黏土：褐红、褐黄色，可塑为主，局部硬塑。部分为黏土，局部夹薄层粉土、圆砾等，具中等压缩性，钻探揭示层顶埋深1.5～9.5m，厚度为0.5～6.8m，平均厚度2.38m。呈带状分布于场地表层。属Ⅱ级普通土。

〈2-4〉泥炭质土：灰黑、黑色，软塑～流塑状为主，局部可塑。土质不均，局部为淤泥或淤泥质土。有机质土含量较高，有机质含量9.5%～41.5%，平均21.8%，在区内广泛分布，揭示层顶面埋深1.8～11.6m，厚0.5～4.5m，平均厚度为1.67m。呈带状及透镜体状分布。属Ⅱ级普通土。

〈2-6〉粉砂：灰褐、灰、褐色，稍密，局部松散，饱和。夹粉土及细砂薄层，具中压缩性。层顶埋深4.0～13.4m，厚度为0.5～7.00m，平均厚度1.92m，呈带状分布，局部透镜状零星分布。属Ⅰ级松土。

〈2-7〉细砂：褐黄色、浅灰色，稍密，饱和。局部夹粉土及中砂薄层。钻探揭示层顶埋深1.8～15.4m，厚度为0.5～6.0m，平均厚度2.01m。场地内呈带状及透镜状分布。属Ⅰ级松土。

第3单元层，第四系全新统冲湖积层（Q_4^{al+l}）：

〈3-2〉粉质黏土：灰绿、灰蓝、深灰色，可塑状，局部硬塑。具中压缩性，局部为黏土并夹薄层粉土及粉砂，钻探揭示层顶埋深7.3～20.5m，厚度为0.6～9.5m，平均厚度2.88m。场地范围内广泛分布。属Ⅱ级普通土。

〈3-7〉细砂：灰、深灰色，稍密，饱和。局部为粉砂。钻探揭示层顶埋深9.5～22.3m，厚度为0.5～4.2m，平均厚度1.78m。场地内主要呈带状分布，局部透镜状分布。属Ⅰ级松土。

2. 水文地质

分布有孔隙潜水、孔隙承压水。

(1) 孔隙潜水

松散岩类孔隙潜水主要赋存于场区表部填土和浅部粉质黏土层中。表部填土富水性、透水性及渗透性均较好，与地表水联系密切，主要接受地表水、管道渗漏水和大气降水的补给。勘察期间（2016年6～7月）实测的各勘探孔潜水位埋深为1.9～3.2m，相应标高1891.42～1893.63m。

(2) 承压水

本场地地下水较丰富，地下含水层较多，呈多层层状及透镜状分布，主要分为浅部孔隙承压水、中部孔隙承压水及深部孔隙承压水，各含水层层间水力联系弱。

顶管施工主要穿越浅层孔隙承压水，该层主要分布于场地上部的〈2-5〉层粉土、〈2-6〉层粉砂、〈2-7〉层细砂等含水层中，含水层顶板埋深1.8～15.4m，顶板标高1878.90～1893.41m，底板埋深2.6～17.4m，底板标高1876.70～1892.61m，呈条带状及透镜体分布，分布不连续，贯通性一般，含水层分布不连续，厚度为0.5～7.0m。根据抽水试验观测，稳定水位埋深2.6～3.7m，渗透系数2.23×10^{-3}～2.32×10^{-3}cm/s，属中等透水层，水量较大，单井出水量在37.2～76.8m^3/d，补给和排泄条件一般。

中部孔隙承压水赋存于分布于场地中部的〈3-5〉粉土、〈3-6〉粉砂、〈3-7〉细砂、〈6-5-1〉粉土等含水层中，稳定水位埋深4.3m，稳定标高1888.78～1891.19m，含水层顶板埋深约 9.5～25.5m，厚度 0.8～5.4m，渗透系数介于 1.78×10^{-3} cm/s，属弱～中等透水层，单井涌水量一般 207.7m^3/d，水量较丰富，补给和排泄条件一般。

8.5.4 顶管掘进机选型

根据工程地质及周边环境要求，选用 6.9m×4.9m 多刀盘土压平衡式矩形顶管机（图 8.5-6）。

由主顶进油缸推动顶管机前进，机头前端的刀盘旋转切削土体，切削下的土体进入密封土仓；土仓内搅拌均匀的土体由螺旋输送机旋转、输送至运土车上拉出。通过控制螺旋输送机的出土量或顶管机前进速度，来控制密封土仓内的土压力值，使得此土压力与切削面前方的静止土压力和地下水压力保持平衡，从而保证开挖面的稳定，防止地面的沉降或隆起。

图 8.5-6　6.9m×4.9m 多刀盘土压平衡式矩形顶管机

刀盘系统采用 6 只大小刀盘 3 前 3 后叠加组合（图 8.5-7）。大刀盘直径为 2800mm，额定转速为 1.32r/min，额定扭矩为 650kN·m；小刀盘直径为 2600mm，额定转速为 1.54r/min，额定扭矩为 550kN·m。刀盘采用辐条式结构，既能有效控制机头扭转，又能保证有效的切削面积达到 90%以上。可以通过刀盘的正转或反转来提供相反力矩，保证顶进机不会侧向翻转。

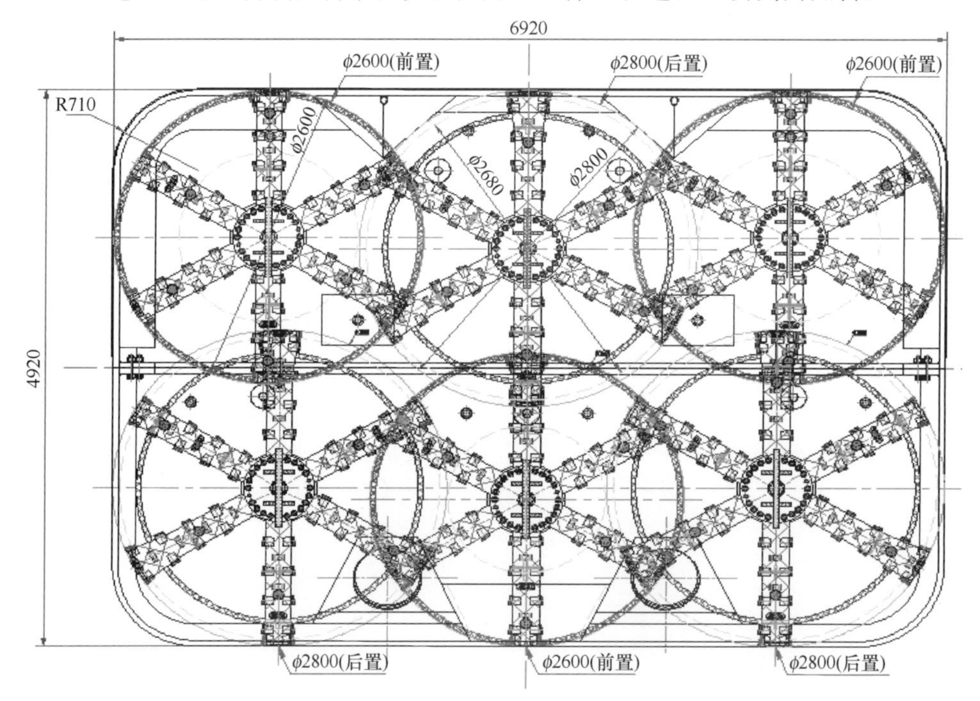

图 8.5-7　6.9m×4.9m 刀盘平面布置图

机头正面刀盘及面板上设置注浆孔，施工过程注入土体改良剂。机头侧面前后壳体之间设置润滑泥浆注入孔，注入减阻泥浆。

配备两台螺旋出土机，直径为560mm，驱动电机为37kW/台（图8.5-8）。

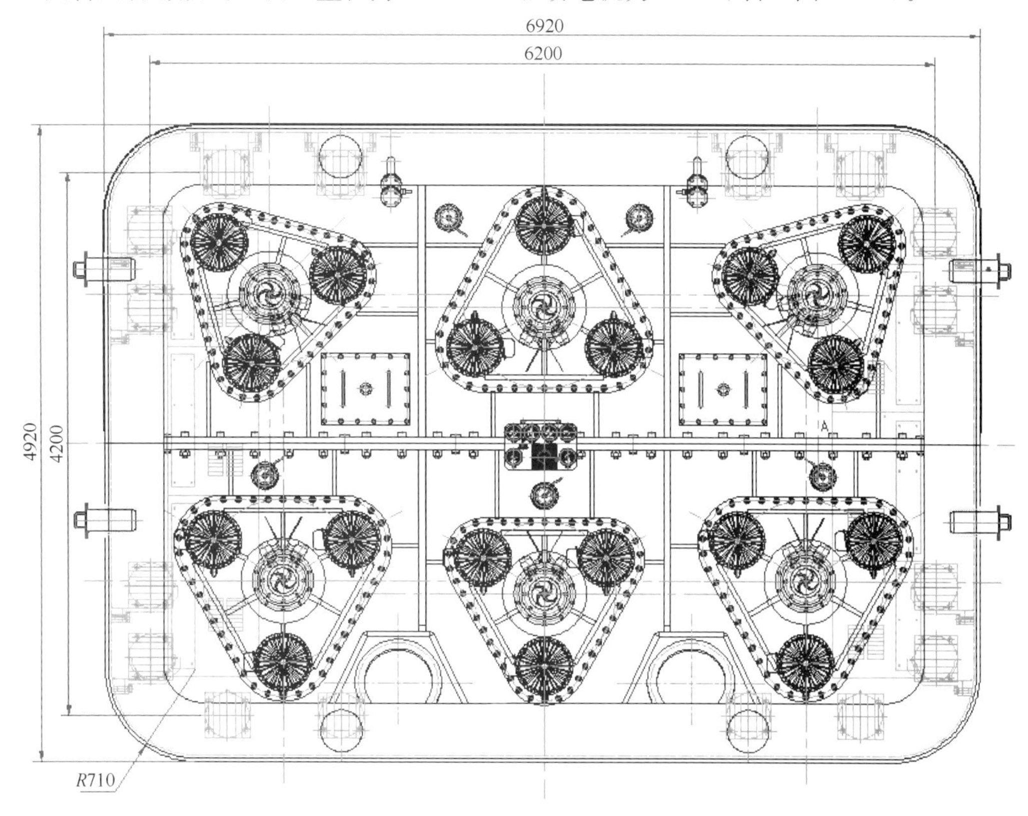

图8.5-8　刀盘驱动系统图

机头纠偏油缸：机头前、后壳体之间设置16只200t纠偏油缸（顶力达3200t），纠偏角度上下2.7°，左右1.8°。

配置16个300t的主顶油缸（主顶力达4800t），均匀布置在油缸架两侧及底部，油缸行程为3000mm。参数汇总表见表8.5-2。

6.9m×4.9m顶管机主要参数表　　**表8.5-2**

项目		参数
尺寸	外尺寸（mm）	6920×4920
	总长（mm）	5214
刀盘驱动部	电机功率（kW）	30×3×3+30×3×3
	刀盘输出转矩（kN·m）	650+550
	刀盘转速（r/min）	0～1.32/0～1.54
	调速方式	变频调速
纠偏油缸	数量(根)	16
	推力(kN)	32000
	行程(mm)	200
	纠偏角度(°)	上下2.7°，左右1.8°

续表

项目		参数
主顶油缸	数量(根)	16
	推力(kN)	48000
	行程(mm)	3000
螺旋出土系统	螺旋机转速(r/min)	1～16
	螺旋机直径(mm)	560
	调速方式	变频调速
减磨及土体改良系统	减摩注浆管内径(英寸)	1
	减摩注浆口数量(个)	10个/道(共2道)
	刀盘改良注浆口数量(个)	24
	土仓改良注浆口数量(个)	10
机内传感器及仪表系统	土压力传感器(个)	5
	铰接油缸行程传感器(个)	4
	主顶油缸行程传感器(个)	2
	油压力传感器(个)	18
遥控操作系统	操作形式	地面遥控操作

8.5.5 顶力计算

1. 正面土压力计算

土压平衡式顶管是利用土压力平衡开挖面土体，达到支护开挖面土体和控制地表沉降的目的，土压力的设定是顶进施工的关键。

土压力采用Rankine压力理论进行计算：

$$P_{上} = K_0 \gamma Z_{上} \tag{8.5-1}$$

$$P_{下} = K_0 \gamma Z_{下} \tag{8.5-2}$$

式中 $P_{上}$——管道顶部的侧向土压力（kPa）；

$P_{下}$——管道下部的侧向土压（kPa）；

K_0——土层的侧向系数（此处取0.50）；

γ——土的重力密度，取加权平均值，取19kN/m^3；

Z——上覆土厚度（m）。

根据上述公式进行理论计算，土压力值设置见表8.5-3。

初始泥仓土压力设定值 **表8.5-3**

项目	上覆土厚度(m)	$P_{上}$(kPa)	$P_{下}$(kPa)
中间部位土压力	5.0	47.5	94

以上数据为理论计算值，只能作为不同覆土情况下的土压力最初设定值，随着顶进施工，土压力值应根据实际顶进参数、地面沉降监测数据作相应的调整。

2. 主顶力计算

顶管机的顶力由顶管机前端的迎面阻力和注入触变泥浆后的管壁外周摩阻力组成，其公式表示如下：

$$F_0 = 2(a+b)Lf_k + ab\gamma_s H_s \tag{8.5-3}$$

式中 F_0——总顶力标准值（kN）；

f_k——采用注浆工艺的摩阻系数，可通过实际试验确定，一般取 $f_k=2\sim7\text{kN/m}^2$，此处取 7kN/m^2；

L——顶进长度（m）；

a、b——管节宽度和高度（m）；

γ_s——上覆土重度（kN/m^3）；

H_s——土的厚度（m）。

则总顶力：$F_0 = 2\times(4.9+6.9)\times53\times7+4.9\times6.9\times19\times7.45 = 8756+5038 = 13794\text{kN}$

3. 管材受力验算

混凝土管节传力面允许最大顶力应按下式计算：

$$F_{dc} = 0.5\frac{\phi_1\phi_2\phi_3}{K_f\phi_5}\sigma_c A_p \tag{8.5-4}$$

式中 F_{dc}——管节允许顶力设计值（kN）；

ϕ_1——混凝土受压强度折减系数，取 0.9；

ϕ_2——偏心受压强度提高系数，取 1.05；

ϕ_3——材料脆性系数，取 0.85；

ϕ_5——混凝土强度标准调整系数，取 0.79；

K_f——安全系数，取 1.3～1.4；

σ_c——混凝土受压强度设计值（N/mm^2）；

A_p——管节的有效传力面积（mm^2）。

管节采用 C50 混凝土，厚度 450mm，$\sigma_c = 23.1\text{N/mm}^2$，$A_p = 4.9\times6.9-4\times6 = 9.81\text{m}^2$。

$F_{dc} = 0.5\times\frac{0.9\times1.05\times0.85}{1.35\times0.79}\times23.1\times1000\times9.81 = 85000\text{kN} >$ 总顶力 $= 13794\text{kN}$，满足管节结构受压验算要求。

4. 后靠背反力验算

整体式矩形始发井在顶力作用下，后背土体允许顶力应根据图 3.8-1 按下列公式计算：

$$P_{max} = \xi(0.8E_{pk} - E_{ep,k}) \tag{8.5-5}$$

$$\xi = (h_f - |h_f - h_p|)/h_f \tag{8.5-6}$$

式中 P_{max}——后背土体允许的最大顶力（kN）；

$E_{ep,k}$——工作井前壁上主动土压力合力标准值（kN）；

E_{pk}——工作井后壁上被动土压力合力标准值（kN）；

ξ——合力作用点可能不一致的折减系数；

h_f ——总顶力距刃脚底的距离（m）；

h_p ——被动土压力距刃脚底的距离（m）。

始发井结构净尺寸为顶进轴线方向长 9.9m，宽 $b=10$m，始发井基坑开挖深度为 11m。始发井处土层指标见表 8.5-4。

始发井处土层指标及换算指标 **表 8.5-4**

层号	岩性名称	天然重力密度 γ (kN/m³)	内聚力 C_c (kPa)	内摩擦角 φ_c (°)	始发井所在土层厚度(m)	等效内摩擦角 φ (°)
＜1-2＞	素填土(松散-稍密)	18.7	15	9	3	23.02
＜2-2＞	粉质黏土	19.9	25	11	3	31.5
＜2-4＞	泥炭质土	15.8	13	7	3	35
＜2-7＞	细砂	20.0	/	25.0	1	25
＜3-2＞	粉质黏土	19.9	28	11	1	35

注：等效内摩擦角 $\varphi=\arctan(\tan\varphi_c+c/rh)$（或取经验值 30～35°）

土层指标加权平均值

$$\gamma=(18.7\times3+19.9\times3+15.8\times3+20\times1+19.9\times1)/11=18.46(\mathrm{kN/m^3})$$

$$\varphi=(23.02\times3+31.5\times3+35\times3+25\times1+35\times1)/11=29.87(°)$$

土压力系数：

$$K_a=\tan^2(45-\varphi/2)=0.335$$

$$K_p=\tan^2(45+\varphi/2)=2.984$$

主动土压力和被动土压力：

$$E_{ep,k}=(rH^2K_a/2)b=18.46\times11^2\times0.335/2\times10=374.1.4\mathrm{kN}$$

$$E_{pk}=(rH^2K_p/2)b=18.46\times11^2\times2.984/2\times10=33326.2\mathrm{kN}$$

$$h_f=1.0+0.5+2.45=3.95\mathrm{m},\ h_p=3.67\mathrm{m}$$

$$\xi=(h_f-|h_f-h_p|)/h_f=(3.95-|3.95-3.67|)/3.95=0.929$$

$$P_{max}=\xi(0.8E_{pk}-E_{ep,k})=0.929\times(0.8\times33326.2-3741.4)=21292.2\mathrm{kN}$$

后背土体允许的最大总顶力为 P_{max}=21292.2kN＞总顶力 13794kN，满足要求。

8.5.6 顶进系统

1. 顶进系统布设

顶进系统位于始发井内，为顶管机的顶进切削提供顶力，它由底座、顶环、顶铁、油缸支座、顶进油缸和钢后靠等多个部分组成（图 8.5-9）。

2. 后座千斤顶选用

顶进力设计及控制关系到整个顶管工程的成败及成本。顶力的大小决定了后靠加固、顶进油缸的数量，以及影响管节配筋等。

通过计算，本工程总顶力约为 1380t。配置 16 个 300t 的油缸，油缸行程为 3000mm。

总顶进力为4800t，均匀布置在油缸架两侧及底部（图8.5-10）。顶进油缸按管节形状分布，顶力作用于管节中心线上，以保证受力均匀。

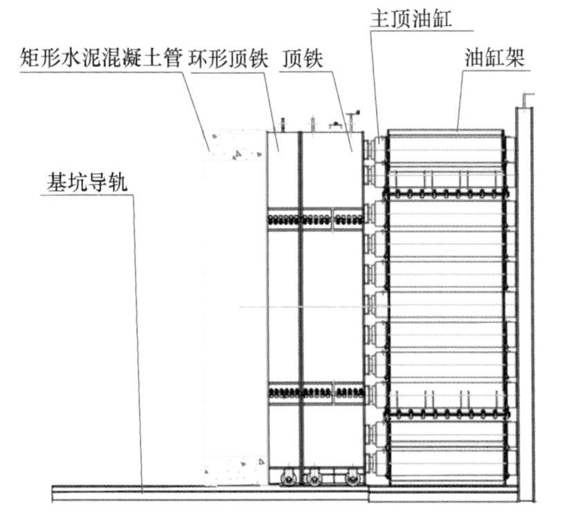

图8.5-9 后顶进系统剖面示意图

图8.5-10 油缸支座及顶进油缸示意图

3. 顶进系统施工要求

（1）基座安装

导轨可选用钢混基础直接铺钢轨形式或钢台架基础铺设钢轨形式，基础刚度和强度应满足施工要求、保证轨道安装精度。

图8.5-11 轨道梁安装

导轨安装位置应避开刀盘旋转范围，轨道前端应距始发洞门0.5～0.7m。始发洞门破除后，应在洞门下方铺设辅助导轨，辅助导轨安装数量、水平位置及标高应与始发主导轨相匹配，整体满足始发精度要求。

安装时（图8.5-11），导轨轴线误差控制在±3mm；导轨顶面高程误差控制在0～3mm；轨距的允许偏差应为±3mm。导轨应安装牢固，使用过程中不应产生位移，施工过程中应经常检查。依据隧道设计线路，提前调整好导轨标高、坡度等。

（2）顶铁及顶环

顶环与顶铁是一个传递顶力的结构，顶进油缸直接作用在顶铁上，通过顶铁将集中力分散到管节平面的环面上，将集中力转换成均布力，避免顶力应力集中。

顶铁与管节之间为顶环（图8.5-12），顶环与管节端面全截面接触，避免管节受力集中而导致顶裂。

顶铁安装轴线应与隧道设计轴线一致，顶铁与导轨、管节、液压缸之间的接触面不得有泥土等异物。顶铁与管节之间应采用缓冲材料衬垫，防止顶进中管节破损，顶铁放置导轨上应能自身保持稳定。

图 8.5-12　顶铁（左图）与顶环安装（右图）

（3）油缸支座及顶进油缸安装（图 8.5-13）

1）主顶油缸支架应牢固安装在始发井底板上或始发架上，支架两侧应平行、等高、对称，安装轴线应与隧道设计轴线一致。

图 8.5-13　油缸架主顶装置安装

2）主顶油缸支架安装应使油缸的合力中心在隧道中心的垂直线上，且合力中心点宜低于隧道中心。

3）顶进油缸按管节形状分布，顶力作用于管节中心线上，以保证受力均匀。

（4）钢后靠安装

后靠自身的垂直度、与轴线的垂直度对今后的顶进至关重要，安装时应确保作用面与顶进方向（隧道设计轴线）垂直，倾斜误差不应大于 0.5%。

先安装固定支架（如角钢），钢后靠再与支架焊接牢固。钢后靠与工作井内衬墙预留一定的空隙，固定后在空隙内填 C30 素混凝土，使钢后靠与墙壁充分接触。这样，顶管顶进中产生的反顶力能均匀分部在内衬墙上。

8.5.7　洞门止水装置

除提前进行降水作业外，为保证顶管机与洞门间建筑空隙密封，在始发过程中避免水土及减阻泥浆流失，须在洞门口安装止水装置。止水装置包括帘布橡胶板、扇形圆环板、连接螺栓、螺母和垫圈。其原理如图 8.5-14 所示。

端头井洞门上预留螺栓孔。在安装前，应测量螺孔的位置偏差，如发现偏差过大的，应相应调整帘布橡胶板上孔的位置，同时，用丝攻逐个清理螺孔内螺纹，在其内侧均匀地涂上黄油。安装时，先安装帘布橡胶板，后圆形扇形板，压板螺栓应尽可能拧紧，使帘布橡胶板紧贴洞门，然后将扇形板向洞内翻入，防止顶管始发后注浆浆液泄漏（图8.5-15）。

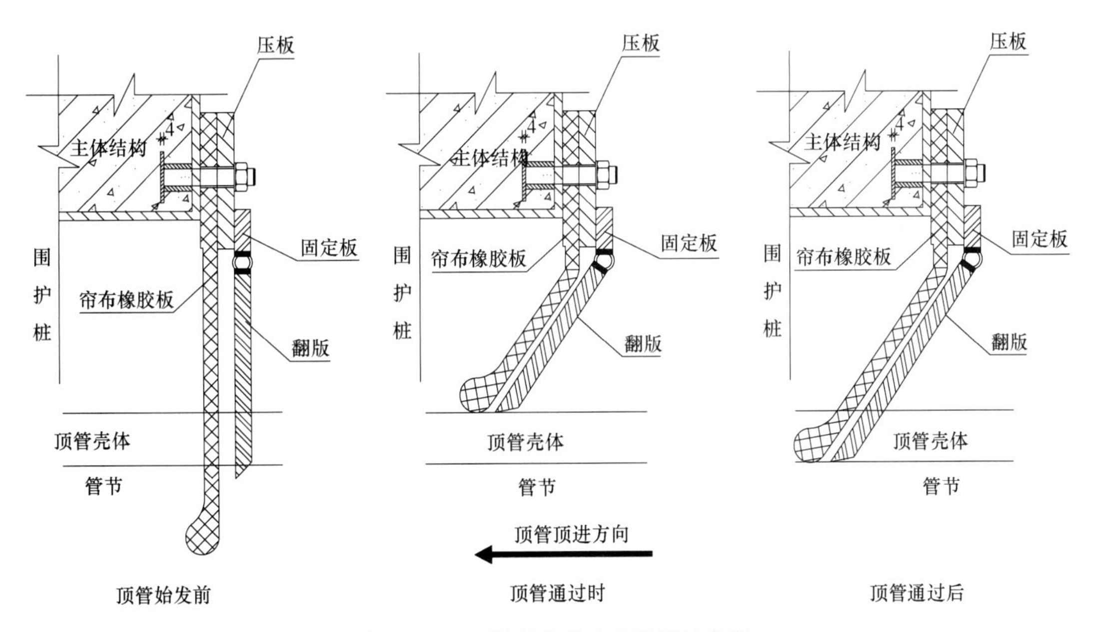

图 8.5-14　顶管始发井止水装置示意图

洞门帘布板安装完成后，为防止洞门底部水土压力较大及在顶管始发过程中损伤帘布板等，顶管始发前可在洞门底部堆放一层袋装水泥，起到提前封闭洞门下部间隙。

图 8.5-15　顶管始发止水装置安装

8.5.8　进出洞土体加固

始发井结构净尺寸为 9.9m（顶进轴线方向）×10m（宽度方向），始发井基坑开挖深度为 11m，始发井与接收井围护均为 ϕ1000@1200 钻孔灌注桩（桩长 24m）＋ϕ850@600 三轴搅拌桩止水帷幕（桩长 20m）。顶管进出洞口及后靠加固均采用 ϕ600@400 高压旋喷桩加固，始发井顶管后靠背加固宽度为 5.0m，洞口加固区为 6.0m，接收井洞口加固采用 ϕ600@400 高压旋喷桩（桩长 20m）。加固区宽为 6m（图 8.5-16）。

8.5.9　触变泥浆系统

在顶进施工中，为减少土体与管节间摩阻力，控制地面沉降，通过从管节内部的注浆孔向外压注减摩泥浆，从而形成完整的泥浆套。在施工期间要求泥浆不失水，不沉淀，不固结。

本工程顶进土层主要为粉土、粉砂、细砂层，如泥浆套形成效果不理想，不但无法起到有效的减阻效果，还会扰动周边土体，从而增加隧道顶进的难度，造成路面及建筑物的沉降。从以下几个方面进行选择。

（1）泥浆选择

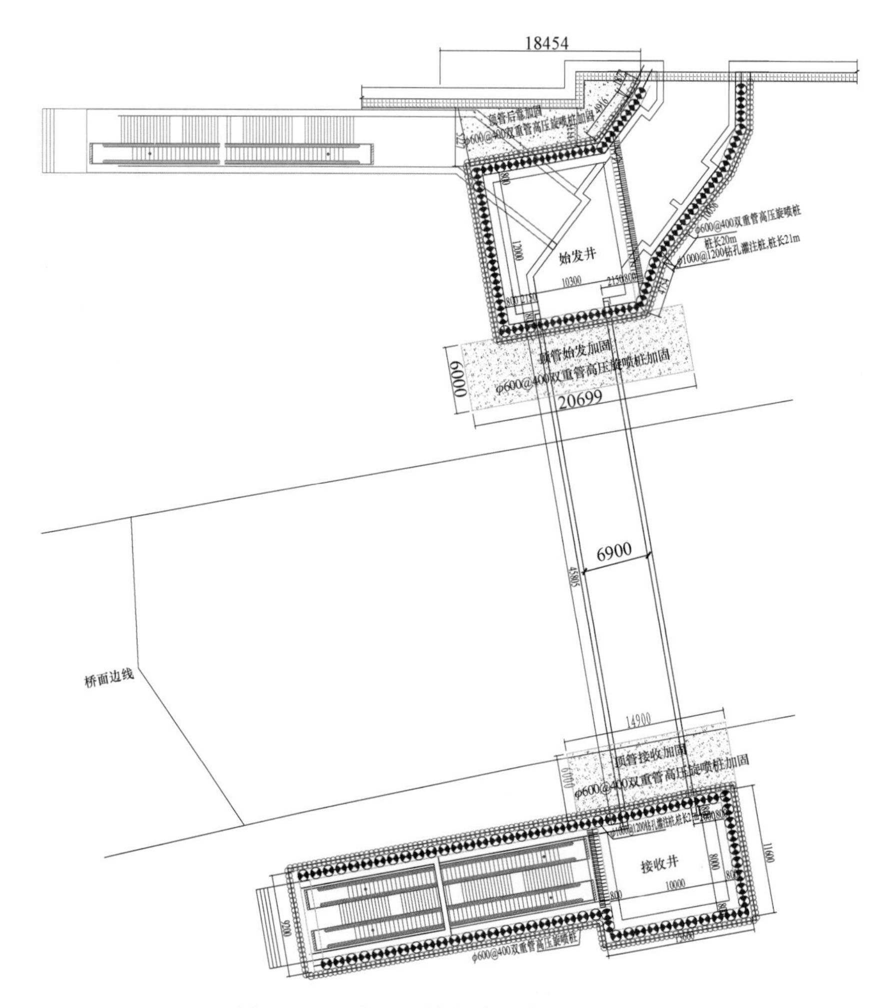

图 8.5-16　出入口始发井、接收井平面图

采用钠基复合膨润土，重量比为：土∶水＝(150～180)∶1000。根据土质情况进行适当调整。

(2) 注浆孔和浆管布置（图 8.5-17）

管节内注浆孔布置：

注浆孔的尺寸为 *DN*25，单节共 10 个，上、下各 3 个，左右两侧各 2 个。

注浆系统管路接入方式：

单边分别由 2 寸总管接入，通过三通分出支路，串联 7～9 个注浆孔。支路接入注浆孔加装手动球阀。

8.5.10　搅拌系统

搅拌系统地面部分由一套拌浆系统、两个 10m^3 储浆桶及输送管道泵组成（图 8.5-18）。减摩浆液由地面拌制，并储浆桶内发酵 24h，之后通过管道泵输送至管节内的储浆桶进行浆液压注。

压浆系统包括拌浆桶、储浆池、液压注浆泵、液位计、手动阀门及管道等组成。

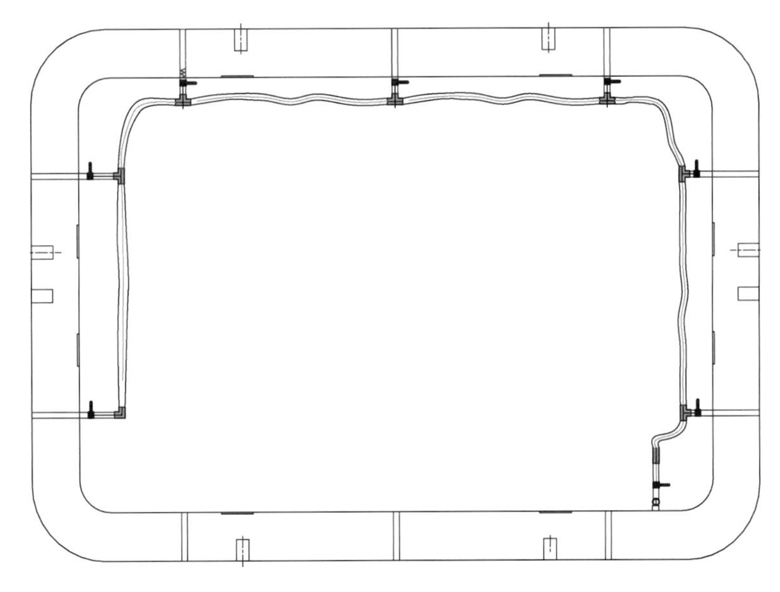

图 8.5-17　稀浆压浆系统管节内布置图

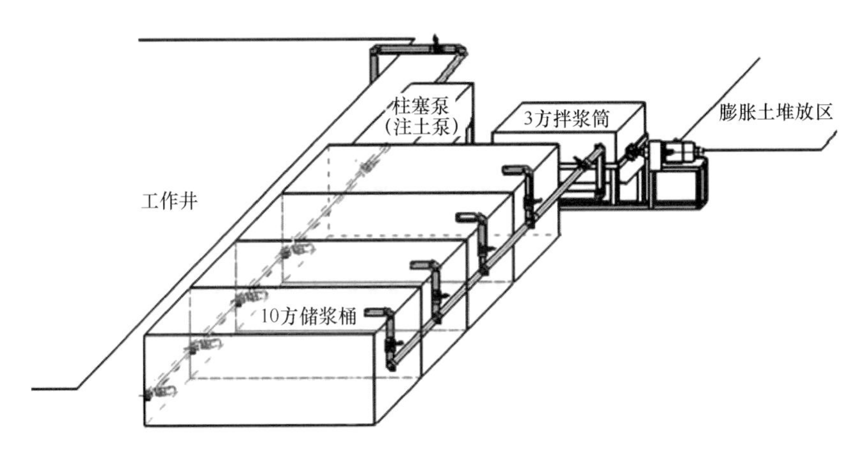

图 8.5-18　拌浆系统地面布置图

8.5.11　注浆系统

1. 注浆系统及设备

注浆系统分为两个独立的子系统。一路为了改良土体的流塑性，对机头正前方及土仓内的土体进行注浆。另一路则是为了形成减摩泥浆套，而对管节外进行注浆。施工中为了避免减摩浆液在管道中长距离输送的动能损失及保证每节管节压注的浆液量充足，将采用分段式压浆方式。

机头环及前 5 节管节每节必须注浆，在每个注浆孔设置电动球阀，由顶管机操作台控制。

后续第 6～35 节采用补浆措施，在每个注浆孔设置手动球阀，浆液由地面上的储浆箱直接注入管节相应注浆孔内。补浆操作由专人控制。

2. 压浆工艺

机头环及前5节管节采用自动压浆系统（同时备有手动压浆），通过估算每节管节的注浆量来控制压浆时间。通过管节上的压力表控制压浆的压力，来实现压浆的保压。按照PLC程序设定的顺序逐个注浆孔注浆。根据每个孔的灌注时间，由控制柜发出指令，使电动阀门启闭，切换到下一孔注浆，如此循环实现自动压浆。

3. 压浆量计算

为了保证注浆效果，在黏性土地层中顶进施工应适当提高注浆量，取理论值的2～3倍。若顶管通道穿越的地层中含有砂性土还要适当提高注浆量，具体数值根据顶进过程中的实际情况进行调整。

$V_{单节}=(6.91\times4.91-6.9\times4.9)\times1.5\times(200\sim300\%)=0.354\sim0.531\text{m}^3$

4. 压浆施工要点

（1）压浆应专人负责，保证触变泥浆的稳定，在施工期间不失水，不固结，不沉淀。

（2）注浆泵需具有足够的工作压力和一定的排浆量，并带有压力调节装置，注浆过程中，压力控制在0.03～0.08MPa，总管压力不超过0.15MPa。

（3）在顶进时应及时压注触变泥浆，边顶进边压注。

（4）压浆时必须遵循“先压后顶、随顶随压、及时补浆”的原则。

（5）压浆顺序：

地面拌浆→启动压浆泵→总管阀门打开→管节阀门打开→送浆（顶进开始）→管节阀门关闭（顶进停止）→阀门关闭总管→井内快速接头拆开→下管节接2寸总管→循环复始。

8.5.12 通风系统

1. 通风目的

顶管施工比较容易遭受的情况之一是有毒气体伤害，施工人员在顶管内要消耗大量的氧气，管道内会出现缺氧，影响作业人员的健康。由于管节顶进施工距离长，施工过程中，随着管道不断向前延伸，由于空气不流通，管内温度会逐渐增高，空气中的氧气会逐渐稀少，管内湿度增大。为改善管内工作环境，在管道施工的，全过程中采取通风措施，加大管道内空气流通量，营造良好的作业环境。一般情况换气采用由机头通过管道向外排风方式比较好，但对于长距离顶管，故采用由外向机头送风方式，使井内空气与井外空气形成对流。

2. 管道内空气质量标准

（1）保证管道内的氧气浓度不低于20%（空气中氧的含量为29%），有害气体的浓度不大于有害于身体健康的浓度，其中CO浓度≤30mg/m^3，NO_2浓度≤50mg/m^3，CO_2浓度≤0.5%，SO_2浓度≤0.0005%，工作面通风设备的噪声不超过80dB；

（2）通风的空气必须清洁，在地下作业点的新鲜空气量不低于每人每分钟3m^3，风速应大于0.15m/s，最大风速小于6m/s；

（3）控制作业面的温度不超过32°，相对湿度不超过80%。

为保证各种有害气体的浓度不超过上述值，管道内配备多功能有毒、有害、可燃气体的监测仪。

3. 通风系统施工

由于本工程管道埋深较大，用电设备在管内比较分散，根据经验，管内温度不会超过30℃。故管内通风不考虑散热，主要解决换气问题，防止人在管内缺氧，其次解决工作井焊接时防止烟气进入管道。

通风管选用 $D600$ 硬质 PVC 管，顶管长度 $L=53$m，管内作业时人数为 8 人，工作井深 $H=11$m，风管直径 $D=600$mm。

顶管施工采用压入式通风，通风机安装在靠近工作井井口的地面上，用硬质 PVC 通风管道把风送至工井底部，并用同直径的硬质 PVC 通风管道，从管内把风送至端部机头处。通风管固定在工作井侧壁及混凝土管内壁的侧边，固定要牢固。在管口采用风琴式软管，以利风管伸缩，在施工的全过程中风管随着管节的延伸而不断接长。在风管末端安装减压消音装置，降低通风口的啸叫噪声。

8.5.13　供电系统

1. 顶管施工用电

始发井位置安装一台 800kVA 的供本工程顶管施工用电，以及地面上辅助用电。

（1）配电箱设置。从变压器变电室引出线，在施工现场工作井位置安放总配电箱。进出线采用 PVC 套管，配电箱周围留安全操作空间，固定配电箱，箱前采用绝缘木板，放在砖垫台和地面上，配电室顶部防雨、防尘、防砸，并设安全围栏，设安全警示。

（2）电线路设计。主要包括选择和确定线路走向、配电方式、敷设要求、导线排列、配线型号、规格及周围的防护设施。本设计配电采用三相五线式供电，配线方式采用放射式配电线路形式。在 TN-S 型基本保护系统中，保证在专用保护零线上做重复接地处理。

2. 夜间顶管内照明

隧道照明电源电压采用 220V，带隔离变压器和漏电开关，供电线路采用三相五线制，用蝴蝶绝缘夹子敷设电线。

3. 夜间场地照明

在工作井井口处，管节堆放场地及其他需要照明处设置场地照明。场地照明采用投光灯立杆架设，每杆装设投光灯 2 个和相应电缆配线。井口照明采用 DDG-3500 镝灯，在井口安置 2 个。

4. 施工用电负荷统计

单条顶管施工用电负荷统计表见表 8.5-5。

顶管施工用电负荷统计表　　**表 8.5-5**

设备	功率(kW)	需用系数	计算负荷
顶管机头	625	1	625
空压机	75	0.9	68
照明	10	1	10
其他	10	0.7	7
合计	720		710

8.5.14 测量纠偏系统

1. 施工测量要求

（1）平面测量标志尽可能采用强制对中标志，可以有效地消除对中误差。因受施工条件的限制，有时会有短边出现，此时对中误差对角度影响特别明显，如采用强制对中标志，可有效消除对中误差。

（2）在隧道贯通前应至少独立进行 3 次。即在顶进前、顶进过半、顶进距贯通面 30m 时分别进行一次，并保证成果满足相关规定要求，取三次测量成果的加权平均值指导隧道贯通，测量中做到一测两复。

（3）测量数据记录。测量记录必须原始真实、数据准确、图示明确、内容完整、字体工整；测量精度要满足工程精度要求。

（4）施工控制测量等级是在首级控制网下加密的，加密等级精度要求按照《工程测量标准范》GB 50026—2020 进行导线测设。具体要求见表 8.5-6、表 8.5-7。

导线测量的主要技术要求　　**表 8.5-6**

等级	平均边长（km ）	导线总长（km）	测距相对中误差（mm）	测角中误差（″）	测回数 2″级全站仪	方位角闭合差（″）	全长相对闭合差
四等	1.5	9	1/80000	2.5	6	$5\sqrt{n}$	≤1/35000

水准测量的主要技术要求　　**表 8.5-7**

等级	每千米高差中数中误差（mm）	附合水准路线长度（km）	水准尺	观测次数		往返较差、附合或环线闭合差(mm)	
				与已知点联测	附合或环向	平地	山地
三等	6	≤50	双面	往返各一次	往返各一次	$12\sqrt{L}$	$4\sqrt{n}$

注：L 为线路长度，n 为测站数。

附：导线测量内业计算

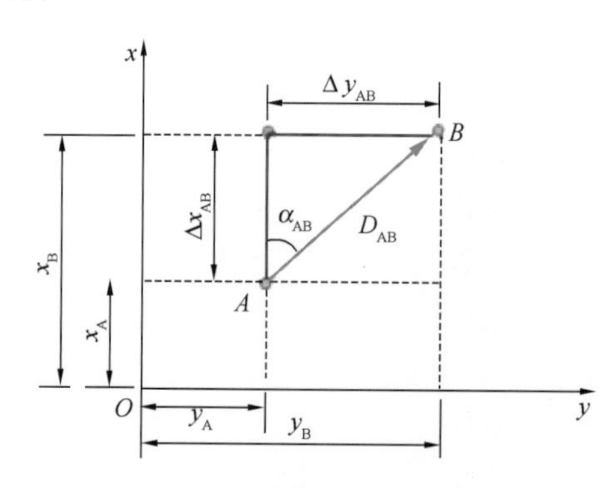

$$x_B = x_A + \Delta x_{AB} = x_A + D_{AB} \cdot \cos\alpha_{AB}$$
$$y_B = y_A + \Delta y_{AB} = y_A + D_{AB} \cdot \sin\alpha_{AB}$$

2. 洞门钢环测量

利用位于井口的控制点，采用导线直传的方法，在井底设临时点位，以此点设站测量。

用坐标法测定洞门钢环的横径和平面坐标，并求出洞门圈的平面中心坐标，计算洞门钢环的平面偏差值。

利用高程传递至井底的临时水准点，测量洞门圈的圈底高程，圈顶高程，求出洞门圈尺寸和高程偏差值。

3. 始发机架测量

顶管机的初始状态主要决定于始发机架的安装，因此始发机架的定位在整个顶管施工测量过程中非常重要，这关系到顶管始发后轴线的控制。因此，应根据现场实测轴线进行机架放样安装。始发机架的平面定位应按照实测钢洞圈（小于限差时）平行于通道设计中心线来放样。在始发机架安装前，利用井下控制点精确在地面标定出通道设计中心线及机架上导轨的中心线，作为机架的平面位置定位依据。安装完成后，架设全站仪实测机架的轴线坐标，反算坐标值与理论值的偏差，逐步调整偏离值直至满足设计轴线要求。高程位置，根据事先计算好的机架各主要点的高程，利用水准仪对其进行高程放样。

4. 顶管机初始姿态测量及顶管机姿态测量

顶管始发前，测量顶管的初始姿态，为顶管出洞姿态控制提供测量依据。测量顶管初始姿态时，采用坐标法，即在顶管切口和顶管机尾两侧垂直边上下分别贴反射片，测定这四片反射片的平面坐标，切口两侧的坐标值的平均值即为切口中心坐标；同理，顶管机尾部两侧的坐标值的平均值即为顶管尾部中心坐标，通过切口和顶管机尾的中心坐标计算得到顶管中轴线的方位。顶管切口和盾尾中心高程，通过分别测量切口盾尾上端点和下端点的高程，取平均值。进而得到顶管机的初始坡度。用水准仪测顶管机内同一里程、距离中等距离顶管机左右高程的差值，及两个测点的距离求得顶管初始转角。

根据工程的实际情况在顶管机内部安装顶管测量标志。并在顶管机内部布设相应的测量标志点，测量标志要求牢固地设置在顶管机内部，保证整个施工阶段不易破坏。坡度板安装在方便观测及不容易破坏的位置，垂球线长度大于等于1m。

针对矩形顶管施工特点，通过顶管机内部的靶尺测量顶管机的姿态。

5. 顶管顶进测量

顶管施工测量的目的在于测量出顶管机头当前的位置，并与设计管道轴线进行比较，求出机头当前位置的左右偏差（水平偏差）和上下偏差（垂直偏差）以引导机头纠偏。为保证顶管施工质量，机头位置偏差必须加以限制，因此纠偏要及时，做到“勤测勤纠”。

本工程顶管均直线顶管，在工作井内，能与机头直接通视，因此测量机头的位置比较简便，顶进施工时，在工作井内安置全站仪，并在机头内安置测量标牌，就可以随时测量机头的位置及其偏差。主要的方法如下：

（1）控制点的设置

井下控制点测站点与后视点平面坐标与水准高程严格按照《工程测量规范》GB 50026—2007进行导线测设，施工时严格贯彻测量一放两复制度，即项目部测量队进行复核，然后反馈给监理和业主确认，监理监测确认后，再由项目测量队进行施工放样测量，从而确保顶管按设计方向顶进。

（2）顶管日常观测方法

根据已知的测站与后视点，对机头标志点测距离与角度，与推算坐标及标高求出设计轴线比较计算偏差值。根据得出的切口左右两个标志点高程偏差值，与切口两个标志点的距离计算得出顶管机的旋转角度。

具体采用：拓普康 DS-101AC（精度 1″）进行顶管每环 1 测回观测，转角坡度改正，经隧道测量程序计算，报出顶管切口、盾尾二处平面及高程偏值（图 8.5-19）。

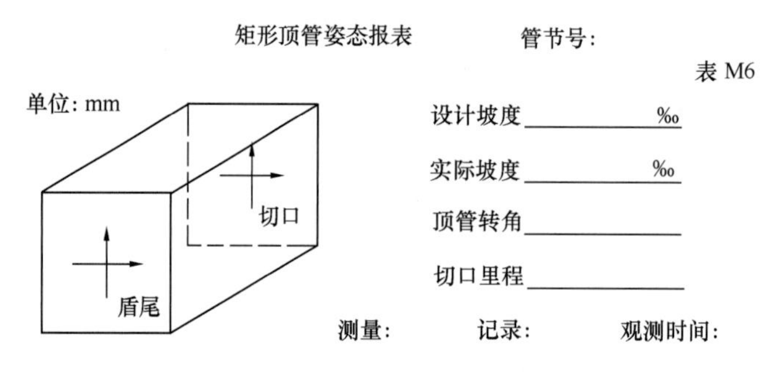

图 8.5-19　顶管机姿态报表

6. 顶管贯通测量

在顶管推进了 2/3 距离时，为确保顶管顺利贯通，应进行顶管贯通测量，该项工作包括控制网测量、联系测量、顶管姿态测量等工作，确保顶管姿态准确，使顶管能够顺利接收。顶管隧道贯通前需进行贯通误差测量，贯通误差测量是在接收井的贯通面设置贯通相遇点，利用接收井传递下来的地下控制点和始发井指导贯通的地下控制点分别测定贯通相遇点三维坐标，贯通误差归化到线路纵向、横向和高程的方向上。

7. 竣工测量

（1）主要是顶管的竣工测量。

（2）采用的坐标系统、高程系统、图式等应与原施工测量相同。

（3）竣工测量时，对于施工中无变动的项目应采用调查和检测的方法。对于已变更施工设计的项目应按实际位置进行竣工测量。竣工测量的基本方法和精度要求应与施工测量相同。

（4）竣工图应正确反映竣工工程物的位置、高程以及形状等内容，并能作为工程验收的重要技术资料。

（5）竣工测量成果超过设计限差时，除在现场明显标示外，还应上报项目部。

（6）竣工测量完成后提交竣工测量成果表。

（7）竣工测量作为工程测量的重要组成部分，应严格按规范实施，确保其准确性、标准性。

8. 测量成果管理

强化过程管理。测量过程中及时做好测量成果和资料的整理工作，测量成果必须报监理工程师审查。全部测量数据和放样都应经监理工程师的检测。

施工测量的最终成果，必须用在地面上埋设稳定牢固的标桩的方法固定下来。所有测量点的埋设必须可靠牢固，严格按照标准执行，以免影响测量结果精度。

对文件和成果要有专人归类、统一编号、收发签证、整理存档。为工程竣工后的使用、保养提供必要的依据。

8.5.15　工作井设计

1. 始发井设计

始发井结构净尺寸为 9.9m（顶进轴线方向）×10m，始发井基坑开挖深度为 11m，结构主体厚度为 800mm。始发井围护均为 ϕ1000@1200 钻孔灌注桩，桩长 24m。采用 ϕ850@600 三轴搅拌桩止水帷幕，桩长 20m。现场地面标高约＋1895.20m，始发井围护标高为＋1871.2m，基坑开挖标高＋1884.2m，底板厚度 1000mm。

顶管始发井主体结构施工完成后顶板预留 8.5m×8.7m 吊装孔，待顶管施工完成后浇筑回填。顶管始发井洞口钢环底标高为＋1885.387m，顶标高为＋1890.567m，洞口比管节四周大 0.14m。

2. 接收井设计

接收井结构净尺寸为 7m（顶进轴线方向）×9m，接收井基坑开挖深度为 11.5m，结构主体厚度为 800mm。接收井围护均为 ϕ1000@1200 钻孔灌注桩，桩长 24m。采用 ϕ850@600 三轴搅拌桩止水帷幕，桩长 20m。现场地面标高约＋1895.21m，接收井围护标高为＋1871.21m，基坑开挖标高＋1883.71m，底板厚度 1000mm。

接收井主体结构施工完成后顶板预留 5m×8m 吊装孔，待顶管施工完成后浇筑回填。洞口钢环底标高为＋1885.148m，顶标高为＋1890.348m，洞口比管节四周大 0.15m。

8.5.16　工作井施工

（同常规基坑及结构施工，此处略）

8.5.17　工程实施效果

本工程于 2019 年 9 月竣工，主要技术指标如下：

1. 顶力情况

如图 8.5-20 所示，实际顶力与计算总顶力基本相近，最大顶力位于始发和接收的加固区内，因此主顶油缸配置要考虑加固区的不利影响。

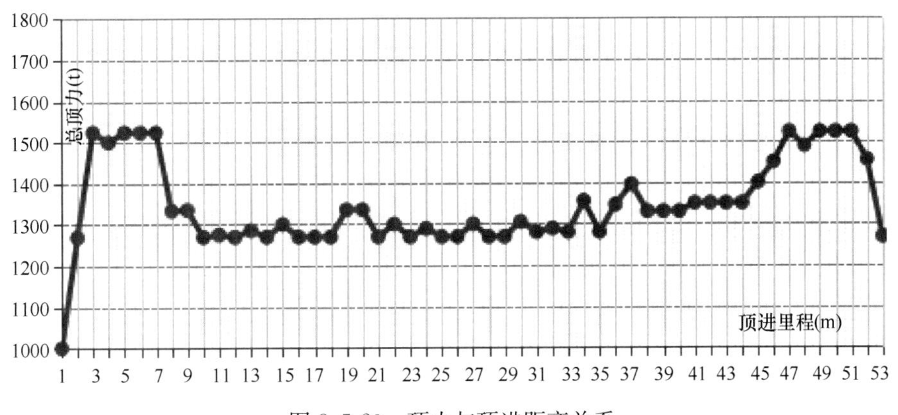

图 8.5-20　顶力与顶进距离关系

2. 姿态

机头左右旋转偏差在10mm以内。高程偏差20mm以内（图8.5-21、图8.5-22）。

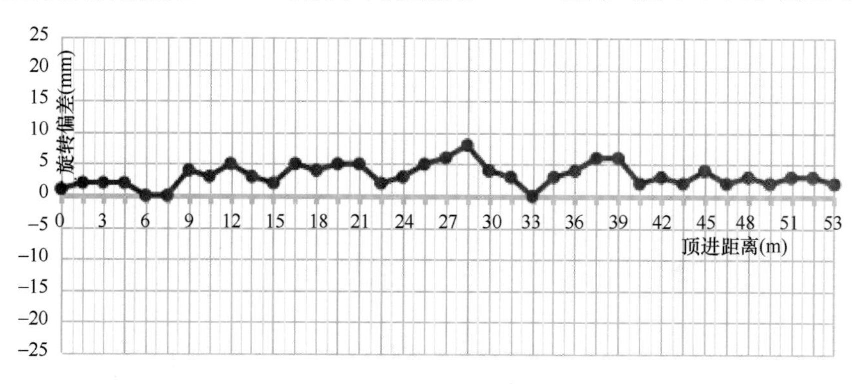

图8.5-21 机头旋转偏差（+表示右高，—表示左高）

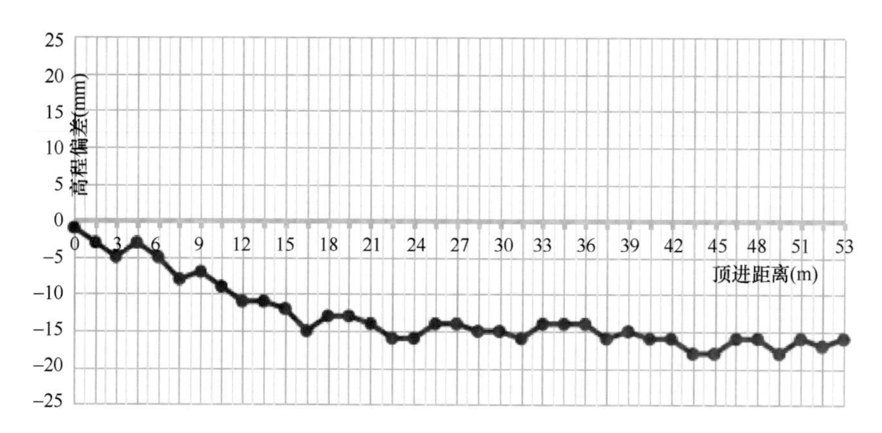

图8.5-22 机头高程偏差（+隆起，—下沉）

3. 地表变形

地表沉降小于15mm，管线、桥墩、道路交通等未受到任何影响（图8.5-23、图8.5-24）。

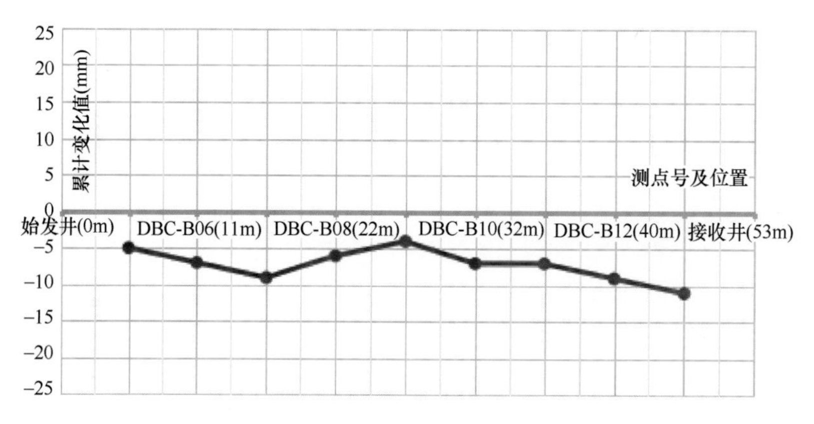

图8.5-23 地表变形（+隆起，—下沉）

图 8.5-24 顶管接收及贯通

参 考 文 献

[1] 贾连辉．超大断面矩形盾构顶管设计关键技术[J]．隧道建设，2014，34(11)：1098-1106.

[2] 彭立敏，王 哲，叶艺超，杨伟超．矩形顶管技术发展与研究现状[J]．隧道建设，2015，35(1)：1-7.

[3] 中国地质大学(武汉)等．《顶管施工技术及验收规范(试行)》[S]．北京：人民交通出版社，2007.

[4] 上海市政工程设计研究总院等．《给水排水工程顶管技术规程》(CECS 246：2008) [S]．北京：中国计划出版社，2008.

[5] 北京市市政工程设计研究总院等．《给水排水工程埋地矩形管管道结构设计规程》(CECS 145：2002) [S]．北京：中国计划出版社，2008.

[6] 广东省基础工程集团有限公司等．《顶管技术规程》DBJ/T 15—106—2015[S]．北京：中国建筑工业出版社，2015.

[7] 《岩土工程勘察规范》GB 50021—2017 [S]．北京：中国建筑工业出版社，2017.

[8] 《混凝土结构设计规范》GB 50010—2010[S]．北京：中国建筑工业出版社，2011.

[9] 《地下铁道工程施工标准》GB 51310—2018[S]．北京：中国建筑工业出版社，2018.

[10] 《地下结构抗震设计标准》GB/T 51336—2018[S]．北京：中国建筑工业出版社，2018.

[11] 《沉井与气压沉箱施工规范》GB/T 51130—2016[S]．北京：中国建筑工业出版社，2016.

[12] 《地下防水工程质量验收规范》GB 50208—2011[S]．北京：中国建筑工业出版社，2011.

[13] 《建筑基坑工程监测技术规范》GB 50497—2009[S]．北京：中国建筑工业出版社，2009.

[14] 《全断面隧道掘进机土压平衡盾构机》GB/T 34651—2017[S]．北京：中国建筑工业出版社，2017.

[15] 刘平，戴燕超．矩形顶管机的研究和设计[J]．市政技术，2005，23(2)：92-95.

[16] 冯超．土压平衡矩形顶管施工顶力计算方法研究 [D]．内蒙古科技大学，2016.5.

[17] 尹亚虎．深圳地铁 9 号线大断面矩形顶管施工关键技术研究[D]．中南林业科技大学，2018.6.

[18] 张雪婷．矩形顶管施工顶进阻力计算与分析[D]．武汉科技大学，2019.5.

[19] 熊翦．矩形顶管关键受力分析[D]．中国地质大学(北京)，2013.5.

[20] 魏纲，徐日庆，邵剑明，罗灸慧，金自力．顶管施工中注浆减摩作用机理的研究[J]．岩土力学，2004，25(6)：930-934.

[21] 高毅，冯超元，程鹏．浅埋矩形顶管的“整体背土效应”研究[J]．岩土工程学报，2018，40(10)：1936.

[22] 豆小天，王贺昆，曹伟明等．浅埋矩形顶管整体背土效应的原因分析与处理措施[J]．隧道建设，2019，39(3) ：473.

[23] 纪鹏．超长管道顶管用润滑减阻护壁泥浆系统的研究[D]．中南大学有，2010.5.

[24] 罗云峰．长距离大直径混凝土顶管中的减阻泥浆研究与应用[J]．建筑施工，2014，36(2)：186-188.

[25] 冯超．土压平衡矩形顶管施工顶力计算方法研究 [D]．内蒙古科技大学，2016.5.

[26] 文中坤．砂砾石地层条件下的土压平衡矩形顶管土体改良试验研究[D]．内蒙古科技大学，2015.5.

[27] 魏康林．土压平衡盾构施工中泡沫和膨润土改良土体的微观机理分析[J]．现代隧道技术，2007，44(1)：73-77.

[28] 郭涛．盾构用发泡剂性能评价方法研究[D]．河海大学，2005.6.
[29] 张明晶．土压平衡式盾构施工闭塞问题的发生机理及防治措施研究[D]．河海大学，2004.6.
[30] 朱俊易．土压平衡盾构中土体改良泡沫剂实验研究[D]．中国地质大学(北京)，2009.5.
[31] 林键．土体改良降低土压平衡式盾构刀盘扭矩的机理研究[D]．河海大学，2006.6.
[32] 曾垂刚．泥水盾构泥浆循环技术的探讨[J]．隧道建设，2009，29(2)：162-165.
[33] 苏志学，蒲晓波，贺开伟，赵万里．泥水平衡盾构泥浆泵选型设计研究[J]．装备制造技术，2015，(3)：87-89.
[34] 胡景军，豆小天，李志军，王晋波，赵李勇，李永蔷．浅埋小间距矩形顶管掘进姿态控制技术探讨[J]．隧道建设，2019，39(3)：465-472.
[35] 魏纲，徐日庆，屠玮．顶管施工引起的土体扰动理论分析及试验研究．[J]岩土工程学报，2004，23(3)：476-482.
[36] 林强强．矩形顶管引起地面变形的实测分析与控制研究[D]．同济大学，2008.3.